建筑节能

主　编　刘　靖
副主编　刘惠卿　王海涛
参　编　韩欣欣　梁　庆

中南大学出版社
www.csupress.com.cn

普通高校土木工程专业系列精品规划教材

编审委员会

总 序

  土木工程是促进我国国民经济发展的重要支柱产业。近30年来，我国公路、铁路、城市轨道交通等基础设施以及城市建筑进入了高速发展阶段，以高速、重载和超高层为特征的建设工程的安全性、经济性和耐久性等高标准要求向传统的土木工程设计、施工技术提出了严峻挑战。面对新挑战，国内、外土木工程行业的设计、施工、养护技术人员和科研工作者在工程实践和科学研究工作中，不断提出创新理念，积极开展基础理论和技术创新，研发了大量的新技术、新材料和新设备，形成了成套设计、施工和养护的新规范和技术手册，并在工程实践中大范围应用。

  土木工程行业日新月异的发展，对现代土木工程专业技术人才培养提出了迫切需求。教材建设和教学内容是人才培养的重要环节。为面向普通高校本科生全面、系统和深入阐述公路、铁路、城市轨道交通以及建筑结构等土木工程领域的基础理论和工程技术成果，由中南大学出版社、中南大学土木工程学院组织国内土木工程领域一批专家、学者组成"普通高校土木工程专业系列精品规划教材"编审委员会，共同编写这套系列教材。通过多次研讨，确定了这套土木工程专业系列教材的编写原则：

1. 系统性

  本系列教材以《土木工程指导性专业规范》为指导，教材内容满足城乡建筑、公路、铁路以及城市轨道交通等领域的建筑工程、桥梁工程、道路工程、铁道工程、隧道与地下工程和土木工程管理等方向的需求。

2. 先进性

  本系列教材与21世纪土木工程专业人才培养模式的研究成果密切结合，既突出土木工程专业理论知识的传承，又尽可能全面反映土木工程领域的新理论、新技术和新方法，注重各门内容的充实与更新。

3. 实用性

  本系列教材针对90后学生的知识与素质特点，以应用性人才培养为目标，注重理论知识与案例分析相结合，传统教学方式与基于现代信息技术的教学手段相结合，重点培养学生的工程实践能力，提高学生的创新素质。这套教材不仅是面向普通高校土木工程专业本科生的课程教材，还可作为其他层次学历教育和短期培训的教材和广大土木工程技术人员的专业参考书。

4. 严谨性

本系列教材的编写出版要求严格按国家相关规范和标准执行，认真把好编写人员遴选关、教材大纲评审关、教材内容主审关和教材编辑出版关，尽最大努力提高教材编写质量，力求出精品教材。

根据本套系列教材的编写原则，我们邀请了一批长期从事土木工程专业教学的一线教师负责本系列教材的编写工作。但是，由于我们的水平和经验所限，这套教材的编写肯定有不尽人意的地方，敬请读者朋友们不吝赐教。编委会将根据读者意见、土木工程发展趋势和教学手段的提升，对教材进行认真修订，以期保持这套教材的时代性和实用性。

最后，衷心感谢全套教材的参编同仁，由于他们的辛勤劳动，编撰工作才能顺利完成。真诚感谢中南大学校领导、中南大学出版社领导和编辑们，由于他们的大力支持和辛勤工作，本套教材才能够如期与读者见面。

2014 年 7 月

前　言

随着城市建设的高速发展，我国的建筑能耗逐年大幅度上升，已达全社会能源消耗量的32%，加上每年房屋建筑材料生产能耗约13%，建筑总能耗已达全国能源总消耗量的45%。庞大的建筑能耗，已经成为国民经济的巨大负担，因此建筑节能势在必行。

建筑节能是指建筑在选址、规划、设计、建造和使用过程中，通过采用节能型的建筑材料、产品和设备，执行建筑节能标准，加强建筑物所使用的节能设备的运行管理，合理设计建筑围护结构的热工性能，提高采暖、制冷、照明、通风、给排水和管道系统的运行效率，以及利用可再生能源，在保证建筑物使用功能和室内热环境质量的前提下，降低建筑能源消耗，合理、有效地利用能源。

建筑节能是一门跨学科、跨专业性很强的技术，其中涉及城市规划、土木建筑、热能动力、空调制冷、环境、技术经济、机电、自动控制等工程学科的专业知识。为了能够胜任建筑节能的工作，相关专业的大学生及研究生在校学习期间，必须学习并掌握有关建筑节能方面的知识及技能。

本书全面地介绍了建筑节能所涵盖的内容，可适用于建筑环境与能源应用工程、建筑学、土木工程、城市规划、热能动力工程以及公共管理等专业的本科生教材，亦可作为这些专业研究生的参考书目。为了兼顾不同专业知识背景，本书编写中包括了能源及节能概述部分内容，原因是建筑学、土木工程、城市规划、公共管理等专业的学生缺乏能源及节能知识的背景，通过这部分内容的学习，可使学生初步建立起能源及节能的基本概念，从而为建筑节能的学习做好铺垫。本教材各章节内容重点为基本原理的介绍，各章之间即相互联系，又自成体系，可有利于不同专业按照各自的教学要求，有所取舍。

本书共分15章，其中第1章、第4章、第12章、第13章由刘靖编写；第2章、第3章、第9章由韩欣欣编写；第5章、第6章、第7章由刘惠卿编写；第8章、第10章、第11章由王海涛编写；第14章、第15章由梁庆编写。全书由刘靖主稿。

本书编写过程中，硕士研究生周山山、孟山青同学做了大量的录入、校对工作，对此表示衷心的感谢。

本书在编写过程中参考了国内外著名学者主编的著作，在此表示深深的谢意。

由于作者水平有限，不妥或错误之处，恳请读者指正，将有助于本书在今后的修订过程中不断充实及提高。

编者

2014 年 9 月

目　录

第 1 章

能源及节能概述

1.1　能源

1.1.1　能源的定义

能源是人类活动的物质基础，在某种意义上，人类社会的发展离不开优质的能源和能源技术的使用。在当今世界，能源的发展，能源和环境的平衡，是全世界、全人类共同关心的问题，也是我国社会经济发展的重要问题。

那么，究竟什么是能源呢？关于能源的定义，约有 20 种。《大英百科全书》中："能源是一个包括所有燃料、流水、阳光和风的术语，人类用适当的转换手段便可让它为自己提供所需的能量"；《日本大百科全书》中："各种生产活动中，我们利用热能、机械能、光能、电能等来作功，可用来作为这些能量源泉的自然界中的各种载体，称为能源"；我国的《能源百科全书》中："能源是可以直接或经转换提供人类所需的光、热、动力等任一形式能量的载能体资源"。可见，能源是一种呈多种形式的，且可以相互转换的能量的源泉。简单地说，能源是自然界中能为人类提供某种形式能量的物质资源。

因此要全面理解能源的概念，关键是对能量内容的准确把握。

1.能量

能量是物质运动转换的量度，简称"能"。世界万物是不断运动的，在物质的一切属性中，运动是最基本的属性，其他属性都是运动的具体表现。能量是表征物理系统做功本领的量度。

对应于物质的各种运动形式，能量也有各种不同的形式，它们可以通过一定的方式互相转换。在机械运动中表现为物体或体系整体的机械能，如动能、势能、声能等。在热现象中表现为系统的内能，它是系统内各分子无规则运动的动能、分子间相互作用的势能、原子和原子核内的能量的总和，但不包括系统整体运动的机械能。对于热运动能（热能），人们是通过它与机械能的相互转换而认识的。

空间属性是物质运动的广延性体现；时间属性是物质运动的持续性体现；引力属性是物质在运动过程中由于质量分布不均所引起的相互作用的体现；电磁属性是带电粒子在运动和变化过程中的外部表现，等等。物质的运动形式多种多样，每一个具体的物质运动形式存在相应的能量形式。

宏观物体的机械运动对应的能量形式是动能；分子运动对应的能量形式是热能；原子运

动对应的能量形式是化学能；带电粒子的定向运动对应的能量形式是电能；光子运动对应的能量形式是光能，等等。除了这些，还有风能、潮汐能等。当运动形式相同时，物体的运动特性可以采用某些物理量或化学量来描述。物体的机械运动可以用速度、加速度、动量等物理量来描述；电流可以用电流强度、电压、功率等物理量来描述。但是，如果运动形式不相同，物质的运动特性唯一可以相互描述和比较的物理量就是能量，能量是一切运动着的物质的共同特性。

在国际单位制中，能量的单位，功及热量的单位通常用焦（J）表示，而单位时间内所做的功或吸收（释放）的热量则称之为功率，单位为瓦（W）。因为在能量的转换和使用中焦和瓦的单位都太小，因此更多的是用千焦（kJ）和千瓦（kW），或兆焦（MJ）和兆瓦（MW），更大的单位如 GJ，GW 等。

在工程应用中，还有其他一些单位，如卡、大卡、标准煤当量（ce）、标准油当量（oe）、百万吨煤当量（Mtce）、百万吨油当量（Mtoe）等。它们与国际单位之间的关系是：1 卡 = 4. 186 J；1 千克标准煤当量（kgce）= 7000 大卡；1 千克标准油当量（kgoe）= 10000 大卡。

2. 能量的形式

如前所述，相应于不同物质的运动形式，能量已具有不同的形式，而且各种不同能量可以通过一定的方式相互转换。

对能量的分类方法没有统一的标准，迄今为止，人类认识的能量有以下六种形式。

（1）机械能

物体在力学现象中所具有的能量形式，包含动能和势能（位能），即机械能 = 动能 + 势能。

动能是指系统（或物体）由于机械运动而具有的做功能力。动能 E_k 可以用式（1 - 1）计算：

$$E_k = \frac{1}{2}mv^2 \qquad (1-1)$$

式中：m 为物体质量；v 为物体的运动速度。

势能与物体的状态有关，除了受重力作用的物体因其位置高度不同而具有所谓重力势能外，还有弹性势能，即物体由于弹性变形而具有的做功本领；以及所谓的表面能，指不同类物质或同类物质不同相的分界面上，由于表面张力的存在而具有的做功能力。重力势能 E_p 可以用式（1 - 2）计算：

$$E_p = mgH \qquad (1-2)$$

式中：m 为物体的质量；g 为重力加速度；H 为高度。

弹性势能 E_τ 的计算式为：

$$E_\tau = \frac{1}{2}kx^2 \qquad (1-3)$$

式中：k 为物体的弹性系数；x 为物体的变形量。

表面能 E_s 可以用式（1 - 4）来计算：

$$E_s = \sigma S \qquad (1-4)$$

式中：σ 为表面张力系数；S 为相界面的面积。

（2）热能

热能是能量的一种基本形式，其他形式的能量都可以完全转换为热能，而且绝大多数的一次能源(一次能源的概念将在后面介绍)都是首先经过热能的形式而被利用的，因此热能在能量利用中具有重要的意义。构成物质的微观分子运动的动能和势能总和称之为热能。这种能量的宏观表现是温度的高低，它反应了分子运动的激烈程度。通常热能 E_q 可表述为：

$$E_q = \int T \mathrm{d}s \qquad (1-5)$$

式中：T 为温度；$\mathrm{d}s$ 为熵增。

(3)电能

电能是和电子流动与积累有关的一种能量，通常是由电池中的化学能转换而来，或是通过发电机由机械能转换而来；反之电能也可以通过电动机转换为机械能，从而显示出电做功的本领。电能 E_e 可表述为：

$$E_e = UI \qquad (1-6)$$

式中：U 为驱动电子流动的电动势；I 为电流强度。

(4)辐射能

辐射能是物体以电磁波的形式发射的能量。物体会因各种原因发出辐射能，其中从能量利用的角度而言，因热的原因而发出的辐射能(又称热辐射能)是最有意义的，例如地球表面所接受的太阳能就是重要的热辐射能。物体的辐射能 E_r 可由式(1-7)计算：

$$E_r = \varepsilon c_0 \left(\frac{T}{100} \right)^4 \qquad (1-7)$$

式中：ε 为物体的发射率；c_0 为黑体辐射分效；T 为物体的温度。

(5)化学能

化学能是物质结构能的一种，即原子核外进行化学变化时放出的能量。按化学热力学定义，物质或物系在化学反应过程中以热能形式释放的热力学能称为化学能。人类利用最普遍的化学能是燃烧碳和氢，而这两种元素正是煤、石油、天然气、薪柴等燃料中最主要的可燃元素。燃料燃烧时的化学能通常用燃料的发热值表示。

(6)核能

核能是蕴藏在原子核内部的物质结构能。轻质量的原子核(氘、氚等)和重质量的原子核(铀等)其核子之间的结合力比中等质量原子核的结合力小，这两类原子核在一定的条件下可以通过核聚变和核裂变转变为在自然界更稳定的中等质量原子核，同时释放出巨大的结合能。这种结合能就是核能。由于原子核内部的运动非常复杂，目前还不能给出核能的完全描述。但在核裂变和核聚变反应中都有所谓的"质量亏损"，这种质量和能量之间的转换可用式(1-8)来描述：

$$E = mc^2 \qquad (1-8)$$

式中：E 表示物质释放出的能量；m 为转变为能量的物质的质量；c 为光速。

1.1.2　能源的分类

由于能源形式多样，因此通常有多种不同的分类方法，它们或按能源的来源、形成、使用进行分类，或从技术、环保角度进行分类。不同的分类方法都是从不同的侧重面来反映各种能源的特征。

1. 按地球上的能源来源分类

地球上能源的成因不外乎以下三个方面。

①地球本身蕴藏的能源，如核燃料、地热等。

②来自地球外天体的能源，如宇宙射线及太阳能，以及由太阳能转换的水能、风能、波浪能、海洋温差能、生物质能和化石燃料（如煤、石油、天然气等，它们是一亿年前由积存下来的有机物质转化而来的）等。

③地球与其他天体相互作用的能源，如潮汐能。

2. 按被利用的程度分类

从被开发利用的程度、生产技术水平和经济效果等方面对能源进行分类如下。

①常规能源，其开发利用时间长、技术成熟、能大量生产并广泛应用，如煤、石油、天然气、薪柴燃料、水等，常规能源又称为传统能源。

②新能源，其开发利用较少或正在研究开发之中，如太阳能、地热能、潮汐能、生物质能等。核能通常也称为新能源，尽管核燃料提供的核能在世界一次能源的消费中已占15%，但从被利用的程度看，还远不能和已有的常规能源相比。另外，核能利用的技术非常复杂，可控核聚变至今未能实现，这也是将核能视为新能源的主要原因之一。不过也有不少学者认为，应将核裂变视为常规能源，而将核聚变作为新能源。新能源有时又称为非常规能源或替代能源。

3. 按获得的方法分类

①一次能源，即自然界已存在、可供直接利用的能源，如煤、石油、天然气、风、水等。

②二次能源，即由一次能源直接或间接加工，转换而来的能源，如电、蒸汽、焦炭、煤气、氢等，它们使用方便，易于利用，是高品质的能源。

4. 按能否再生分类

①可再生资源，它不会随其本身的转化或人类的利用而日益减少，如水能、风能、潮汐能、太阳能等。

②非再生资源，它会随着人类的利用越来越少，如石油、煤、天然气、核燃料等。

5. 按能源本身的性质分类

①含能体能源，其本身就是可提供能量的物质，如石油、煤、天然气、氢等，它们可以直接储存，因此便于运输和传输，含能体能源又称为载体能源。

②过程性能源，它们是指由可提供能量的物质的运动所产生的能源，如水能、风能、潮汐能、电能等，其特点是无法直接储存。

6. 按是否能作为燃料分类

①燃料能源，它们可以作为燃料使用，如矿物燃料、生物质燃料，以及二次能源中的汽油、柴油、煤气等。

②非燃料能源，它们是不可作为燃料使用的能源，其含义仅指其不能燃烧，而能起燃料的某些作用，如加热等。

7. 按对环境的污染情况分类

①清洁能源，即对环境无污染或污染很小的能源，如太阳能、水能、波浪能、潮汐能等。

②非清洁能源，即对环境污染较大的能源，如煤、石油等。

此外在各种书籍和报刊中还常常看到另外一些有关能源的术语或名词，如商品能源、非商品能源、农村能源、绿色能源、终端能源等。它们也都是从某一方面来反应能源的特征。例如，商品能源是指经流通环节大量消费的能源，如煤、石油、天然气、电力等；而非商品能源则是指不经流通环节而自产自用的能源，如农户自产自用的薪柴、秸秆，牧民自用的牲畜粪便等。表1-1所示为能源分类的情况。

表1-1　能源的分类

按使用状况分类	按性质分类	按一、二次能源分类	
		一次能源	二次能源
常规能源	燃料能源	泥煤（化学能） 褐煤（化学能） 烟煤（化学能） 无烟煤（化学能） 石煤（化学能） 油页岩（化学能） 油砂（化学能） 原油（化学能、机械能） 天然气（化学能、机械能） 生物燃料（化学能） 天然气水合物（化学能）	煤气（化学能） 余热（化学能、机械能） 焦炭（化学能） 汽油（化学能） 煤油（化学能） 柴油（化学能） 重油（化学能） 液化石油气（化学能） 丙烷（化学能） 甲醇（化学能） 酒精（化学能） 苯胺（化学能） 火药（化学能）
	非燃料能源	水（机械能）	电（电能） 蒸汽（热能、机械能） 热水（热能） 余热（热能、机械能）
新能源	燃料能源	核燃料（核能）	沼气（化学能） 氢（化学能）
	非燃料能源	太阳光（辐射能） 风（机械能） 地热（热能） 潮汐（机械能） 海水温差（热能、机械能） 海流、波浪（机械能）	激光（光能）

1.1.3　能源的评价

能源的形式多种多样，各有优缺点。为了正确地选择和使用能源，必须对各种能源进行正确的评价。能源评价包括以下方面。

1. 储量

储量是能源评价中的一个非常重要的指标。作为能源的一个必要条件是储量要足够丰富。对储量常有不同的理解。一种理解认为，对煤和石油等化石燃料而言，储量是指地质资源丰富；对太阳能、风能、地热能等新能源而言，储量则是指能源总量。而另一种理解是，储量是指有经济价值的可开采的资源量或技术上可利用的资源量。在有经济价值的可开采的资源量中又分为普查量、详查量和精查量等几种情况。在油气田开采中，通常又将累计探明的可采储量与可采资源量之比为可采储资比，用以说明资源的探明程度。储量丰富且探明程度高的能源才有可能被广泛地应用。

2. 能量密度

能量密度是指在一定的质量、空间或面积内，从某种能源中所得到的能量。显然，如果能量密度很小，就很难作为主要能源。太阳能(指在地球表面接受的太阳光)和风能的能量密度就很小，各种常规能源的能量密度都比较大，核燃料的能量密度最大。几种能源的能量密度见表 1-2。

表 1-2　几种能源的能量密度

能源类别	能量密度
风能(风速 3 m/s)	0.02 kW/m^2
水能(流速 3 m/s)	20 kW/m^2
波浪能(波高 2 m)	30 kW/m^2
潮汐能(潮差 10 m)	100 kW/m^2
太阳能(晴天平均)	1 kW/m^2
太阳能(昼夜平均)	0.16 kW/m^2
天然铀	$5.0 \times 10^8 \text{ kJ/kg}$
铀 235(核裂变)	$7.0 \times 10^{10} \text{ kJ/kg}$
氘(核聚变)	$3.5 \times 10^{11} \text{ kJ/kg}$
氢	$1.2 \times 10^5 \text{ kJ/kg}$
甲烷	$5.0 \times 10^4 \text{ kJ/kg}$
汽油	$4.4 \times 10^4 \text{ kJ/kg}$

3. 储能的可能性

储能的可能性是指能源不用时是否可以储存起来，需要时是否又能立即供应。在这方面化石燃料容易做到，而太阳能、风能比较困难。由于在大多数情况下，能量使用是不均衡的，比如白天用电多，深夜用电少；冬天需要热，夏天却需要冷。因此在能量的利用中，储能是很重要的。

4. 供能的连续性

供能的连续性是指能否按需要和所需要的速度连续不断地供给能量。显然太阳能和风能就很难做到供能的连续性。太阳光白天有，夜晚无；风力则时大时小，且随季节变化大。因此，常常需要有储能装置来保证供能的连续性。

5. 能源的地理分布

能源的地理分布和能源的使用关系密切。能源的地理分布不合理，则开发、运输、基本建设等费用都会大幅度的增加。例如，我国煤炭资源多在西北，水能资源多在西南，工业区却在东部沿海，因此能源的地理分布对使用很不利，带来"北煤南运"、"西电东送"等诸多问题。

6. 开发费用和利用能源的设备费用

各种能源的开发费用以及利用该种能源的设备费用相差悬殊。例如太阳能、风能不需要任何成本即可得到。各种化石燃料从勘探、开采到加工却需要大量投资。但利用能源的设备费用则正好相反，太阳能、风能、海洋能（潮汐、波浪、海水温差）的利用设备费用按每千瓦计，远高于利用化石燃料的设备费用；核电站的核燃料费用远低于燃油电站，但其设备费用却高得多。因此在对能源进行评价时，开发费用和利用能源的设备费用是必须考虑的重要因素，并须进行经济分析和评估。

7. 运输费用和损耗

运输费用和损耗是能源利用中必须考虑的一个问题。例如太阳能、风能和地热能都很难输送出去，但煤、油等化石燃料却很容易从产地输送至用户。核电站的核燃料运输费用极少，而燃煤电站的输煤就是一笔很大的费用，因为核燃料的能量密度是煤的几百万倍。此外，运输中的损耗也不可忽视。

8. 能源的可再生性

在能源日益匮乏的今天，评价能源时不能不考虑能源的可再生性。比如太阳能、风能、水能等都可再生，而煤、石油、天然气则不能再生。在条件许可的情况下，应尽可能地采用可再生能源。

9. 能源的品位

能源的品位有高低之分。例如水能能够直接转变为机械能和电能，它的品位要比先由化学能转变为热能，再由热能转换为机械能的化石燃料要高些。另外在热机中，热源的温度越高，冷源的温度越低，则循环的热效率越高，因此温度高的热源品位比温度低的热源高。在使用能源时，特别要防止高品位能源降级使用，并根据使用需要，适当安排不同品位的能源。

10. 对环境的影响

使用能源一定要考虑对环境的影响。化石燃料对环境的污染大；太阳能、风能对环境基本上没有污染。在使用能源时，应尽可能采取各种措施，防止对环境的污染。

1.2　节能概述

1.2.1　节能的含义

按照世界能源委员会 1979 年提出的节能定义：采取技术上可行、经济上合理、环境和社会可接受的一切措施,来提高能源资源的利用效率。

　　具体来说,节能是指加强用能管理,采用技术上可行、经济上合理以及环境和社会可以承受的措施,减少从能源生产到消费各个环节中的损失和浪费,更加有效、合理地利用能源。其中,技术上可行是指在现有技术基础上可以实现;经济上合理就是要有一个合适的投入产出比;环境可以接受是指节能还要减少对环境的污染,其指标要达到环保要求;社会可以接受是指不影响正常的生产与生活水平的提高。

　　节能可以分为狭义及广义两个层面。

　　狭义节能是指节约煤炭、石油、电力、天然气等石化能源。从节约石化能源的角度来讲,节能和降低碳排放是息息相关的。狭义节能内容包括从能源资源的开发,输送与配转换(电力、蒸气、煤气等)或加工(各种成品油、副产煤气),直到用户消费过程中的各个环节,都有节能的具体工作去做。

　　广义节能是指除狭义节能内容之外的节能方法,如节约原材料消耗,提高产品质量、劳动生产率,减少人力消耗,提高能源利用效率等。

1.2.2　节能的意义

　　能源工业是国家的基础工业,能源是国民经济和社会发展的重要物质基础,是提高和改善人民生活的必要条件。能源的开发和利用是衡量一个国家经济发展和科学技术水平的重要标志。

　　在 20 世纪 70 年代,世界上发生了两次能源危机,引起各国政府对能源的重视。到了 80 年代,能源更成为世界瞩目的三大问题之一。有科学家把节能称为开发"第五大能源",与煤、石油(天然气)、水能、核能等四大能源相并列,由此可见节能的重要意义。

　　我国是最大的发展中国家,节能对我国经济和社会发展更具有特殊的意义,主要表现在以下几个方面。

　　1. 节能是实现我国经济持续、高速发展的保证

　　能源是经济发展的物质基础。我国能源的生产能力,特别是优质能源,如石油、天然气和电力的生产能力远远赶不上国民经济的发展,其中液体燃料的短缺显得特别突出。根据国家计委研究中心的预测,到 2020 年,我国液体燃料的年消耗量将达到$(4.3 \sim 4.75) \times 10^8$ t。目前我国液体燃料的 98% 来自石油。据估计,国内石油的年产量今后只能维持在$(1.6 \sim 2) \times 10^8$ t,即使考虑海外合作开发所获得的份额油,也很难突破年产量2.2×10^8 t。因此,为了维持我国经济的高速发展,节能显得特别重要。

　　2. 节能是调整国民经济结构、提高经济效益的重要途径

　　深化经济改革的关键是调整国民经济结构,提高经济效益。其目的是转变经济增长的方式,走集约型的发展道路,少投入、多产出。能源在工业产品的成本中占相当大的比重,平均约为 9% ,化工业则为 30% ,电力行业高达 80% 。因此,节能是提高企业经济效益的重要途径。节能的实现不仅可以促进产业结构的调整、产品结构的调整,同时节能还能提高能源的利用效率,降低能源消耗水平,延长能源资源的使用时间,为开发新能源争取宝贵的时间。

　　3. 节能缓解我国运输的能力

　　由于我国能源资源分布不均,能源运输压力很大。例如我国煤炭主要分布在山西、陕

西、内蒙古等中、西、北部地区，而经济发达的华东、华南等地区经济发展需要大量的煤炭，煤炭的运量占到全国铁路总运量的一半左右，公路运输和水路运输也有类似的情况。显然节能将有效缓解我国运输业的压力。

4. 节能将有利于我国的环境保护

能源开发利用所引发的环境污染问题已日益引起人们的关注。节能在节约能源的同时，也相应减少了污染物的排放，其环保效益非常明显。当然，在采取各种节能措施时都应充分考虑对环境的影响。

1.2.3　节能相关的术语

能源效率：是指能源产出和能源投入之比，一般用百分率表示。

能源经济效率：用来分析国家或地区的能源效率水平，通常采用宏观经济领域的单位GDP 能耗（即能源强度，生产单位 GDP 所消耗的能源，其单位可以是 tce/万元 GDP）、单位产值能耗和微观经济领域的单位产品能耗（tce/单位产品或单位面积）等多项指标来表示。在做宏观分析时，它是一项由总体能源结构、产业用能比重、能源利用技术等多种因素形成的综合指标。

能源加工转换效率：指一定时期内能源经加工、转换后，产出的各种能源产品的数量与同期投入加工转换的各种能源数量的比率。计算公式为：

能源加工转换效率＝能源加工转换产出量/能源加工转换投入量。

能源加工转换效率：也称为能源技术效率，表示能源转换过程中有效利用的能源与实际输出的能源量之比。

能源系统效率：包括能源加工、转换、储运和终端利用各个环节在内的能源效率，是能源生产、中间环节的效率与终端使用效率的乘积。目前中国的能源系统效率大约为 30%，与发达国家的 40% 以上还有较大的差距。

单位产值能耗和单位产品能耗：是分析能源效率的指标。单位产值能耗是指实现单位产值的某种能源消耗量，通常以每万元单位产值能耗的吨标准煤表示；而单位产品能耗主要用于计算和比较一些产品，如钢铁、化工、建材、电力等单位产品的能耗。

单位 GDP 能耗（即能源消耗强度或能源强度）：是指产出单位经济量（或实物量、服务量）所消耗的能源量。单位 GDP 能耗是对能源使用效率进行比较的基本指标，通常指产生每万元（或亿元）国内生产总值的能耗量，是综合了国家经济结构、能源结构和设备技术工艺和管理水平等多种因素，形成的能耗水平与经济产出的比例关系。单位 GDP 能耗从投入和产出的宏观比较方面反映了一个国家（或地区）的能源经济效率，具有宏观参考价值。能源强度低，能源经济效率高。

单位能耗的 GDP：指单位能源消费能创造的 GDP，它也是分析能源经济效率的一种指标，表达投入能源所产出的附加值。

能源消费弹性系数：反应能源消费增长速度与国民经济增长速度之间比例关系的指标。计算公式为：能源消费弹性系数＝能源消费量年平均增长速度/国民经济年平均增长速度。

电力消费（生产）弹性系数：反映电力消费（生产）增长速度与国民经济增长速度之间比例关系的指标。计算公式为：

电力消费(生产)弹性系数 = 电力消费量(生产量)年平均增长速度/国民经济年平均增长速度。

由于国民生产总值和电力消费之间有一定的相关性，当电量的平均增长速度高于国民经济总产值的平均增长速度时，电力的电力弹性系数大于1，反之则小于1。我国电力弹性系数变化幅度较大，20世纪50年代初期为2.41，到80年代为0.64，近几年为1.6以上，这大致显示了持续缺电和严重缺电时期电力弹性系数较高，电力供应缓和时期电力弹性系数急剧下降的趋势。

以往，一般将电量的增长速度快于国民生产总值的增长速度的发展，称为电力工业超前发展。电力弹性系数大于1曾作为电力超前发展的标志。在缺电时期，以电力弹性系数大于1来加快电力的发展。可以根据电力弹性系数的变化趋势来预测未来的电力负荷需求。但是，由于国民生产总值是一个综合性指标，且电力增长速度和国民经济增长速度值之间存在着不确定性，因此目前，电力弹性系数方法已被更为精确的需求模型和规划方法所取代。

1.2.4　我国节能发展战略及关键技术

1. 节能的目标及发展战略

节能工作应紧密结合国家中长期发展需要，根据国家经济发展的不同阶段制定适宜的发展目标，对节能政策、法律法规、技术措施和节能标准进行调整和完善。要深入挖掘节能潜力，提高我国能源利用效率，加快国家经济建设的步伐，同时必须满足国家长期可持续发展的需要。

实施节能优先、科技为本、政府引导、市场推动的发展战略，大力推行提高能源利用效率和资源综合利用技术，低能源生产、输送、加工、转换和利用的全过程实行节能管理。使现在和未来新增生产和生活能力的能源消耗分别比常规发展降低25%和40%，力争2020年降低能耗 8×10^8 tce，主要产品能耗达到国际先进水平。

国家节能减排"十二五"规划中明确提出了节能总体目标，即到2015年，万元国内生产总值能耗下降到0.869吨标准煤(按2005年价格计算)，比2010年的1.034吨标准煤下降16%(比2005年的1.276吨标准煤下降32%)。"十二五"期间，实现节约能源6.7亿吨标准煤。2015年，全国化学需氧量和二氧化硫排放总量分别控制在2347.6万t、2086.4万t，比2010年的2551.7万t、2267.8万t各减少8%，分别新增削减能力601万t、654万t；全国氨氮和氮氧化物排放总量分别控制在238万t、2046.2万t，比2010年的264.4万t、2273.6万t各减少10%，分别新增削减能力69万t、794万t。

2. 重点发展提高能效的措施和高效节能新技术

从解决节能潜力巨大的工业节能降耗入手，对能源转换和应用的重要领域，特别是电力过程和热力过程等终端用能量大且面广的方面重点关注，积极采用先进的技术和设备，加强节能降耗技术的开发、应用和科学管理。重点发展下述的高效节能技术：

①高能耗产业的节能降耗新工艺、关键技术及设备。其中有：大容量、高参数、高效率的常规燃煤机组，高效输配电系统，联合循环发电和热电联产、氢电联产等能源梯级利用技术，连铸连轧工艺和余热余压回收、工业窑炉高效燃煤等技术。

②建筑节能技术。包括：高效节能建筑新材料、外墙保温技术、高效保温门窗和热反射

保温隔热技术、地源热泵技术、被动式太阳房技术、先进冷暖空调系统及设备等。

③交通节能新技术。包括先进节能内燃机技术(动力的柴油机化、新型燃烧系统和电子控制技术)、混合动力和燃料电池技术、车身轻量化技术(轻质材料、优化技术)。

④电力电子技术和调速电机节能技术。研发高电压大容量变流原件、装置、技术和新型电机驱动系统,为电机节能和电力系统节能提供关键技术和装备。开发和推广高效照明新光源和家用电器节能。实现电动机、风机、泵类设备和系统的经济运行,发展电机调速节电和电力电子节电技术。开发、生产、推广质优、价廉的节能器材。研究开发和推广节电新技术。实施新的终端用能设备(包括家用电器、照明器具、电动机、风机、水泵、压缩机、变压器等通用设备)的能效标准,提高电能利用效率。

⑤高效热交换器和热系统的节能技术。开发多纵向涡强化技术、流体诱导振动技术、膜分离强化技术等能量传递强化技术。研究开发高效热交换器、膜分离器、节能新风空调系统等高能效通用换能器、高效制冷压缩机、高效加热等。

⑥资源的综合利用。发展和推广能源的综合利用技术、再生资源回收利用技术、用能需求侧管理与过程优化控制技术。

⑦新理论和新技术。研究开发原创性、系列化的节能和提高能效的新理论与新技术。制定和贯彻节能标准。建立节能信息监测系统。

⑧建设节能技术基地。建立以高效节能技术为核心的基地有利于提高产业的技术水平、降低能耗、提高经济效益、减少环境污染、解决能源安全、促进高校与产业结合,也有利于节能标准制定,促进政策制定与节能研究和推广的互动。主要有:建立以高效热交换器和热系统为核心的节能技术和系统基地,研发新型高效热设备和能源系统,为工业、建筑、交通领域的节能提供先进的技术设备和技术服务。建立以电力电子技术和电机调速为核心的节能技术和系统基地,研发高电压大容量变流元件、装置、技术和新型电机驱动系统,为电机节能和电力系统节能提供关键技术和装备。

1.3　我国节能的主要途径

1.3.1　电力过程节能

电能是世界上应用最广的二次能源,通过各种一次能源,例如煤炭、石油、天然气、太阳能、风能、水电、潮汐能、地热能等均可产生电能。由于电能的应用具有很多优点,它已经成功联系千家万户,为人们生活和生产所必需的、不可中断的清洁和方便的能源。随着电能的大规模应用,在能源转换和传输过程中不可避免地会有大量的损耗。提高发、输电各环节的效率,对国家工业的发展、能源合理利用,及实现可持续发展起着重要的作用。电力工业已成为世界各国追求可持续发展中不可忽视的重要领域。

1.电力工业节能

电力系统是由发电厂、电力网和供用电负荷组成的复杂系统,通常按地区和电压等级进行分区和分层调度和控制。我国的区域和省级电网是以 500 kV 和 220 kV 为主网架。西北地区主网电压为 330 kV,并正在建设 750 kV 电压线路。系统的主力机组为 300 MW 和 600 MW 机组。

地区和城市供电网通过 220 kV、110 kV、35 kV 到 10 kV 线路向不同电压等级的用户提供电力。国家电力网按照国家、区域、省、地区和县级电网分级管理。大型发电厂通过升压变电站将电力送入高压电网，经过升压和降压等多个环节使电力输送到用户。电网调度中心负责协调发电计划，满足用户需求，在实时控制和在线故障处理等方面起到重要的核心作用。

电力系统的重点节能包括发电厂的节能降耗、输配电系统的合理运行和降低能耗、提高电力驱动设备效率和供用电设备的节能等方面。不同类型电厂的机组效率差别很大，现代的大型电厂发电效率高，而小型发电厂的发电效率低。一般中小型发电厂的厂用电在 8% ~ 10%，输配电网络损失约为 85%。由于输送能力与输电电压的平方成正比，输送相同功率的输电损失与输电电压的平方成反比，因此，采用高电压输电可以在输送更大容量电力的同时减少输电损失。由于电力的发电和使用是同时发生的，系统的协调和经济运行存在着巨大的节能空间，包括以电力发电优化为主要目标的电厂内的机组经济运行，系统范围的经济调度，周期内的水、火电系统协调，也包括以供用电为主的需求侧管理技术。

（1）发电系统的节能

目前，我国约 60% 的煤炭用于发电。全国发电总装机容量的 74.5% 为火电机组，其中绝大部分是燃煤机组。火电机组的发电量占总发电量的 80% 以上。由于近年来国家经济发展对电力的需求增长迅速，电力负荷年增幅持续超过 10%。2000 年年底总发电量为 13684.82 亿 kW·h（总装机容量 31932.09 万 kW），到 2005 年年底，总发电量已达到 24747 亿 kW·h（总装机容量 50841 万 kW），五年发电量增长了 80%。原预期 2020 年发电用煤 11 亿 ~13 亿 t，占全国煤炭消耗总量的比例超过 45%，对电力的年需求为 41115 亿 ~ 58 835 亿 kW·h（总装机容量 5.9 亿 kW）。按目前的情况看，该预期的发电量可能会大大提前实现。

按 2005 年的发电量计算，发电煤耗若降低 50 g/(kW·h)，一年可节约 1.2 亿 tce。"十一五"期间的电力发展计划是：到 2010 年，使火电供电标准煤耗由 2005 年的 370 g/(kW·h) 下降到 355 g/(kW·h)，厂用电率由 5.9% 下降到 4.5%；城市集中供热普及率由 30% 提高到 40%，新增供暖热电联产机组超过 4000 万 kW，年节能 35000 万 tce 以上，并为改善城市空气质量作出贡献。到 2010 年，使火电厂 1 kW·h 烟尘排放量控制在 1.2 g、二氧化硫排放量下降到 2.7 g，电厂废水排放达标率实现 100%。

发电领域的节能有两个重要的发展方向，一个方向是采用先进的超临界和超超临界燃煤发电，大型循环流化床锅炉、煤气化联合循环等技术节能。由于燃煤发电在今后较长时期仍占主导地位，因此采用现代化的大型机组和技术，可以在能源的利用效率和减少排放污染方面取得明显的改进，是电力节能和降低煤耗的重要措施。另一个方面是再生能源发电，或称为绿色电力，目前总量相对较少，但是这个方向是可持续发展和节能环节的重点发展领域，存在巨大的发展空间，将在电力工业节能中占据重要的地位。

1）发展大容量、高参数、高效率、常规燃煤火电机组

满足电力的长期高增长需求受到多方面的制约：不但煤的储量是有限的，而且在煤的开采、运输上也存在严重的瓶颈；由于排放物对环境的影响，环保压力也是一项重要的约束。因此，需要对发电结构，特别是火电机组的发展给予关注。电厂的机组由锅炉、汽轮机、发电机和辅机组成，不同蒸汽压力和温度的机组的效率相差很大。一般情况下，新型的大型燃煤电厂的效率会远远超过旧的小型电厂。表 1-3 列出了不同类型电厂的效率和机组的供电煤耗。

表 1-3　不同机组特性和电厂效率

机组类型	蒸汽压力/温度	电厂效率/%	供电煤耗/g/(kW·h)
中压机组	3.5 MPa/435℃	27	460
高压机组	9 MPa/510℃	33	390
超高压机组	13 MPa/535℃/535℃	35	360
亚临界机组	17 MPa/540℃/540℃	38	324
超临界机组	25.5 MPa/567℃/567℃	41	300
高温超临界机组	25 MPa/600℃/600℃	44	278
高温超超临界机组	30 MPa/700℃	57	215
超700℃机组	/超过700℃	60	205

　　不同容量的机组供电煤耗差距很大，2.5 万 kW 机组的平均供电煤耗在 500 ~ 510 g/(kW·h)之间，而 60 万 kW 机组为 350 g/(kW·h)。由于大型机组在电厂效率上具有明显的优势，随着发电技术的逐步成熟，系统新装机容量逐步提高，当前新建机组以高效大容量的 30 万 kW 机组到 60 万 kW 亚临界燃煤机组为主。

　　大型超临界火电机组已成为发达国家电力设备的主导产品。机组容量达到 600 MW 及以上，超临界压力指蒸汽压力从亚临界参数过渡到超临界参数，即蒸汽压力从 17 MPa 提高到 24 ~ 25 MPa；主蒸汽温度从 530℃提高到 540℃，由一级中间再热改进为两级中间再热，使温度再提高到 566℃以上；供电煤耗小于 300 gce/(kW·h)，机组效率比同容量亚临界机组提高 2% ~2.4%。以 60 万 kW 机组为例，超临界机组比临界机组每年可节约 2.5 万 tce。

　　提高燃煤电厂效率的主要途径的提高蒸汽的参数，即提高蒸汽的压力和温度。当今世界效率最高的燃煤超超临界发电机组采用二次中间再热，蒸汽参数为 300 atm(1 atm = 101 325 Pa)/ 600℃/600℃/600℃，净效率可达到 48%以上。国际上发电设备制造商正在攻关蒸汽温度为 700℃的发电机组，蒸汽温度提高到 700℃之后，火电厂的净效率可以达到 57%。目前，我国运行的发电厂平均发电效率在 35%以下，单位煤耗 380 gce/(kW·h)以上；设计生产的亚临界机组的发电效率在 38%左右，单位煤耗约 350 gce/(kW·h)；引进的超临界机组的发电效率在 41%左右，单位煤耗约 310 gce/(kW·h)。可以看出，采用超超临界等新的发电技术，可以显著降低发电煤耗和节约用煤。

　　目前，我国电力工业能耗占全国的 1/3，二氧化硫排放占全国一半，成为节能减排重点领域。高能耗、高排放、低效率机组比重偏高是电力工业最突出的矛盾。全国 6.22 亿 kW 电力装机中，10 万 kW 及以下的小火电占 1.15 亿 kW。发同样的电，小火电机组煤耗比大机组高 30% ~ 50%；在污染方面，小火电产生的二氧化硫和烟尘分别占整个电力工业的 1/3 和 50%。

　　由于小型火电机组发电效率相对较低并存在污染，因此国家的发电政策是发展大容量高效燃煤机组，严格限制常规小火电的发展。

　　目前我国的发电机组已进入大容量、高参数的发展阶段。近十年来建设了多台容量从

300 MW 到 500 MW 的常规超临界机组，这些机组具有较高的技术性能，在提高发电煤炭利用率和降低污染方面发挥了一定的作用，为我国自行研制、开发大型超超临界发电机组奠定了基础。2002 年科技部把"超超临界燃煤发电技术"研究课题列入"863"计划。2003 年 3 月引进的两台百万千瓦级超超临界发电机组在玉环电厂动工兴建。超临界和超超临界机组将成为我国今后的主要发展机型。

对老机组进行技术改造也能取得较为明显的效益。采用低 NO_x 燃烧技术改造锅炉，能提高机组的环保性和调峰能力。通过改造 125 MW、200 MW、300 MW 汽轮机的通流部分，可以增加出力 10% 左右，同时降低了热耗。

2）发展国产大型循环流化床技术

循环流化床锅炉是始于 20 世纪 70 年代的新型燃烧技术。循环流化床锅炉不同于常规锅炉炉膛，它不仅有辐射传热方式，而且还有对流及热传导传热方式，大大提高了炉膛的传导热系数，保证了锅炉的热效率。循环流化床锅炉具有热效率较高、可燃劣质煤、适用煤种范围广等特点，适合于我国以煤为主，要求解决环保问题和煤的清洁燃烧需要。国家已在连续几个五年计划中将循环流化床技术列为科技发展规划并重点支持、推进循环流化床等洁净煤发电的示范工程。流化床燃烧能清洁地燃烧大范围的劣质煤和炼油残余物，在热电联产方面也能发挥作用。

3）整体煤气化联合循环

联合循环是指一个或多个燃气轮机和一个或多个汽轮机联合工作，并使用同样的燃料。以天然气为燃料的燃气蒸汽联合循环电站（CCGT）发电时，从燃气轮机出来的气体温度仍在 500℃ 以上。可以将此蒸汽通过热交换器中继续加热，供汽轮机使用。整体煤气化联合循环（IGCC）是以煤气化为龙头的联合循环发电系统，整体联合循环中燃气轮机使用的燃料是一种在气体发生器中生成的可燃气体。将煤、炼油剩余物、植物之类质量较差的燃料，在气体发生器中不完全燃烧生成一氧化碳和氢气的混合物，然后送入燃气轮机的燃烧室。IGCC 装置使用传统的提取技术从燃烧气体中捕获硫。联合循环可以提高整体燃料效率到 60% 以上。

CCGT 电厂不像燃煤电厂那样需要煤堆和大量的冷却水，也不需要燃煤电厂和核电厂所必需的高耸的混凝土冷却塔，它可以满足在市区附近甚至室内建厂及用水和用地的要求；并且，CCGT 电厂比较清洁和安静，因此可以在距离用户比较近的地方建造燃气联合循环或 CCGT 发电厂。多个小型的 CCGT 电厂可以明显地改善集中式发电站造成的环境污染。与燃煤电厂或核电厂不同，CCGT 电厂不产生固体废物，其液体排放物也是无毒的，不向外排烟和二氧化硫，二氧化氮排放浓度一般也远远低于现在规定的标准。

随着 IGCC 发电技术的发展，第 2 代 IGCC 电站发电效率比常规燃煤锅炉机组高 10%，供电效率可达 45% ~ 50%，环保性能优越，脱硫效率可达 99% 以上。加压流化床锅炉联合循环发电技术（PFBC – CC）使整体发电效率提高 45% ~ 48%，污染物排放量和耗能水量仅为常规燃煤电站的 1/10 和 1/3 ~ 1/2。

（2）输配电系统节能

输配电系统节能的主要目标是采用先进输、变、配电技术和设备，逐步淘汰能耗高的陈旧设备；加强跨区联网，推广应用电网经济运行技术；采取有效措施，减轻电磁场对环境的影响。到 2010 年，使电网线损率下降到 7% 左右。

（3）电力系统经济运行

电力系统短期经济运行主要指的是以日或周为周期的发电计划优化问题。在每日的运行中，电力系统负荷曲线随着用电量的变化一般呈现周期性的峰谷变化。为了满足发电和用电负荷之间的供需平衡，必须根据负荷的变化改变发电机组的运行和退出时间，并相应调整发电机组的发电出力。

经济运行按照优化的范围和规模可分为三种类型的协调优化：

①第一种类型是经济负荷分配，也称为等微增调度，即在发电机组间，按照微增率（耗量曲线的导数）相等的原则确定机组的发电出力，增加微增率低的机组的出力，在保持发电总出力不变的情况下，使总的机组燃料消耗降低。由于机组的微增率曲线通常为不降曲线，若满足微增率相等，实际上达到了发电机组总的燃料消耗最少的优化目标。该方法适用于电厂内的机组负荷的经济分配，也适用于忽略网损情况下的系统范围的机组负荷的经济分配。

②第二种类型是发电与输电协调方程式，是考虑网损情况下的系统范围的机组负荷的经济分配，通过网损修正系数，实现修正后的微增率相等。同样性能的机组，计算输电损失后，输电损失大的机组相应降低发电出力，输电损失小的机组相应提高发电出力，在保持发电出力不变的情况下，修正后的微增率相等，实际上达到了计及损失的发电机组总的燃料消耗最少。为了考虑在不同地点机组的利用效率，可以利用网络修正的 B 系数（适合离线计算），或雅克比（Jocobian）矩阵法网损微增率（适合在线计算）方法，计入网络的输电损失，进行机组间的经济运行协调。

③第三种类型是水电系统经济运行，又称为水火电协调方程式，是以日或周为周期的运行优化。考虑到水电机组在峰谷的不同时段发电会对火电机组运行效率和系统整体运行效率有不同的影响，因此需要从整个运行周期内，对火电发电和水力发电进行协调。水火电系统短期优化问题有复杂程度不同的优化模型，其中水火电系统计划是指确定机组组合的发电负荷分配的运行优化问题；水火电系统开停机计划及负荷分配是兼顾机组组合和发电负荷分配的运行优化问题。在经济运行优化中，水火电系统开停机计划及发电负荷分配考虑的优化范围比其他问题要更广，节能降耗的潜力也更大。

根据铁通的程度，可以降低运行损耗 1% ~ 2%。系统长期运行积累，可以取得较大的经济效益。

（4）可再生能源发电和新型发电技术

为解决能源短缺，改善能源结构不合理，减轻环境污染和合理利用能源，国家决定优先发展和积极支持可再生能源和清洁新能源发电。可再生能源发电是加强环保、调整能源结构，走可持续发展道路的重要途径。可再生能源发电因其环保而又满足电力需求的特点，已得到各方面的高度重视。作为新的、有发展前途的发电形式，无论是从短期还是长远来看，可再生能源发电均会成为常规发电的重要补充。

1）可再生能源和绿色电力

除了大力发展常规的大型水电站、火电站和核电技术外，发展和利用新能源，如太阳能、风能、垃圾、沼气等进行发电的新能源发电技术正在世界范围内迅速发展。自 1995 年以来，世界新能源发电技术进入了快速发展的时期。如世界风能发电几乎增加了近 5 倍；同一时期，如采用天然气、燃料电池等能源发电，采用太阳能、风能等可再生能源发电，采用垃圾焚烧、清洁生物质能发电等。

可再生能源发电通常简称为绿色电力，是国内外均在积极推广和鼓励的发电技术。根据其利用的可再生分布式能源的不同，绿色电力又可细分为风电、太阳能光伏发电、地热发电、潮汐发电、生物质能发电、小水电等。

2）分布式发电及其发展前景

分布式发电一般指的是为了满足一些终端用户的特殊需求，接在用户附近的小型发电系统，通常指的是以天然气、煤层气或沼气为燃料的燃气轮机、内燃机、微型汽轮发电，太阳能光伏发电，以天然气、氢气为燃料的燃料电池发电，生物质能发电，小型风力发电等。

分布式发电系统的原动机可以是燃气轮机、风轮机、太阳能光伏设备、垃圾焚烧锅炉、燃料电池等各种形式的能源转换装置。分布式发电设施通常是指建在城市负荷中心附近，输出功率在几十千瓦到几十兆瓦，经济高效、清洁环保的发电设施，适合以热电联产的发电形式发电。与集中发电的大机组不同，分布式发电设施一般直接安装在负荷附近的 10 kV 或 35 kV 的高压配电网络上。根据容量不同，可以是为企业自己供电，或为居民区和楼宇或商业机构供电。大规模的分布式发电一般进行热电联产，解决当地用户的供电、供热或供冷，效率为 45% ~50%，比集中火电发电的平均效率 33% 要高。

这些新技术适合当地发电需要且适合家庭应用。随着这些小型发电技术的不断发展，电力系统将从远方大型中央发电站发电向在用电地点或用电地点附近发电发展。由于传统的集中式火力发电站基本上都远离负荷中心，往往需要投入大量的网络建设费用来建立输配电网络，网络的安全与稳定运行更是时刻困扰大电网的问题。与传统远离负荷中心依靠远距离输配的电源点相比，分布式发电因直接安装在配电网络中，因此能够缩减投资和降低能源利用成本。节约投资和高成本效益主要体现在：

①分布式发电会对发电、输电系统规划建设产生影响。由于通过当地发电来满足新增负荷需求，可以减少或推迟新建集中式发电厂和远距离输电线，减少和替代了输电、配电网络的扩展建设，减少了输电设备、塔杆、输电走廊征地，降低了长期运行维护费用。

②在运行时，靠近负荷的电力生产可以减少电能输送损失，可用于调峰的分布式发电，还可以通过削峰填谷达到平衡负荷，提高发输电设施利用效率的作用，减少输电配电运行成本并提高系统运行的可靠性。

③可以作为主网发电的备用和支持，在用电高峰期承担用户的部分负荷，从而降低用户用电开支；还可在必要时向电网出售多余电量。微型轮机和内燃机可以电压支持，减少无功损失。在供电方面，它能提供可靠的和高质量的电力：为中压配电网企业和居民小区、高层建筑等用户以及孤立、偏远地区的用户提供电力；提供紧急或后备能源以提高用户电力供应的可靠性。

④分布式发电的特点是靠近用户和能源的综合优化利用，提高了整个系统的性能和经济效益。从系统发展和能源利用的前景看，分布式发电不但有着重要的经济意义，对改善发电和用电环境也有着重要意义，同时还将推动发电系统的多样化和整个系统的发展。

分布式发电设备造价与常规的火力发电相比，不应只考虑电源投资，还应考虑两种能量转换装置的效率和输配电投资及厂用电损耗、输电损耗等。分布式发电设备建设周期短，占地极少，就近负荷安装，节约了输配电网络建设费用并减少线损。分布式发电设备发展重点在于热电联产、风力和太阳光伏等可再生能源。随着分布式发电设备发电技术的不断完善，在规模化生产、大面积应用后，其造价会大幅度地下降，而能源价格会逐步走高。由于其在效率、能源多样化、环保、节能等多方面的优越性，再加上电力市场化的推动作用，分布式发电技术将会有较大的发展。

3）可再生能源发电技术

①风力发电。不联网系统是要解决孤地区，如偏远农牧地区居民和生产用电问题，在依靠电网供电不经济或联网困难的环境下可以发挥积极的作用。联网系统通常规模较大，通过风场并网发电，保证联网运行的电能质量并为电网输送电力。近年来，国际上风力电站的总装机容量增长迅速。大、中型风电机组并网发电成为风能利用的主流形式。随着并网机组需求的持续增长、技术的进步和生产力的上升，机组单机容量提高，生产成本下降，风电已经具有接近能与常规能源竞争的能力。由于风电场年利用时间较少且风电成本高于常规发电成本，单独考虑价格因素，风力发电在竞争中处于劣势，因此现阶段仍需国家政策给予扶持。

随着国家对能源需求宏观调控和环保法规执法力度地不断加大，通过技术创新和发展先进的设备制造能力改进结构设计和制造工艺，提高单机容量并降低机组造价，风力发电会在经济性方面进一步提高，展现出其特有的竞争优势。

②太阳能发电。光伏发电系统的部件除了光伏电池之外，还包括蓄电池、逆变器和控制器等。早期的光伏电池是单晶硅，其价格高、效率低（仅为 8% ~ 10%）。近年来，新型的光伏电池效率可达 12% ~ 13%，成本也大幅度降低。国家先进水平的光伏电池效率为 14% ~ 15%。随着需求的增加和技术的进展，预期光伏发电产品价格将不断下降。为了进一步降低成本、提高效率，国际上对非晶薄膜电池、CIS 太阳能电池、CdTe 薄膜电池、多晶薄膜电池和高性能电池进行积极的研究。低成本的非晶电池已经开始进入大规模生产阶段，多晶电池也进入了试生产阶段。

光伏发电要依靠阳光照射，需要与电网或蓄电池配合使用，才能够提供持久可靠的电力。单从发电能力上讲，$1 m^2$ 太阳能电池组件可将太阳能转换成 100 W 的电力，$1 km^2$ 可转换 0.1 GW（100 万 kW）电力。如果能大规模应用，到 2050 年，太阳能发电量将占总发电量的 26% 左右。除了满足小规模用户的需求外，大规模太阳能发电很有可能成为远期新的电的来源，为我们提供数亿千瓦的发电装机容量，成为满足未来能源需求的战略性能源。

目前光伏发电技术的主要问题是成本高，设备利用小时数低。随着需求的增加和研究的进展，光伏发电将成为有发展前途的发电技术。中国人口众多，面临能源和环境的双重压力，应加快光伏发电技术和产业化的推广工作，以解决长期发展的能源需求。

③燃气轮机和内燃机发电。微型燃气轮机与现有的其他发电技术相比，轮机效率较低，满负荷运行的轮机效率只有 30%，半负荷时，其效率只有 10% ~ 15%。然而，如果利用设备废气的热能进行热电联产，将极大提高其效率。在一些能源成本昂贵的地区，可用于提高电能质量、缓解峰荷和作为替换能源。

使用柴油的内燃机发电，装机容量可以达到 50 ~ 5000 kW。这些柴油设备的废气排放比天然气和中央发电设施的污染要严重，但能够在可靠性、负荷管理和系统紧急控制方面发挥积极作用。由于这些设备造价低，投入运行容易，使用方便，在一些边远地区，可为那些电网供电存在困难或成本过高的地区发电，或用于解决局部地区短时缺电。在 2004 年前后，我国南方沿海经济发达地区严重缺电,柴油发电机发电在小企业中得到大量应用,虽解决了用电的燃眉之急,但与电网供电的效率还是无法相比的,不能用于满足长期的运行需求。

④燃料电池发电。燃料电池主要由燃料电池的存储器、将氢从燃料中分离的提取装置、将直流电转换为交流电的转换装置以及余热利用设备等组成。燃料电池以氢为原料,与普通电池不同的是,它们的燃料来源丰富。氢可以从天然气、丙烷或其他碳水化合物中提取,与空气中的氧气产生化学反应并产生电压。燃料电池生产的电力相对而言没有废弃物排放的问题。

燃料电池的容量可以从 5 kW 到 2 MW 不等。燃料电池的初装费和发电的成本较高。尽管价格仍然较为昂贵,但是,由于供电的可靠性高,将会受到用户的欢迎。

⑤沼气发电和垃圾发电。沼气发电有垃圾填埋沼气发电、污水沉淀污泥沼气发电和生物废料沼气发电等不同形式。虽然垃圾也可以直接焚烧发电,但由于存在可能引起的环境和健康问题,直接焚垃圾烧发电的发展还有一定的阻力。沼气发电是利用有机垃圾掩埋后被微生物分解而产生沼气,其中包含45% ~65%的甲烷、25% ~35%的二氧化碳和10% ~20%的氮气。污水沉淀污泥沼气发电,是通过污泥干燥发酵分解出沼气;生物废料沼气发电,是将生物废料经适当加工处理后产生沼气。沼气发电可以减少沼气可能产生的温室效应,将废弃物再利用,成为可再生能源,起到了节能和环保的双重效果。利用城市的废弃物量、家禽饲养场和其他工业垃圾,可以建设大、中型沼气发电项目。大型垃圾填埋场每年产生的沼气,可以提供几百万千瓦时的电能,从而代替煤电和其他燃料发电。

2.用电节能

从系统运行的角度看,用电节能与电力工业中的负荷管理、系统中变压器、变电站、配电网和其他设备的协调节能均有关,网络结构、配电自动化、系统可靠性、分散发电技术、装备技术、需求侧管理技术等均会影响到系统的效率。从用电的具体装置和设备看,在面向企业和用户的节电技术中,电力电子设备、计算机和各种自动化设备、电子设备得到广泛的应用,电动设备、照明和家用电器的应用量大而广,已成为企业和家庭必需的用电设备,是电力终端节电的重要方面。

3.企业节能和电能的综合利用

企业提高能效的重要措施是能源的梯级和综合利用,热电联产、冷热电联产等能源高效综合利用技术在提高能效方面有明显作用。企业通过采用先进的技术和设备,通过电力和能量优化和综合利用、需求侧管理等技术,实现各种电动设备节能和企业内的系统经济运行,可以显著降低能耗、提高企业的整体能源利用效率。

(1)热电联产

通常使用燃煤锅炉和汽轮机发展热电联产,再从汽轮机中抽出蒸汽用于供热。城市可通过供热管道向街区供热。同时需要电能和热能的造纸厂、炼钢厂及其他工业企业、医院或小区均可以采用热电联产。20 世纪90 年代,天然气的开发利用和燃气轮机的发展给热电联产带来了新的活力,使小规模热电联产更方便、更清洁、更经济并能满足各种需求。热电联产电厂的主要目的不是供电,而是满足热负荷的要求。为了降低输送蒸汽或热水管道损耗,最好将电厂建在用热地点,这样也能为供热地点提供电能,其对环境的意义可能更为深远。由于热电联产在经济特性上的优势,以及在环境和位置的选择上的灵活性,使其可以在发电、供电以及能源的综合利用上优化整个系统的高性能运作,不仅使电能和热能浪费最少,也使电厂规模最小。如果能够将能源使用的各个环节——发电、控制、动力、建筑、照明、电子仪器及热力需求——等作为一个整体来优化,会得到很多经济和环境方面的总体效益。

企业生产和人们生活周围的建筑物、灯、电动机和电子设备都离不开电力。在分散发电系统中,可在用电的地方或其附近发电来满足用电的部分要求。以天然气为原料的燃料电池或者微型涡轮机以热电联产的方式运行,既能供电又能供热。一些热电联产的发电厂不但使用天然气,而且还使用煤、生物质或者残留燃料,如炼油厂排放经过气化装置可变成燃气轮机所需的易燃的燃料气体。一些地方如超级市场需要高功率的制冷,不使用热电联产,而使用三重联产,不但产生热和电,还产生冷却器用的冰水。进行适当的应用,三重联产使燃烧效率更高。

由于热电联产可实现能源梯级合理利用和高效转换,到目前为止,在已应用于商业化的、大规模的所有能源转换技术中,其效率是最高的。一般热电联产能源转换(利用)效率可达 60% ~ 80%。若将一次能源的煤连续、同时地转换成电力、热力和煤气等三种二次能源产品,则其能源转换、利用总效率可达 80% 以上。有一些 CCGT 电厂同时产电和产热,所产的蒸汽或热水用于工业造纸、炼钢和生产其他产品。如此高效地使用燃料,既节约了费用也减少了污染。

优先发展热电联产集中供热是国家产业政策。国家将其作为一项重大的节能措施,鼓励发展对地区住宅建筑、工业企业供热用的热电联产机组改造,取代分散供热的小供热锅炉,提高能源利用率和改善环境。热电联产集中供热具有降低输配电损耗、改进热或电的调节、增加设备的利用小时数、供电可靠性等特点。

根据市场预测,2020 年热电联产的供热量将比 1998 年增加 8.33 倍;发电量将从占全部燃煤发电量的 14.56% 上升到 2020 年的 34.5%;煤炭消耗量将达到 500 万 tce,相当于 1998 年发电和供热总煤炭消耗量的 1.33 倍;全国热电联产总装机容量将达到 2 亿 kW,占同期全国预计总装机容量的 9 亿 kW 的 22%,占火电机组的比例为 37%。

(2)分布式能源的综合利用

分布式能源是指分布在用户端的能源综合利用系统。分布式能源所使用的能源是可以利用的各种清洁能源,实现近距离供能,以直接满足终端用户对多种能源(如热、电,热、电、冷或其他更多种用能形式)需求的梯级利用。它具有能源利用率高、对环境负面影响小、供能可靠性高和经济效益好的特点。

分散的楼宇式热电冷联产系统存在热电冷负荷相互配合的问题。如果热电负荷和机组热电输出比例不匹配,也很容易造成热量的浪费,虽然可以通过增设蓄能装置解决该问题,但是需要在各楼之中设置蓄能罐。通常热电联产系统在冬季热效率能达到 80% 左右,而楼宇式热电联产系统的发电效率一般为 25% ~ 35%,因此需要确定合理的机组热电比,以取得高的能源利用效率。为了满足热力和电力的需要,通常需要一定容量的尖峰负荷锅炉,或通过联网供电实现灵活可靠的能源供应。

采用热泵型燃气内燃机热电联产方案(这种热电联产系统利用热泵技术回收烟气冷凝余热,使烟气排烟温度降低到 20 ~ 30℃),可以使总的热电联产效率提高 20% 左右,这必然可以减小尖峰锅炉的容量,减小燃料补充量,提高系统的经济性。热泵型热电联产系统方案在不同季节有不同的运行方式，冬季运行采用热泵供热和生活热水，同时增设电锅炉调节热电负荷，减小尖峰锅炉的容量，提高系统的经济性；夏季高温热量用于制冷，利用排烟和中冷器中的热量供应生活热水；在其他季节机组运行提供生活热水。随着热负荷的增减，各个供热设备有优化的启停顺序，以达到能源利用率最高的目的。

此外还需合理选择机组。一些楼内可以不安装热电联产装置，由热网统一供热和供冷。冷、热、电联供需要考虑负荷大小、供电区域的状况，以热定电确定合适的容量，必须保证足够的运行小时数，通过蓄能，协调热电负荷的匹配，提高节能率（节燃料率）。这种热、电、冷联产装置分散设置，减少了远距离输热输冷损失；冷机和尖峰锅炉的容量设计合理，发电、产热量和制冷量大小适宜；电力并网与系统互相备用，供电安全性增强，供热制冷的安全性强。大楼内的所有联网热电联产机组、尖峰锅炉、冷机和蓄能装置均可实现统一调度。

燃气型热电联产分布式电源项目在我国累计装机容量已有 25 MW。据预计，到 2020 年，我国热电联产型分布式电源装机容量有望达到 10000 MW，太阳光伏分布式电源的装机容量将达到 1000 MW，废弃物综合利用分布式电源装机容量可望达到 22000 MW。

（3）需求侧管理

需求侧管理（DSM）是主要针对电力用户，调整供电行为的节电及负荷的管理措施。由于每日的电力负荷随着需求做周期性的变化，为了应对可能发生的系统故障，通常需要保持足够的系统发电容量备用。为了应付可能的短时峰负荷到谷负荷的变化，需要调整发电出力并安排机组的启停：在峰负荷时段投入更多机组，包括那些可快速启动和效率较低的机组；在负荷的谷时段，需要降低发电出力或关闭部分机组。这种调整，是属于发电侧的优化和调度管理。实际上，通过需求侧或负荷侧的管理，改变用户的用电时间和用电量，有助于发电侧的运行优化，可以取得显著的节能效果。

通过对电力负荷的使用时间或负荷进行调整和控制，可以达到削峰填谷、能源优化利用的目的。其主要节能潜力在于：①降低系统备用容量，提高系统设备的利用效率；②改变系统短期需求特性，降低为满足峰需求所需的发电容量，减少或延缓电力设备的建设和投入；③改变系统短期需求特性，避免机组的频繁启动和在不经济工作区的运行，提高机组和系统的运行效率。

需求侧管理的电力公司是一种新的且富有活力的商业行为，对其我们不能仅看到系统运行时负荷控制所造成的不便，更应考虑需求侧管理对节能的贡献。在满足供电需求的条件下，从保护环境的角度看，提高能源利用效率可能比增加发电厂更有好处。这需要电力系统实施"综合资源规划"，为此须确定和评估使用户满意的可行方法——不仅是建造更多的发电厂，而且如果经济合理的话，还应该选择升级用户的设备，并从系统运行的角度对负荷需求做协调优化。

DSM 是一种系统的运行优化节能办法，需要人们参与并对自己的用电负荷进行调整和控制。但是，通常用户需要的是不可间断的高质量电力，节能和负荷管理问题关系到改变人们的用电习惯。因此，应通过合理的负荷计划，在达到能源利用优化的同时，尽可能减少负荷控制的负面影响。通过确定合理的电价，鼓励用户淘汰低效设备和采用节能产品等办法，鼓励人们能够积极参与需求侧管理，达到系统优化和降低损耗的目的。

以往的电力企业只管辖到用户的电表为止，从自身发展和赢利的角度往往更希望人们多用电。现在考虑到需求侧管理的意义，作为同时承担社会责任的电力公司，不但要关注供用电量，也应该关心电力计量仪后的用户侧的节约用能问题，即根据"侧需求"的需要，鼓励和支持其选用节能灯和其他终端设备，减少对能源的浪费，实现电力的合理和高效使用。需求侧管理需要电力公司的考核标准的调整，如减少用电量设定指标，调整价格，合理分配节能效益合理分配，鼓励和采取节约电能和升级家庭和商业用户的电力设备等措施。由此不但节约了用电开支，电力公司也扩大了用户，达到使供电和用电双方均受益的结果。

需求侧管理的主要措施包括：

①移峰填谷。采用大峰谷电价、实行可中断负荷电价等措施，引导用户调整生产运行方式，采用蓄冷空调、蓄热式电锅炉，取得一定实效。

②节能节电。采取一些激励政策及措施，推广节能灯、变频调速电动机及水泵、高效变压器等节能设备，具有很好的经济效益及社会效益。

③能源替代。地方政府制定政策，在城区及旅游区禁止烧煤，推行蓄热电锅炉、燃气锅炉及电炊具等，对环境保护效果显著。

在电力供需紧张的情况下，需求侧管理成为解决能源短缺，节约能源的重要措施；在系统正常运行过程中，可以在完成同样用电功能的情况下减少电量消耗和电力需求，缓解缺电压力，降低供用电成本，达到节约能源、实现保护环境和能源合理使用的长远目的。

1.3.2　热力过程节能

1. 热能节能潜力

热能是国民经济和人们生活中应用最广泛的能量形式，因此节约热能有特别重要的意义。除家用炊事和采暖外，热能主要应用于工业企业。工业企业有不同的类型，各种企业的生产过程又多种多样，但从使用热能的目的来看，热能主要用于以下三方面：

①发电和拖动。即将蒸汽的热能转变为电能，用作各种电气设备的动力；或者直接以蒸汽为动力，拖动压气机、风机、水泵、起重机、气锤和锻压机等。这类热能消费者通常称为动力用户。

②工艺过程加工。即利用蒸汽、热水或热气体的热量对工艺过程的某些环节加热，以及对原料和产品进行热处理，以完成工艺要求或提高产品质量。这类热能消费者统称为热力用户。

③采暖和空调。即公用和民用建筑冬季采暖、夏季空调以及热水供应。它们都直接或间接使用大量热能。这类消费者简称为生活用户。

从使用热能的参数来看，可以分为三个级别。

①高温、高压热能。通常指 500℃ 以上、压力为 3.0 ~ 10 MPa 的高温、高压蒸汽或燃气，它们通常用于发电。温度和压力越高，热能转换的效率也越高。

②中温、中压热能。通常指 150 ~ 300℃、4.0 MPa 以下的热能，它们大量用于加热、干燥、蒸发、蒸馏、洗涤等工艺过程，少数用于气力拖动。

③低温、低压热能。通常指 150℃、0.6 MPa 以下的热能，主要用于采暖、热水、制冷、空调等。

在工业企业中，中、低参数的热能使用最广泛，如表 1 - 4 所示。

表1-4 不同工业部门使用蒸汽热能的参数

工业部门	用汽的工艺过程或设备	蒸汽参数	
		压力/MPa	温度/℃
冶金工业	蒸气轮机带动发电机、风机、水泵或直接带动锻压设备	1.4~3.0	200~300℃
机械制造工业	铸造烘干	0.3~0.4	饱和或过热蒸汽
	工件清洗	0.2~0.3	
	浸蚀池	0.5~0.6	
	零部件加热	0.3~0.4	
	油加热	0.4~0.5	
	气体加热炉鼓风	0.4~0.6	
化学工业	原料及产品干燥	0.2~0.5	饱和或过热蒸汽
	热沸腾	0.4~0.6	
	蒸发	0.2~0.4	
	原料及产品干燥	0.2~0.5	
	液体蒸馏	0.4~0.6	
	工件热补	0.6~0.9	
纺织工业	烫平	0.4~0.6	饱和或过热蒸汽
	黏结	0.3~0.5	
	色染	0.3~0.5	
皮革工业	热压平	0.3~0.4	饱和或过热蒸汽
	煮	0.3~0.4	
	烘干	0.3~0.4	
	蒸发	0.3~0.5	
造纸工业	纤维纸料生产	0.6~0.8	饱和或过热蒸汽
	纸料干燥	0.3~0.5	
食品工业	煮	0.3~0.5	饱和或过热蒸汽
	干燥	0.3~0.5	
	清洗	0.3~0.5	

我国各工业部门节约潜能非常巨大。这是因为,一方面,与国外相比,我国主要工业产品单位能耗高;另一方面,在工业过程中又有大量的余热被白白浪费掉。我国的余热资源也非常丰富。从广义上讲,凡是温度比环境高的排气和待冷物料所包含的热量都属于余热。具体而言,可以将余热分为以下六大类:

①高温烟气余热,主要指各种冶炼窑炉、加热炉、燃气轮机、内燃机等排出的烟气余热,

这类余热资源数量最大,约占整个余热资源的 50% 以上,其温度为 650~1650℃。

②可燃废气、废液、废料的余热,如高炉煤气、转炉煤气、炼油厂可燃废气、纸浆厂黑料、化肥厂的造气炉渣、城市垃圾等。它们不仅具有物理热,而且含有可燃气体。可燃废料的燃烧温度为 600~1200℃,发热值为 3350~10465 kJ/kg。

③高温产品和炉渣的余热,其中有焦炭、高炉炉渣、钢坯钢锭、出窑的水泥和砖瓦等,它们在冷却过程中会放出大量的物理热。

④冷却介质的余热,指各种工业窑炉壳体在人工冷却过程中冷却介质所带走的热量,例如电炉、锻造炉、加热炉、转炉、高炉等都需要采用水冷,水冷产生的热水和蒸汽都可以利用。

⑤化学反应余热,指化工生产过程中的化学反应热,这种化学反应热通常又可在工艺过程中再加以利用。

⑥废气、废水,这种余热的来源很广。如热电厂供热后的废气、废水、各种动力机械的排汽以及各种化工、轻纺工业中蒸发、浓缩过程中产生的废气和排放的废水等。

余热按温度水平可以分为 3 挡:高温余热,温度大于 650℃;中温余热,温度为 230~650℃;低温余热,温度低于 230℃。表 1-5 即为我国工业各部门的余热来源及余热所占的比例。

表 1-5　工业各部门的余热来源及余热所占的比例

工业部门	余热来源	余热约占部门燃料消耗量的比例/%
冶金工业	高炉、转炉、平炉、均热炉、轧钢加热炉等	33
化学工业	高温气体、化学反应、可燃气体、高温产品等	15
机械工业	锻造加热炉、冲天炉、退火炉等	15
造纸工业	造纸烘缸、木材压机、烘干机、制浆黑液等	15
玻璃搪瓷工业	玻璃熔窑、坩埚窑、搪瓷转炉、搪瓷窑炉等	17
建材工业	高温排烟、窑顶冷却、高温产品等	40

2. 提高热力系统和能量转换系统效率的途径

一切能源的利用过程本质上都是能量的传递和转换过程,这两个过程的在理论上和实践上都存在着一系列物理的、技术的和经济方面的限制因素。例如,热能的利用首先要受热力学第一定律(能量守恒)和第二定律(能量贬值)的制约;能量在传递和转换过程中由于热传导、对流和辐射必然产生能量的损失和能量的品质降低。因此,能源有效利用的实质是在热力学原则的指导下提高能量传递和转换的效率,宏观上讲,是使所有需要消费能源的地方最充分地发挥能源的利用效果,使能源得到最经济、最合理的利用。

提高热力系统和能量转换系统效率的主要原则是:

①提高能量传递和转换设备的效率,减少转换的次数和传递的距离。

②在热力学原则的指导下,从能量的数量和质量两方面分析,计算能量的需求和评价能源使用方案,按能量的品质合理使用能源,尽可能防止高品质能量降级使用。

③按系统工程的原理，实现整个企业或地区用能系统的热能、机械能、电能、余热、余压的全面综合利用，使能源利用最优化。

④大力研发、研究节能新技术，如高效清洁的燃烧技术、高温燃气透平、高效小温差换热设备、热泵技术、热管技术和低品质能源动力转换系统等。

各主要过程工业提高热力系统和能量转换系统效率的主要途径有：

①电力工业。大力发展 60 万 kW 及以上超超临界机组、大型联合循环机组；采用高效、洁净发电技术，改造在运火电机组，提高机组发电效率；实施"以大代小"、"上大压小"和小机组淘汰退役，提高单机容量；发展热电联产、热电冷联产和热电煤气多连供；推进跨大区联网，实施电网经济运行技术；采用先进的输、变、配电技术和设备，逐步淘汰能耗高的老旧设备，降低输、变、配电损耗；采用天然气发电机组替代燃油小机组；优化电源布局，适当发展以天然气、煤层气和其他工业废气为燃料的小型分散电源，加强电力安全；减少电厂自用电。

②钢铁工业。加快淘汰落后工艺和设备，提高新建、改扩建工程的能耗准入标准，实现技术装备大型化、生产流程连续化、紧凑化、高效化，最大限度地综合利用各种能源资源。大型钢铁企业焦炉要建设干熄焦装置，大型高炉配套炉顶压差发电装置(TRT)；炼钢系统采用全连铸、溅渣护炉等技术轧钢系统进一步实现连轧化，大力推进连铸坯－火成材和热装热送工艺，采用蓄热式燃烧技术；充分利用高炉煤气、焦炉煤气和转炉煤气等可燃气体和各类蒸汽，以自备电站为主要集成手段，推动钢铁企业节能降耗。

③有色金属工业。矿山重点采用大型、高效节能设备，提高采矿、选矿效率；钢熔炼采用先进的富氧闪速及富氧熔池熔炼工艺，替代反射炉、鼓风炉和电炉等传统工艺，提高熔炼强度；氧化铝发展选矿拜耳法等技术，逐步淘汰直接加热熔出技术；电解铝生产采用大型预焙电解槽，限期淘汰自焙电解槽，逐步淘汰小预焙槽；铅熔炼生产采用氧气底吹炼铅新工艺及其他氧气直接炼铅技术，改造烧结鼓风炉工艺，淘汰土法炼铅；锌冶炼生产发展新型湿法工艺，淘汰土法炼锌。

④石油石化工业。油气开采应用采油系统优化配置技术，稠油热采配套节能技术，注水系统优化运行技术，油气密集输综合节能技术，放空天然气回收利用技术；石油炼制提高装置开工负荷和换热效率，优化操作，降低加工损失；乙烯生产优化原料结构，采用先进技术改造乙烯裂解炉，优化急冷系统操作，加强装置管理，降低非生产过程能耗；以洁净煤、天然气和高硫石油焦替代燃料油(轻油)，推广应用循环流化床锅炉技术和石油焦气化燃烧技术，采用能量系统优化、重油乳化、高效燃烧器及吸收式热泵技术回收余热。

⑤化学工业。大型合成氨装置采用先进节能工艺、新型催化剂和高效节能设备，提高转化效率，加强余热回收利用；以天然气为原料的合成氨加快以洁净煤或天然气替代原料油的改造；中小型合成氨采用节能设备和变压吸附回收技术，降低能源消耗；煤造气采用水煤浆或先进煤粉气化技术替代传统的固定床造气技术；烧碱生产逐步淘汰石墨阳极隔膜法，提高离子膜法的比重；纯碱生产淘汰高能耗设备，采用设备大型化、自动化等措施。

⑥建材工业。水泥行业发展新型干法窑外分解技术，提高新型干法水泥熟料比重，积极推广节能粉磨设备和水泥窑余热发电技术，对现有大中型回转窑、磨机、烘干机进行节能改造，逐步淘汰机立窑、湿法窑、干法中空窑及其他落后的水泥生产工艺；玻璃行业发展先进的浮法工艺，淘汰落后的垂直引上和平拉工艺，推广窑炉全保温技术、富氧和全氧燃烧技术

等；建筑陶瓷行业淘汰倒焰窑、推板窑、多孔窑等落后窑型，推广辊道窑技术，改善燃烧系统；卫生陶瓷生产改变燃烧结构，采用洁净气体燃烧无匣钵烧成工艺；积极推广应用新型墙体材料以及优质环保节能的绝热隔音材料、防水材料和密封材料，提高高性能混凝土的应用比重

⑦煤炭工业。逐步淘汰技术落后、效率低、资源浪费严重和污染环境的小煤矿，建设大型现代化煤矿，实现高效高产；采用新型高效通风机、节能排水泵，对设备及系统进行节能改造，完善煤炭综合加工体系，提高煤炭利用效率。

1.3.3　建筑节能和绿色建筑

1. 建筑节能的潜力

人类从自然界所获得的物质原料的50%以上是用来建造各类建筑及其附属设施的。这些建筑在建造和使用过程中，又消耗了全球50%的能量。在环境总体污染中，与建筑有关的空气污染、光污染、电磁污染等就占了34%；建筑垃圾则占人类活动产生垃圾总量的40%。在发展中国家，剧增的建筑量还使侵占土地、破坏生态资源等现象日益严重。

随着经济的发展和人民生活水平的提高，我国建筑面积持续增长。自1991年起，每年平均新增建筑面积10亿 m^2，其中尤以大、中城市增长更为迅速。中国现有建筑总面积400亿 m^2 余，预计到2020年还将新增建筑面积约300亿 m^2。各类建筑能耗巨大，高层建筑更是如此。资料显示，我国单位建筑面积采暖能耗相当于气候条件相近的发达国家的2~3倍。据估计，我国每年城镇建筑仅采暖一项，其能耗占全国总能耗的11.5%。若按广义能耗统计，目前建筑能耗约占全社会总能耗的42%，而且随着工业化和城镇化水平的提高，最终将达到50%左右。建筑部统计，不推行建筑节能或者绿色建筑，到2020年，我国建筑的能耗将达到11亿 tce，即为现在建筑所消耗能源的3倍以上，这是非常巨大的能源消耗，值得注意的是，建筑能耗的持续增长又加重了我国城市电网的不平衡。早在1995年，东北电网的最大峰谷差已达到最大负荷的37%，华北电网为40%。电力峰谷差的拉大，导致电力设备平均利用小时数逐年下降，经济效益降低。此外，我国建筑能源消费结构单一，由于未能使用多种能源，峰谷段上互补效应差，造成夏季大规模空调用电，电网不堪重负，而燃气市场处于淡季；冬季则反之。此种情况不但造成能源的浪费，而且不利于能源消费的结构调整，因此建筑节能是我国节能工作的一个重要环节。

我国建筑物的能耗现状见图1-1，其中能耗最大的部分为建筑物的采暖和空调。目前我国单位建筑面积的采暖能耗为发达国家的2~3倍，其主要原因之一是，我国建筑围护结构的隔热保温性能太差，与气候条件相近的发达国家相比，外墙差4~5倍，屋顶差2.5~5.5倍，外窗差1.5~2.2倍，门窗气密

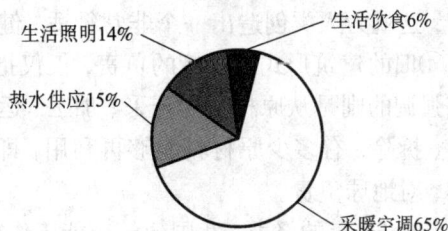

图1-1　我国建筑能耗的现状

性差3~6倍。另外，建筑能量供给形式单一，也是造成能源利用率低的原因。例如对上海200栋高层建筑冷、热源的统计表明，建筑物采暖，空调系统的驱动能源主要集中在燃油和电。能源利用形式简单，联产方式的能源阶梯利用的建筑物极少，仅占1%。以上情况说明我国建筑节能的潜力是十分巨大的。

为了推进建筑节能工作，早在"十一五"期间，我国政府规定，新建建筑严格实施节能50%的设计标准，其中北京、天津等少数大城市率先实施节能65%的标准。供热体制改革全面展开，在各大中城市普遍推行居住及公共建筑集中采暖按热表计量收费，在小城市试点。结合城市改建，开展既有居住和公共建筑节能改造，大城市完成改造面积25%，中等城市达到15%，小城市达到10%。鼓励采用蓄冷、蓄热空调及冷、热电联供技术。加快太阳能、地热等可再生能源在建筑中的利用。

2. 节能建筑和绿色建筑概念

节能建筑与绿色建筑是两个概念。节能建筑是按节能设计标准进行设计和建造建筑，降低其在使用过程中的能耗。绿色建筑是指为人们提供健康、舒适、安全的居住、工作和活动的空间，同时在建筑全生命周期（物料生产、建筑规划、设计、施工、运营维护及拆除、回用过程）中实现高效率地利用资源（能源、土地、水资源、材料）、最低限度地影响环境的建筑物。绿色建筑也有人称之为生态建筑、可持续建筑。

推进节能与绿色建筑的发展是建设事业走科技含量高、经济效益好、资源消耗低、环境污染少、人力资源得到充分发挥的新型工业化道路的重要举措；是贯彻落实科学发展观的具体体现；是按照减量化、再利用、资源化的原则，搞好资源综合利用，建设节约型社会，发展循环经济的必然要求；是实现建设事业健康、协调可持续发展的重大战略性工作，对全面建设小康社会进而实现现代化的宏伟目标，具有重大而深远的意义。

绿色建筑与一般建筑的区别体现在以下四个方面：

①老建筑耗能非常大，消耗了50%的能源，产生了50%的污染。新的绿色建筑则减少了能耗。在发达国家中，如丹麦、瑞士、瑞典甚至提出了零能耗、零污染、零排放的建筑。这些建筑充分地利用了地热、太阳能和风能。绿色建筑和旧建筑相比，耗能可以降低70% ~ 75%，最好的能够降低80%。而且随着能源消耗的降低，水资源的消耗也降低了。

②一般的建筑是一种商品化的生产技术，它采用标准化、产业化技术，造成了大江南北建筑风貌雷同，千城一面；而绿色建筑强调的是采用本地的文化、本地的原材料，尊重本地的自然、本地的气候条件，这样的风格就完全是本地化，可以产生出新的美学。这样的绿色建筑既能创造一种新的美感又给人们提供良好的生活条件。

③传统建筑是封闭的，把气候变化全部进行隔离，造就的室内环境往往是不健康的；绿色建筑的内部与外部采取有效连通的办法，依据室内人员的负荷、环境的负荷，自动地进行调节，这就为人类创造出一个非常舒适、健康的室内环境。

④旧的建筑形式对环境的负责，仅仅指在建造过程或者是使用过程中对环境负责。绿色建筑强调的则是从原材料的开采、加工、运输一直到使用，涉及原材料的源头直至建筑物的废弃、拆除，有多少原材料能够再利用，即强调的是建筑从诞生到废弃的全过程，对全人类负责、对地球负责。

经近20年的努力，我国建筑节能工作得到了逐步推进，取得了较大成绩。与此同时，伴随着可持续发展思想得到国际社会的认同，绿色建筑理念在中国也逐渐受到了重视。我国在绿色建筑发展上做了大量的工作，开展了绿色建筑关键技术研究，设立了"全国绿色建筑创新奖"，在办公建筑、高等院校图书馆、城市住宅小区、农村住宅等建筑类型进行了绿色建筑的实践。

对节能建筑和绿色建筑，我国设定了两个阶段的目标。第一个阶段，到2010年，全国新建建筑争取 1/3 以上能够达到绿色建筑和节能建筑的标准。同时，最主要的是全国城镇建筑的总能耗要实现节能 50%。第二个阶段，到 2020 年，要通过进一步推广绿色建筑和节能建筑，使全社会建筑的总能耗能够达到节能 65% 的总目标。

1.3.4　交通节能

内燃机是各种交通工具最重要的动力来源，包括汽车、拖拉机、火车机车和船舶；此外大多数工程机械，如推土机、压路机、起重机等也是以内燃机为动力；农业机械、抽水排灌、移动电站也离不开内燃机；柴油发电机组更是工矿企业必备的应急电源，因此，内燃机是石油的最大的消费者。

随着我国经济的快速发展，石油总需求越来越大。2010 年我国石油总需求的 47% 依赖进口。除了内燃机以外，航空发动机用油、燃油工业炉窑和锅炉，以及燃煤的工业炉窑和锅炉用以点火和稳燃的用油、用做溶剂和清洁剂的柴、汽油等的迅速增加都将加剧我国石油的供需矛盾。

目前我国交通行业能源利用效率很低，例如机动车燃油经济水平比欧洲低 25%，比日本低 20%，比美国整体水平低 10%；载货汽车百吨公里油耗 7.6 L，比国外先进水平高 1 倍以上；内河运输船舶油耗比国外先进水平高 10% ~ 20%。因此，节能潜力十分巨大。

我国对交通节能工作十分重视，早在 1986 年交通部就颁布了《交通行业节能管理实施条例》，提出了"加强交通行业的能源科学管理，依靠技术进步，有计划地对费能型设备进行更新改造，降低能源消耗，提高能源使用效率和经济效益，促进交通运输事业的发展"的指导方针。在我国《节能中长期专项规划》中对交通运输行业的要求是：

①公路运输。加速淘汰高耗能的老旧汽车；加快发展柴油车、大吨位和专业车；推广厢式货车，发展集装箱等专业运输车辆；改善道路质量；加快运输企业集约化进程，优化运输组织结构；减少单车单放空驶现象，提高运输效率等。

②新增机动车。未来用油增长最快的是机动车。根据美国、日本、欧洲等国家的经验，机动车节油最经济有效的措施就是制定和实施机动车燃油经济性标准并实施车辆燃油税等相关制度，促进汽车制造企业改进技术，降低油耗，提高燃油经济性，引导消费者购买低油耗汽车。

③城市交通。合理规划交通运输发展模式，加快发展轨道交通等公共交通，提高综合交通运输系统效率；在大城市建立以道路交通为主，轨道交通为辅，私人机动交通为补充，合理发展自行车交通的城市交通模式；中小城市主要以道路公共交通和私人交通为主要发展方向。

④铁路运输。加快发展电气化铁路，实现铁路运输以电代油；开发交—直—交高效电力机车；推广电气化铁路牵引功率因数补偿技术和其他节电措施，提高用电效率。内燃机车采用高效柴油添加剂和各种节油技术和装置；严格机车用油收、发计算机集中管理；发展机车向客车供电技术，推广使用客车电源，逐步减少和取消柴油发电车，加强运输组织管理，优化机车操纵，降低铁路运输燃油消耗。

⑤航空运输。采用节油机型（不同机型单耗在 0.2 到 1.4 kg/（t·km）的范围）加强管理，提高运载率、客座率和运输周转能力，提高燃油效率，降低油耗。

⑥水上运输。通过制定船舶技术标准，加速淘汰老旧船舶；采用新船型和先进动力系

统；发展大宗散货专业化运输和多式联运等现代运输组织方式；优化船舶运力结构，提高船舶平均载重吨位等。

石油应主要用于交通运输、化工原料和现阶段无法替代的用油领域，为此我国将实施节约和替代石油工程，即"十一五"期间电力、石油石化、冶金、建材、化工和交通运输行业通过实施以洁净煤、石油焦、天然气替代燃料油（轻油），加快西电东送，替代燃油小机组；实施机动车燃油经济标准及相配套政策和制度，采取各种措施节约石油；实施清洁汽车行动计划，发展混合动力汽车，在城市公交客车、出租车等推广燃气汽车，加快醇类燃料推广和煤炭液化工程实施进度，发展替代燃料，估计可节约和替代石油 3800 万 t。

重点与难点

重点：(1)节能的含义；(2)节能的意义；(3)我国节能目标及发展战略；(4)节能技术途径；(5)热力系统节能的潜力及技术；(6)建筑节能的潜力；(7)绿色建筑的含义。

难点：(1)节能的含义及其技术途径；(2)绿色建筑的含义。

思考与练习

1. 什么是节能？节能具有哪些意义？
2. 我国主要耗能领域有哪些？各自的节能潜力如何？
3. 节能工作具有哪些特点？
4. 我国的节能具有怎样的战略地位？
5. 电力过程节能包括哪些方面的内容？
6. 可再生能源发电技术有哪些？
7. 热力过程节能具有哪些潜力？

第 2 章
建筑节能基础

2.1　建筑节能概况

2.1.1　建筑节能的背景

过去一些国家为了追求经济的高速发展，无节制地使用能源，到了 20 世纪七八十年代，石油开始大幅度涨价，全世界遭受到能源危机，由此掀起了节能的高潮。面对世界的能源危机和环境危机，各国开始努力，提高用能效率，开发新能源和可再生能源，以保护环境为目标，走可持续发展的道路。

由于建筑用能在社会总耗能中所占比重巨大，建筑节能成为一个热点问题，受到国内外高度关注。然而建筑节能并不是以牺牲人的舒适和健康为代价，而是在建筑中提高能源利用效率，用有限的资源和最小的能源消费代价取得最大的经济和社会效益。建筑节能是贯彻可持续发展战略、实现国家节能规划目标、减排温室气体的重要措施，符合全球发展趋势。

2.1.2　建筑节能的概念

世界上"建筑节能"的概念曾有过不同的含义，自 1973 年世界上发生能源危机以后的 30 多年里，在发达国家，建筑节能的含义已经经历了三个发展阶段：第一阶段，称为在建筑中节约能源；第二阶段，称为在建筑中保持能源，即在建筑中减少能源的散失；第三阶段，称为在建筑中提高能源利用率。

在我国，建筑节能的含义应为第三阶段的内涵，即在建筑中合理地使用和有效地利用能源，不断提高能源利用效率。具体来说，建筑节能是指在建筑物的规划、设计、新建、改造和使用过程中，执行节能标准，采用节能型的技术、工艺、设备、材料和产品，提高保温隔热性能和采暖供热、空调制冷制热系统效率，加强建筑物用能系统的运行管理，利用可再生能源，在保证室内热循环质量的前提下，减少供热、照明、热水供应的能耗。

2.1.3　节能建筑的特征及实现节能的意义

节能建筑的特征有五个方面：①少消耗资源。设计、建造、使用要减少资源消耗。②高性能品质。结构用材要足够强度，保温、防水，有耐久性，围护结构的热工性能好等。③减少环境污染。采用低污染材料，利用清洁能源。④长生命使用期。⑤多回收利用。

实施建筑节能对社会的发展具有重大意义。

①建筑节能是社会经济发展的需要。经济的发展，依赖于能源的发展，需要能源提供动力。能源短缺对于我国经济的发展是一个根本性的制约因素。从能源资源条件看，我国煤炭和水力资源比较丰富，但煤炭的经济可采储量和可开发的水电量按人均水平计算，均低于世界人均水平的一半，至于石油和天然气就更少了。为了后代可持续利用国家的能源储藏，我们现在就必须节约能源。

②建筑节能是减轻大气污染的需要。随着城镇建筑的迅速发展，采暖和空调建筑、生活和生产用能日益增加，向大气排放的污染物急剧增长，环境形势十分严峻。大气污染以煤烟为主，其中建筑采暖和炊事用能是造成大气污染的两个主要因素。而大气污染对居民健康造成严重危害。

③建筑节能是改善建筑热环境的需要。随着现代化建设的发展和人们生活水平的提高，舒适的建筑热环境日益成为人们生活的需要。在发达国家，适宜的室温已成了一种基本需要，他们通过越来越有效地利用能源来满足这种需要。在我国，这种需要也在日益迫切，这与我国大部分地区冬冷夏热的气候特点关系很大。

④建筑节能是发展建筑业的需要。多年以来，发达国家建筑业发展的实践证明，众多建筑技术、建筑产品的发展都与建筑节能的发展息息相关。这是因为，随着国家对建筑节能要求的日益提高，墙体、门窗、屋顶、地面以及采暖、空调、照明等建筑的基本组成部分都发生了巨大的变化。

房屋建筑不再是砖石等几种传统产品包揽天下，多年以来惯用的材料和做法不得不退出历史舞台，材料设备、建筑构造、施工安装等都在进行多方面的变革，许多新的高效保温材料、密封材料、节能设备、保温管道、自动控制元器件大量涌入建筑市场。新的节能建筑大量兴建，加上既有建筑大规模的节能改造，产生了巨大的市场需求，从而涌现出许多生产建筑节能产品的企业，也促进了设计、施工和物业管理部门调整其技术结构和产业结构，使得不少发达国家的建筑业在相对停滞中出现了生机。不仅发达国家的情况如此，从我国几个建筑节能工作开展得较好的城市的经验中也可以看出，建筑节能对于建筑师而言是一种新的动力。谁能更早地看清楚这一点，谁就掌握了主动权，在日后的竞争中将占有较大的优势。

2.1.4　国内外建筑节能的概况

1. 英国

英国从 1973 年开始研究建筑节能，除对新建房屋采取节能措施外，对旧房也要进行相应的节能改造。英国在节能建筑中采取的技术措施主要有三个方面：一是采用构造措施，提高墙体、屋面及门窗的保温性能；二是利用太阳能；三是改进供热系统。除此以外，英国还大力推广被动式太阳房，积极构建绿色建筑，以达到节能环保的目的。英国政府历来十分重视建筑节能的设计工作，除制定最低节能标准外，还采取了税收杠杆政策限制用能，对新建项目进行设计节能审查及施工抽查，确保工程符合节能要求。在大力推行节能标准的同时，英国政府还采取诸多措施引导民众参与节能工作。

2. 美国

美国主要从两方面开展建筑节能工作：一是建筑物本身的热工性能，即通过提高建筑围护结构的保温隔热性能，门窗的密闭性能和充分利用通风、太阳能、自然采光等措施来降低采暖和空调的能耗；二是提高建筑物内的能耗系统及设备的能源效率，包括采暖、空调系统、照明灯具、热水器、家用电器及办公设备等。美国在开发新能源、使用无污染能源的技术上处于世界领先地位。目前，美国将光能转化成电能，给家庭、学校、公共建筑等提供有效的能源，应用较好，普及面广。收集的方法一种是采用蓄电池进行储存能源；另一种是直接将光电池板所收集的光能转化成电能，用来照明、供应热水、空调制冷制热和给汽车充电等。美国国会先后通过了《太阳能供暖降温房屋的建筑条例》和《节约能源房屋建筑法规》等鼓励新能源利用的法律文件；在经济上也采取有效措施，不仅在太阳能利用研究方面投入大量经费，而且国会还通过了一项对太阳能系统买主减税的优惠办法。因此，美国太阳能建筑的发展极为迅速，无论是对太阳能建筑的研究、设计优化，还是材料和房屋部件结构的产品应用，都已形成完整的建筑产业化体系。

3. 日本

日本经过在节能方面多年的苦心经营，成为世界上能源利用率最高的国家之一。早在1979 年 6 月就通过了《能源法》。日本是建立节能体制最为完善的国家，从中央政府到地方都建立了一套完备的能源管理机构和咨询机构，专门研究节能问题。此外，日本还普遍建立了民间组织节能中心，彼此交流经验。日本这种自上而下的全国性节能体制，已经产生了巨大的收益。在建筑节能的配套体制方面，日本政府推行优惠政策的金融制度，鼓励采用节能措施。另外，日本还提出了"建筑的节能与环境共存设计"的概念，指出在建筑设计时必须把寿命与自然共存、节能、节约资源与能源的再循环等因素考虑进去，以保护人类赖以生存的地球环境，构筑大家参与的"环境行动"的氛围。为了使所制定的法规得以执行，日本政府为此制定了许多具体可行的监督措施和必须执行的节能标准，并有明确的节能目标。日本的节能标准是将公共建筑和住宅建筑分开制定的，公共建筑还按其使用功能不同而划分为宾馆、医院、百货商场、办公建筑、学校等五个类型，并分别给出了相应的节能标准。

4. 中国

我国建筑节能工作虽然起步较晚，但已经取得很大的成效。根据住房城乡建设部给出的数据，在新建建筑执行节能强制性标准方面，2013 年，全国新增节能建筑 $1.44 \times 10^9 \text{ m}^2$，可形成 1300 万 t 标准煤节能能力；全国城镇累计建成节能建筑 $8.8 \times 10^9 \text{ m}^2$，约占城镇民用建筑面积的 30%，共形成 8000 万 t 标准煤节能能力。在既有居住建筑节能改造方面，财政部、住房城乡建设部安排 2013 年度北方采暖地区既有居住建筑供热计量及节能改造计划 $1.9 \times 10^8 \text{ m}^2$，截至 2013 年年底，各地共计完成改造面积 $2.24 \times 10^8 \text{ m}^2$。在公共建筑节能监管体系建设方面，截至 2013 年年底，全国累计完成公共建筑能源审计 1 万余栋，能耗公示近 9000栋建筑，对 5000 余栋建筑进行了能耗动态监测。在 33 个省市（含计划单列市）开展能耗动态监测平台建设试点。在可再生能源建筑应用方面，截至 2013 年年底，全国城镇太阳能光热应用面积 $2.7 \times 10^9 \text{ m}^2$，浅层地能应用面积 $4 \times 10^8 \text{ m}^2$，建成及正在建设的光电建筑装机容量达1875 兆瓦。在绿色建筑与绿色生态城区建设方面，截至 2013 年年底，全国共有 1446 个项目获得了绿色建筑评价标志，建筑面积超过 $1.6 \times 10^8 \text{ m}^2$，其中 2013 年度有 704 个项目获得绿色建筑评价标志，建筑面积为 $8.69 \times 10^7 \text{ m}^2$。除此之外，政府还制定了一系列的政策法规，各个省份也都在积极开展建筑节能工作。当然，和发达国家相比，我们还有很大差距，仍需继续努力。

2.2 建筑能耗基本知识

2.2.1 建筑能耗的概念

一个国家的社会总能耗包括工业能耗、交通能耗和建筑能耗。而建筑能耗又有两种定义方法：广义的建筑能耗是指从建筑材料制造、建筑施工，一直到建筑使用的全过程能耗。狭义的建筑能耗为使用能耗，即人们日常用能，如采暖、空调、照明、电器设备、炊事、电梯等的能耗，它是建筑能耗中的主导部分。我们通常所说的建筑能耗是狭义的建筑能耗，也就是建筑在使用过程中所产生的能耗，这部分能耗所占比重很大，约占广义建筑总能耗的80%～90%。从能源消耗领域看，主要包括商业建筑、公共设施和居民住宅中各种用能设备的运行能耗。在发达国家，建筑能耗更多地被称为商用(民用)能耗，一般占全国能耗总量的30%～40%。

2.2.2 建筑能耗的分类

1. 按照用能方式分类

按照用能方式分类，建筑能耗主要包括采暖、空调(制冷)、照明、电器设备、热水饮用、炊事、电梯、通风等方面的能耗。其中以采暖和空调能耗为主，一般占建筑总能耗的50%～70%。

2. 按照建筑类型分类

从建筑功能角度分，建筑主要分为公共建筑(包括办公楼、宾馆、商场、医院、学校、仓储等建筑)、民用居住建筑(住宅)及工业建筑(厂房等)等。建筑能耗主要指公共建筑和住宅中的能源消费，在国外通常称为商用或民用能耗，不包括在工业生产过程中的工艺能耗，此部分应计入工业能耗中。

3. 按照能耗特点分类

我国正处于经济快速发展，城镇化快速提高的过程中，同时由于我国幅员辽阔、人口众多，气候条件复杂，不同地域、不同建筑类型的能源服务水平和能耗特点差距较大，所以，根据这些特点，我国的建筑能耗又可以进行如下划分。

(1)北方城镇建筑采暖能耗

我国传统采暖区是指北方严寒和寒冷地区的15个省份(包括北京、天津、河北、山西、内蒙古、辽宁、吉林、黑龙江、山东、河南、陕西、甘肃、青海、宁夏、新疆)的城镇地区。这些地区的人口超过全国人口的40%。北方城镇地区的采暖能耗，不但是我国建筑能耗的主要构成部分，而且在当地社会能耗中也占据了较大的比重。所以，北方城镇地区的供热节能，不但是建筑节能长期以来的工作重点，也是当地节能工作的重点领域。

(2)城镇居民生活用能

城镇居民生活用能包括照明、家电、空调和长江流域及长江以南地区的分散采暖用能。目前，因为这些电器的普及率及能源服务水平还相对较低，单位面积平均用电量水平与发达国家存在很大差距，但城镇居民生活用能正在呈现快速增长的趋势。

(3)农村居民生活用能

农村居民生活用能包括农村居民采暖、炊事、照明及家用电器用能。因为当前的农村居民生活能源服务水平还非常低，农村居民生活用能燃料正在从传统的薪柴等生物能源向液化石油气、天然气、电能等方向升级，所以农村居民生活用能将存在很大的提升空间。

（4）大型公共建筑用电

大型公共建筑用电指高档办公楼、宾馆、大型购物中心、综合商厦、交通枢纽等（单栋超过 $2 \times 10^4 \ m^2$，采用中央空调制冷方式）的空调、照明、电器、动力设备的用电量。其特点是单位面积能耗非常高，为城镇住宅的 10～15 倍，为一般办公建筑的 2～4 倍，与美国基本在同一水平，比日本要高。同时，节能水平远远低于西欧、北欧水平，普遍存在 30% 以上的节能潜力。

（5）一般公共建筑用电

一般公共建筑用电包括一般的办公室、商店、饭店、宾馆、教室等的照明、办公用电设备、饮水设备、空调用电等。

2.2.3　建筑能耗计量

建筑能耗计量作为建筑能源管理的基础性工作，通过收集和统计各类建筑运行期间的各项能耗数据，为建筑节能技术的落实和开展提供一线依据，并且对其进行反馈，不断地改进节能技术措施等，达到优化建筑能源管理方案的目的。

建筑能耗计量工作的目的有三点：一是了解建筑能耗的整体状况，掌握其在社会能耗总消耗中的比例和重要性；二是了解各类建筑的能耗状况，通过纵横比较确定建筑能耗的重点；三是掌握建筑的具体能耗数据，用于确定具体的节能技术措施。

我国目前对建筑能耗计量先从公共建筑开始，其特点是用能密度大，用能相对独立。公共建筑能耗监测系统是指对国家机关办公建筑和大型公共建筑安装分类和分项能耗计量装置，采用远程传输等手段及时采集能耗数据并进行监测，是实现重点建筑能耗在线监测和动态分析功能的硬件系统和软件系统的统称。

分类能耗指根据国家机关办公建筑和大型公共建筑消耗的主要能源种类划分进行采集和整理的能耗数据，分类能耗项目主要包括耗电量、耗水量、耗燃气量（天然气或煤气量）、集中供热耗热量、集中供冷耗冷量、其他能源消耗量等。

分项能耗是指根据各类能源的主要用途划分进行采集和整理的能耗数据。分项计量是指对公共建筑中各路用电系统的分项能耗的要求进行分别计量。如表 2-1 所示。

表 2-1　分项能耗计量表

计量项	备注
照明用电	建筑功能区域内照明和插座用电、走廊照明用电、建筑主体照明及亮化照明用电
空调用电	指建筑内提供空调采暖服务的设备用电，包括冷、热站用电，空调末端用电等
动力用电	指建筑内提供各种动力服务的用电，包括电梯用电、水泵用电、通风系统用电等
特殊用电	指非建筑内常规功能用电设备耗电，包括信息中心、洗衣房、游泳池用电等

公共建筑能耗监测及分项计量系统具有深远的战略意义。如果在全国建成这一系统，可

以促进公共建筑的节能运行和节能管理，在不增加任何其他投资的前提下可以降低运行能耗5%～10%，为建筑节能改造和节能运行产生10%～20%的节能效果，使公共建筑用电量降低5%～10%，相当于我国建筑用能总量降低2%。

随着大型建筑的增多，中央空调的应用越来越广泛，然而对中央空调的使用收费却是一个困扰多时的问题。国内广泛应用的"按面积"平均分摊的计费方式虽然简单方便、零成本，但无准确性可言，纯属一种简单的算术平均的分摊方法，不能满足用户对计费合理性的需求。在此形势下，国内的冷、热计量技术也受到了广泛的重视，业内暖通专家提出了一系列的计量费用分摊方法并被应用到中央空调计费系统中。至今，国内空调计费先后经历了用电表计量、水表计量、热能表计量等方式，但这些计量收费方法都存在缺陷，都未能彻底解决空调计量收费合理性的问题。因此，针对国内中央空调计费技术的现状，有学者提出了中央空调冷热计量系统，应用现代技术，数据采集、数据传输、数据处理、自动控制等应用技术，实现中央空调的计量。如时间当量型计量方法，是将风机盘管的温控器、电动二通阀的控制信号线接入采集器，采集器在检测到电动二通阀的启动信号及风机盘管挡位信号后，上位机系统开始计费。数据采集器通过一定的周期采集到数据后，计算机系统将采集到的数据进行分析处理，将各挡位状态时间，通过给定系数转换成基准时间，汇总统计为独立用户使用时间，按照事先核定的价格，进行计费(风机盘管型号不同时，在上位计算机监控系统中用系数修正)。

2.2.4 建筑能耗模拟

建筑环境是由室外的气候条件、室内的各种热源的发热状况以及室内外通风状况所决定的。建筑环境控制系统的运行情况也必须随着建筑环境状况的变化而进行相应的调节，以实现满足舒适性以及其他要求的建筑环境。由于建筑环境的变化是由众多因素所决定的一个复杂过程，因此只有通过计算机模拟计算的方法才能有效地预测建筑环境在没有环境控制系统时和存在环境控制系统时可能出现的状况。建筑能耗模拟是对建筑环境、系统和设备进行计算机建模，并计算出逐时建筑能耗的技术。

建筑能耗模拟主要在以下方面得到广泛的应用：①建筑冷/热负荷的计算，用于空调设备的选型；②在设计新建筑或改造既有建筑时，对建筑进行能耗分析，以优化设计或节能改造方案；③建筑能耗管理和控制模式的设计与制订，保证室内环境的舒适度，并挖掘节能潜力；④与各种标准规范相结合，帮助设计人员设计出符合国家或当地标准的建筑；⑤对建筑进行经济性分析，使设计人员对各种设计方案从能耗与费用两方面进行比较。

建筑能耗模拟的对象是新建建筑和既有建筑两种建筑。对于新建建筑，通过建筑能耗的模拟与分析对设计方案进行比较和优化，使其符合相关的标准和规范；对于既有建筑，通过建筑能耗的模拟和分析计算基准能耗和节能改造方案能耗的节省和费用的节省等。

建筑能耗模拟软件是用来模拟建筑及系统的全年运行状况，从而预测年运行能耗和费用的软件，有助于建筑师和工程师从整个建筑设计过程来考虑如何节能。目前世界上比较流行的建筑能耗模拟软件主要有：Energy - 10, HAP, TRACE, DOE - 2, BLAST, EnergyPlus, TRANSYS, ESP - r, DeST等。这类软件的主要模拟目标是建筑和系统的长周期的动态热特性，采用的是完备的房间模型和较简单的系统模型及简化的或理想化的控制模型，适用于模拟分析建筑物围护结构的动态特性，模拟建筑物全年运行能耗。

2.3 建筑能耗的构成及节能途径

2.3.1 建筑能耗的构成

根据建筑能耗的定义可知，建筑能耗包括建造过程的能耗和使用过程的能耗两部分，建造过程的能耗是指建筑材料、建筑构配件、建筑设备的生产和运输，以及建筑施工和安装中的能耗；使用过程的能耗是指建筑在采暖、通风、空调、照明、家用电器和热水供应中的能耗。一般情况下，日常使用能耗与建造能耗之比为(8:2)～(9:1)。可见，使用过程能耗所占比例很大，所以一般情况下把使用能耗直接定义为建筑能耗(本书以后提到的建筑能耗均是指建筑使用能耗)。在建筑能耗中，以采暖和空调能耗为主，各部分能耗大体比例如表2－2所列。

表 2 － 2　建筑能耗各部分构成所占的比例

建筑能耗的构成	采暖空调	热水供应	电气	炊事	备注
各部分所占的比例(%)	65	15	14	6	

通过表2－2可以看出采暖、空调能耗在整个建筑能耗中占大半部分，因此我国的建筑节能工作主要围绕提高建筑物围护结构的保温隔热性能和提高供热制冷系统效率两个方面展开。近年来又在新能源的利用，如太阳能、地热的利用等方面开展了一些工作。

2.3.2 建筑节能的途径

建筑节能技术包括很多方面，主要涉及建筑外围护结构、供热系统、制冷系统及可再生能源等方面的节能技术。因此建筑节能工作主要围绕两方面进行：一是减少能源总需求量。尽量减少不可再生能源的消耗，提高能源利用效率，减少围护结构的能量损失，降低建筑设施运行能耗；二是利用新能源。具体的建筑节能途径如下所述。

1.减少围护结构的能量损失

(1)建筑外墙节能技术

墙体的耗热量要占建筑采暖热耗的30%以上。因此，改善墙体的传热耗热量将明显提高建筑的节能效果。

改善砌体的保温隔热性能。在材料选择时，采用新型节能砖，如多孔黏土空心砖、加气混凝土砌块、混凝土空心砌块等类型的材料，使其集承重和保温隔热于一体；也可利用当地出产的浮石、火山渣及其他轻骨料或工业废料生产多排孔轻质砌块，用保温砂浆砌筑，有节能效果。

对墙体采取保温隔热措施，即采用外墙外保温技术和外墙内保温技术，构成复合墙体。目前，外墙外保温技术应用比较广，它解决了外墙热桥的问题，减少室内负荷，在一定程度上达到了室温稳定的目的，较好地利用自由热，而且具有增加室内使用面积，方便室内二次装修等优点。在采暖(空调)建筑，民用、工业建筑，新建、改造建筑，低层、多层、高层建筑都有广泛应用。图2-1所示为保温和不保温情况下外墙内部温度变化情况示意图。

外墙外保温，是指在垂直外墙的外表面上建造保温层，该外墙用砖石或混凝土建造。此种外保温，可用于新建墙体，也可以用于既有建筑外墙的改造。外保温层的功能，仅限于增加外墙保温效能以及由此带来的相关要求，不应指望这层保温构造对主体墙的稳定性起到作用。其主体地，即外保温层的基底，必须满足建筑物的力学稳定性的要求。

目前使用较成熟的几种外墙外保温方案有：外贴聚苯板保温、外贴硬质聚氨酯泡沫保温、胶粉聚苯颗粒保温浆料、夹心聚苯板外墙保温、钢丝网架岩棉夹心板外复合保温等。

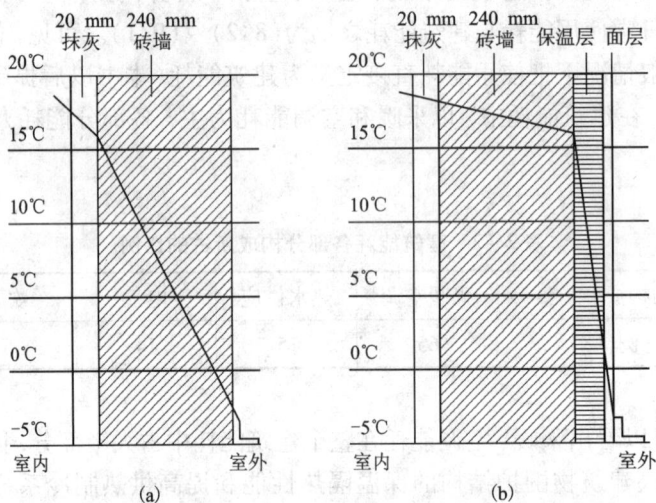

图2-1 外墙内部温度变化情况

(a)未保温；(b)外保温

寒冷地区住宅室内沿外墙周边地面的保温设计。沿外墙周边的室内地坪和其以下的外墙如不采用保温措施，其外墙的内侧墙面以及墙角在冬季易出现结露，从而使得地面的热传导损失增加，甚至地坪被破坏，影响正常的使用。因此，在实际工程中可采用以下措施：一是沿外墙周边的室内地面垫层以下设置一定厚度的松散状或条板状、且有一定抗压强度、吸湿性小的保温材料，如0.5 m厚炉渣等；二是对外墙室内地坪以下的墙体在内侧或外侧加50~70 mm厚的聚苯乙烯泡沫塑料板，从而保证住宅室内的热稳定性和控制寒冷地区采暖能耗。

外墙内保温是将保温材料置于外墙体的内侧。其优点主要是对饰面和保温材料的防水、耐候性等技术指标的要求不太高，纸面石膏板、石膏抹面砂浆等均可满足使用要求，取材方便；其次内保温材料被楼板所分隔，仅在一个层高范围内施工，不需搭设脚手架。但是，在多年的实践中外墙内保温也显露出一些缺陷，例如许多种类的内保温做法，由于材料、构造、施工等原因，饰面层出现开裂；不便于用户二次装修和吊挂饰物；占用室内使用空间；由于圈梁、楼板、构造柱等会引起热桥；热损失较大；对既有建筑进行节能改造时，对居民的日常生活干扰较大等。外墙内保温有饰面聚苯板内保温复合外墙和纸面石膏板内保温复合外墙等。外保温与内保温的区别如表2-3所示。

表 2 - 3　外保温与内保温区别

	外保温	内保温
热桥	易处理	易产生局部结露
内部结露	①一般不结露；②由于外部装修材料不同可能会在外装修材料与保温材料交界面结露，需加设防潮层或加强换气	易结露，需设高质量防潮层
供冷负荷	基本无影响	影响小
供暖负荷	影响小	利于使用时间较少的公共建筑
室温的变化	变化小	变化大
对墙壁保护	无损害	易损害

外墙夹心保温是指将保温材料置于同一外墙的内、外侧墙片之间，内、外侧墙片均可采用传统的黏土砖、混凝土空心砌块等。其特点是防水、耐候等性能均良好，对内侧墙片和保温材料形成有效的保护；对保温材料的选材要求不高，聚苯乙烯、玻璃棉、岩棉等各种材料均可使用；对施工季节和施工条件的要求不高，不影响冬期施工。近年来，在黑龙江、内蒙古、甘肃北部等严寒地区得到了一定的应用。

（2）门窗节能技术

门窗是薄壁轻质构件，通过门窗传热和其缝隙空气渗透的耗热量约占整个住宅建筑耗热量的 50%，因此，外门窗是住宅建筑节能的重点。

合理控制窗墙面积比。窗墙面积比是指住宅窗口面积与房间立面单元面积的比值。《民用建筑节能设计标准》对不同朝向的住宅窗墙比作了严格的规定，指出北向、东西向、南向的窗墙面积比分别不应超过 0.25、0.3、0.35。因此，从地区、朝向和房间功能出发，应选择适宜的窗面积，同时应强调东西南北开窗有别，通过减少北侧窗的面积来减少热量的损失。

提高外门窗的气密性，是减少室外冷热空气渗入室内的一个重要措施。如采用平开门窗和大块玻璃窗扇，以减少扇与框、扇与扇、扇与玻璃间的缝隙，并在缝隙中嵌入密封胶条；在门窗框与墙间的缝隙，用保温砂浆或泡沫塑料等材料来填充密封，使从门窗渗入的冷空气减少，提高气密性。

使用新型材料改善门窗的保温性能。采用热阻大、能耗低的节能材料制造的新型保温节能门窗如塑钢门窗可大大提高其热工性能。同时还要特别注意玻璃的选材，单层玻璃本身的热阻很小，在寒冷地区可采用双层或三层玻璃。随着科技的飞速发展，目前已开发出一些新型的节能玻璃，如中空玻璃、吸热玻璃等，在造价允许的条件下应积极采用。

（3）屋面节能技术

屋顶耗热量约占整个住宅建筑耗热量的 7%~8%，有数据表明，夏季顶层室内的温度要比其他层高约 3℃左右，因此，屋面的保温隔热也不容忽视。屋面节能设计一般要求屋面具有容重小、传热系数小、吸水率低或不吸水、性能稳定等特点。

高效保温材料保温屋面，这种屋面保温层选用高效轻质的保温材料，保温层为实铺。目前我国主要采用的保温隔热材料有加气混凝土条板、乳化沥青珍珠岩板、憎水型珍珠岩板、聚苯板等，均有利于提高屋面的保温隔热性能，从而取得良好的节能和改善顶层房间的热环境效果。屋面构造作法如图2-2所示。

屋面构造示意图如表2-4所示。

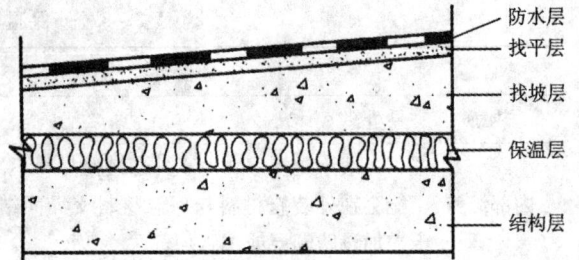

图 2-2　屋面构造示意图

表 2-4　保温屋面热工指标

屋面构造做法		厚度 (mm)	λ $[W/(m \cdot K)]$	α	R $(m^2 \cdot K)/W$	R_0 $(m^2 \cdot K)/W$	K_0 $[W/(m^2 \cdot K)]$
1. 防水层		10	0.17	1.0	0.06		
2. 水泥砂浆找平		20	0.93	1.0	0.02	—	—
3. 1:6 石灰焦砟找坡(平均)		70	0.29	1.50	0.16		
4. 保温层	①聚苯板	50	0.04	1.20	1.04	1.51	0.66
	②挤塑型聚苯板	50	0.03	1.20	1.39	1.86	0.54
	③水泥聚苯板	150	0.09	1.50	1.11	1.58	0.63
	④水泥蛭石	180	0.14	1.50	0.86	1.33	0.75
	⑤乳化沥青珍珠岩板 ($\rho_0 = 400 \ kg/m^3$)	180	0.14	1.0	1.29	1.76	0.57
	⑥憎水型珍珠岩板 ($\rho_0 = 2500 \ kg/m^3$)	120	0.10	1.0	1.20	1.67	0.60
	⑦黏土珍珠岩	180	0.12	1.50	1.00	1.47	0.68
5. 现浇钢筋混凝土板		100	1.74	1.0	0.06		
6. 石灰砂浆内抹灰		20	0.81	1.0	0.02		

倒置式屋面，将传统屋面中保温隔热层与防水层颠倒，属于外保温。倒置式屋面可有效延长防水层使用年限，保护防水层免受外界损伤，防止水或水蒸气在防水层冻结或凝聚在屋面内部，如图2-3所示。

节能屋面比较表如表2-4所示。

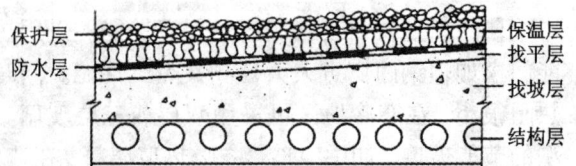

图 2-3　倒置式屋面构造示意图

表 2-5　节能屋面比较表

性能\工法	将绝热层放在防水层上方	将绝热层放在防水层下方	水泥珍珠岩屋面
保温隔热性	极佳	视选用材料	高厚度才能达到 XPS 的标准
施工方便性	施工简易、质轻好搬、易切割、施工期短、成本无形中降低	需配合绝热层，考虑防水层的施工与防水材料的选用，增加施工难度	施工困难、搬运慢且需要做隔气层与排气孔，施工期长，成本无形中增加
屋顶结构负荷	极小（40 kg/m³）	视选用材料	极大（400 kg/m³）
老化性	几乎不老化，可以说与建筑物同寿，无翻修问题	防水层一旦破裂，绝热层可能也会老化分解	一旦受潮就开始有老化分解现象，时候一到就要翻修
排气孔隔气层	不需要	某些情况需要，如室内是潮湿环境	一旦受潮就开始有老化分解现象，时候一到就要翻修
屋顶使用性	屋顶可再利用，如花园	高	因有隔气层再利用性低，使用不便
施工气候性	无特别要求甚至雨天也可施工	需晴天	需好天气
施工队专业性	不需专业训练施工，极为简易，人人都会	因在防水层下方，选用材料决定施工难易	施工人员需训练过
防水层日后维修性	方便，只要移开 XPS 即可	一旦修补，可能连绝热层都一起损伤	不易

　　架空型保温屋面，在屋面内增加空气层有利于屋面的保温效果，同时也有利于屋面夏季的隔热效果。架空层的常见规格做法为：以 2~3 块实心黏土砖砌的砖墩为肋，上铺钢筋混凝土板，架空层内铺轻质保温材料，如图 2-4 所示。

　　架空型保温屋面热工指标如表 2-6 所示。

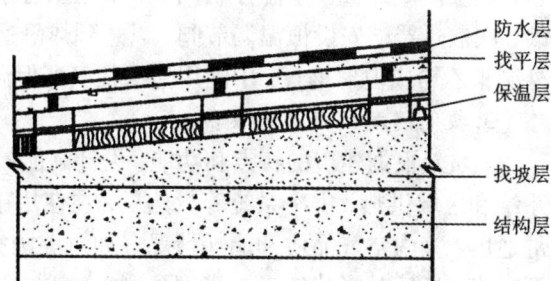

图 2-4　架空型屋面构造示意图

（图中标注：防水层、找平层、保温层、找坡层、结构层）

表 2-6　架空型保温屋面热工指标

屋面构造做法	厚度（mm）	λ [W/(m·K)]	α	R [(m²·K)/W]	上方空气间层厚度（mm）	R₀ [(m²·K)/W]	K₀ [W/(m²·K)]
1. 防水层	10	0.17	1.0	0.06			
2. 水泥砂浆找平	20	0.93	1.0	0.02	—	—	—
3. 钢筋混凝土板	35	1.74	1.0	0.02			

续表 2 – 6

屋面构造做法		厚度 (mm)	λ [W/(m·K)]	α	R [(m²·K)/W]	上方空气间层厚度(mm)	R_0 [(m²·K)/W]	K_0 [W/(m²·K)]
4. 保温层	①聚苯板	40	0.04	1.20	0.83	80	1.49	0.67
	②岩棉板或玻璃棉板	45	0.05	1.0	0.9	75	1.56	0.64
	③珍珠膨胀岩 (塑袋封装) ($\rho_0 = 120\text{kg/m}^3$)	40	0.07	1.20	0.48	80	1.14	0.88
	④矿棉、岩棉、玻璃棉毡	40	0.05	1.20	0.67	80	1.33	0.75
5. 1:6 石灰焦砟找坡(平均)		70	0.29	1.50	0.16			
6. 现浇钢筋混凝土板		100	1.74	1.0	0.06		—	—
7. 石灰砂浆内抹灰		20	0.81	1.0	0.02			

此外,还有反射屋面、通风屋面、种植屋面、蓄水屋面等多种节能屋面形式。

2. 采暖系统节能设计

全国锅炉采暖约占 3/4,锅炉采暖的平均效率只有 15% ~ 25%,分散锅炉采暖又占全部锅炉采暖的 84%,其中锅炉容量小于 4 t/h 的约占 91.5%,实际效率只有 40%。采暖系统可采用的节能技术有:平衡供暖,采用以平衡阀及其专用智能仪表为核心的管网水力平衡技术;热量按户计量及室温控制调节,采用双管系统或单管加跨越管系统,按户或联户安设热表,在散热器端安设恒温调节阀,以达到热舒适和节能的双重效果;管道保温,内管为钢管,外套聚乙烯或玻璃钢管,中间用泡沫聚氨酯保温,不设管沟,直埋地下,管道热损失小。

3. 提高终端用户用能效率

首先,根据建筑的特点和功能,设计高能效的暖通空调设备系统,例如:热泵系统、蓄能系统和区域供热、供冷系统等。然后,在使用中采用能源管理和监控系统监督和调控室内的舒适度、室内空气品质和能耗情况。如欧洲国家通过传感器测量周边环境的温度、湿度和日照强度,然后基于建筑动态模型预测采暖和空调负荷,控制暖通空调系统的运行。在其他的家电产品和办公设备方面,应尽量使用节能认证的产品。如美国一般鼓励采用"能源之星"的产品,而澳大利亚对耗能大的家电产品实施最低能效标准。

从一次能源转换到建筑设备系统使用的终端能源的过程中,能源损失很大。因此,应从全过程(包括开采、处理、输送、储存、分配和终端利用)进行评价,才能全面反映能源利用效率和能源对环境的影响。建筑中的能耗设备,如空调、热水器、洗衣机等应选用能源效率高的能源供应。例如,作为燃料,天然气比电能的总能源效率更高。采用第二代能源系统,可充分利用不同品位热能,最大限度地提高能源利用效率,如热电联产、冷热电联产。

4. 利用新能源

在节约能源、保护环境方面,新能源的利用起至关重要的作用。新能源通常指非常规、可再生能源,包括太阳能、地热能、风能、生物质能等。人们对各种太阳能利用方式进行了广泛的探索，逐步明确了发展方向，使太阳能初步得到一些利用，如：作为太阳能利用中的重要项目，太阳能热发电技术较为成熟，美国、以色列、澳大利亚等国投资兴建了一批试验性太阳能热发电站，以后可望实现太阳能热发电商业化；随着太阳能光伏发电的发展，国外已建成不少光伏电站和"太阳屋顶"示范工程，将促进并网发电系统快速发展；目前，全世界已有数万台光伏水泵在各地运行；太阳能热水器技术比较成熟，已具备相应的技术标准和规范，但仍需进一步完善太阳能热水器的功能，并加强太阳能建筑一体化建设；被动式太阳能建筑因构造简单、造价低，已经得到较广泛应用，其设计技术已相对较为成熟，已有可供参考的设计手册；太阳能吸收式制冷技术出现较早，目前已应用在大型空调领域；太阳能吸附式制冷目前处于样机研制和实验研究阶段；太阳能干燥和太阳灶已得到一定的推广应用。但从总体而言，目前太阳能利用的规模还不大，技术尚不完善，商品化程度也较低，仍需要继续深入广泛地研究。

在利用地热能时，一方面可利用高温地热能发电或直接用于采暖供热和热水供应，另一方面可借助地源热泵和地道风系统利用低温地热能。风能发电较适用于多风海岸线山区和易引起强风的高层建筑，在英国和香港已有成功的工程实例，但在建筑领域，较为常见的风能利用形式是自然通风方式。

除了利用上面的方法来实现节能外，还要兼顾不同地区的不同特性。由于我国地域广阔，不同地区的气候有很大差别，因此在不同地区节能重点也不相同。

对于寒冷地区，以减少采暖能耗为主，兼顾夏季的空调节能，对围护结构以保温为主；夏热冬冷地区既要考虑冬季采暖能耗，又要考虑空调能耗，对围护结构既要保温，又要隔热；而对夏热冬暖地区，主要是减少空调能耗，兼顾冬天采暖节能，对围护结构主要考虑隔热。因此针对不同地区、不同类型的建筑要根据其特点采用不同的节能途径才能真正达到节能的目的。

2.4　我国建筑能耗的现状及节能任务

2.4.1　我国建筑能耗的现状

在我国，建筑能耗约占总能耗的 1/3，而且还在以每年 1 个百分点的速度增加。住建部统计数字显示，我国每年城乡建设新建房屋建筑面积近 2×10^9 m^2，其中 80% 以上为高能耗建筑，既有建筑近 4×10^{10} m^2，95% 以上是高能耗建筑。单位建筑面积能耗是发达国家的 2~3 倍，对社会造成了沉重的能源负担和严重的环境污染。因此如何实行建筑节能、降低能源消耗和环境污染、提高能源利用率，已成为我国可持续发展必须研究解决的重大课题。当然，我国在这方面也做出了很大努力，并取得了一定的成效。根据建设部统计数据，2013 年，全国新增节能建筑 1.44×10^9 m^2，可形成 1300 万 t 标准煤节能能力；北方采暖地区既有居住建筑供热计量及节能改造共计 2.24×10^8 m^2；全国累计完成公共建筑能源审计 1 万余栋；全国城镇太阳能光热应用面积 2.7×10^9 m^2，浅层地能应用面积 4.0×10^8 m^2；全国共有 1446 个项目获得了绿色建筑评价标志，建筑面积超过 1.6×10^8 m^2。

虽然我们已经取得了一些成绩，但和发达国家相比还有很大差距，很多技术还比较落后，各项制度也不尽完善，民众的节能意识也不够强，部分行业管理部门和从业人员缺乏建筑节能的基本知识和主动意识。建筑节能圈内热圈外凉现象,制约了建筑节能工作的发展。建筑节能总体发展不平衡表现在以下几个方面:部分城市建筑节能工作发展较慢,尤其是夏热冬冷地区城市起步较晚、发展缓慢,一些城市的建筑节能工作还未完全展开,建筑围护结构节能与采暖制冷系统节能之间的不平衡,围护结构采用节能措施少。采暖制冷系统节能工作滞后、节能改造缓慢,管理环节之间的不平衡,大多数城市在建筑节能设计方面把关较好,但在施工、监理、竣工验收备案、节能检测与认证等环节的管理工作还很薄弱,没有把好建筑节能管理工作的"出口"关。节能材料的生产、认证相对滞后,产品的研发资金缺乏,开展关键技术攻关少,造成建筑节能产品的研发和生产相对滞后,新型节能材料、产品市场发展缓慢,市场上优质高效的节能材料比较少。按《节约能源法》和国务院文件要求对节能材料产品应实施认证,但此项工作开展较晚,监管工作还未完全到位。

我国是一个发展中国家,人口众多,人均能源资源相对匮乏,人均耕地只有世界人均耕地的1/3,水资源只有世界人均占有量的1/4,已探明的煤炭储量只占世界储量的11%,原油占2.4%,每年新建建筑使用的实心黏土砖,毁掉良田 1.2×10^5 亩。物耗水平相对发达国家,钢材高出 $10\% \sim 25\%$,每立方米混凝土多用水泥 80 kg,污水回用率仅为25%。国民经济要实现可持续发展,推行建筑节能势在必行、迫在眉睫。

目前,我国建筑用能浪费极其严重,而且建筑能耗增长的速度远远超过我国能源生产可能增长的速度,如果任这种高能耗建筑持续发展下去,国家的能源生产势必难以长期支撑此种浪费型需求,从而不得不被迫组织大规模的旧房节能,这就要耗费更多的人力、物力。在建筑中积极提高能源利用效率,就能够大大缓解国家能源紧缺状况,促进我国国民经济建设的发展。因此,建筑节能是贯彻可持续发展战略、实现国家节能规划目标、减排温室气体的重要措施,符合全球发展趋势。

2.4.2 建筑节能任务

我国住建部制订的《"十二五"绿色建筑和绿色生态城区发展规划》提出了"十二五"时期的具体目标,选择100个城市新建区域(规划新区、经济技术开发区、高新技术产业开发区、生态工业示范园区等)按照绿色生态城区标准规划、建设和运行。2014年起,政府投资的党政机关、学校、医院、博物馆、科技馆、体育馆等建筑,直辖市、计划单列市及省会城市建设的保障性住房,以及单体建筑面积超过 2×10^4 m² 的机场、车站、宾馆、饭店、商场、写字楼等大型公共建筑,率先执行绿色建筑标准。同时,将引导商业房地产开发项目执行绿色建筑标准,鼓励房地产开发企业建设绿色住宅小区,2015年起直辖市及东部沿海省市城镇的新建房地产项目力争50%以上达到绿色建筑标准。此外,将完成北方采暖地区既有居住建筑供热计量和节能改造 4×10^8 m² 以上,夏热冬冷和夏热冬暖地区既有居住建筑节能改造 5×10^7 m²,公共建筑节能改造 6×10^7 m²;结合农村危房改造实施农村节能示范住宅40万套。

2020年,我国建筑节能目标是,大部分既有建筑实现节能改造,新建建筑实现建筑节能65%的目标,东部地区达到更高的节能水平;总体建筑节能效果接近或达到发达国家当前水平。

建立健全的建筑节能标准体系,编制出覆盖全国范围的配套的建筑节能设计、施工、运行和检测标准,以及与之相适应的建筑材料、设备及系统标准,用于新建和改造居住和公共建筑,包括采暖、空调、热水、照明及家用电器等能耗在内。使所有建筑节能新标准得到全面实施。

2015 年前供热体制改革在采暖地区全面完成，集中供热的建筑均按表计量收费，集中供热的供热厂、热力站和锅炉房设备和系统基本完成技术改造，与建筑采暖系统技术改造相适应。

大中城市基本完成既有高耗能建筑和热环境差建筑的节能改造，小城市完成既有高耗能建筑和热环境差建筑改造任务的 50%，农村建筑广泛开展节能改造。累计建成太阳能建筑 1.5×10^{8} m^{2}，其中采用光伏发电的 5×10^{6} m^{2}，并累计建成利用其他可再生能源建筑 2×10^{7} m^{2}。

至 2020 年，累计节能量为新建建筑 1.51×10^{9} t 标准煤，既有建筑 5.7×10^{8} t 标准煤，共计节能 2.08×10^{9} t 标准煤，其中包括节电 3.2×10^{12} kW·h，削减空调高峰用电负荷 8×10^{7} kW；减排 CO_2，新建建筑 4.02×10^{7} t，加上既有建筑 1.52×10^{9} t，共计减排 CO_2 可达 5.54×10^{9} t。

2.5　我国建筑节能相关标准及规范

2.5.1　节能标准制定的进程

我国的建筑节能始于 20 世纪 80 年代。1986 年 3 月，发布了《民用建筑节能设计标准(采暖居住建筑部分)》，建筑节能率目标是 30%，新建采暖居住建筑的能耗应在 1980—1981 年当地住宅通用设计耗热水平的基础上降低。

1994 年，建设部制订了《建筑节能"九五"计划和 2010 年规划》，确立了节能的目标、重点、任务、实施措施和步骤。修订《民用建筑节能设计标准(采暖居住建筑部分)》，建筑节能率目标是 50%。

1996 年 9 月，建设部召开全国建筑节能工作会议。在全国范围内部署开展建筑节能工作，执行建筑节能 50% 的标准。

1999 年建设部 76 号令，发布了《民用建筑节能管理规定》，自 2000 年 10 月 1 日起施行。规定对建筑节能的各项任务、内容以及相关责任主体的职责、违反的处罚形式和标准等做出了规定。该规定的施行，对于加强民用建筑节能管理，提高资源利用效率，改善室内热环境发挥了积极的作用。

2005 年建设部 143 号令，发布了修订的《民用建筑节能管理规定》，自 2006 年 1 月 1 日起施行。

2006 年 6 月 1 日起施行《绿色建筑评价标准》。这是为了贯彻执行节约资源和保护环境的基本国策，推进可持续发展，规范绿色建筑的评价而制定的标准。该标准对绿色建筑、热岛强度等术语做了定义，建立了绿色建筑评估指标体系。

2006 年 9 月，建设部印发了《建设部关于贯彻〈国务院关于加强节能工作的决定〉的实施意见》，确定建筑节能到"十一"期末，实现节约 1.1×10^{8} t 标准煤的目标。开始组织实施"十一"科技支撑计划《建筑节能关键技术研究与示范》等课题研究。

《节约资源法》于 1997 年 11 月制定，2007 年 10 月修订，2008 年 4 月 1 日施行。《节约资源法》第四条明确规定："节约资源是我国的基本国策。国家实施节约与开发并举、把节约放在首位的能源发展战略。"该法在节能管理、合理使用与节约资源、节能技术进步、激励措施、法律责任等方面作出了明确规定。关于建筑节能，该法第三十五条规定："建筑工程的建设、设计、施工和监理单位应当遵守建筑节能标准。不符合建筑节能标准的建筑工程，建设主管部门不得批准开工建设；已经开工建设的，应当责令停止施工、限期改正；已经建成的，不得销售或者使用。建设主管部门应当加强对在建建筑工程执行建筑节能标准情况的监督检查。"第四十条规定："国家鼓励在新建建筑和既有建筑节能改造中使用新型墙体材料等节能建筑材料和节能设备，安装和使用太阳能等可再生能源利用系统。"

《民用建筑节能条例》于 2008 年 7 月 23 日国务院第十八次常务会议通过，2008 年 10 月 1 日施行。条例对新建建筑节能、既有建筑节能、建筑用能系统运行节能和法律责任等作出了明确规定。条例明确规定居住建筑、国家机关办公建筑和商业、服务业、教育、卫生等其他公共建筑为民用建筑。

关于新建建筑节能，条例规定，城乡规划主管部门依法对民用建筑进行规划审查，对不符合民用建筑节能强制性标准的，不得颁发建设工程规划许可证。施工图设计文件审查机构应当按照民用建筑节能强制性标准对施工图设计文件进行审查；经审查不符合民用建筑节能强制性标准的，县级以上地方人民政府建设主管部门不得颁发施工许可证。设计单位、施工单位、工程监理单位及其注册执业人员，应当按照民用建筑节能强制性标准进行设计、施工、监理。施工单位应当对进入施工现场的墙体材料、保温材料、门窗、采暖制冷系统和照明设备进行查检；不符合施工图设计文件要求的，不得使用。建设单位组织竣工验收应当对民用建筑是否符合民用建筑节能强制性标准进行查检；对不符合民用建筑节能强制性标准的，不得出具竣工验收合格报告。

关于既有建筑节能，条例规定，既有建筑节能改造应当根据当地经济、社会发展水平和地理气候等实际情况，有计划、分步骤地实施分类改造。

《公共机构节能条例》于 2008 年 7 月 23 日国务院第十八次常务会通过，2008 年 10 月 1 日施行。条例对公共机构的节能规划、节能管理、节能措施、监督和保障等作出了明确规定。

2006 年 8 月 6 日，国务院发出《国务院关于加强节能工作的决定》。决定强调，充分认识加强节能工作的重要性和紧迫性，用科学发展观统领节能工作，加快构建节能型产业体系，着力抓好重点领域节能，大力推进节能技术进步，加大节能监督管理力度，建立健全节能保障机制，加强节能管理队伍建设和基础工作。

2007 年 5 月 23 日，国务院发出《国务院关于印发节能减排综合性工作方案的通知》。通知强调，充分认识节能减排工作的重要性和紧迫性，狠抓节能减排责任落实和执法监管，建立强有力的节能减排领导协调机制。关于建筑节能，方案指出："严格建筑节能管理。大力推广节能省地环保型建筑。强化新建建筑执行能耗限额标准全过程监督管理，实施建筑能耗专项测评，对达不到标准的建筑，不得办理开工和竣工验收备案手续，不准销售使用；从 2008 年起，所有新建商品房销售时在买卖合同等文件中要载明耗能量、节能措施等信息。建立并完善大型公共建筑节能运行监管体系。深化供热体制改革，实行供热计量收费。今年着力抓好新建建筑施工阶段执行能耗限额标准的监管工作，北方地区地级以上城市完成采暖费补贴"暗补"变"明补"改革，在 25 个示范省市建立大型公共建筑能耗统计、能源审计、能效公示、能效定额制度，实现节能 1.25×10^7 t 标准煤。

2007 年 6 月 1 日，国务院办公厅发出《国务院办公厅关于严格执行公共建筑空调温度控制标准的通知》。通知明确规定："所有公共建筑内的单位，包括国家机关、社会团体、企事业组织和个体工商户，除医院等特殊单位以及在生产工艺上对温度有特定要求并经批准的用户之外，夏季室内空调温度设置不得低于 26℃，冬季室内空调温度设置不得高于 20℃。"

　　住房和城乡建设部为了贯彻落实国家关于节能减排和建筑节能法律法规，发布了一系列的实施意见等相关文件，对于推动节能减排和建筑节能工作起到了积极作用。我国建筑节能标准覆盖范围不断扩大，以建筑节能系列标准为核心的独立的建筑节能标准体系初步形成。与建筑节能有关的建筑活动，不仅涉及到新建、改建、扩建以及既有建筑改造，而且涉及到规划、设计、施工、验收、检测评价、使用维护和运行管理等方方面面。我国建筑节能标准从北方采暖地区新建、改建、扩建居住建筑节能设计标准起步，逐步扩展到了夏热冬冷地区、夏热冬暖地区居住建筑和公共建筑；从采暖地区既有居住建筑节能改造标准起步，已扩展到各气候区域的既有居住建筑节能改造；从仅包括了围护结构、供暖系统和空调系统起步，逐步扩展到照明、生活设备、运行管理技术等；从建筑外墙外保温工程施工标准起步，开始向建筑节能工程验收、检测、能耗统计、节能建筑评价、使用维护和运行管理全方位延伸，基本实现了建筑节能标准对民用建筑领域的全面覆盖。

2.5.2　我国建筑节能相关标准及规范

1. 建筑节能标准及规范

《建筑气候区划标准》（GB 50178 - 93）

《公共建筑节能设计标准》（GB 50189 - 2005）

《建筑节能工程施工质量验收规范》（GB/T 50411 - 2007）

《节能建筑评价标准》（GB/T 50668 - 2011）

《农村居住建筑节能设计标准》（GB/T 50824 - 2013）

《建筑气象参数标准》（JGJ 35 - 1987）

《严寒和寒冷地区居住建筑节能设计标准》（JGJ 26 - 2010）

《夏热冬暖地区居住建筑节能设计标准》（JGJ 75 - 2012）

《既有居住建筑节能改造技术规程》（JGJ/T 129 - 2012）

《居住建筑节能检测标准》（JGJ/T 132 - 2009）

《夏热冬冷地区居住建筑节能设计标准》（JGJ 134 - 2010）

《民用建筑能耗数据采集标准》（JGJ/T 154 - 2007）

《公共建筑节能改造技术规范》（JGJ 176 - 2009）

《公共建筑节能检测标准》（JGJ/T 177 - 2009）

《建筑能效标志技术标准》（JGJ/T 288 - 2012）

《城镇供热系统节能技术规范》（CJJ/T 185 - 2012）

《建筑能耗标准》（GB 在编）

《建筑节能基本术语标准》（GB 在编）

《建筑节能气象参数标准》（JGJ 在编）

《公共建筑能耗远程监测系统技术规程》（JGJ 在编）

《城市照明节能评价标准》（JGJ 在编）

2. 绿色建筑标准及规范

《绿色建筑评价标准》(GB/T 50378 – 2006)(在修编)

《建筑工程绿色施工评价标准》(GB/T 50640 – 2010)

《民用建筑绿色设计规范》(JGJ/T 229 – 2010)

《绿色工业建筑评价标准》(GB 在编)

《绿色办公建筑评价标准》(GB 在编)

《建筑工程绿色施工规范》(GB 在编)

《绿色商店建筑评价标准》(GB 在编)

《既有建筑改造绿色评价标准》(GB 在编)

《绿色博览建筑评价标准》(GB 在编)

《绿色饭店建筑评价标准》(GB 在编)

3. 新能源相关标准及规范

《民用建筑太阳能热水系统应用技术规范》(GB 50364 – 2005)(在修编)

《地源热泵系统工程技术规范》(GB 50366 – 2009)

《太阳能供热采暖工程技术规范》(GB 50495 – 2009)

《民用建筑太阳能热水系统评价标准》(GB/T 50604.2010)

《民用建筑太阳能空调工程技术规范》(GB 50787 – 2012)

《可再生能源建筑应用工程评价标准》(GB/T 50801 – 2013)

《民用建筑太阳能光伏系统应用技术规范》(JGJ 203 – 2010)(GB 在编)

《被动式太阳能建筑技术规范》(JGJ/T 267 – 2012)

《光伏建筑一体化系统运行与维护规范》(在编)

《地源热泵系统工程勘察规范》(在编)

重点与难点

重点：(1)建筑节能概况；(2)建筑能耗概念及构成；(3)建筑节能途径；(4)我国节能任务；(5)我国建筑节能相关标准规范。

难点：(1)建筑能耗构成；(2)建筑节能的基本途径。

思考与练习

1. 建筑节能的意义有哪些？

2. 建筑能耗包括哪些方面？为什么要进行建筑能耗计量？

3. 建筑节能途径有哪些？

4. 结合所在地区的居住和公共建筑分析其节能途径。

第 3 章

建筑规划节能

建筑规划设计与建筑节能密切相关，建筑的规划设计是建筑节能设计的重要内容之一。规划设计从分析建筑物所在地区的气候条件、地理条件和环境条件出发，将节能设计与建筑设计和能源的有效利用有机结合，使建筑在冬季最大限度地利用自然能来取暖，多获得热量和减少热损失；在夏季最大限度地减少得热和利用自然能来降温冷却，以便达到设计的建筑节能效果。

居住建筑及公共建筑规划设计中的节能设计，主要是对建筑的总平面布置、建筑体形、太阳能利用、自然通风及建筑室外环境绿化、水景布置等方面进行设计。具体规划要结合建筑选址、建筑布局、建筑体形、建筑朝向、建筑间距等方面进行。也就是说规划节能是分析构成气候的决定因素——辐射因素、大气环流因素和地理因素的有利、不利影响，通过建筑的规划布局对上述因素进行充分利用、改造，形成良好的居住条件和有利于节能的微气候环境。

3.1　建筑选址与布局

3.1.1　建筑选址

在进行节能建筑设计时，首先要全面了解建筑所在位置的气候条件、地形条件、地质水文资料、当地建筑材料、当地建筑习惯等资料。综合不同的资料作为设计的前期准备工作，使节能建筑的设计首先考虑充分利用建筑所在环境的自然资源条件，并在尽可能少用常规能源的条件下，遵循不同气候下设计方法和建筑技术措施，创造出人们生活和工作所需的室内环境，以提高建筑节能的效果。

1. 气候条件对建筑选址的影响

国内外建筑节能设计成功经验表明：具有节能意义的建筑规划设计，只有在恰当的气候条件下才能取得成功，而恰当的气候条件就是必须与当地的微观气候条件相适应。气候因素包括很多方面，在节能设计中主要是指温度、风和太阳辐射。

建筑的地域性首先表现为地理环境的差异性及特殊性，它包括建筑所在地区自然环境特征，如气候条件、地形地貌、自然资源等方面，其中气候条件对建筑选址的影响最为突出。因此，建筑节能设计应了解当地的太阳辐射照度、冬季日照率、冬季最冷月和夏季最热月平均气温、空气湿度、冬夏季主导风向以及建筑物室外的微气候环境。

建筑节能检测表明：建筑的热量损失在很大程度上取决于室外的温度。从这一角度出发，传热过程中的热量损失受到三个同样重要的因素的影响，即传热表面、保温隔热性能和内外温差，其中温差是无法改变的当地气候特征之一，外部的温度条件越恶劣，对于前两个因素的优化就显得越重要。

对于节能建筑来说，太阳辐射是最重要的气候因素。在严寒和寒冷地区太阳能可以作为采暖的能源，而在炎热地区主要的问题是避免太阳辐射引起的室内过热。因此，在节能建筑规划设计中，应当将太阳对建筑的辐射作为重要研究课题。

太阳辐射由直射光和漫射光组成，直射光是直接且主要的太阳辐射，漫射光是间接的太阳辐射。因此，即使是北立面也能接收到一定的太阳辐射的影响。被动式太阳能建筑主要是利用太阳辐射的直射能量，它会影响到朝向、建筑间距及街道和开放区域的太阳光入射情况。

风是气候条件对建筑影响较大的因素，主要在两个方面对建筑的能量平衡产生影响，一是通过建筑表皮的对流增加传热过程中热量的损失，另外是通过建筑表皮的渗漏增加通风量损失。在设计开放空间时，通风的影响是一个非常重要的因素，经过精心设计通风系统，在炎热的夏季晚上可以使建筑体尽快凉下来，使之能够吸收白天在室内积聚的热量。

场地的特征对选择何种节能措施也是非常重要的。在城市环境中，不仅建筑的基地变得越来越小，而且会比乡村的建筑更容易受到周围环境的影响。例如，楼房的顶层为利用太阳能创造了有利条件，但同时由于强大风力的作用而带来更多的热量损失。又如，南向坡地上的场地可以减少建筑之间的间距，从而实现更高的建筑密度。

在建筑的周围种植适宜的植物，可以改善与开放空间相邻建筑表皮的气候条件，如落叶松可以在夏天带来阴凉，在冬天又可以保证太阳光的入射；成排和成片的树可以形成挡风的屏障，或者在必要时形成自然通风的通道。另外，通过遮阴和蒸发的作用，植物在夏天还能起到室外降温的作用，从而促进自然通风的效果。

2. 地形地貌对建筑能耗的影响

建筑所处位置的地形地貌，如位于平地或坡地、山谷或山顶、江河或湖泊水系等，将直接影响建筑室内外热环境和建筑能耗的大小。

在严寒或寒冷地区，建筑宜布置在向阳、避风的地域，而不宜布置在山谷、洼地、沟底等凹形地域。这主要是考虑冬季冷气流容易在凹地聚集，形成对建筑物的"霜洞"效应，因此位于凹地底层或半地下室层面的建筑，若保持所需的室内温度其采暖能耗将会大大增加。图3-1显示了低洼地区对建筑物的"霜洞"效应。

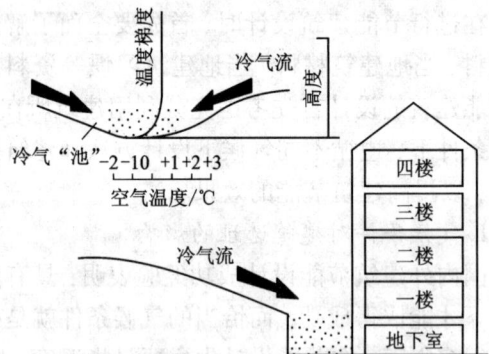

图3-1 低洼地区对建筑物的"霜冻"效应

但是，对于夏季炎热地区而言，将建筑布置在山谷、洼地、沟底等凹形地域是相对有利的，因为在这些地方往往容易实现自然通风，尤其是在夏季的夜晚，高处凉爽气流会自然地流向凹地，把室内外的热量带走，在节约能耗的基础上改善了室内的热环境。

江河湖泊丰富的地区，由于地表水陆分布、地势起伏、表面覆盖植被等的不同，在白天太阳辐射和夜间受长波辐射散热作用时，产生水陆风而形成气流运动。在进行节能建筑设计时，充分利用水陆风以取得穿堂风的效果，这样不仅可以改善夏季室内热环境，而且还可以节约大量的空调能耗。

建筑物室外地面覆盖层及其透水性都会影响室外微气候环境，从而都将直接影响建筑采暖和空调能耗的大小。建筑物室外如果铺砌的为不透水的坚实路面，在降雨后雨水大部分很快流失，地面水分在高温下蒸发到空气中，形成局部高温高湿闷热气候，这种情况会加剧空调系统的能耗。因此，在进行节能建筑规划设计时，建筑物周围应有足够的绿地和水面，严格控制建筑密度，尽量减少硬化地面面积，并尽量利用植被和水域减弱城市的热岛效应，以改善建筑物室外的微气候环境。

如上所述，确定建筑的选址原则为：向阳、避风原则：节能建筑为满足冬季采暖的目的，利用阳光(日照)是最经济、最合理的有效途径，同时阳光又是人类生存、健康和卫生的必需条件，因此节能建筑首先要遵循向阳的要求如选择向阳平地或坡地争取日照，为单体建筑的采暖提供条件；待建建筑向阳方向无遮挡，减少采暖负荷；避免西北向的冷风渗透，降低围护结构的热能渗透；重要建筑空间争取良好朝向，获取更多太阳辐射；合理的建筑日照间距以保证充分得热，间距大不经济；建筑群相对位置布局科学合理，取得日照的同时考虑阴影遮阳。

致凉通风原则：完善的节能建筑在满足冬季采暖要求的同时必须兼顾夏季致凉，利用夜间凉爽的通风使室内热惰性材料降温。夏季主导风不受基地环境影响，减少冬季冷风；利用植被、构筑物导风；组织建筑内部通风。

致凉遮阴原则：遮阴是防止夏季太阳辐射达到致凉的有效措施，如绿化遮阳，落叶乔木，夏季阻挡阳光，冬季阳光可以透过；建筑自遮阴，利用建筑互相形成的阴影遮挡阳光；自然地貌遮阴，悬崖、山丘、坡地遮阳。

减少能量需求原则：避免"霜洞"效应的影响。冬季的山谷、洼地、沟底等凹地冷空气沉积造成"霜洞"效应，使建筑微气候环境恶化而消耗能量；避免热辐射干扰，减少玻璃幕墙"热"污染与光洁硬地面的热反射；避免不利风向，避开基地寒流走向，选择半封闭周边式或封闭式，开口避开寒流主导向；避免局地疾风，建筑群布局不当造成局部寒风流速增加，建筑围护结构风压增大，窗和墙的冷风渗透，采暖负荷增大；避免雨雪堆积，地形中的沟槽冬季积雪溶化会带走热量，造成建筑室外环境温度降低。

3.1.2 建筑布局

建筑布局是指从更加全面的角度，通盘考虑建筑的功能、使用、适用、美观等整体效果。建筑布局与建筑节能也是密切相关的，影响建筑规划设计布局的主要气候因素有日照、风向、风力、气温、雨雪等。在进行规划设计时，可通过建筑布局，形成优化微气候环境的良好界面，建立气候防护单元，以得于建筑节能。

设计组织气候防护单元，要充分根据规划地域的自然环境因素、气候特征、建筑物的功能等，形成利于建筑节能的区域空间，充分利用和争取日照、避免季风的干扰，组织内部气流，利用建筑的外界一面，形成对冬季恶劣气候条件的有利防护，改善建筑的日照和风环境，从而达到节能的目的。

建筑群的布局可以从平面和空间两个方面考虑。一般的建筑群平面布局有行列式、错列式、周边式、混合式、自由式等几种，它们都具有各自的特点。建筑群平面布局的主要形式如图 3 - 2 所示。

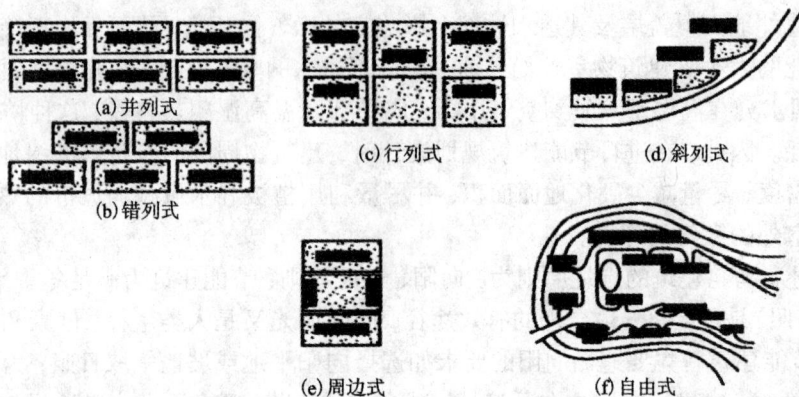

图 3 - 2　建筑群平面布局的主要形式

①行列式建筑物有规则地成排成行地布置，这种方式能够争取最好的建筑朝向，若注意保持建筑物之间的日照、间距，可以使大多数居住房间得到良好的日照，并很有利于自然通风，是目前我国城乡中广泛采用的一种布局方式。

②错列式也是建筑群常用的布局方式之一。这种布置方式可以避免"风影效应"，同时利用山墙空间，争取日照。

③周边式建筑沿着街道周边进行布置，这种布置方式虽然可以使街坊内的空间比较集中开阔，但有相当多的居住房间得不到良好的日照，对自然通风也非常不利。所以这种布置方式仅适于北方严寒和部分寒冷地区。

④混合式是行列式和部分周边式的组合形式。这种布置方式可以较好地组成一些气候防护单元，同时又有行列式的日照和通风方面的优点，在严寒和部分寒冷地区是一种较好的建筑群组团方式。

⑤自由式是当地形比较复杂时，密切结合地形构成，自由变化的布置形式。这种布置方式可以充分利用地形特点，便于采用多种平面形式和高低层及长短不同的体形组合。这样可以避免互相遮挡阳光，对建筑物的日照及自然通风有利，是丘陵及山区城市最常见的一种组团布置方式。

另外，在建筑物的规划布局中，要注意点、条组合布置，将点式住宅布置在朝向好的位置，条状住宅布置在点式住宅的后面，这样有利于利用空隙争取日照。条形与点式建筑结合布置争取最佳光照的布置，如图 3 - 3 所示。

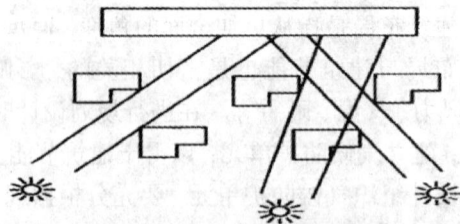

图 3 - 3　条形与点式结合争取最佳光照

在进行建筑布局时，还要尽可能注意使道路的走向平行于当地冬季主导风向，这样可以有利于避免积雪。在进行建筑布局时，如果将高度相似的建筑排列在街道的两侧，并用宽度是其高度的 2~3 倍的建筑与其组合，很容易形成风漏斗现象，如图 3 - 4 所示。这种风漏斗可以使风速提高 30% 左右，从而加速建筑热量的损失，所以在建筑布局中应尽量避免。

从空间方面考虑，在组合建筑群中，当一栋建筑远远高于其他建筑时，它在迎风面上会受到严重的下冲气流的冲击，如图 3-5(a) 所示。另一种情况出现于若干栋建筑组合时，在迎冬季来风方向减少某一栋建筑，均能产生由于其间的空地带来的下冲气流，如图 3-5(b) 所示。这些下冲气流与附近水平方向的气流形成高速风及涡流，从而加大风压，导致热损失加大。

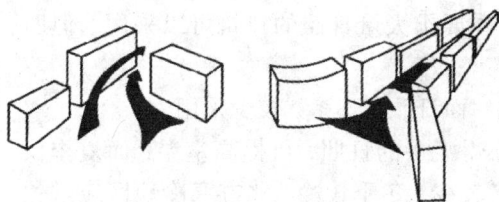

图 3-4　风漏斗现象示意　　　　　　　图 3-5　建筑物组合产成的下冲气流

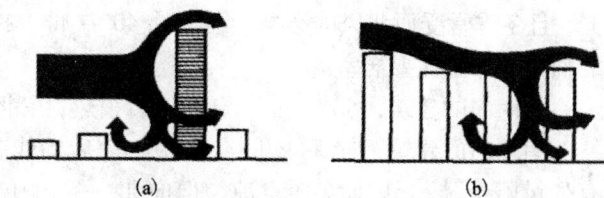

我国南方及东南沿海地区，与我国的北方严寒和寒冷地区不同，对这些地区重点考虑其夏季防热及通风。在进行建筑节能规划设计时，应重视科学合理地利用山谷风、水陆风、街巷风、林园风等自然资源，选择利于室内通风、改善室内热环境的建筑布局，从而降低空调的能耗，达到节能的目的。

3.1.3　建筑朝向与间距

1. 建筑朝向

选择合理的建筑物朝向是一项重要的节能措施。实测表明：在其他条件相同的情况下，东西向板式多层住宅建筑的耗能量要比南北向的高 5% 左右。现代住宅设计中，建筑的朝向应根据住宅内部房间的使用要求、当地的主导风向、太阳的辐射、建筑周围的环境以及各地区的气候等因素，通过调查、研究、分析、评价来确定。一般来说，我国住宅最适宜的建筑朝向为南略偏东或西。对于气候炎热的南方地区，应考虑住宅建筑的长轴方向垂直夏季主导风向，而北方冬季寒冷，住宅建筑的长轴方向应平行冬季主导风向，以防止冷空气渗透量增大。

朝向选择需要考虑的因素有：①冬季能有适量并具有一定质量的阳光射入室内；②炎热季节尽量减少太阳直射室内和外墙面；③夏季有良好的通风，冬季避免冷风吹袭；④充分利用地形并注意节约用地；⑤照顾居住建筑组合的需要。

其中日照和通风是评价住宅室内环境质量最主要的标准。

(1) 各建筑朝向墙面及居室内可能获得的日照时间和日照面积

无论是温带还是寒带，必要的日照条件是住宅里所不可缺少的，但是对不同地理环境和气候条件下的住宅在日照时数和阳光照入室内深度上是不尽相同的。建筑物墙面上的日照时间，决定墙面接受太阳辐射热量的多少。由于冬季和夏季太阳方位角的变化幅度较大，各个朝向墙面所获得的日照时间相差很大。因此，应对不同朝向墙面在不同季节的日照时数进行统计，求出日照时数平均值，作为综合分析朝向时的依据。另外，还需对最冷月和最热月的日出、日落时间作出记录。在炎热地区，住宅的多数居室应避开最不利的日照方位（即下午气温最高时的几个方位）。住宅室内的日照情况同墙面上的日照情况大体相似。对不同朝向和不同季节(例如冬至日和夏至日)的室内日照面积及日照时数进行统计和比较,选择最冷月有较长的日照时间和较多的日照面积,而在最热月有较少的日照时间和最少的日照面积。

从日照情况看,东西向的建筑,上午晒东,下午晒西,阳光可深入室内,有利提高日照效果,但在夏季,西向房间会造成过热,故在温带和热带、亚热带地区,东西朝向是不适宜的。但对于北纬45°以北的亚寒带、寒带地区,主要争取冬季有大量日照,而夏季西晒不是主要矛盾,可以采用。

东南向的建筑,东南一面,全年都有良好的日照,但西北一面,仅在午后能获得少量阳光,且冬季常受西北风的影响。在北纬40°一带,冬季要求大量日照的建筑可以采用。但西北面不宜布置主要居室。

西南向的建筑,西南一面,夏季午后很热,东北一面日照又不多,较少采用。

南北向的建筑,向南一侧,冬季中午前后均能获得大量的日照,可提高室温,而夏季仅有少量阳光射入,因而冬暖夏凉。但向北一侧,阳光较少,冬季较冷,北方寒冷地区应避免北向。而在南方冬季不过冷地区如广州、重庆、昆明等地,北向房间光线柔和,比东西向好。因此,南北向布置的建筑能避免西晒,我国广大温带和亚热带地区都广泛采用。

南向房间受欢迎的原因是由于夏季太阳高度角比冬季大得多,夏季太阳高度角大,太阳光线和南面垂直墙面的夹角很小,因而墙面上接受的太阳辐射热量和通过南向窗户照射到室内阳光的深度和时间都较少。冬季太阳高度角小,不论照射到墙面后被吸收的热量或照进房间的阳光深度都比夏季大。因此,冬季南向日照时数比其他朝向多,故有冬暖夏凉的效果。特别是我国南方地区,上导风向一般是南风或偏南风,南向房间又可获得有利的自然通风条件。

(2)各朝向墙面上可能接受的太阳辐射热量

太阳辐射包括直射和散射,此处只考虑太阳直射影响,以单位时间在单位面积上的辐射值表示:$kcal(m^2 \cdot d)$。一般包括两个方面:一是最冷月和最热月的太阳累计辐射强度;二是太阳直射强度日变化曲线与日气温曲线的关系。例如:由北京地区的太阳辐射量图(如图3-6所示)可以知道,冬季各朝向墙面上接受的太阳直射辐射热量以南向3948 $kcal(m^2 \cdot d)$为最高,东南和西南次之,东、西则更少,分别为1011 $kcal(m^2 \cdot d)$和1309 $kcal(m^2 \cdot d)$。而在北偏东或西30°朝向的范围内,冬季接受不到太阳的直射辐射热。夏季以东、西为最多,分别为1716 $kcal(m^2 \cdot d)$和2109 $kcal(m^2 \cdot d)$,南向次之,为1192 $kcal(m^2 \cdot d)$,北向最少,为724 $kcal(m^2 \cdot d)$。由于太阳直辐射强度一般是上午低、下午高,所以无论是冬季或夏季,墙面上接受的太阳辐射量,都是偏西比偏东的朝向稍高一些。

(3)各种朝向居室内可能获得的紫外线量

在一天的时间里,太阳光线中的成分是随着太阳高度角的变化而变化的(见表3-1)。其中紫外线量与太阳高度角成正比(见表3-1)。正午前后紫外线最多,日出后及日落前最少。实际证明,冬季以南向、东南和西南居室内接受紫外线较多,而东、西向较少,大约为南向的一半,东北、西北和北向居室最少,约为南向的1/3。因此,朝向对居室所获得的紫外线量的影响是应予以重视的,它是评价一个居室卫生条件的必要因素。

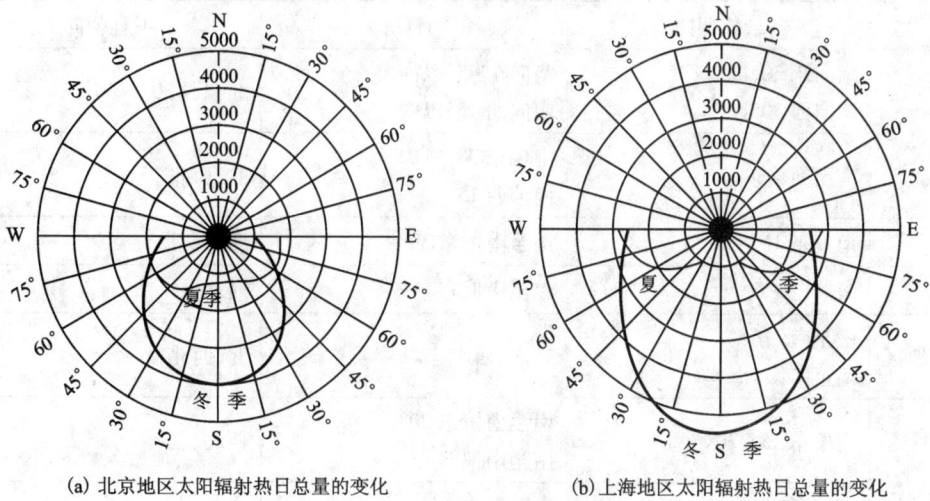

(a) 北京地区太阳辐射热日总量的变化　　　　(b) 上海地区太阳辐射热日总量的变化

图 3 – 6　太阳辐射量图

表 3 – 1　不同高度角时太阳光线的成分

太阳高度角	紫外线	可视线	红外线
90°	4%	46%	50%
30°	3%	44%	53%
0.5°	0	28%	72%

（4）主导风向与建筑朝向的关系

主导风向直接影响冬季住宅室内的热损耗及夏季居室内的自然通风。因此，从冬季的保暖和夏季降温角度考虑，在选择住宅朝向时，当地的主导风向因素不容忽视。另外，从住宅群的气流流场可知，住宅长轴垂直主导风向时，由于各幢住宅之间产生涡流，从而影响了自然通风效果。因此，应避免住宅长轴垂直于夏季主导风向（即风向入射角为零度），从而减少前排房屋对后排房屋通风的不利影响。

在实际运用中，当根据日照和太阳辐射已将住宅的基本朝向范围确定后，再进一步核对季节主导风时，会出现主导风向与日照朝向形成夹角的情况。从单幢住宅的通风条件来看，房屋与主导风向垂直效果最好。但是，从整个住宅群来看，这种情况并不完全有利，往往希望形成一个角度，以便各排房屋都能获得比较满意的通风条件。

根据上述所应考虑的四个方面，各地区对当地的日照和风向条件进行实测和分析，并总结出了当地住宅的最佳朝向和适宜朝向的建议（见表 3 – 2），供城市规划和居住建筑群体布置时作为朝向选择的参考。

表 3 – 2   全国部分地区建筑朝向推荐表

地区	最佳朝向	适宜朝向	不宜朝向
北京地区	南向东 30°以内 南向西 30°以内	南向东 45°以内 南向西 45°以内	北偏西 30°~60°
上海地区	南至南偏东 15°	南偏东 30°以内 南偏西 15°	北、西北
石家庄地区	南偏东 15°	南至南偏东 30°	西
太原地区	南偏东 15°	南至南偏东	西北
呼和浩特地区	南至南偏东 南至南偏西	东南、西南	北、西北
哈尔滨地区	南偏东 15~20°	南至南偏东 20° 南至南偏西 15°	西北、北
长春	南偏东 30° 南偏东 10°	南偏东 45° 南偏西 45°	北、东北、西北
沈阳	南、南偏东 20°	南偏东至东 南偏西至西	东北东至西北西
济南	南偏东 10~15°	南偏东 30°	西偏北 5~10°
南京	南偏东 15°	南偏东 25° 南偏西 10°	西、北
合肥	南偏东 5~15°	南偏东 15° 南偏西 5°	西
杭州	南偏东 10~15°	南、南偏东 30°	北、西
福州	南、南偏东 5~10°	南偏东 20°以内	西
郑州	南偏东 15°	南偏东 25°	西北
武汉	南偏西 15°	南偏东 15°	西、西北
长沙	南偏东 9°左右	南	西、西北
广州	南偏东 15° 南偏西 5°	南偏东 22°30′ 南偏西 5°至西	
南宁	南、南偏东 15°	南偏东 15~25° 南偏西 5°	东、西
西安	南偏东 10°	南、南偏西	西、西北
银川	南至南偏西 23°	南偏东 34° 南偏东 20°	西、北
西宁	南至南偏西 30°	南偏东 30°至南偏西 30°	北、西北

2. 建筑间距

建筑间距是指相邻两幢建筑物、构筑物外墙之间的水平距离。为满足日照、通风、防火等卫生和安全要求,建筑物之间必须留出一定宽度的间距。间距过小,则难以满足上述要求;而间距过大,又会造成土地浪费和道路、管线长度的增加。因此,适宜的建筑间距是保证场地布局经济合理的必要前提。

(1)日照间距

前后两列房屋之间为保证后排房屋在规定的时日获得必需日照量而保持的一定距离称为日照间距。所谓必需日照量,即建筑的日照标准,是满足日照方面起码卫生要求的最低标准。

1)日照标准

日照标准一般通过日照时间和日照质量来衡量。日照时间是该建筑物在规定的某一日内能受到的日照时数。根据所处气候特点的不同,通常以太阳高度角最低的冬至日或冬季气温最低的大寒日作为标准日照时间的规定日。日照质量是指每小时室内地面和墙面阳光投射面积累计的大小及阳光中紫外线的效用。影响日照质量的主要因素有:阳光通过窗户照入室内的面积和太阳入射的高度角和方位角,所以日照标准中明确规定了满窗日照和有效日照时间带的要求。

目前我国根据不同类型建筑的日照要求制定了相应的日照标准。

a.住宅建筑日照标准。决定住宅建筑日照标准的主要因素:所处地理纬度及其气候特征;所处城市的规模大小及其不同的用地紧张状况。以综合考虑上述两大因素为基础,我国现行住宅建筑日照标准按照分区分标准的基本原则,采用冬至日与大寒日两级标准日,详细规定了各气候区中不同规模城市的日照标准(见表 3 - 3)。住宅应每户至少有一个居室、宿舍应每层至少有半数以上的居室满足上述日照标准。

表 3 - 3　住宅建筑日照标准

建筑气候区别	I、II、III、VII气候区		IV气候区		V、VI气候区
	大城市	中小城市	大城市	中小城市	
日照标准日	大寒日				冬至日
日照时数/h	≥2		≥3		≥3
有效日照时间带/h(当地真太阳时)	8 ~ 16				9 ~ 15
日照时间计算起点底层窗台面					

应当指出,该日照标准已经考虑了我国人多地少,大城市用地紧张的实际困难,因此是一个经济的或者叫政策性最低标准,而不是一个卫生标准。例如,据卫生部门试验测定,北京地区冬季居室最少日照时数 2 ~ 3 h 基本上可以满足卫生的要求,而现行日照标准规定处于第 II 气候区的北京为大寒日不少 2 h,即冬至日正午不足 1 h 的满窗日照标准。

②其他建筑的日照标准。托儿所、幼儿园建筑的主要房间应满足冬至日满窗日照不少于 2 h 的日照标准,其活动场地应有不少于 1/2 的活动面积在标准的建筑日照阴影线之外;中小学校的教学楼及其他南向的普通教室,应满足冬至日底层满窗日照不少于 2 h 的日照标准,且长边相对的两排教室之间、教室长边与运动场地之间的间距不应小于 25 m;医院病房楼至少有半数以上的病房,应满足冬至日满窗日照不小于 2 h 的日照标准,且病房前后间距

不宜小于 12 m；疗养院至少有半数以上的疗养室应能获得冬至日满窗日照不少于 3 h，且疗养用房主要朝向的最小间距不应小于 12 m；老年人、残疾人专用住宅的主要居室，应能获得冬至日满窗日照不少于 3 h。

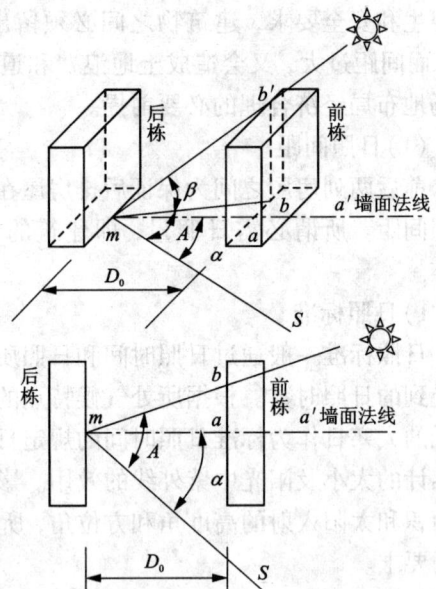

2）日照间距系数

采用图解法或计算的方法，可以求得建筑物之间符合日照标准的最小日照间距。图解法是根据日照竿影的投影原理，在当地标准日的竿影日照图上，通过进一步做图并量取日照间距比。

为说明确定日照间距的原理并简化计算关系，试以平地建筑长边向阳、朝向正南、满窗日照为依据，介绍求取日照间距的计算方法。

从图 3 – 7 所示的关系中可以推导出日照间距的计算公式：

图 3 – 7　日照间距示意图

$$D_0 = H_0 \cdot \text{ctg}\beta \cdot \cos(A - \alpha) \qquad (3-1)$$

式中：β 为太阳高度角，（°）；H_0 为前幢建筑的计算高度（前栋建筑总标高减去后栋建筑第一层窗台标高），m；A 为太阳方位角，（°），当地正午时为零，上午为负，下午为正；α 墙面法线与正南方向夹角，（°）。

当建筑物朝向正南时，$\alpha = 0$，公式可写成

$$D_0 = H_0 \cdot \text{ctg}\beta \cdot \cos A \qquad (3-2)$$

3）不同方位的日照间距

实际工作中，建筑往往不是正南朝向，其日照间距的确定，同样可以按照日照标准的要求通过图解法或计算的方法求取。为了简化工作程序，《城市居住区规划设计规范（GB50180 – 93）》规定了不同方位间距折减系数，通过与正南向标准日照间距换算，可方便求得不同方位的合理日照间距。

表 3 – 4　不同间距方位的折减系数

方位	0 ~ 15°（含）	15 ~ 30°（含）	30 ~ 45°（含）	45 ~ 60°（含）	>60°（含）
折减系数	1.0L	0.90L	0.8L	0.90L	0.95L

注：①表中方位为正南向(0°)偏东、偏西的方位角；②L 为当地正南向住宅的标准日照间距。

（2）通风间距

当建筑垂直风向前后排列时，为了使后排建筑有良好的通风，前后排建筑之间的距离应为 (4 ~ 5)H（H 为前排建筑高度）。但从用地的经济性考虑，一般不可能选择这样的间距来满足通风要求。所以，为了使建筑物既要具有良好的自然通风，又要节约用地，应避免建筑物正面迎风，而是将建筑与夏季主导风向成 30° ~ 60° 布置，使风先进入两房屋之间，再形成房屋的穿堂

风,这样建筑间距缩小到$(1.3 \sim 1.5)H$,既可满足要求,又较为经济(见图 3 - 8)。

(3)防火间距

在相邻建筑之间保持一定距离的空间,当建筑物起火时,一方面可以起到防止火势蔓延的作用,另一方面是为了保证疏散及方便消防救火操作的需要。在确定防火间距时,要合理科学地规定不同建筑物与建筑物部分之间的防火要求,避免对土地的过多浪费。

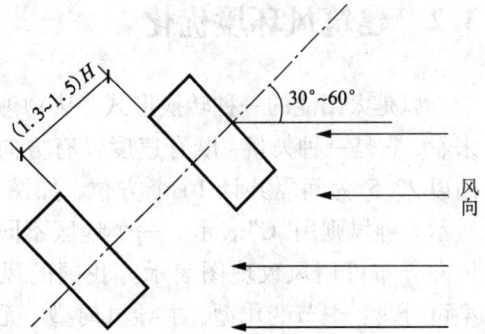

图 3 - 8　通风间距的确定

在规范中,根据建筑物的耐火等级,对建筑的防火间距进行了具体规定。对于低、多层建筑,其耐火等级分为四级。对于高层建筑,其耐火等级分为一、二两级。高层建筑裙房的耐火等级不应低于二级。在计算防火间距时,应按相邻建筑外墙的最近距离计算。当外墙突出的构件是可燃构件时,应从其突出部分的外缘算起。表 3 - 5 所示为民用建筑之间的最小防火间距。

表 3 - 5　民用建筑之间的最小防火间距(m)

			高层建筑	高层建筑裙房	其他民用建筑		
					耐火等级		
					一、二级	三级	四级
高层建筑			13	9	11	14	
其他民用建筑	高层建筑裙房		9	6	7		9
	耐火等级	一、二级					
		三级	11	7	8		10
		四级	14	9	10		12

注:1.两座高层建筑,相邻较高一面外墙为防火墙,或比相邻较低一座建筑屋面高 15 m 及以下范围内的墙为不开设门、窗洞门的防火墙时,其防火间距可不限。

对其他民用建筑,两座建筑相邻较高的一面的外墙为防火墙时,其防火间距不限。

2.相邻的两座高层建筑,较低一座的屋顶不设天窗、屋顶承重构件的耐火极限不低于 1 h,且相邻较低一面外墙为防火墙时,其防火间距可适当减少,但不宜小于 4 m。对其他民用建筑,相邻的两座建筑物,较低一座的耐火等级不低于二级、屋顶不设天窗、屋顶承重构件的耐火极限不低于 1 h,且相邻的较低一面外墙为防火墙时,其防火间距可适当减少,但不应小于 3.5 m。

3.相邻的两座高层建筑,当相邻较高一面外墙耐火极限不低于 2 h,墙上开口部位设有甲级防火门、窗或防火卷帘时,其防火间距可适当减小,但不宜小于 4 m。

对其他民用建筑,相邻的两座建筑物,较低一座的耐火等级不低于二级,当相邻较高一面外墙的开口部位设有防火门窗或防火卷帘和水幕时,其防火间距可适当减少,但不应小于 3.5 m。

4.两座建筑相邻两面的外墙为非燃烧体,无外露的燃烧体屋檐,当每面外墙上的门窗洞口面积之和不超过该外墙面积的 50%,且门窗口不正对开设时,其防火间距可按本表减少 25%。

5.耐火等级低于四级的原有建筑物,其防火间距可按四级确定。

6.本表摘自《建筑设计防火规范》(GB50016 - 2006)与《高层民用建筑设计防火规范》(GB50045 - 95,2005 年版)。

3.2　建筑风环境优化

风是太阳能的一种转换形式，从物理学上来看，它是一种矢量，既有速度又有方向。风向以22.5°为间隔共计16个方位，如图3-9所示。静风则用"C"表示。一个地区不同季节风向分布可用风玫瑰图表示。我国的风向类型可分为：季节变化型、主导风向型、无主导风向型和准静止风型四个类型。

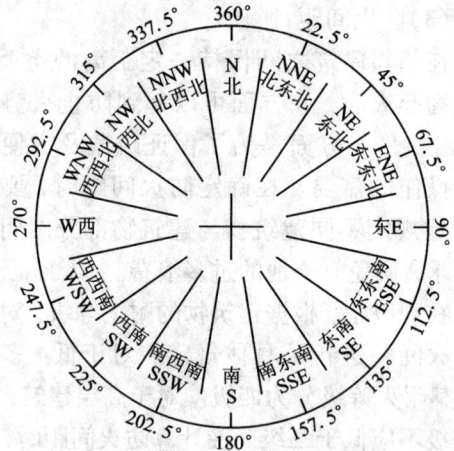

图3-9　风的16个方位示意

季节变化型：风向随季节而变，冬、夏季基本相反，风向相对稳定。我国东部，从大兴安岭经过内蒙古过河套绕四川东部到云贵高原，这些地区多属于季节变化型风向地区。

主导风向型：该种地区全年基本上吹一个方向的风。我国新疆、内蒙古和黑龙江部分地区属于这种风型。

无主导风向型：该种地区全年风向不定，各风向频率相差不大，一般在10%以下。这种风型主要在我国的宁夏、甘肃的河西走廊等地区。

准静止风型：该类型是指静风频率全年平均在50%以上，有的甚至达到75%，年平均风速只有0.5 m/s。主要分布在以四川为中心的地区和云南西双版纳地区。

建筑节能设计应根据当地风气候条件作相应处理。

建筑周边的风速过大会增加建筑的冷热负荷，表面放热系数增大，加重建筑能耗。在计算通过围护结构的得热量或热损失时，为确定壁体的总传热系数，需确定表面放热系数，而外表面放热系数的大小首先取决于风速。可见合理的风速能够降低建筑的能耗，进而降低城市的能耗。

1. 冬季防风的设计方法

我国北方严寒、寒冷地区冬季主要受来自西伯利亚的寒冷空气影响，形成以西北风为主要风向的冬季寒流。而各地区在最冷的1月份主导风向也多是不利风向。表3-6所示为我国严寒、寒冷地区主要城市的1月份风向的统计结果。

表3-6　风压转换系数

建筑外形尺寸 $\frac{W}{H}$	迎风面	背风面
0.1~0.2	1.0	-0.4
0.2~0.4	0.9	-0.4
0.4以上	0.8	-0.4

注：W—建筑迎风面宽度；H—建筑物高度。

从节能的需要出发，在规划设计时可采取以下具体措施：

（1）建筑主要朝向注意避开不利风向。

建筑在规划设计时应避开不利风向，减轻寒冷气候产生的建筑失热，同时对朝向冬季寒冷风向的建筑立面应多选择封闭设计。我国北方城市冬季寒流主要受自西伯利亚冷空气的影响，所以冬季寒流风向主要是西北风。故建筑规划中为了节能，应封闭西北向，同时合理选择封闭或半封闭周边式布局的开口方向和位置，使得建筑群的组合可避风节能。

（2）利用建筑的组团阻隔冷风。

通过合理地布置建筑物，降低寒冷气流的风速，可以减少建筑物和周围场地外表面的热损失，节约能源。迎风建筑物的背后会产生一个背风涡流区，这个区域也称风影区。这部分区域内风力弱，风向也不稳定。从实验分析得出：当风向投射角为30°时，建筑身后风影区为3H（H为建筑高度）；45°投射角时，身后风影区为1.5H。所以，建筑物紧凑布局，使建筑物间距在2.0H以内，可以充分发挥风影效果，使后排建筑避开寒冷风的侵袭。此外，还应利用建筑组合，将较高层建筑背向冬季寒流风向，减少寒风对中、低层建筑和庭院的影响。图3-10所示是一些建筑的避风组团方案。

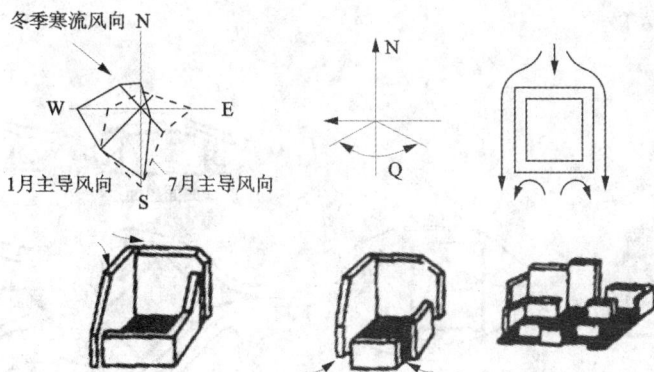

图 3 - 10　一些建筑的避风组团方案

（3）设置风障。

可以通过设置防风墙、板、防风带之类的挡风措施来阻隔冷风。以实体围墙作为阻风措施时，应注意防止在背风面形成涡流。解决方法是在墙体上作引导气流向上穿透的百叶式孔洞，使小部分风由此流过，大部分的气流在墙顶以上的空间流过。

（4）减少建筑物冷风渗透耗能。

建筑物的门窗缝隙是冬季寒冷气流的主要入侵部位，冷空气渗透量与风压有关。风压的计算公式为：

$$p = \frac{1}{2}c\rho v^2 \quad (\text{Pa}) \tag{3-3}$$

式中：p为风压，Pa；c为风压转换系数，指实际作用压力与风的动能之比，其值与建筑物尺寸和周围地形情况有关；v为风速，m/s。

　　上述公式表明风压与风速的平方成正比，风速随地面上高度变化的规律可见图 3－11 所示。

　　建筑在受风面上，由于建筑表面阻挡，会产生风的正压区，当气流从建筑上方或两侧绕过建筑时，在其身后会产生负压区，如图 3－12 所示。

　　当低层建筑与高层建筑如图 3－13 所示布置时，在冬季季风时节，在建筑物之间会形成比较大的风旋区（也称涡流区），使风速加快，进而增大风压，造成建筑的热能损失。在这方面，曾有研究表明：当

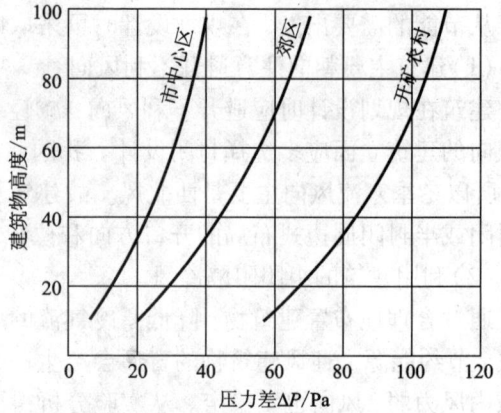

图 3－11　风压差随建筑物高度的变化

高层建筑迎风面前方有低层建筑物时，在行人高度处风速与在开阔地面上同一高度自由风速之比，其风旋风速增大 1.3 倍。为满足防火或人流疏散要求设计的过街门洞处，建筑下方门洞穿过的气流增大 3 倍。设计中应根据当地风环境、建筑的位置、建筑物的形态，注意避免冷风对建筑物的侵入。

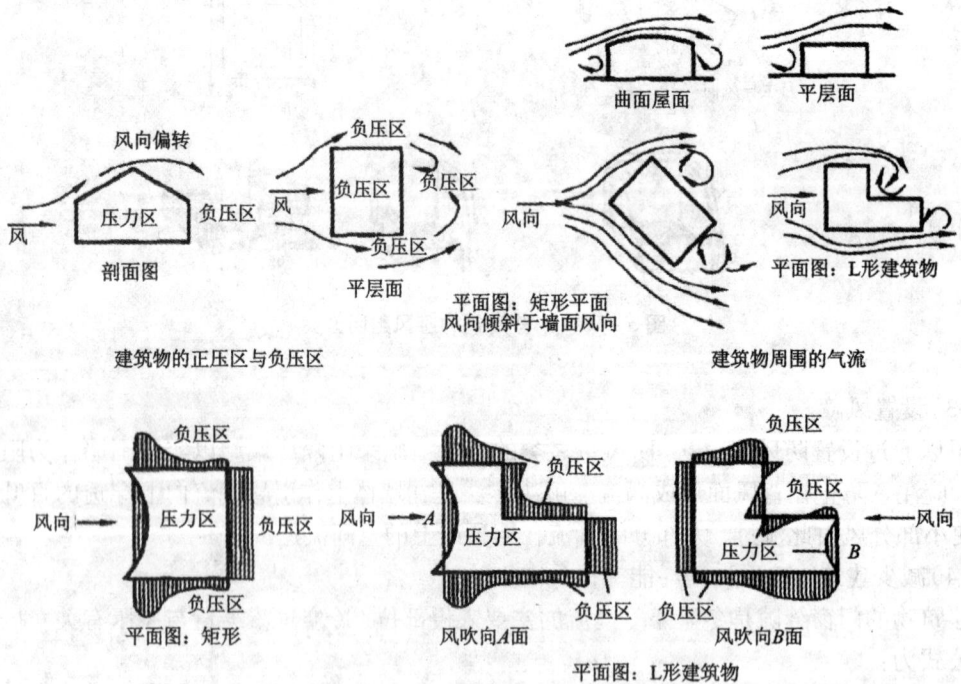

图 3－12　建筑受风示意图

2. 夏季通风的设计方法

　　在炎热的夏季，不需要设备和能源驱动的被动式通风降温是世界范围内最主要的降温方法。夜间的通风使房屋预先冷却，为第二天的酷热做好准备。所以，规划中良好的通风设

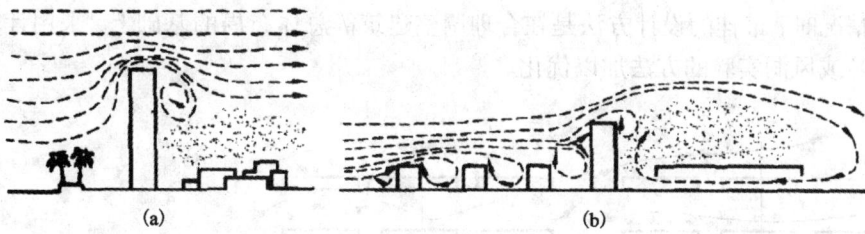

图 3 – 13　建筑背风处的风旋区

计，对降低建筑物夏季空调能耗是十分重要的。

我国南方特别是夏热冬暖地区地处沿海，4 ~ 9 月大多盛行东南风和西南风，建筑物南北向或接近南北向布局，有利于自然通风，增加舒适度。在具有合理朝向的基础上，还必须合理规划整个建筑群的布局和间距，才能获得较好的室内通风。如果另一个建筑物处在前面建筑的涡流区内，是很难利用风压组织起有效的通风的。

影响涡流区长度的主要因素是建筑物的尺寸和风向投射角。单个建筑物的三维尺度会对其周围的风环境带来较大的影响。图 3 – 14 具体描述了这种影响。建筑物越长、越高、幢深越小，其背面产生的涡流区越大，流场越紊乱，建筑物的布局和间距应适当避开这些涡流区。

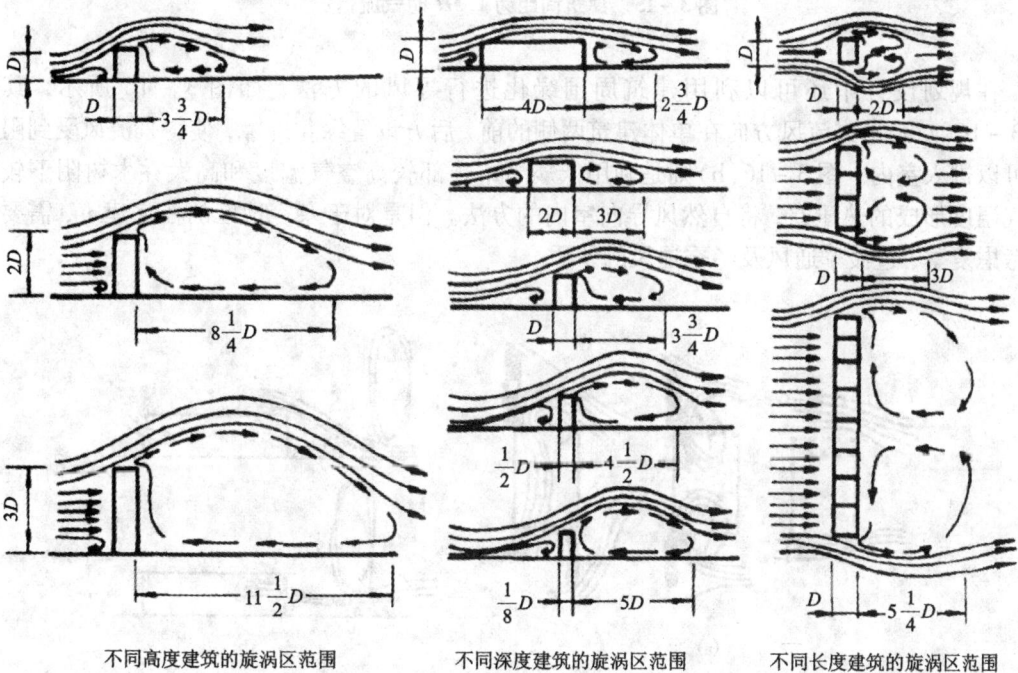

不同高度建筑的旋涡区范围　　　不同深度建筑的旋涡区范围　　　不同长度建筑的旋涡区范围

图 3 – 14　建筑前后的气流情况

居住建筑常因考虑节地等因素而多选择行列式的组团排布方式。这种组团形式应注意控制风向与建筑物长边的入射角，如图 3 – 15 所示。另外，对于高层建筑，如果只考虑避让涡流区，则会使得建筑间距非常大，这在实际工程中是难以实现的。因此，如果存在高层与低层并存的情况时，最佳的设计方法是在合理调整建筑群总体布局的基础上，采用计算机模拟预测（CFD）或风洞实验的方法加以优化。

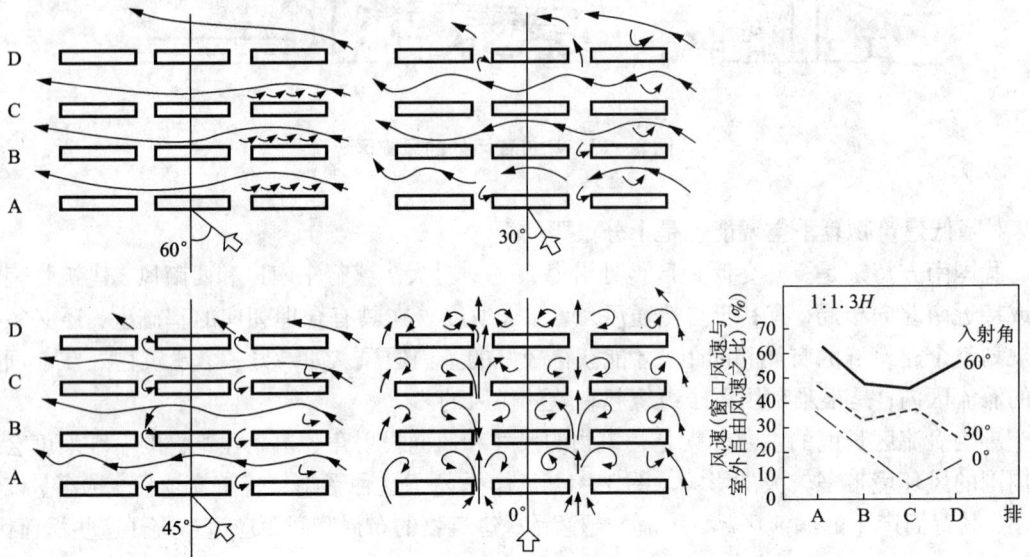

图 3 - 15　建筑间距为 1.3H 时气流情况

在规划设计中还可以利用建筑周围绿化进行导风的方法，如图 3 - 16 所示，其中图 3 - 16(a)是沿来流风方向在单体建筑两侧的前、后方设置绿化屏障，使得来流风受到阻挡后可以进入室内。图 3 - 16(b)则是利用低矮灌木顶部较高空气温度和高大乔木树阴下较低空气温度形成的热压差，将自然风导向室内的方法。但是对于寒冷地区的住宅建筑，需要综合考虑夏季、过渡季通风及冬季通风的矛盾。

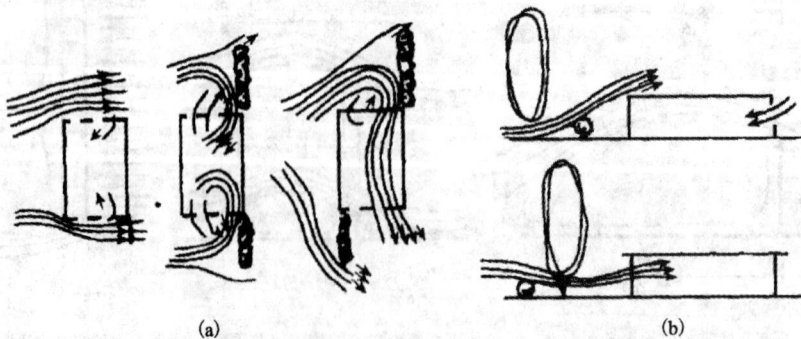

(a)　　　　　　　　　　　　　　　(b)

图 3 - 16　绿化导风作用

利用地理条件组织自然通风也是非常有效的方法。例如，如果在山谷、海滨、湖滨、沿河地区的建筑物，就可以利用水陆风、山谷风提高建筑内的通风。所谓水陆风，指的是在海滨、湖滨等具有大水体的地区，因为水体温度的升降要比陆地上气温的升降慢得多，白天陆上空气被加热后上升使海滨水面上的凉风吹向陆地，到晚上，陆地上的气温比海滨水面上的空气冷却得快，风又从陆地吹向海滨，因而形成水陆风，如图 3 - 17(a)所示。所谓山谷风，指的是在山谷地区，当空气在白天变得温暖后，会沿着山坡往上流动；而在晚上，变凉了的空气又会顺着山坡往下吹，这就形成了山谷风，如图 3 - 17(b)所示。

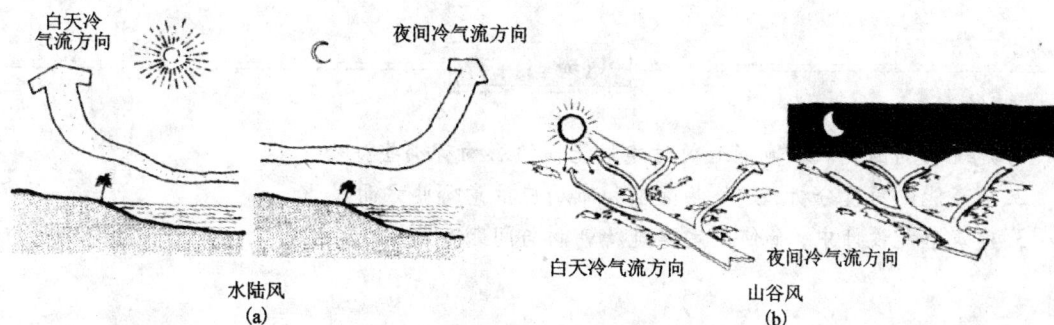

图 3 - 17　水陆风、山谷风的形成

3. 建筑风环境辅助优化设计

在实际的规划设计中，建筑布局往往比较复杂，特别如果需要兼顾冬夏通风的特点，以及考虑地形的不规整、植物绿化等存在的时候，简单利用传统经验做法，已经很难指导规划设计优化室外风环境。这时候需要采取风洞模型实验或者计算机数值模拟实验的方法进行预测。

研究风环境的风洞一般是境界层形风洞，它首先再现接近地面的境界层，然后将需要测定的建筑物和周围的环境模型化，模型比例大小取决于建筑物侧面积和风洞剖面面积的比例关系。近年来，一些研究者通过风洞实验，了解了建筑物周围风环境的一些基本规律，如单栋建筑物迎风面和背风面的气流规律，具有规则外形的建筑遵循一定规律的平面布置情况下的气流流动情况等。

但是，实际的小区建筑布局形式是多种多样的，而且建筑物形状也较为复杂。风洞实验中调整规划方案较慢，成本比较高，周期也较长(通常为数月甚至一两年)，这给实际应用带来了较大的困难，难以直接应用于设计阶段的方案预测和分析。

计算机数值模拟是在计算机上对建筑物周围风流动所遵循的动力学方程进行数值求解(通常称为计算流体力学 CFD, computational fluid dynamics)，从而仿真实际的风环境。由于近年来计算机运算速度和存储能力大大提高，对住区建筑风环境这样的大型、复杂问题可以在较短周期(20 天左右)内完成数值模拟，并且可借助计算机图形学技术将模拟结果形象地表示出来，使得模拟结果直观，易于理解。同时，由于计算机模拟不受实际条件的限制，因此不论实际小区布局形式如何、建筑物形状是否规则等，都可以对其周围风环境进行模拟，获得详尽的信息。并且，利用计算机数值模拟方法可以方便地仿真不同自然条件下的风环境，只需在计算机程序中改变相应的边界条件即可。

重点与难点

重点：(1)建筑选址对建筑节能的影响；(2)建筑布局对建筑节能的影响；(3)建筑朝向对建筑能耗的影响；(4)建筑间距对建筑能耗的影响；(5)建筑风环境的优化。

难点：(1)建筑能耗的影响因素；(2)建筑风环境的优化方法。

思考与练习

1. 建筑物周围气候及地形地貌对建筑能耗的影响有哪些？
2. 从节能的角度分析，建筑物选址和布局应注意哪些方面？
3. 建筑节能设计中，如何确定建筑物朝向与间距？

第 4 章

建筑单体节能设计

　　具有节能作用的规划设计为建筑节能创造了良好的外部环境,合理的建筑单体设计是建筑节能的重要基础。只有在符合节能原则的建筑单体上,围护结构、采暖空调设备的节能措施才能充分发挥其效能。建筑单体的节能设计主要通过建筑形状、尺寸、体形、平面布局等多方面的有效设计,使建筑物具有冬季有效利用太阳能并减少采暖能耗,夏季能够隔热、通风、遮阳、减少空调设备能耗这两个方面能力。

4.1　建筑形态节能设计

4.1.1　建筑形态

　　建筑的形态特征包含从整体到局部的三个层面:外部形体轮廓、内部空间组织、局部建筑构件和构造。建筑形体作为建筑物最先传达给人的视觉信息,能给人最直接、最强烈的印象。合理的建筑造型,可以充分利用气候资源并将自然环境对建筑的不利影响减少到最低。建筑空间作为建筑处理的重要元素,一直是建筑师建筑素养和设计水准的重要标志。科学的空间处理不仅可以创造丰富的内部空间组合形式,还可以起到调节环境作用。建筑构件和构造作为产生丰富视觉效果的设计要素,往往在形态上各有特点。特定高效的建筑构件和构造可以有力地保障节能技术的实现。

　　节能建筑的形态表现不是目的,多数情况下,节能建筑的形态表现仅仅是实现建筑节能目的的"衍生物",也因为节能技术和形态表现之间的无关联,使得节能建筑表达出来形形色色的形态特征,同众多以形态表现为主的当代建筑思潮(如解构倾向、高技倾向、地域倾向)相比,不具备鲜明的特征和突出的共性。

　　所以对于节能建筑形态设计的探讨,必须从技术入手。节约能源的最有效的方式是设计建筑时,使其尽可能充分利用自然资源,如太阳能、风和自然光。直接利用气候的特性创造舒适的建筑环境而不求助于机械系统,是节能建筑设计的基本出发点。建筑节能技术体现的形态包括被动式太阳能采暖、建筑遮阳、自然通风、自然采光技术下的形态。

　　①被动式太阳能采暖技术下的形态:南向展开的纤长体形、对角线立方体。

　　②建筑遮阳技术下的形态:自遮阳形体、凹入过渡空间、立面外遮阳构件、遮阳棚架。

　　③自然通风技术下的形态:流线型形体、螺旋型立体庭院、夹层通风空间、"文丘里管"渐缩式剖面、通风塔、导风翼形墙体、双层幕墙呼吸单元和鱼嘴型风口。

　　④自然采光技术下的形态:阶梯状退台体形、透光屋顶、立体反光构件、自然光反射板。

4.1.2 建筑平面设计中的节能

建筑物的平面形状主要取决于建筑物用地地块形状与建筑的功能,但从建筑热工的角度来看,平面形状复杂势必增加建筑物的外表面积,并带来热耗的大幅度增加。建筑平面设计包括形状、建筑长度、宽度、幢深与平面布局等方面的设计。

1. 建筑平面形状中节能的设计

在建筑设计时,从节能的角度考虑,原则上应使围护结构的总面积越小越好。这是因为:在相同的建筑体积 V 下,由于围护结构的总面积不同,热耗相差很大。设计时应注意使围护结构面积 A 与建筑体积 V 之比为最小。

2. 建筑长度中节能的设计

住宅建筑的长度与建筑热耗间有一定的比例关系。根据有关资料表明:增加住宅建筑的长度可以节能。长度小于 100 m,能量增加较大。例如,从 100 m 减少至 50 m,能耗增加 800 ~ 1000;从 100 m 减少至 25 m,对于 5 层住宅能耗增加 25%,9 层住宅能耗增加 17% ~ 21%。

3. 建筑宽度中节能的设计

根据有关资料表明:增加建筑宽度可以节能。对于 9 层住宅建筑,宽度由 11 m 增加到 14 m,能耗可减少 600 ~ 700,若增加到 15 ~ 16 m,能耗可减少 12% ~ 14%。

4. 建筑幢深中节能的设计

建筑幢深即建筑物沿纵向轴线方向的总尺寸。对于单幢建筑物来说,当其层数相同而幢深不同时,随着幢深的加大,建筑的传热耗热指标明显降低。有资料表明:建筑面积为 1000 m^2,幢深由 9 m 加大到 12 m 时,其单位面积耗热由 41.2 W/m^2 降低到 36.85 W/m^2。这表明加大幢深具有显著的节能效果。

5. 建筑平面布局中节能的设计

建筑平面布局不仅对建筑的合理使用及提高室内热舒适度有着决定性的影响,对于建筑节能亦有很大作用。主要从以下两方面考虑。

①热环境的合理分区。由于人们对不同房间的使用要求及在其中的活动状况各不相同,因而,人们对不同房间室内热环境的需求也各异。

在设计中,可根据不同热环境的需求而合理分区,即将热环境质量要求相近的房间相对集中布置,这样做既有利于对不同区域分别控制,又可将对热环境质量要求较高(或较低)的房间集中设置于平面中温度相对较高(或较低)的区域,从而取得最大限度利用日辐射,保持室内具有较高温度,同时减少供热能耗。

②温度阻尼区的设置。为了保证主要使用房间(或热环境质量要求较高的分区)的室内热环境,可在该热环境区与温度很低的室外空间之间,结合使用情况,设置各式各样的温度阻尼区,这些阻尼区就像是一道"热闸",不但可使房间外墙的传热损失减少 40% ~ 50%,而且大大减少了房间的冷风渗透,从而减少了建筑的渗透热损失。设于南向的温度阻尼区可当作附加日光间来使用,是冬季减少耗热的一个有效措施。

6. 合理的套型平面

在住宅单体套型方案设计时,要从节能的角度、提高舒适性及家居生活的规律出发,合理进行各房间功能分区。一般应将家庭人员主要活动且停留时间长的客厅、主卧室等布置在南向，厨房、卫生间等布置在朝北和东西向。这样使主要居室在冬季能获得充裕的阳光；套内每个房间均要有直接对室外的窗，前后房间的门窗尽量相对设置，为自然采光和夏季组织穿堂风创造条件；炎热地区可采用内天井或外天井住宅套型平面，利用高差和热压差形成自然通风，以此改善室内的微小气候；在进行设备用房和冷热源布置时，应合理确定冷热源和风机机房的位置，尽可能缩短冷、热水系统和风系统的输送距离。

4.1.3　建筑体形节能设计

建筑体形的变化直接影响建筑采暖和空调能耗的大小。在夏热冬冷地区，白天要防止太阳辐射，夜间希望建筑有利于自然通风和散热。因此，我国南方与北方寒冷地区节能建筑相比，在体形系数上控制不严格，在建筑形态上非常丰富。但从节能的角度来讲，单位面积对应的外表面积越小，外围护结构的热损失就越少，从降低建筑能耗的角度出发，应当将建筑体形系数控制在一个较低的水平。

1. 体形系数的含义

建筑物体形系数是指建筑物与室外大气接触的外表面积 $F_0(m^2)$ 与其所包围的（包括地面）体积 $V_0(m^3)$ 之比。在进行住宅建筑中的体形系数计算时，外表面积 $F_0(m^2)$ 不包括地面和楼梯间墙及分户门的面积。建筑物的体形系数越大，说明单位建筑空间的热量散失面积越大，则建筑物的能耗就越高。建筑节能研究结果表明，体形系数每增大 0.01，建筑能耗指标约增加 2.5%。如图 4-1 所示，同体积的不同体形会有不同的体形系数，其中立方体的体形系数（F_0/V_0）比值最小。

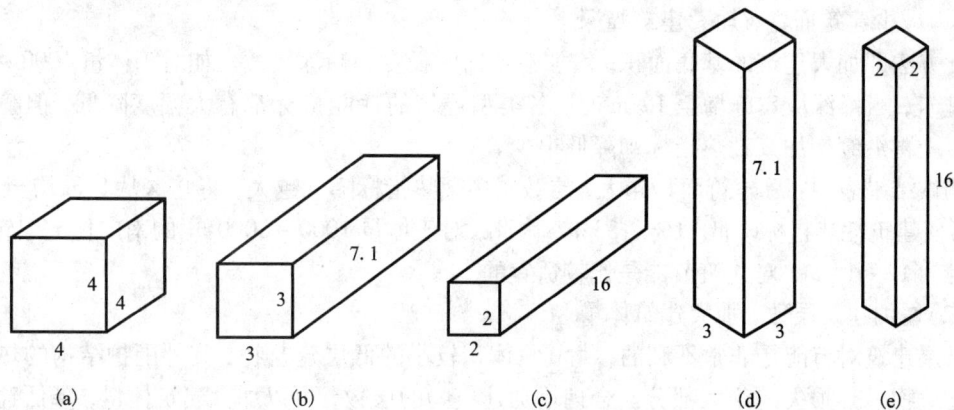

立体的体形	表面积 $F_0(m^2)$	建筑体积 $V_0(m^3)$	表面积:体积
图 3-1 中(a)	80.0	64	1.25
图 3-1 中(b)	81.9	64	1.28
图 3-1 中(c)	104.0	64	1.63
图 3-1 中(d)	94.2	64	1.47
图 3-1 中(e)	132.0	64	2.01

图 4-1　同体积不同建筑体形系数（单位：m）

2. 最佳的节能体形

建筑物作为一个整体，其最佳节能体形与室
外空气温度、太阳辐射照度、风向、风速、围护结
构构造及其热工特性等各方面因素有关。从理论
上讲，当建筑物各朝向围护结构的平均有效传热
系数不同时，对同样体积的建筑物，其各朝向围护
结构的平均有效传热系数与其面积的乘积都相等
的体形是最佳节能体形，如图 4 - 2 所示，并可以
表示成 $lhK_{13} = ldK_{11} = dhK_{12}$

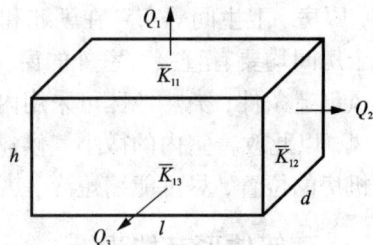

图 4 - 2　最佳节能体形计算

当建筑物各朝向围护结构的平均有效传热系数相同时，同样体积的建筑物，体形系数最
小的体形为最佳节能体形。

3. 体形系数的控制

提出建筑体形系数要求的目的，是为了使特定体积的建筑物在冬季和夏季冷热作用下，
从室外与空气面积因素考虑，使建筑物的外围护部分接受冷热量最少，从而减少冬季的热损
失与夏季的冷损失。

建筑节能检测表明，一般建筑物的体形系数宜控制在 0.30 以下，如果体形系数大于 0.
30，则屋顶和外墙应采取保温措施，以便将建筑物耗热量指标控制在国家规定的水平，即总
体上实现节能 50% 或 65% 的目标。

在一般情况下，建筑物体形系数控制或降低的方法，主要有以下几个方面。

(1)减少建筑面宽，加大建筑幢深

此方法即加大建筑的基底面积，增加建筑物的长度和幢深尺寸。如对于体量 1000 ~ 8000
m^2 的建筑，当幢深从 8 m 增至 12 m 时，各类型建筑的耗能指标都有大幅度降低，但幢深在
14 m 以上再继续增加其耗热指标却降低很少。

测试结果表明：总建筑面积越大，层数越多耗热指标降低越大，将幢深从 8 m 增至 12 m
时，可使建筑耗热指标降低 11% ~ 33%，因此，对于体量 1000 ~ 8000 m^2 的南向住宅建筑，幢
深设计为 12 ~ 14 m，对建筑节能是比较适宜的。

(2)增加建筑层数，加大建筑体量

低层建筑对节能是非常不利的，尤其是体积较小的低层建筑物，其外围护结构的热损失
要占建筑物总热损失的绝大部分。合理增加建筑物的层数，可以加大建筑体量，降低建筑热
耗指标。增加建筑层数对减少建筑能耗有利，然而层数增加到 8 层以上后，层数的增加对于
建筑节能并不十分明显。

在一般情况下，当建筑面积在 2000 m^2 时，层数以 3 ~ 5 层为宜，层数过多则底面积太小，
对减少热耗不利；当建筑面积在 3000 ~ 5000 m^2 时，层数以 5 ~ 6 层为宜；当建筑面积在
5000 ~ 8000 m^2 以下时，层数以 6 ~ 8 层为宜。

(3)简化建筑体形，布置尽量简单

严寒地区节能型住宅的平面形式，应追求平整、简洁，一般可布置成为直线型、折线型
和曲线型。在建筑节能规划设计中，对住宅形式的选择不宜大规模采用单元式住宅错位拼
接，不宜采用点式住宅或点式住宅拼接。因为错位拼接和点式住宅都形成较长的外墙临空长
度，这样很不利于建筑节能。

（4）设计有利避风的建筑形态

单体建筑物和三维尺寸对其周围的风环境影响很大。从节能的角度考虑，应创造有利的建筑形态，减少风流、降低风压、减少耗能热损失。分析下列建筑物形成的风环境可以发现：

①风在条形建筑背面边缘形成涡流（见图 4-3），建筑物高度越高，深度越小，长度越大时，背面涡流区越大。

图 4-3　条形建筑风环境平面图

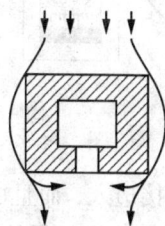

②U 形建筑形成半封闭的院落空间，如图 4-4 所示的布局对防寒风十分有利。

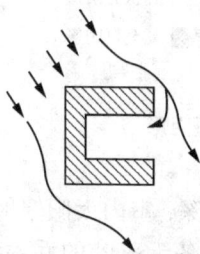

图 4-4　U 形建筑风环境平面图

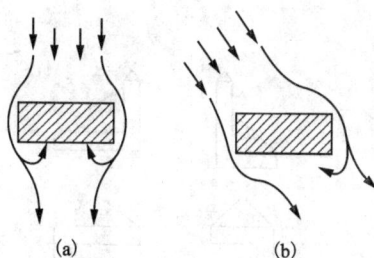

图 4-5　口形建筑风环境平面图

③全封闭形建筑当有开口时，其开口不宜朝向冬季主导风向和冬季最不利风向，而且开口不宜过大（见图 4-5）。

④将迎冬争季风面做成一系列台阶式的高层建筑，有利缓冲下行风（见图 4-6）。

⑤将建筑物的外墙转角由垂直相交成 90° 直角改成圆角有利于消除风涡流。

⑥低矮的圆屋顶形式，有利于防止冬季季风的干扰。

⑦屋顶面层为粗糙表面可以使冷风分解成无数小的涡流，既可以减少风速也可以多获得太阳能。

图 4-6　台阶立面缓冲下行风

⑧不同的平面形体在不同的日期内建筑阴影位置和面积也不同，节能建筑应选择相互日照遮挡少的建筑形体，以免日照遮挡，影响太阳辐射得热（见图 4-7）。

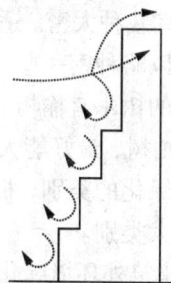

4. 建筑周围空间绿化设计

建筑绿化是建筑科学用能的重要措施之一，具有如下优点：有引导风向及挡风作用，按照当地不同季节的主导风向，成排栽种的树木可引导夏季凉风进入建筑，而在北面及西北面栽种的树木则可降低风速，起到挡风作用；可吸收或过滤大气中的有害物质和粉尘；可以美化室内空间环境，提高适居性；植物除了提供内部空间与外墙的遮阳作用外，也可减少建筑物内部产生的热反射与眩光；植物的蒸发作用有助于降低建筑外墙温度；植物可作为视觉屏障及声音屏障；植物可以赋予建筑外立面特殊质感。

繁茂的树木在夏季有良好的遮阳作用。夏天，树木能挡住大部分的太阳辐射，建筑直接受到太阳辐射热减少。地面阴凉，从地面辐射到建筑上的辐射热有所减少，进入建筑的空气比较清凉。被树木遮挡的建筑表面温度会降低，室内温度会明显下降。到了冬天，树木落叶

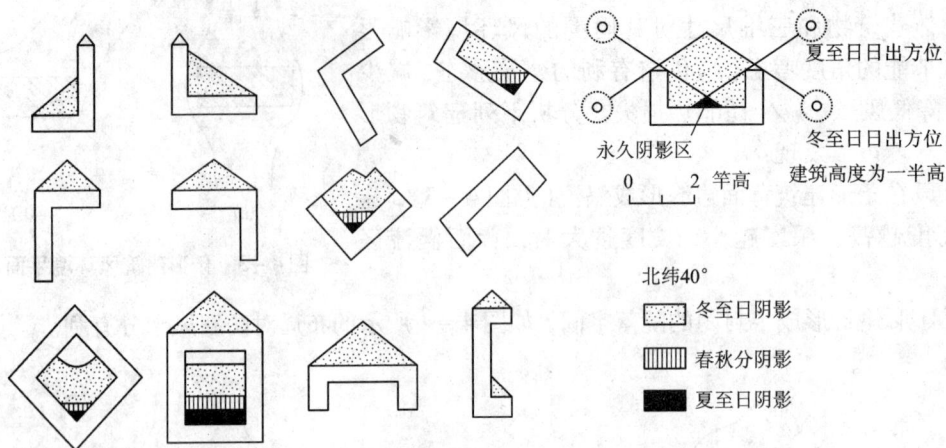

图4-7 不同平面形体在不同日期的房屋阴影

光秃,阳光可直接透入,而且由于太阳倾斜角大,射入室内较深,室内太阳辐射热较多。

种植的树木以选择长得较高、枝叶伸展较宽、夏天茂盛、冬天落叶的乔木为好。根据朝向的不同、宜林地区的不同、选用的树木种类不同,其布置也有区别。

落叶乔木能达到良好的遮阳目的。南向要求遮阳不遮风,树形可选择伞形、蛋形或圆柱形的,不宜栽种太密。适宜的树木有楹树、广玉兰、白兰花、梧桐等。东向与南向大体相近,但树木可以略种密一些。西向主要要求遮阳,树形可选择蛋形或圆柱形,并成排密植。适合西向种植的树木有榆树、槐树、梧桐、柚木、白兰花和胡桃等。北向基本与西向相同,适宜种植松树、柏树,最好能大片种植成林,以利于挡风。

建筑绿化的类别,根据建筑的空间范围分,可以分为建筑外环境、建筑自身环境和建筑内环境三大类别。

(1)建筑外环境绿化

建筑外环境主要指建筑外围属地和院落两部分。建筑外围属地是指建筑轮廓周边外围的地面,其绿化的对象为出入口处、墙面旁边、墙角处等部位。院落是由建筑与建筑、或建筑与其他界面围合而成的。根据院落的地面面积大小,分为井(天井)、庭、院和园四种。院落具有一定的安静性和私密性。院落的植物配置设计,应根据建筑的功能性质、建筑的高度、院落面积大小而综合考虑,以决定绿地的布局形式、选择相应的植物品种。

(2)建筑内环境绿化

建筑内环境绿化一般是指室内绿化,又称室内植物造景,是将自然界的植物引入居室、客厅、办公室等小型室内空间,以及超级市场、宾馆进厅、室内游泳池等大型建筑空间中。

室内的植物生态条件异于室外条件,在内环境绿化设计中,除了应选择较能适应室内生长的植物种类外,还可以通过人工装置的设备来改善室内的光照、温度、湿度、通风条件,以维持植物的正常生长。

内环境植物的景观设计首先要服从室内空间的性质、用途,再根据其尺度、形状、色泽、质地,充分利用墙面、地面及天花板来选择植物材料,加以配置构思,达到组织空间、改善和渲染环境气氛的目的。

内环境植物配置中，除了将植物种植于实地之中外，还可使用盆栽植物、瓶插植物等方式。

（3）建筑自身绿化

建筑自身绿化，是指对构成建筑的有关部位进行植物景观配置，常见的有外墙面、窗口、阳台、屋顶等部位。

墙面绿化是利用某些植物具有吸附、缠绕、卷须、钩刺等攀缘的特性，将其依附在各类垂直、斜坡面和空架之上进行快速生长发展的植物配置方式。墙面绿化的植物配置，应根据所处的地理、气候等自然环境，建筑物的使用功能要求，墙面的材料、朝向、建筑物的高低大小等的不同，进行因地制宜的综合考虑。墙面绿化要取得比较好的绿化效果，除选择适应于当地条件的攀缘植物品种外，最关键的是植物能无需人工管理而按照各自生长习性固定于墙面上。实践证明：粗糙的墙面比光滑的好，不刷涂料的墙面比刷涂料的好，清水的墙面比混水的好。除建筑物的墙面可绿化外，在挡土墙、河道护坡、围墙及栏杆处都可进行此类方式的绿化。

窗口、阳台、女儿墙绿化，可以悬挂种植盆（箱）或设置种植槽进行绿化。悬挂种植盆的方式，是将绿化植物栽培成形于花盆、花箱中，然后将其悬挂在设计位置，方法简单、品种调换灵活，但生长期和观赏期受到限制。植物种植槽一般为钢筋混凝土结构，设计中必须进行相应的倾覆稳定性方面的验算，槽底开设排水孔，槽的种植土应以轻质材料为好，并具有一定通气蓄水能力。绿化的植物，应选择耐晒或耐寒的品种，如矮秆常绿小灌木。

4.2　典型低能耗建筑举例

1. 清华大学超低能耗示范楼

清华大学超低能耗示范楼是我国首个综合了示范、展示、试验功能的绿色建筑，是一个以真实建筑为基础的试验台。在大楼方案论证阶段，就贯穿了可更新、可调节、可拓展的思路，为未来更加深入的试验及科研创造条件（见图4-8）。

图4-8　清华大学超低能耗示范

该项目包括建筑物理环境控制与设施研究(声、光、热、空气质量等)、建筑材料与构造(窗、遮阳、屋顶、建筑节点、钢结构等)、建筑环境控制系统的研究(高效能源系统、新的采暖通风和空调方式及设备开发等)、建筑智能化系统研究。示范楼作为技术展示和效果测试,选用了近 10 种不同的外围护结构做法,基本的热工性能要求为透光体系部分(玻璃幕墙、保温门窗、采光顶)综合传热系数 $K < 1$ W/m² · K,太阳得热系数 SHGC < 0.5,非透光体系部分(保温墙体、屋面)传热系数 $K < 0.3$ W/m² · K。冬季建筑物的平均热负荷仅为 0.7W/m²,最冷月的平均热负荷也只有 2.3 W/m²,如果考虑室内人员灯光和设备等的发热量,基本可实现冬季零采暖能耗。夏季最热月整个围护结构的平均得热也只有 5.2 W/m²。围护结构导致的建筑耗冷耗热量仅为常规建筑的 10%。

该示范楼能源和设备系统采用多项节能措施和可再生能源技术,包括照明和办公设备在内,示范楼单位面积全年总用电量指标为 40 kW · h/m²,仅是北京市高档办公建筑平均总用电量指标的 30%。

示范楼集成了近百项建筑节能和绿色建筑相关的最新技术,包括由美国、德国、日本、丹麦等国外企业以及清华同方、秦皇岛耀华等国内高新技术企业在内的近 50 家单位捐赠的产品,有近十项产品和技术为国内首次采用,主要包括:

(1)玻璃幕墙和保温墙体

东立面和南立面采用双层皮幕墙及玻璃幕墙加水平或垂直遮阳两种方式,综合得热系数 1 W/(m² · K),太阳能得热系数 0.5。双层皮幕墙按照室内室外的温度差别,调节室外空气进出风口的开合,夏季室外空气经过热的玻璃表面加热后升温,在幕墙夹层形成热压通风,带走向室内传递的热量,冬季进风口出风口关闭后,可减少向室内的冷风渗透。水平遮阳和垂直遮阳叶片宽度 600 mm,每个叶片均设置单独的自控系统,分别根据采光、视野、能量收集、太阳能集热的不同区域功能要求进行控制调节,实现冬季最大限度利用太阳能、夏季遮挡太阳辐射,同时满足室内自然采光的最佳设计。

西北向采用 300 mm 厚的轻质保温外墙,铝幕墙外饰面,传热系数 0.35 W/(m² · K)。外窗采用双层中空玻璃,外设保温卷帘。

(2)相变蓄热活动地板

示范楼的围护结构由玻璃幕墙、轻质保温外墙组成,热容较小,低热惯性容易导致室内温度波动大,尤其是在冬季,昼夜温差会超过 10℃。为增加建筑热惯性,使室内热环境更加稳定,示范楼采用了相变蓄热地板的设计方案。具体做法是将相变温度为 20~22℃ 的定形相变材料放置于常规的活动地板内作为部分填充物,由此形成的蓄热体在冬季的白天可蓄存由玻璃幕墙和窗户进入室内的太阳辐射热,晚上材料相变向室内放出蓄存的热量,这样室内温度波动将不超过 6℃。

活动地板架空层高度 1.2 m,空调风道、各类水管、电缆、综合布线等均隐藏在架空层内。保证室内干净整洁,而且不需要吊顶,房间净空高度大,有效利用空间多。

(3)植被屋面和光导采光系统

为提高屋顶的隔热保温性能,同时改善生态与环境质量,采用种植屋面技术,结合防水及承重要求,选用喜光、耐干燥、根系浅的低矮灌木和草皮,这些植物也适合于北京地区气候特征。屋顶同时设置光导管采光系统,利用太阳光为地下室提供采光,减少白天照明电耗。

（4）自然通风利用

室内环境控制系统有限考虑被动方式，用自然手段维持室内热舒适环境。根据北京地区的气候特点，春秋两季可通过大换气量的自然通风带走余热，保证室内较为舒适的热环境，缩短空调系统运行时间。

利用热压通风和风压通风的结合，根据建筑结构形式及周围环境的特点，在楼梯间和走廊设置通风竖井，负责不同楼层的热压通风。在建筑顶端设计玻璃烟囱，利用太阳能强化通风。此外在建筑外立面合适部位设置开启扇，使得室外空气在风压通风的作用下可顺畅地贯穿流过建筑。

（5）湿度独立控制的新风处理方式

超低能耗示范楼共设置 4 台 4000 m^3/h 的新风机组，通过溶液除湿设备的处理，可提供干燥的新风，用来消除室内的湿负荷，同时满足室内人员的新风要求。

目前空调工程中采用的除湿方法基本上是冷冻除湿，这种方法首先将空气温度降低到露点以下，除去空气中的水分后再通过加热将空气温度回升，由此带来冷热抵消的高能耗。此外为了达到除湿要求的低露点，要求制冷设备产生较低的温度，这使得设备的制冷效率低，因而也导致高能耗。

溶液除湿方式能够将除湿过程从降温过程中独立出来，利用较低品位能源进行除湿，同时减少显热冷负荷，不仅能够保证室内环境质量，而且还能降低空调能耗。

此外为保证室内空气质量要求的足够新风，随之而来的新风负荷是空调系统高能耗的原因。示范楼的新风机组同时可实现全热回收效率超过 80% 的高效热回收，可充分利用排风中的全热同时又保证新风不被排风污染。

（6）模块化的末端调节设备

通过溶液除湿后的新风可带走室内的湿负荷，房间内的末端装置仅负责显热部分（冷冻水温度可采用 18℃），按照干工况运行，不存在结露现象，彻底避免了潮湿表面滋长霉菌，恶化空气质量。

示范楼内提供模块化的空调末端配置，根据房间实际使用功能灵活组合。

办公室室内人员密度低，人员工作时间及活动区域相对固定，个人的舒适要求不尽相同，采用冷辐射吊顶或者辐射墙来消除室内的基本显热负荷，溶液除湿后的新风通过置换通风来消除室内的基本湿负荷。工位送风则提供每个办公人员个人活动区域的送风，通过调节风口角度、出风速度来满足自身的要求。

示范楼内另一类房间为报告厅和会议室，室内人员密度高，散热散湿集中，单位面积冷负荷大，且使用时间不稳定。因此除冷辐射吊顶和置换通风外，采用仿自然风的动态风 FCU来消除室内尖峰负荷。

（7）BCHP 系统

超低能耗楼采用固体燃料电池及内燃机热电联供系统（简称 BCHP 系统），清洁燃料天然气作为能源供应，BCHP 系统总的热能利用效率可达到 85%，其中发电效率 43%。基本供电由内燃机或者氢燃料电池供应，尖峰电负荷由电网补充。发电后的余热冬季用于供热，夏季则当作低温热源驱动液体除湿新风机组，用于溶液的再生。

（8）高温冷水机组或直接利用地下水

配合独立湿度控制的新风机组，夏季冷冻水温度 18℃ 即可满足供冷的要求。采用电制冷,高效节能。另一种方式更为简单,就是直接利用地下水,超低能耗楼所在清华大学校园东区地表浅层水温基本稳定在 15℃,单口井出水量可达 70 m^3/h,完全能够满足示范楼的供冷要求。地下水通过板换换热后全部回灌,仅利用土壤中蓄存的冷量,不会造成地下水资源的流失。

(9)太阳能利用

超低能耗楼南侧立面装有 30 m^2 的光伏玻璃,发电用于驱动玻璃幕墙开启扇和遮阳百叶。屋顶设有太阳能集热器,所获得的热量用于除湿系统的溶液再生。此外屋面还装有太阳能高温热发电装置,该系统为抛物面碟式双轴跟踪聚焦,峰值发电功率为 3 kW。

(10)智能化的控制系统

控制系统自动采集室外的日照情况,根据不同的朝向方位,调节遮阳百叶的状态,同时根据室外气象参数,决定外窗、热压通风风道、双层皮幕墙进出风口的开闭。控制系统采集工作区各点的照度数据,调节百叶的角度和人工照明的灯具。室内的新风量根据房间内的 CO_2 浓度和湿度来调节。其余能源设备、水泵、太阳能装置等均根据负荷情况自动调节。

实时测量系统示范楼屋顶布置气象参数测点,测量数据包括室外温度、湿度、风速、太阳辐射强度。围护结构的测试包括各玻璃、窗框、遮阳百叶、保温墙体的表面温度、热流。环境控制系统和能源系统的测试包括各设备的运行参数,如冷辐射吊顶表面温度、送回风温度湿度、盘管出水温度、溶液除湿系统的溶液浓度等。

2. 某太阳能设备公司

这是建在德国布朗施维根(Braunschweig)的 SOLVIS 太阳能设备制造公司的工厂,由于其出色的低能耗和较好地利用了太阳能,该建筑获得了 2004 年欧洲能源之星大奖。图 4-9 所示是其建筑的外部情况。

从图中可以看出,这个建筑外形与其他的工厂没有太大的不同,就是比较整洁的矩形盒子。但它的屋盖结构设计很有特色,它完全是从节能的需求出发而选择了悬索结构。这是因为,悬索结构的主要结构构件都在室外,内部顶棚非常平展。因为没有屋盖板下面常规的交梁,屋盖内表面比常规的交梁结构降低了 1.5 m。这样就减少了采暖空间,建筑自身上具备了节能要素。

建筑的两侧设计了很大的门斗,门斗的面积完全能开进去一辆卡车。这样,在冬季就不必因装卸货物而频繁开启外门而导致热能损失了。在屋顶上该建筑还安装了板式太阳能集热器,可以提供生活热水,冬季还可以提供一部分采暖热能。

图 4-9   布朗施维根的 SOLVIS 太阳能设备制造公司的工厂

3. ULM 办公大楼

该建筑位于德国乌尔姆附近的埃因根(Energon)，是一幢商务办公楼。其建筑的外部情况如图 4 - 10 所示。我们可以看到其平面是每边有一定弧度的三角形，建筑没有高耸、出挑的部分。这样的体形在保证最大建筑内部空间的要求下，体形系数达到最小，即建筑在体形上提供了节能的优异条件。

图 4 - 10　ULM 办公大楼外立面与鸟瞰图

这个建筑物采用加热室外新风或对室外新风降温的方式提供采暖、空调的需求。图 4 - 11中可以看到竖立在中庭里巨大的新风送风口，其内部的每一房间也采用新风送风方式调节室内温度。由于采用新风加热方式，该建筑在屋顶的废气排放处还设计安装了大型废气余热收集设备，以达到高效利用能源。

图 4 - 11　ULM 办公大楼建筑内部中庭里巨大的新风送风口、
屋顶的活动遮阳膜、带有电动遮阳百叶的外窗

从图 4 – 10 中可以看到，建筑外立面的窗均安装有水平遮阳装置。从图 4 – 11 中可以看到，建筑中庭的屋顶双层玻璃天窗之间有自动控制活动遮阳膜。开启遮阳膜，能有效避免夏季太阳辐射引起的室内过热现象，降低空调能耗需求。冬季收起遮阳膜，能更充分利用太阳辐射能，提高室内空气温度，减少采暖用能。

4."汉堡之家"—被动节能房

2010 年上海世博会的"汉堡之家"给人们带来了视觉和理念的冲击，让人们直接感受到了被动式低能耗建筑的不同凡响。德国馆的"汉堡之家"带来的新概念体现在，这栋房屋基本不需要外界主动输入能源，就可以提供舒适的现代化居住环境。这种俗称"被动房"通过空气交换，达到良好的隔热目的。从而不需要使用传统的暖气或空调。被动式建筑是指不需要外界主动提供能量，完全通过自身设备来吸收能量，从而达到节能减排的目的。

"汉堡之家"的线条硬朗，是典型的汉堡式传统红砖建筑，形似叠放在一起的朝四个方向打开的"抽屉"图 4 – 12，让人想起汉堡港堆积的集装箱，是非常现代的设计。这幢建筑使用面积 2300 m^2，地下一层、地上四层，预计每平方米年能耗仅为 50 kW·h，是德国普通办公楼能耗水平的 1/4，较其原型的能耗水平又降低了一半。

图 4 – 12 "汉堡之家"外立面图

"汉堡之家"就像是一座"密封"的房屋，体积紧凑，保温效果和气密性良好。平时为了切断与外界的"热交换"，游客进入参观时，工作人员都要先把外面第一道门关上后，再打开第二道门；建筑屋顶还有厚达 18 cm 的隔热墙；外墙的红砖也并非普通墙砖，其烧制方法十分特殊，外围护结构的保温层特别厚，能提供很好的隔热效果；而看似普通的窗户更有门道，每一扇都是汉堡"被动房研究所"认证过的特殊材料制成的三层玻璃，隔温效果非常好，窗外还配有防热辐层和可移动的网状遮阳板。

"汉堡之家"的屋面安装了中央通风设备，为楼内所有房间提供经过加热或制冷的除湿新风。而且，这个通风设备还带有热回收功能，夏天提供新鲜空气的同时回收屋内产生的热量，回收率至少可达 90%。建筑核心是高隔热隔音、密封性强的建筑外墙，最大限度地降低采暖和制冷的能耗，能源供应则是通过地热和太阳能来得到保证。

被动节能房密封性非常好，可以让空气变换最优化，严格控制在 0.4/h（每小时空气交换率）以内。室外新鲜冷空气，通过绿色的管道线路，首先进入室内能量回收通风系统的核心控制部件，室内含有一定热量的废气，通过黄色的管道线路，也汇集进入室内能量回收通风系统的核心控制部件。能量回收通风系统，将废气中的大部分热量留住，加热进入室内的新鲜空气。预热的新鲜空气，通过蓝色的管道线路，送到各个房间。热量回收之后的废气，通过管道线路排到室外。室内能量回收通风系统＋太阳能热水系统＋锅炉热水系统＋地暖系统＋散热器采暖＋生活热水＝热水交换存储混合系统。

重点与难点

重点：(1)建筑形态特征；(2)建筑平面设计的节能；(3)建筑的体形系数；(4)建筑节能中的体形系数控制；(5)建筑绿化对建筑节能的影响。

难点：(1)建筑体形系数对建筑节能的影响；(2)建筑绿化对建筑节能的影响。

思考与练习

1. 建筑平面设计中节能设计包括哪些方面？
2. 什么是建筑物体形系数？
3. 体形系数与建筑节能有何关系？怎样控制建筑物体形系数？
4. 试分析当地建筑物节能设计情况。

第 5 章
建筑围护结构节能设计

5.1 建筑围护结构节能的目的与意义

建筑围护结构主要包括墙体、门、窗和屋顶等。建筑围护结构联系着室内气候和室外气候，起着遮风挡雨、阻隔严寒和酷暑、维持室内气候相对稳定的重要作用。在现代空调采暖空调建筑中，建筑围护结构的热工性能对空调负荷、建筑能耗和室内热舒适性的影响一直是暖通空调领域学者研究的热点和前沿课题。在我国经济稳步快速发展及人民生活水平不断提高的今天，采暖空调系统使用日趋普遍，采暖空调能耗与日俱增。

建筑能耗主要包括建筑材料生产用能、建筑材料运输用能、房屋建造、维修和拆迁过程中的用能，约占我国总的商品能耗的 20% ~ 30%。然而，人们在使用建筑过程中，比如建筑物照明、采暖、空调和各类电器等，消耗的能源总量更大。这部分能耗称为建筑运行能耗，建筑运行能耗将一直伴随建筑物的使用过程而发生。总体来看，建筑材料和建造过程所消耗的能源一般占建筑全生命周期能耗的 20% 左右，大部分能耗发生在建筑物运行过程中。而且，建材和建造能耗伴随于工业生产过程，其节能主要依靠技术水平的更新和发展；而建筑运行消耗能源的目的是为居住者或使用者提供服务，由人直接控制和管理，除去技术水平和能源利用效率外，人的行为对能耗高低也具有重要影响。因此，建筑运行能耗应是建筑节能任务中最重要的关注对象，也是我国当前建筑节能的主要任务所在。保温隔热、遮阳和通风是建筑围护结构常用的节能技术措施。其中，保温隔热节能技术和遮阳节能技术是建筑围护结构通用的节能技术措施。建筑围护结构热工性能由外墙保温状况和窗墙面积比等因素决定。

为了不断提高建筑的能源利用效率，节约能源，改善居住热舒适条件，促进我国国民经济和生态环境的协调发展，建设部颁布了《建筑节能"九五"计划和 2010 年规划》，提出了我国建筑节能的基本目标：①新建采暖建筑 1996 年在 1980—1981 年当地通用设计能耗水平基础上普遍降低 30%，为第一阶段；2005 年起在达到第一阶段要求的基础上再节能 30%，为第二阶段；2005 年在达到第二阶段要求的基础上再节能 30%，为第三阶段。②新建采暖公共建筑 2000 年前做到节能 50%，为第一阶段；2010 年在第一阶段基础上再节能 30%，为第二阶段。要实现我国建筑节能这一目标，改善和提高围护结构的保温隔热性能是关键措施之一。

5.2 建筑节能对围护结构热工性能的要求

建筑围护结构的基本功能是从室外空间分割出一个适合居住者生存活动的室内空间。建筑围护结构的基本功能是在室内空间与室外空间之间建立屏障，以保证在室外空间环境恶劣时，室内空间仍能为居住者提供庇护。而外门窗是穿越这一屏障的内外空间的通道。从建筑节能角度，外围护结构上的门窗的基本功能则是为了在室外环境良好时，建立室内外的联系，改善室内环境。墙体、屋面保温隔热的目的是为了加强外围护结构基本功能，减弱室内外的热联系，提高建筑抵御室外恶劣环境的能力，减少外围护结构的热耗量。保温隔热墙体在室外空气条件良好时的散热要求，除散发墙体本身的蓄热是合理的外，保温隔热墙体散发室内热量的要求是不合理的，如前所述，散发室内热量应依靠开启门窗的通风。因此本章不讨论保温隔热要兼顾散热的问题。

墙体保温隔热的程度和采用的技术对节能和经济效果影响很大，需要综合考虑气候、社会经济和整体协调性等因素来具体确定。应针对具体项目，具体分析其合理性。表 5 - 1 ~ 表 5 - 11 所示为适应我国各种气候区的建筑围护结构热工参数限值。表 5 - 12 所示为长江流域某城市居住建筑节能 65% 阶段对围护结构热工性能的要求。

表 5 - 1 严寒地区 Ⅰ（A）区（5500 ≤ HDD18 < 800）围护结构传热系数限值

围护结构部位		传热系数 $[W/(m^2 \cdot K)]$
屋面	≥10 层建筑物	0.40
	7～9 层建筑物	0.40
	4～6 层建筑物	0.40
	≤3 层建筑物	0.33
外墙	≥10 层建筑物	0.48
	7～9 层建筑物	0.40
	4～6 层建筑物	0.40
	≤3 层建筑物	0.33
底面接触室外空气的架空或外挑楼板		0.48
分隔采暖与非采暖空间的隔墙、楼板		0.70
户门		1.5
阳台门下部门芯板		1.0
地面	周边底面	0.28
	非周边底面	0.28
外窗（含阳台门透明部分及天窗）	窗墙面积比≤20%	2.5
	20%＜窗墙面积比≤30%	2.2
	30%＜窗墙面积比≤40%	2.0
	40%＜窗墙面积比≤50%	1.7

表5-2 严寒地区Ⅰ(B)区(5000≤HDD18<5500)围护结构传热系数限值

围护结构部位		传热系数[W/(m²·K)]
屋面	≥10层建筑物	0.40
	7～9层建筑物	0.40
	4～6层建筑物	0.40
	≤3层建筑物	0.36
外墙	≥10层建筑物	0.45
	7～9层建筑物	0.45
	4～6层建筑物	0.45
	≤3层建筑物	0.40
底面接触室外空气的架空或外挑楼板		0.45
分隔采暖与非采暖空间的隔墙、楼板		0.80
户门		1.5
阳台门下部门芯板		1.0
地面	周边底面	0.35
	非周边底面	0.35
外窗(含阳台门透明部分及天窗)	窗墙面积比≤20%	2.8
	20%＜窗墙面积比≤30%	2.5
	30%＜窗墙面积比≤40%	2.1
	40%＜窗墙面积比≤50%	1.8

表5-3 严寒地区Ⅰ(C)区(3800≤HDD18<5000)围护结构传热系数限值

围护结构部位		传热系数[W/(m²·K)]
屋面	≥10层建筑物	0.45
	7～9层建筑物	0.45
	4～6层建筑物	0.45
	≤3层建筑物	0.36
外墙	≥10层建筑物	0.50
	7～9层建筑物	0.50
	4～6层建筑物	0.50
	≤3层建筑物	0.40

续表 5-3

围护结构部位		传热系数[W/(m²·K)]
底面接触室外空气的架空或外挑楼板		0.50
分隔采暖与非采暖空间的隔墙、楼板		1.0
户门		1.5
阳台门下部门芯板		1.0
地面	周边底面	0.35
	非周边底面	0.35
外窗(含阳台门透明部分及天窗)	窗墙面积比≤20%	2.8
	20%<窗墙面积比≤30%	2.5
	30%<窗墙面积比≤40%	2.3
	40%<窗墙面积比≤50%	2.1

表 5-4 寒冷地区 Ⅱ(A)区(2000≤HDD18<3800,CDD26≤100)围护结构传热系数限值

围护结构部位		传热系数[W/(m²·K)]
屋面	≥10 层建筑物	0.50
	7~9 层建筑物	0.50
	4~6 层建筑物	0.50
	≤3 层建筑物	0.45
外墙	≥10 层建筑物	0.50
	7~9 层建筑物	0.50
	4~6 层建筑物	0.50
	≤3 层建筑物	0.45
底面接触室外空气的架空或外挑楼板		0.50
分隔采暖与非采暖空间的隔墙、楼板		1.2
户门		2.0
阳台门下部门芯板		1.7
地面	周边底面	0.50
	非周边底面	0.50
外窗(含阳台门透明部分及天窗)	窗墙面积比≤20%	2.8
	20%<窗墙面积比≤30%	2.8
	30%<窗墙面积比≤40%	2.5
	40%<窗墙面积比≤50%	2.0

表 5 – 5　寒冷地区 Ⅱ（B）区（2000 ≤ HDD18 < 3800，100 < CDD26 ≤ 200）
围护结构传热系数和遮阳系数限值

围护结构部位		传热系数［W/（m²·K）］	
		轻钢、木结构、轻质墙板等围护结构	重质围护结构
屋面	≥10 层建筑物	0.50	0.60
	7 ~ 9 层建筑物	0.50	0.60
	4 ~ 6 层建筑物	0.50	0.60
	≤3 层建筑物	0.45	0.50
外墙	≥10 层建筑物	0.50	0.60
	7 ~ 9 层建筑物	0.50	0.60
	4 ~ 6 层建筑物	0.50	0.60
	≤3 层建筑物	0.45	0.50
底面接触室外空气的架空或外挑楼板		0.60	
分隔采暖与非采暖空间的隔墙、楼板		1.0	
户门		2.0	
阳台门下部门芯板		1.7	
外窗（含阳台门透明部分及天窗）		传热系数 K ［W/（m²·K）］	遮阳系数 SC（东、西向/南、北向）	传热系数 K ［W/（m²·K）］	遮阳系数 SC（东、西向/南、北向）
	窗墙面积比≤20%	3.2	—	3.2	—
	20% < 窗墙面积比≤30%	3.2	—	3.2	—
	30% < 窗墙面积比≤40%	2.8	0.65/—	2.8	0.65/—
	40% < 窗墙面积比≤50%	2.5	0.60/—	2.5	0.60/—

表 5 – 6　夏热冬冷地区 Ⅲ（A）区（1000 < HDD18 < 2000，50 < CDD26 < 150）
围护结构传热系数和遮阳系数限值

围护结构部位		传热系数［W/（m²·K）］	
		轻钢、木结构、轻质墙板等围护结构	重质围护结构
屋面	≥10 层建筑物	≤0.4	≤0.8
	7 ~ 9 层建筑物	≤0.4	≤0.8
	4 ~ 6 层建筑物	≤0.4	≤0.8
	≤3 层建筑物	≤0.4	≤0.6

续表 5 - 6

围护结构部位		传热系数［W/(m²·K)］	
		轻钢、木结构、轻质墙板等围护结构	重质围护结构
外墙	≥10 层建筑物	≤0.5	≤1.5
	7～9 层建筑物	≤0.5	≤1.5
	4～6 层建筑物	≤0.5	≤1.2
	≤3 层建筑物	≤0.4	≤0.8
底面接触室外空气的架空或外挑楼板		≤1.5	
分户墙和楼板		≤2.0	
户门		≤3.0	

围护结构部位		传热系数 K ［W/(m²·K)］	遮阳系数 SC（东、南、西向/北向）	传热系数 K ［W/(m²·K)］	遮阳系数 SC（东、南、西向/北向）
外窗（含阳台门透明部分及天窗）	窗墙面积比≤20%	≤4.7	—	≤4.7	—
	20%＜窗墙面积比≤30%	≤3.2	≤0.80/—	≤3.2	≤0.80/—
	30%＜窗墙面积比≤40%	≤3.2	≤0.70/0.80	≤3.2	≤0.70/0.80
	40%＜窗墙面积比≤50%	≤2.5	≤0.60/0.70	≤2.5	≤0.60/0.70
天窗	天窗面积占屋顶面积≤4%	≤3.2	≤0.6	≤3.2	≤0.6

表 5 - 7　夏热冬冷地区Ⅲ(B)区(1000＜HDD18＜2000，150＜CDD26＜300)围护结构传热系统和遮阳系统限值

围护结构部位		传热系数［W/(m²·K)］	
		轻钢、木结构、轻质墙板等围护结构	重质围护结构
屋面	≥10 层建筑物	≤0.4	≤0.8
	7～9 层建筑物	≤0.4	≤0.8
	4～6 层建筑物	≤0.4	＜0.8
	≤3 层建筑物	≤0.4	≤0.6
外墙	≥10 层建筑物	≤0.5	≤1.5
	7～9 层建筑物	≤0.5	≤1.5
	4～6 层建筑物	≤0.5	≤1.0
	≤3 层建筑物	≤0.4	≤0.8
底面接触室外空气的架空或外挑楼板		≤1.5	
分户墙和楼板		≤2.0	
户门		≤3.0	

续表 5 - 7

		传热系数 K [W/(m²·K)]	遮阳系数 SC（东、南、西向/北向）	传热系数 K [W/(m²·K)]	遮阳系数 SC（东、南、西向/北向）
外窗（含阳台门透明部分及天窗）	窗墙面积比≤20%	≤4.7	—	≤4.7	—
	20% < 窗墙面积比≤30%	≤3.2	≤0.70/0.80	≤3.2	≤0.70/0.80
	30% < 窗墙面积比≤40%	≤3.2	≤0.60/0.70	≤3.2	≤0.60/0.70
	40% < 窗墙面积比≤50%	≤2.5	≤0.50/0.60	≤2.5	≤0.50/0.60
天窗	天窗面积占屋顶面积≤4%	≤3.2	≤0.5	≤3.2	≤0.5

表 5 - 8　夏热冬冷地区Ⅲ(C)区(600 < HDD18 < 1000，100 < CDD26 < 300)围护结构传热系统和遮阳系统限值

围护结构部位		传热系数[W/(m²·K)]	
		轻钢、木结构、轻质墙板等围护结构	重质围护结构
屋面	≥10 层建筑物	≤0.5	≤1.0
	7 ~ 9 层建筑物	≤0.5	≤1.0
	4 ~ 6 层建筑物	≤0.5	≤1.0
	≤3 层建筑物	≤0.4	≤0.8
外墙	≥10 层建筑物	≤0.75	≤1.5
	7 ~ 9 层建筑物	≤0.75	≤1.5
	4 ~ 6 层建筑物	≤0.75	≤1.2
	≤3 层建筑物	≤0.6	≤1.0
底面接触室外空气的架空或外挑楼板		≤1.5	
分割采暖空调与非采暖空调空间的隔墙		≤2.0	
分户墙和楼板		≤2.0	
户门		≤3.5	
		传热系数 K [W/(m²·K)]	遮阳系数 SC（东、南、西向/北向）	传热系数 K [W/(m²·K)]	遮阳系数 SC（东、南、西向/北向）
外窗（含阳台门透明部分及天窗）	窗墙面积比≤20%	≤4.7	—	≤4.7	—
	20% < 窗墙面积比≤30%	≤4.0	≤0.70/0.80	≤4.2	≤0.70/0.80
	30% < 窗墙面积比≤40%	≤3.2	≤0.60/0.70	≤3.2	≤0.60/0.70
	40% < 窗墙面积比≤50%	≤2.5	≤0.50/0.60	≤2.5	≤0.50/0.60
天窗	天窗面积占屋顶面积≤4%	≤4.0	≤0.5	≤4.0	≤0.5

表 5 − 9　夏热冬暖地区 Ⅳ 区（HDD18 ＜600，CDD26 ＜200）围护结构传热系数和遮阳系数限值

围护结构部位		传热系数［W/（m² · K）］			
		D≥3.0		3.0＞D≥2.5	D＜2.0
屋面		1.0		1.0	0.5
外墙		2.0	1.5	1.0	0.7
		遮阳系数 SC（东、南、西向/北向）			
外窗（含阳台门透明部分及天窗）	窗墙面积比≤20%	≤0.60		≤0.80	≤0.90	≤0.90
	20%＜窗墙面积比≤30%	≤0.50		≤0.70	≤0.80	≤0.80
	30%＜窗墙面积比≤40%	≤0.40		≤0.50	≤0.70	≤0.70
	40%＜窗墙面积比≤50%	≤0.30		≤0.40	≤0.50	≤0.50
天窗	天窗面积占屋顶面积≤4%	≤0.5			

表 5 − 10　温和地区 Ⅴ（A）区（600≤HDD18 ＜2000，CDD26 ＜50）围护结构传热系统和遮阳系统限值

围护结构部位		传热系数［W/（m² · K）］			
		轻钢、木结构、轻质墙板等围护结构		重质围护结构	
屋面	≥10 层建筑物	≤0.4		≤0.8	
	7～9 层建筑物	≤0.4		≤0.8	
	4～6 层建筑物	≤0.4		≤0.8	
	≤3 层建筑物	≤0.4		≤0.6	
外墙	≥10 层建筑物	≤0.5		≤1.0	
	7～9 层建筑物	≤0.5		≤1.0	
	4～6 层建筑物	≤0.5		≤1.0	
	≤3 层建筑物	≤0.4		≤0.8	
底面接触室外空气的架空或外挑楼板		≤1.5			
分户墙和楼板		≤2.0			
户门		≤3.0			
		传热系数 K［W/（m²·K）］	遮阳系数 SC（东、南、西向/北向）	传热系数 K［W/（m²·K）］	遮阳系数 SC（东、南、西向/北向）
外窗（含阳台门透明部分及天窗）	窗墙面积比≤20%	≤4.7	—	≤4.7	—
	20%＜窗墙面积比≤30%	≤4.0	≤0.8/0.8	≤4.0	≤0.8/0.8
	30%＜窗墙面积比≤40%	≤3.2	≤0.7/0.7	≤3.2	≤0.7/0.7
	40%＜窗墙面积比≤50%	≤2.5	≤0.6/0.6	≤2.5	≤0.6/0.6
天窗	天窗面积占屋顶面积≤4%	≤4.0	≤0.6	≤4.0	≤0.6

表 5 – 11　温和地区 V（B）区（HDD18 < 600，CDD26 < 50）围护结构传热系统和遮阳系统限值

围护结构部位	传热系数[W/（m²·K）]			
	轻钢、木结构、轻质墙板等围护结构		重质围护结构	
屋面	—		—	
外墙	—		—	
底面接触室外空气的架空或外挑楼板	—		—	
	传热系数 K [W/（m²·K）]	遮阳系数 SC（东、南、西向/北向）	传热系数 K [W/（m²·K）]	遮阳系数 SC（东、南、西向/北向）
外窗（含阳台门透明部分及天窗）	—	—	—	—

注：1. 建筑朝向的范围：北（偏东 60°至偏西 60°）；东、西（东或西偏北 30°至偏南 60°）；南（偏东 30°至偏西 30°）；

　　2. 外墙的传热系数是指考虑了结构性热桥影响后计算得到的平均传热系数；

　　3. 遮阳系数的确定：有外遮阳时，遮阳系数 = 玻璃的遮阳系数 × 外遮阳的遮阳系数；无外遮阳时，遮阳系数 = 玻璃的遮阳系数。

表 5 – 12　围护结构各部分的传热系数 K 和热惰性指标（D）的限值

围护结构部位			传热系数[W/（m²·K）]	
			热惰性指标 D ≤ 3.0	热惰性指标 D > 3.0
体形系数≤0.3	屋面		K ≤ 0.8	K ≤ 1.0
	外墙		K ≤ 1.0	K ≤ 1.4
	底面接触室外空气的架空或外挑楼板		K ≤ 1.5	
	窗户	窗墙面积比 ≤ 0.25	K ≤ 3.8	—
		0.25 < 窗墙面积比 ≤ 0.35	K ≤ 3.2	—
		0.35 < 窗墙面积比 ≤ 0.5	K ≤ 2.5	—
		窗墙面积比 > 0.5	K ≤ 1.8	—
0.3 <体形系数≤0.35	屋面		K ≤ 0.8	K ≤ 1.0
	外墙		K ≤ 0.9	K ≤ 1.3
	底面接触室外空气的架空或外挑楼板		K ≤ 1.5	
	窗户	窗墙面积比 ≤ 0.25	K ≤ 3.8	—
		0.25 < 窗墙面积比 ≤ 0.35	K ≤ 3.2	—
		0.35 < 窗墙面积比 ≤ 0.5	K ≤ 2.5	—
		窗墙面积比 > 0.5	K ≤ 2.0	—

续表 5 – 12

围护结构部位			传热系数[W/(m² · K)]	
			热惰性指标 D≤3.0	热惰性指标 D>3.0
0.35 < 体形系数 ≤0.4	屋面		K≤0.8	K≤1.0
	外墙		K≤0.8	K≤1.2
	底面接触室外空气的架空或外挑楼板		K≤1.5	
	窗户	窗墙面积比≤0.25	K≤3.2	—
		0.25 <窗墙面积比≤0.35	K≤2.5	—
		0.35 <窗墙面积比≤0.5	K≤2.0	—
		窗墙面积比 >0.5	K≤1.8	—
0.4 < 体形系数 ≤0.45	屋面		K≤0.6	K≤0.8
	外墙		K≤0.8	K≤1.0
	底面接触室外空气的架空或外挑楼板		K≤1.0	
	窗户	窗墙面积比≤0.25	K≤2.5	—
		0.25 <窗墙面积比≤0.35	K≤2.0	—
		0.35 <窗墙面积比≤0.5	K≤1.8	—
		窗墙面积比 >0.5	K≤1.8	—

楼板保温隔热的合理性,取决于社会生活状态和建筑的使用情况。当楼上、楼下住户同时在家的可能性小时,楼板传热造成用户在空调或采暖时能耗增大约 100%。这种情况下,楼板保温隔热是必须的。而当楼上楼下住户生活规律相同、室内外热环境控制水平相近时楼板不保温是可以的。

5.3　绝热材料

建筑节能以发展新型节能建材为前提,需要以足够的保温隔热材料作为基础。近年来,我国保温隔热材料的产品结构发生了明显的变化:泡沫塑料类保温隔热材料所占比例逐年增长;矿物纤维类保温隔热材料的产量增长较快,但其所占比例基本维持不变;硬质类保温隔热材料制品所占比例逐年下降。

1. 绝热材料的概念

保温材料和隔热材料统称绝热材料。绝热材料是指导热系数(λ)很小的材料,可以对热流具有显著阻抗性的材料。导热系数的物理意义是在稳定传热条件下,当材料层厚度内的温差为 1℃时,在 1 h 内通过 1 m² 表面积的热量。工程上通常把导热系数 λ <0.23 W/(m·K),并能用于绝热工程的材料称为绝热材料。绝热材料的蓄热系数(S)是衡量保温隔热材料储热能力的重要指标。蓄热系数大的材料蓄热性能好,热稳定性也相对较好。

保温材料是指控制室内热量外流的建筑材料;隔热材料是指控制室外热量进入室内的建

筑材料。

绝热材料作为节能建筑的重要物质基础，在建筑工程中大量应用，一方面可提高建筑物的隔热保温效果，降低采暖空调能源损耗；另一方面又可以极大地改善建筑使用者的生活、工作环境。绝热材料的工程应用包括：①建筑物墙体和屋顶的保温绝热；②热工设备、热力管道的保温；③冷藏室及冷藏设备的保温隔热。

2. 绝热材料分类

绝热材料按材质分类，可分为无机绝热材料和有机绝热材料两大类。

(1)无机绝热材料

1)无机散粒绝热材料

无机散粒绝热材料主要包括：膨胀珍珠岩及其制品，膨胀珍珠岩是由天然珍珠岩煅烧而成的，呈蜂窝泡沫状的白色或灰白色颗粒，是一种高效能的绝热材料；膨胀蛭石及其制品，在 850～1000℃ 的温度下煅烧时，体积急剧膨胀，单个颗粒体积能膨胀约 20 倍。

2)无机纤维状绝热材料

无机纤维状绝热材料主要包括玻璃棉及制品和矿棉及制品。玻璃棉属于玻璃纤维中的一个类别，是一种人造无机纤维。玻璃棉是将熔融玻璃纤维化，形成棉状的材料，化学成分属玻璃类，是一种无机质纤维。具有成形好、体积密度小、热导率低、保温绝热、吸音性能好、耐腐蚀、化学性能稳定等优点。矿棉及其制品质轻、耐久、不燃、不腐、不受虫蛀，是优良的隔热保温、吸声材料。

3)无机多孔类绝热材料

无机多孔类绝热材料主要包括：泡沫混凝土，由水泥、水、松香泡沫剂混合后经搅拌、成型、养护而成的一种多孔、轻质、保温、隔热、吸声材料；加气混凝土，由水泥、石灰、粉煤灰和发气剂(铝粉)配制而成的一种保温隔热性能良好的轻质材料；泡沫玻璃，由玻璃粉和发泡剂等经配料、烧制而成；硅藻土，由水生硅藻类生物的残骸堆积而成。

(2)有机绝热材料

有机绝热材料主要包括泡沫塑料和植物纤维类绝热板。

泡沫塑料以各种树脂为基料，加入一定剂量的发泡剂、催化剂、稳定剂等辅助材料，经加热发泡而制成的一种具有轻质、耐热、吸声、防震性能的材料。

植物纤维类绝热板是以稻草、木质纤维、麦秸、甘蔗渣等为原料经加工而成。

3. 建筑节能常用绝热材料

绝热材料主要是聚苯乙烯泡沫塑料、岩棉、玻璃棉、矿棉、膨胀珍珠岩、加气混凝土等。

(1)泡沫塑料及多孔聚合物

泡沫塑料及多孔聚合物主要有聚苯乙烯泡沫塑料吸声、隔音，且保温性能好，吸水率低，干法施工等优点。缺点是对罩面砂浆防裂要求较高，整体造价偏高，防火性能有待改善。

(2)膨胀珍珠岩及其制品

膨胀珍珠岩及其制品的保温隔热性能较好，蓄热系数 $S = 1.76$ W/$(m^2 \cdot K)$)，蓄热能力较强，防火、耐腐蚀、吸声、隔音、无毒、无味、价格低廉，干法施工；缺点是材料吸水率较高，质脆，应注意防潮、防裂。

(3)硅酸钙绝热制品

硅酸钙绝热制品的保温隔热性能较好，热稳定性好，耐热防火，强度较高；耐水、耐腐蚀；吸声、隔音；且可加工性好，干法施工。缺点是生产工艺相对较复杂，产品价格偏高。

（4）各种复合保温隔热材料

复合硅酸盐保温隔热涂料、胶粉料聚苯乙烯颗粒保温隔热材料等。保温隔热性能较好，热稳定性好，防火性能较好（难燃级，B 级），吸声、隔音性能较好，湿法涂抹施工，整体性好。缺点是施工受气候影响较大，施工周期相对较长。

（5）膨胀玻化微珠

膨胀玻化微珠是一种无机玻璃质矿物材料松子岩，经过特殊工艺技术加工而成，呈现不规则球状颗粒，内部多孔，表面玻化封闭，光泽平滑，理化性能稳定。具有轻质、绝热、耐火、抗老化、吸水率小等特点。

（6）板材保温隔热材料

板材保温隔热材料使用的地区和范围比较广，可以在外墙外保温工程中使用，也可以在外墙内保温工程中使用。板材保温隔热材料的保温主体可以是发泡型聚苯乙烯板、挤出型聚苯乙烯板、岩棉板、玻璃棉板等不同材料。板材保温隔热材料又可分为单一保温隔热材料和系统保温隔热材料。

（7）浆体保温材料

浆体保温材料目前主要用于外墙内保温，也可用于隔墙和分户墙的保温隔热，如性能允许还可用于外墙外保温。浆体材料有两种类型，一种是以胶凝材料为主的固化型，一种是以水分蒸发为主的干燥型。

其是由海泡石（聚苯粒）、矿物纤维、硅酸盐为主的多种材料组成，经过一定的生产工艺复合而成的轻质保温材料。它的产品有粉状和膏状（浆体状）两种类型，但使用时均以浆体形式抹在基层上。

（8）保温涂料

保温（隔热、绝热）涂料综合了涂料及保温材料的双重特点，干燥后形成有一定强度及弹性的保温层。与传统保温材料（制品）相比，其优点有：①导热系数低，保温效果显著；②可与基层全面黏结，整体性强，特别适用于其他保温材料难以解决的异型设备保温；③质轻、层薄，建筑内保温用相对提高了住宅的使用面积；④阻燃性好，环保性强；⑤施工相对简单，可采用人工涂抹的方式进行；⑥材料生产工艺简单，能耗低。

热传递是通过对流、辐射及热传导三种途径来实现的。对于保温涂料而言，（固体）热传导主要由保温涂料中的固体部分来完成；热对流则主要由保温涂料中的空气来完成；热辐射的传递不需要任何介质。因此要获得良好的隔热保温效果，一是要在保持足够机械强度的同时，使材料的体积密度极端的小；二是要将空气的对流减弱到极限；三是要通过近于无穷多的界面和材料的改性使热辐射经反射、散射和吸收而降到最低。

4. 绝热材料导热系数的影响因素

影响材料保温性能的主要因素是导热系数的大小，导热系数愈小，保温性能愈好。材料的导热系数受以下因素影响。

（1）材料的性质

不同的材料其导热系数是不同的，一般来说，导热系数值以金属最大，非金属次之，液体较小，而气体更小。对于同一种材料，内部结构不同，导热系数差别也很大。一般结晶结构的最大，微晶体结构的次之，玻璃体结构的最小。但对于多孔的绝热材料来说，由于孔隙率高,气体(空气)对导热系数的影响起着主要作用,而固体部分的结构无论是晶态或玻璃态对其影响都不大。

(2)表观密度与孔隙特征

由于材料中固体物质的导热能力比空气要大得多,故表观密度小的材料,因其孔隙率大,导热系数就小。图5-1给出了玻璃棉导热系数与密度的关系。在孔隙率相同的条件下,孔隙尺寸愈大,导热系数就愈大;互相连通孔隙比封闭孔隙导热性要高。对于表观密度很小的材料,特别是纤维状材料(如超细玻璃纤维),当其表观密度低于某一极限值时,导热系数反而会增大,这是由于孔隙增大且互相连通的孔隙大大增多,而使对流作用加强。因此这类材料存在某一最佳表观密度,即在这个表观密度时导热系数最小。

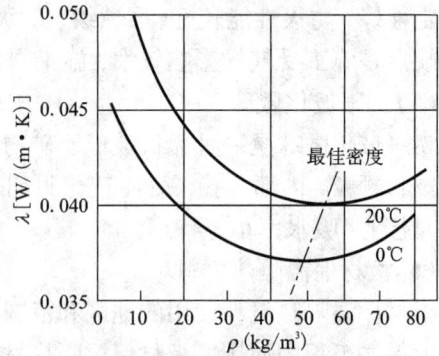

图5-1 玻璃棉导热系数与密度的关系

(3)湿度

材料吸湿受潮后,其导热系数就会增大,这在多孔材料中最为明显。这是由于当材料的孔隙中有了水分(包括水蒸气)后,则孔隙中蒸汽的扩散和水分子的热传导将起主要传热作用,而水的 $\lambda = 0.58$ W/(m·K),比空气的 $\lambda = 0.029$ W/(m·K)大20倍左右。如果孔隙中的水结成了冰,则冰的 $\lambda = 2.33$ W/(m·K),其结果使材料的导热系数增大。故绝热材料在应用时必须注意防水避潮。图5-2给出了砖砌体导热系数与重量湿度的关系。图5-3给出了泡沫混凝土导热系数与体积湿度的关系。

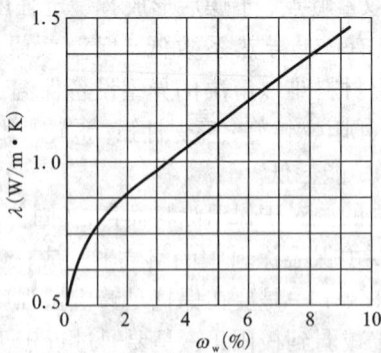

图5-2 砖砌体导热系数与重量湿度的关系

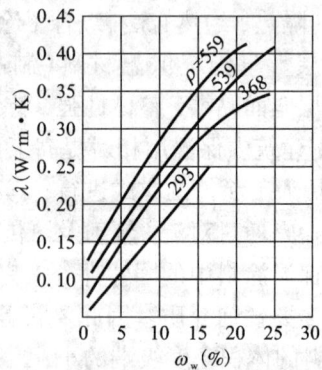

图5-3 泡沫混凝土导热系数与体积湿度的关系

(4)温度

材料的导热系数随温度的升高而增大,因为温度升高时,材料固体分子的热运动增强,同时材料孔隙中空气的导热和孔壁间的辐射作用也有所增加。但这种影响,当温度在0~50℃范围内时并不显著,只有对处于高温或零下温度的材料,才要考虑温度的影响。

(5)热流方向

对于各向异性的材料,如木材等纤维质的材料,当热流平行于纤维方向时,热流受到阻力小,而热流垂直于纤维方向时,受到的阻力较大。

5.4　外墙保温隔热技术

外墙占全部围护面积的 60% 以上,外墙能耗约占建筑物总能耗的 40%,因此研究外墙保温隔热技术具有重要意义。外墙热工设计的主要内容是改善建筑热环境,减弱室外热作用对墙体的影响,从而降低采暖系统或空调系统对整个建筑系统的供热或供冷能耗。夏季使室外热量尽量少传入室内,并希望室内热量在夜间室外温度下降后尽快地散发出去。冬季要求外墙有良好的保温特性,防止冷风渗入。

外墙保温隔热技术可分为单一材料节能和复合围护结构节能两大类。单一材料既承重又保温,如砖砌体(墙)、加气混凝土(墙、屋顶)等。复合围护结构是由绝热材料与传统墙体或某些新型墙体复合构成。根据绝热材料在墙体中的位置,复合围护结构又可分为外墙内保温、外墙外保温和外墙中间保温三种形式。与单一材料节能相比,复合节能墙体由于采用了高效能绝热材料而具有更好的热工性能,但其施工难度大,质量风险增加,造价也高。

1. 外墙内保温

外墙内保温是指绝热材料附着在外墙内侧。外墙内保温墙体结构示意图如图 5-4 所示。外墙内保温构造层包括:

(1)墙体结构层

它为外围护结构的承重受力墙体部分,或框架结构的填充墙体部分。它可以是现浇或预制混凝土外墙、内浇外砌或砖混就结构的外砖墙以及其他承重外墙(如承重多孔砖外墙)等。

(2)空气层

其主要作用是切断液态水分的毛细渗透,防止保温材料受潮。同时,外侧墙体结构层有吸水能力,其内侧表面由于温度低而出现冷凝水。在空气层的阻挡下,被结构材料吸入的水分不断地向室外转移、发散。另外,空气间层还增加了热阻,而且造价比专门设置隔气层要低。空气间层的设置对易吸水的绝热材料是十分必要的。

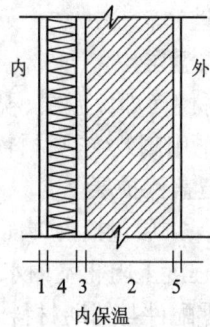

图 5-4　外墙内保温示意图

1—内饰面层;2—墙体结构层;
3—空气层;4—保温层;5—外饰面层

(3)保温层

绝热材料(即保温层、隔热层)是节能墙体的主要功能部分,采用高效绝热材料(导热系数值小)。

(4)覆盖保护层

覆盖保护层包括内饰面层和外饰面层,覆盖保护层的作用主要是防止保温层受破坏,同时在一定程度上阻止室内水蒸气侵入保温层。

外墙内保温墙体的特点有:

①设计中要注意采取措施(如设置空气层、隔气层),避免冬季由于室内水蒸气向外渗透,在墙体呃逆产生结露而降低保温隔热层的热工性能。

②施工方便,室内连续作业面不大,多为干作业施工,较为安全方便,有利于提高施工

效率、减轻劳动强度。

③由于绝热层置于内侧，夏季晚间外墙内表面温度随空气温度的下降而迅速下降，能减少烘烤感。

④由于这种节能墙体的绝热层设在内侧，会占据一定的使用面积，若用于房间节能改造，在施工时会影响室内住户的正常生活。

⑤不同材料的内保温，施工技术要求和质量要点是不同的，应严格遵守其相关的技术标准。

2. 外墙外保温

外墙外保温墙体是指绝热材料复合在建筑物外墙的外侧，并覆以保护层。外墙外保温墙体结构示意图如图 5-5 所示。外墙外保温墙体的结构包括以下几种。

（1）墙体结构层

它为外围护结构的承重受力墙体部分，或框架结构的填充墙体部分。它可以是现浇或预制混凝土外墙、内浇外砌或砖混结构的外砖墙以及其他承重外墙（如承重多孔砖外墙）等。

（2）保温层

绝热材料（即保温层、隔热层）是节能墙体的主要功能部分，采用高效绝热材料（导热系数值小）。

图 5-5　外墙外保温示意图
1—内饰面层；2—墙体结构层；
3—空气层；4—外饰面层

（3）覆盖保护层

覆盖保护层包括内饰面层和外饰面层，覆盖保护层的作用主要是防止保温层受破坏，同时在一定程度上阻止室内水蒸气侵入保温层。

（4）零配件与辅助材料

在外墙外保温体系中，在接缝处的边角部，还是使用一些零配件和辅助材料。如墙角、端头、角部使用的边角配件和螺栓、销钉等，以及密封膏如丁基橡胶、硅膏等，根据各个体系的不同做法选用。

外墙外保温应用特点为：

①外保温有利于消除冷热桥。

②在夏季，外保温层能减少太阳辐射进入墙体和室外高温高湿对墙体的综合影响，是外墙体内保温降低和梯度减小，有利于稳定室内空气温度。

③由于爱用外保温，内部的砖墙或混凝土墙受到保护。

④外保温施工难度大，质量风险多。保温材料的吸湿率要低，而黏结性能要好；可采用的保温材料有：膨胀性聚苯乙烯（EPS）板、挤塑型聚苯乙烯（XPS）板、岩棉板、玻璃棉毡以及超轻保温浆料等，其中以阻燃膨胀型聚苯乙烯板应用得较为普遍。

⑤抹灰面层。薄型抹灰面层为在保温层的所有外表面上涂抹聚合物水泥胶浆。涂覆于保温层上的为底涂料层，厚度较薄（一般为 4~7 mm），内部包括覆有加强材料。加强材料一般为玻璃纤维网格布，有的则为纤维或钢丝网。

我国不少低层或高层建筑，用砖或混凝土砌块作外侧表面层，用石膏作内侧面层，中间加以高效保温材料。

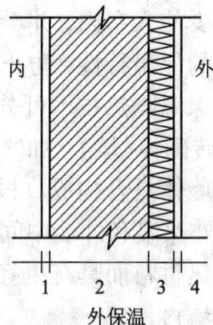

⑥基层处理。固定保温层的基底应坚实、清洁。如旧墙表面有抹灰层，此抹灰层应与主墙体牢固结合、无松散、空鼓表面。

对于既有建筑，考虑到保温层厚底的增加，拟建成的窗台应伸出装修层表面以外；对于新建建筑，应有足够深度的窗台。

3. 外墙中间保温

外墙中间保温也称外墙夹心层保温，是将保温材料置于统一外墙的内、外侧墙片之间的外墙节能技术。内、外侧墙片均可采用传统的黏土砖、混凝土空心砌块等。

外墙中间保温墙体结构示意图如图 5-6 所示。外墙中间保温墙体的结构包括以下几种。

(1) 墙体结构层

为外围护结构的承重受力墙体部分，或框架结构的填充墙体部分。它可以是现浇或预制混凝土外墙、内浇外砌或砖混就结构的外砖墙以及其他承重外墙(如承重多孔砖外墙)等。

(2) 保温层

绝热材料(即保温层、隔热层)是节能墙体的主要功能部分，采用高效绝热材料(导热系数值小)。

(3) 覆盖保护层

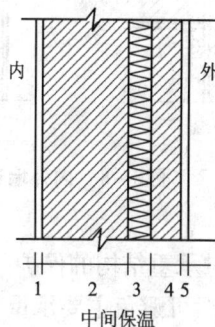

图 5-6　外墙中间保温示意图

1—内饰面层；2—墙体结构层；
3—保温层；4—墙体结构层；5—外饰面层

覆盖保护层包括内饰面层和外饰面层，覆盖保护层的作用主要是防止保温层受到破坏，同时在一定 程度上阻止室内水蒸气侵入保温层。

外墙中间保温墙体的应用特点：

①具有防水性、墙体内外层具有保护保温层的作用。

②对绝热材料防火等其他要求不高，一般绝热材料均可使用。

③对季节性没有要求，也不受限制。

④内外墙有连接件，热桥现象严重。

⑤抗震性差，保温材料的性能不能发挥。

⑥比一般墙体厚，比较适合北方寒冷和严寒地区使用。

4. 三种外墙保温层设置方式的比较

(1) 内表面温度的稳定性

外保温和中间保温做法，能大大减小室外温度波动对内表面温度的影响，内表面温度相对稳定。对一天中只有短时间使用的房间，用内保温可使室内温度上升较快。图 5-7 分析了保温层位置对墙体内温度分布的影响。

(2) 热桥问题

内保温法常会在内外墙连接以及外墙与楼板连接等处产生热桥。中间保温的外墙也由于内外两层结构需要拉接而增加热桥耗热。而外保温在减少热桥方面比较有利。图 5-8 给出为了减少热桥内外墙的连接方式。

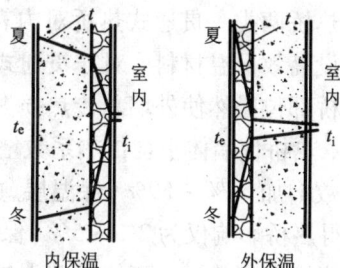

图 5-7　保温层位置对墙体内温度分布影响

(t—温度)

（3）防止保温材料凝结水

外保温和中间保温做法，可防止保温材料由于蒸汽的渗透积累而受潮。内保温做法则保温材料有可能在冬季受潮。图 5-9 给出了材料层次布置对内部湿状况的影响。

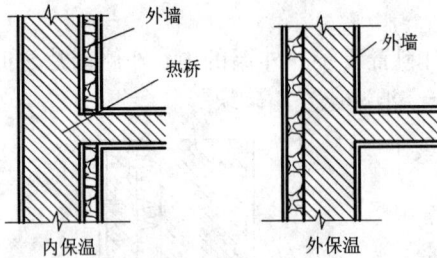

图 5-8　内外墙连接

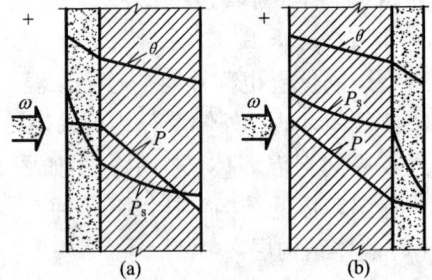

图 5-9　材料层次布置对内部湿状况的影响

(a)有内部冷凝；(b)无内部冷凝

（4）对承重结构的保护

外保温可避免主要承重结构受到室外温度的剧烈波动影响，从而提高其耐久性。

（5）既有房屋改造

为节约能源而增加旧房的保温能力时，利用外保温，在施工中可不影响房间使用，同时也不占用室内面积，但施工技术要求高。

（6）饰面处理

外保温做法对外表面的保护层要求较高，因为受外界因素影响较大。内保温和中间层保温则由于外表面是由强度大的密实材料构成，饰面层的处理比较简单。

总之，外保温优点较多，但内保温往往施工比较方便，中间保温则有利于用松散填充材料作保温层。

5. 热桥

建筑物因抗震和结构的需要，外墙若干位置都必须和混凝土或者金属的梁、柱、板等链接穿插。在围护结构中，常用保温性能远低于主体部分的嵌入构件，这些部位的传热量比主体部分大得多，所以它们的内表面温度也比主体部分低，在建筑热工学中，这种容易传热的部件叫作热桥。容易产生热桥的部位包括嵌入墙体的砼梁柱、预制板的接缝、外墙角、檐口、勒脚、外门窗等。图 5-10 给出了薄壁型钢骨架热桥温度分布。热桥可分为贯通式热桥和非贯通式热桥两类。贯通式热桥对内表面温度影响最大，在建筑中应尽量避免采用，或在热桥部位加设高效保温材料。对非贯通式热桥，则最好将热桥布置在靠近室外一侧。

热桥部位必然使外墙总传热损失增加。墙体保温场模拟计算结果表明，在 370 mm 砖墙条件下，热桥使墙体平均传热系数增加 10% 左右；内保温 240 mm 砖墙，热桥能使墙体平均传热系数增加 51%~59%（保温层愈厚，增加愈大）；外保温 240 mm 砖墙，能够有效消除热桥，使得热桥影响仅为 2%~5%（保温层愈厚，影响愈小）。平屋顶一般都是外保温结构，故可不考虑这种影响。对于一般砖混结构墙体，内保温和夹芯保温墙体，如不考虑这种情况，则耗热量计算结果将会偏小，或使所涉及的建筑物达不到预期的节能效果。考虑这一影响的做法主要有两种：一种是考虑热桥影响，用外墙平均传热系数来代替主体部位的传热系数；另一种是将热桥部位与主体部位分开考虑，热桥部位另行确定其传热系数。我国工程实际中

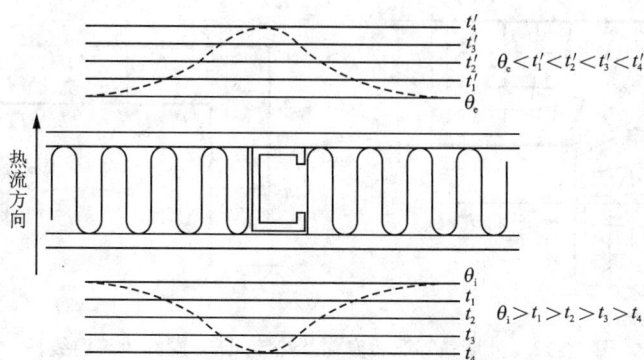

图 5 – 10　薄壁型钢骨架热桥温度分布

普遍采用前者。

在冷桥部位的内表面温度既受冷桥处的传热热阻和构造方式的影响，也受主体部分热阻的影响。热桥保温设计时，使其热阻与主体结构热阻相同。主体围护结构保温设计依据是满足最小总热阻要求。在我国现行的《民用建筑热工设计规范》(GB50176 – 93)和《民用建筑节能设计标准(采暖居住建筑部分)》(JGJ26 – 86)对围护结构的保温要求都做了规定。围护结构保温能力的选择主要是根据气候条件和房间的使用要求，并按照经济和节能的原则而定。主体围护结构规定了最小传热阻以保证使用者的最基本要求。围护结构对室内热环境的影响，主要是通过内表面温度体现的。如内表面的温度太低，不仅对人产生冷辐射，影响到人的健康，而且如温度低于室内露点温度，还会在内表面产生结露，使围护结构受潮，严重影响室内热环境并降低围护结构的保温性和耐久性。

规定最小总热阻作用：①保证围护结构内表面温度接近室内空气温度；②控制围护结构内表面不结露；③同时考虑人体卫生保健的基本需要；④控制通过围护结构的热损失。

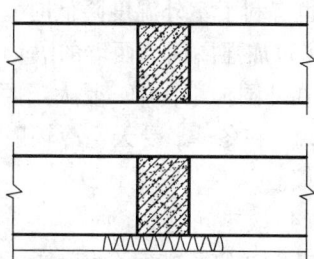

单一材料和内保温复合节能墙体，不可避免会存在热桥。在分析热桥对墙体热工性能影响的基础上，为了避免在低温或一定气候条件下热桥结露，因此应对热桥进行保温处理。图 5 – 11 给出了贯通式热桥的处理原则。

图 5 – 11　贯通式热桥的处理原则

由于在墙角部分的室内空气流动速度慢、感热阻大，且墙角的放热面大于吸热面，因此墙角部分的内表面温度远比主体部分的内表面温度低。在主体部分应属于一维传热，等温线是一系列与结构表面平行的直线；在交角处属于二维传热，所以等温线成了曲线。图 5 – 12 给出了外墙角等温线变化及热流风向。可用聚苯乙烯泡沫塑料增加气混凝土外墙板转角部分的保温能力。为防止雨水或冷风侵入解封，在缝口内需附加防水塑料条。类似的方法也可用于解决内墙与外墙交角的局部保温。屋顶与外墙交角的保温处理，要比外墙转角的复杂，较简单的处理方法之一是将屋顶保温层伸展到外墙顶部，以增强交角的保温能力。

6.保温隔热的气候适应性

(1)不同的气候地区应采取相应的隔热措施

严寒与寒冷的地区墙体主要考虑冬季保温的技术要求，解决热桥是主要问题。夏热冬暖地区，主要考虑夏季的隔热，要求围护结构白天隔热好，晚上内表面温度下降快。夏热冬冷

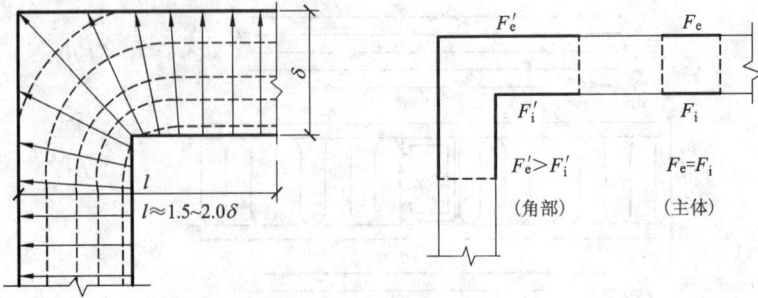

图 5 - 12 外墙角等温线变化及热流风向(虚线为等温线)

地区，围护结构既要保证夏季隔热为主，又要兼顾冬天保温要求。夏季闷热地区，即炎热而风小地区，隔热性能应大，衰减倍数宜大，延迟时间要足够长，使夏季内表面温度的峰值延迟出现在室外气温下降可以打开窗通风的时段，如清晨。

(2)要根据屋顶的用途选择不同的隔热措施

白天使用和日夜使用的建筑有不同的隔热要求。白天使用的民用建筑，如学校、办公楼等要求衰减值大，对于屋顶而言延迟时间要有 6 h 左右。这样，内表面最高温度出现的时间是 19：00 左右，这已是下班或放学之后了。对于住宅，一般要求衰减值大，屋顶的延迟时间要有 10 h，西墙要有 8 h，使得内表面最高温度出现在半夜。因此，围护结构已散发了较多的热量，同时，室外气温也较低，减小了散热对室内的影响。对于间歇使用空调的建筑，应保证外围护有一定的热阻，外围护结构内侧宜采用轻质材料，这样既有利于空调使用房间的节能，也有利于室外温度降低时、空调停止使用后房间的散热降温。

(3)加强屋面与西墙的隔热

在外围护结构中，受太阳照射最多、最强，即受室外综合温度作用最大的是屋面，其次是西墙；在冬季，受天空冷辐射作用最强的也是屋面。所以，隔热要求最高的是屋顶，其次是西墙。

(4)散热问题

节能建筑不能完全依赖提高外围护结构热阻来实现散热。依据传热规律，要求一般保温隔热外墙承担建筑的散热在技术上是不合理的。建筑外围护结构基本功能就是用来隔断室内外两空间的，散热则要求加强室内外两空间的连通，这与外墙的基本功能相冲突。散热要充分利用通风进行。为此，要设计合理的进风口与出风口、适宜的通风面积，房屋要基本朝向夏季的主导风向。围护结构的蓄热量要适宜，内部蓄热量能改善室内热环境，但蓄热量过大，不利于建筑物的散热，故不能仅以增加围护结构蓄热能力实现围护结构的隔热。此外，蓄热量大的结构层置于外层，也有利于建筑夜间散热。

(5)保温问题。夏热冬冷、夏热冬暖地区内保温的热桥耗能和结露等问题不及严寒、寒冷地区严重。内保温适用于夏热冬冷、夏热冬暖地区。

7. 外墙的绿化遮阳

要想达到外墙绿化遮阳隔热的效果，外墙在阳光方向必须大面积地被植物遮挡。常见的有两种形式：一种是植物直接爬在墙上，覆盖墙面，如图 5 - 13 所示；另一种是在外墙的外侧种植密集的树林，利用树荫遮挡阳光，如图 5 - 14 所示。

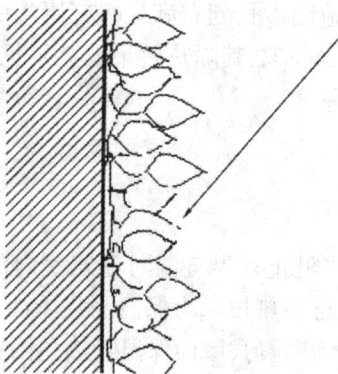

图 5 - 13　爬墙植物绿化

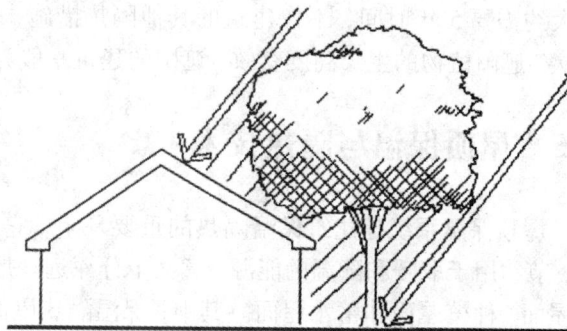

图 5 - 14　植物遮阳绿化

　　爬墙植物遮阳隔热的效果与植物叶面对墙面覆盖的疏密程度(用叶面积指数表示)有关，覆盖越密，遮阳效果越好。这种形式的缺点是植物覆盖层妨碍了墙面通风散热，因此墙面平均温度略高于空气平均温度。植树遮阳隔热的效果与投射到墙面的树荫疏密程度有关，树林与墙面有一定距离，墙面通风比爬墙植物的情况好，墙面平均温度几乎等于空气平均温度。

　　为了不影响房屋冬季日照，南向外墙宜种植落叶植物。冬季叶片脱落，墙面暴露在阳光下，成为太阳能集热面，将太阳能吸收并缓缓向室内释放，节约常规采暖能耗。

　　外墙绿化具有隔热和改善室外热环境双重热效益。被植物遮阳的外墙，其外表温度与空气温度相近但略高于空气平均温度，而直接暴露于阳光下的外墙，与空气平均温度相比，其外表面温度最高可高出15℃以上。为了达到节能建筑所要求的隔热性能，完全暴露于阳光下的外墙，其热阻值比被物遮阳的外墙至少高出50%才能达到同样的隔热效果。在阳光下，外墙外表面温度随外墙热阻的增大而增大，最高可到达60℃以上，对周围环境产生明显的加热作用，而一般植物的叶面温度最高为45℃左右。因此，外墙绿化还有利于改善小区的局部热环境，降低城市的热岛强度。

　　与建筑遮阳构件相比，外墙绿化遮阳的隔热效果更好。被植物遮阳的外墙表面温度低于被遮阳构件遮阳的墙面温度，外墙绿化遮阳的隔热效果优于遮阳构件。

　　植物覆盖层所具有的良好生态隔热性能来源于它的热反应机理。太阳辐射投射到植物叶片表面后，约有20%被反射、80%被吸收。由于植物叶面朝向天空，反射到天空的比率较大。在被吸收的热量中，通过一系列复杂的物理、化学、生物反应后，很少一部分储存起来，大部分以显热和潜热的形式转移出去，其中的大部分是通过蒸腾作用转变为水分的汽化潜热。潜热交换占了绝大部分，显热交换占少部分，而且日照越强，潜热交换量越大。潜热交换的结果是增加空气的温度，显热交换的结果是提高空气的湿度。因此，外墙绿化热作用的主要特点是增湿降温。对于干热气候区，有非常明显的改善热环境和节能效果；对于湿热地区，一方面降低了干球温度，减少了墙体带来的显热负荷；另一方面，由于增加了空气的含湿量，使新风的潜热负荷增加，增加了新风处理能耗。综合起来是节能还是增加能耗，取决于墙体面积和新风量之间的相对大小关系，通常结果仍是节能。

　　外墙绿化具有良好的隔热性能，然而要达到遮阳隔热的效果却并非易事。首先，遮阳植物的生长需要较长的时间，遮阳面积越大，植物所需的生长时间越长。凡是绿化遮阳好的建筑，其遮阳植物都经过了多年的生长期，例如，爬墙植物从地面生长到布满一幢三层楼的外墙大约需要5年时间，不像建筑的其他隔热措施，一旦施工完毕，其隔热效果就立竿见影。其次，遮阳植物的生长高度有效，遮阳的建筑一般为低层房屋。

5.5 屋顶保温与隔热技术

屋顶保温系统是建筑保温隔热的重要环节，它能有效的阻止外界气温对建筑室内的影响，节约用于取暖和降温的能源，意义十分深远。屋顶保温与隔热技术为保温隔热屋面、通风屋面、种植屋面和蓄水屋面。其中，保温隔热屋面又可分为顺置式屋面保温隔热和倒置式屋面保温隔热两种。

5.5.1 保温隔热屋面

1. 顺置式屋面保温隔热

顺置式屋面保温隔热一般分为平屋顶和坡屋顶两种形式，由于平屋顶构造形式简单，所以是最常用的一种屋面形式。它在设计上应遵循以下设计原则：

①选用导热性小、蓄热性大的材料，提高材料层的热绝缘性，不宜选用密度过大的材料，防止屋面荷载过大。

②应根据建筑物的使用要求，屋面的结构形式，环境气候条件，防水处理方法和施工条件等因素，经技术经济分析、比较确定。

③屋面保温隔热材料的确定，应根据节能建筑的热工要求确定保温隔热层厚度，同时还要注意材料层的排列。同时还应根据建筑的功能、地区气候条件进行热工设计。

④屋面保温隔热材料不宜选用吸水率较大的材料，以防屋面湿作业时，保温隔热层大量吸水，降低热工性能。如果选用了吸水率较高的热绝缘材料，屋面上应设置排气孔以排出保温隔热材料层内不易排出的水分。

⑤设计人员可根据建筑物热工设计计算确定其他节能屋面的传热系数 K 值、热阻 R 值和热惰性指标 D 值等，使屋面的建筑热工要求满足节能标准的要求。

2. 倒置式屋面保温隔热

将保温隔热层设在防水层上面，故有倒置之称，称侧铺式或倒置式屋面，如图 5-15 所示。由于倒置式屋面为外隔热保温形式，外隔热保温材料层的热阻作用对室外综合温度首先进行了衰减，使其后产生的屋面重实材料上的内部温度分布低于传统保温隔热屋顶内部温度分布，屋面所蓄有的热量始终低于传统屋面保温隔热形式，向室内散热也少，因此，是一种隔热保温效果更好的节能屋面构造形式。

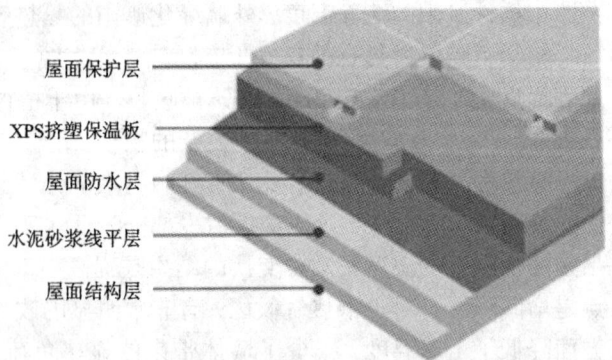

屋面保护层
XPS挤塑保温板
屋面防水层
水泥砂浆线平层
屋面结构层

图 5-15 倒置屋面结构示意图

倒置式屋面主要特点如下：

①可以有效延长防水层使用年限。倒置式屋面将保温层设在防水层之上，大大减弱了防水层受空气，温差及太阳光紫外线照射的影响，使防水层不易老化，因而能长期保持其柔软性、延伸性等性能，有效延长使用年限。据国外有关资料介绍，可延长防水层使用寿命 2 ~ 4 倍。

②保护防水层免受外界损伤。由于保温材料组成不同厚度的缓冲层，使卷材防水层在施工中不易受外界机械损伤，同时又能衰减各种外界对屋面冲击的噪音。

③如果将保温材料做成放坡（一般不小于 2% ），雨水可以自然排走，因此进入屋面体系的水和水蒸气不会在防水层上冻结，也不会长久凝聚在屋面内部，而通过多孔材料蒸发掉。同时也避免了传统屋面防水层下面水汽凝结、蒸发造成防水层鼓泡而质量被破坏的通病。

④施工方面，利于维修。倒置式屋面省去了传统屋面中的隔气层及保温层上的找平层，施工简化，较经济。即使出现个别地方渗漏，只要揭开几块保温层，就可以进行处理，所以易于维修。

综上所述，倒置式屋面具有良好的防水、保温隔热功能，特别是对防水层起到的保护、延缓衰老、延长使用年限的作用，同时还具有施工简单、速度快、耐久性好、可在冬季或雨期施工等优点。在国外被认为是一种可以克服传统做法缺陷而且比较完善与成功的屋面构造设计。

倒置式屋面的构造要求保温隔热层应采用吸收率低的材料，如聚苯乙烯泡沫板、沥青膨胀珍珠岩等。而且在保温隔热层上应用混凝土、水泥砂浆或干铺卵石作为保护层，避免保温隔热材料受到破坏。保温层采用混凝土板或地砖或材料时，可用水泥砂浆铺砌；当采用卵石保护层时，在卵石与保温隔热材料层间应铺一层耐穿刺且耐久性强、防腐性能好的纤维织物。

倒置式屋面的施工应注意：

①防水层表面应平整，平屋顶排水坡度增大到 3% ，以防积水；

②沥青膨胀珍珠岩配合比为每立方珍珠岩中加入 100 kg 沥青，搅拌均匀，入模成型时严格控制压缩比，一般为 1.8 ~ 1.85；

③铺设板状保温材料时，拼缝应严密，铺设应平稳；

④铺设保温层时，应避免损坏保温层和防水层；

⑤铺设卵石保护层时，卵石应分布均匀，防止超厚，以免增大屋面荷载；

⑥当用聚苯乙烯泡沫材料等轻质材料保温层时，上面应该用混凝土预制块或水泥砂浆作为保护层。

5.5.2　通风屋面

通风屋顶在我国夏热冬冷、夏热冬暖地区被广泛应用，在气候炎热多雨的夏季，这种屋面构造形式更显示了它的优越性。由于屋盖的实体结构是带有密封或通风的空气间层的结构，大大地提高了屋盖的隔热能力。通风屋面在平屋面上用砖墩支承钢筋混凝土薄板或黏土烧制的薄砖作为隔热层，利用架空的板（砖）形成空间通道，一方面避免太阳直接照射屋面，使屋面表面温度大大降低，减少热量向室内传导。另一方面利用沿海多风特点（尤其在傍晚时）形成对流将热气从板下带出，有利于屋面热量的散发，降低屋面和室内的温度。起到白天隔热、晚上散热的作用。它要求采用平檐口，架空墩砌成条形，成为通风道，不让风产生紊流。屋面过大，宽度超过 10 m 时应在屋脊处开孔架高，形成中部通气孔，称为通风屋脊。通风屋面是一种自然通风降温的措施，它适用于无空调要求而炎热多风地区屋面。

近年来由于人们生活水平的提高，空调使用增多，加上国家对节能的重视，许多建筑屋面采用了保温层，它既适于冬天防止室内空调热量外传，也防止夏天空调冷气外传、室外高温传到室内。同时由于架空板的粗制滥造，在城市造成极差形象，所以通风屋面渐渐在减少，目前在某些地区既设置保温层，又设置架通风屋面，有些经济条件较差地区尚只采用通风屋面。实验测试表明，通风屋面和实砌屋面相比虽然两者的热阻相同，但两者的热工性能有很大的不同。在通风屋面的设计施工中应考虑：①通风屋面的架空层设计应根据基层的承载能力，架空板便于生产和施工，构造形式要简单；②通风屋面和风道长度不宜大于 15 m，空气间层以 200 mm 左右为宜；③通风屋面基层上面应有保证节能标准的保温隔热基层，一般按冬季节能传热系数进行校核；④架空隔热层与山墙间应留出 250 mm 的距离。

5.5.3 种植屋面

在我国夏热冬冷地区、华南等地区过去就有蓄土种植屋面的应用实例，通常称为种植屋面。目前在建筑中此种植屋面的应用更加广泛，利用屋顶植草栽花，甚至种植灌木、堆假山、设喷水形成了草厂屋顶或屋顶花园，是一种生态型的节能屋面。由于植被屋顶的隔热保温性能优良，已逐步在广东、四川、湖南等地区被人们广泛应用。图 5-16 是种植屋面的结构示意图。

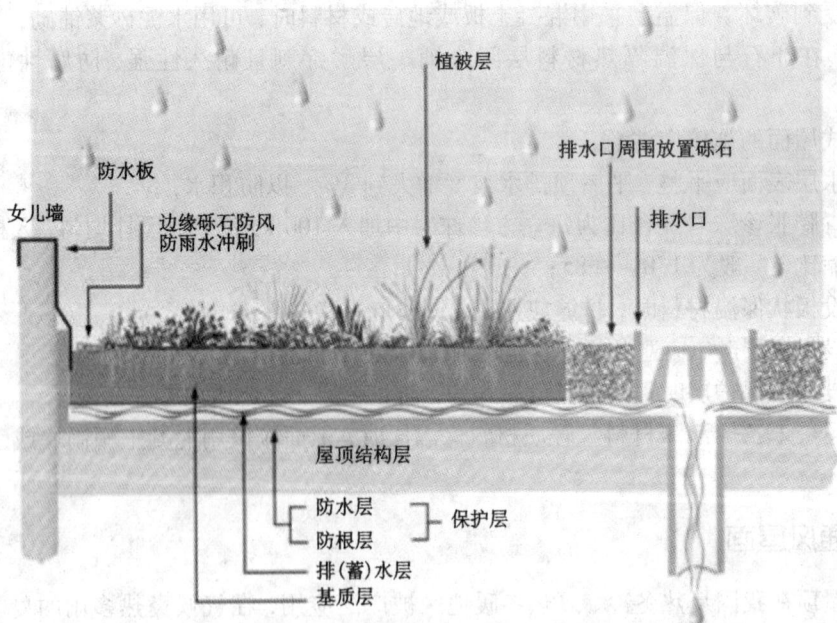

图 5-16 是种植屋面的结构示意图

植被屋顶分覆土种植和无土种植两种：覆土种植是在钢筋混凝土屋顶上覆盖种植土壤100～150 mm 厚，种植植被隔热性能比架空其通风间层的屋顶还好，内表面温度大大减低。无土种植，具有自重轻、屋面温差小，有利于防水防渗的特点，它是采用水渣、蛭石或者是木削代替土壤, 重量减轻了而隔热性能又增加了, 且对屋面构造没有特殊要求, 只是在檐口和走道板处须防止蛭石或木屑在雨水外溢时被冲走。根据实践经验, 植被屋顶的隔热性能与植被覆盖密度、培植基质的厚度和基层的构造等因素有关。植被屋顶还可种植红薯、蔬菜或其他农作物, 但培植基质较厚, 所需水、肥较多, 需经常管理。草被屋面则不同, 由于草的生长力和耐气候变化能力强, 可粗放管理, 基本可以在自然条件生长。草被品种可就地选取, 亦可采用碧绿色的天鹅绒草和其他观赏花木。对上述这些地区而言, 种植屋面是一种最佳的隔热保温措施, 它不仅改善了环境, 还能吸收和遮挡太阳辐射进入室内, 同时还吸收太阳热量用于光合作用、蒸腾作用和呼吸作用, 改善了建筑热环境和空气质量, 辐射热能转化成生物能和空气的有益成分, 实现太阳辐射资源型的转化。通常种植屋面的钢筋混凝土屋面板温度控制在月平均温度左右, 具有良好的夏季隔热、冬季保温特性和良好的稳定性。

在种植屋面设计时应注意:

①种植屋面一般由结构层、找平层、蓄水层、滤水层、种植层等构造层组成。

②种植屋面应采用整体浇注或预制装配的钢筋混凝土屋面板作结构层, 其质量应符合国家现行各相关规范要求。结构层的外加荷载设计值应根据其上部具体构造层及荷载确定。

③防水层应采用设置涂膜防水层和配筋细石混凝土刚性防水层两道防线的复合防水设防的做法, 以确保防水质量。

④在结构层上做找平层, 找平层宜采用水泥砂浆, 其厚度根据屋面基层种类(按照屋面工程设计规范)规定 15 ~ 30 mm, 找平层应坚实平整。找平层宜留设分隔缝, 缝宽 20 mm, 并嵌填密封材料, 分格缝最大间距为 6 m。

⑤栽培植物宜选择长日照的浅根植物, 如各种花卉、草等, 一般不宜种植根深的植物。

⑥种植屋面坡度不宜大于 3%, 以免种植介质流失。

⑦四周挡墙下的泄水孔不得堵塞, 应能保证排水。

5.5.4 蓄水屋面

蓄水屋面就是在屋面上蓄一层薄水用来提高屋顶的隔热能力。水在屋顶上能起隔热作用主要是水在蒸发时要吸收大量的汽化热, 而这些热量大部分从屋面所吸收的太阳辐射中摄取, 所以大大减少了经屋顶传入室内的热量, 相应的降低了屋面的内表面温度。

蓄水屋顶也存在一些缺点, 在夜里屋顶蓄水后外表面温度始终高于无水屋面, 这时很难利用屋顶散热, 且屋顶蓄水也增加了屋顶的净荷重, 以及为防止渗水还要加强屋面的防水措施。在设计和施工时应注意以下问题:

①蓄水屋顶的蓄水深度以 50 ~ 100 mm 为合适, 因水深超过 100 mm 时屋面温度与相应热流值下降不显著。

②屋盖荷载。当水深深度为 200 mm 时, 结构的基层荷载等级采用 3 级; 当水层为 150 mm 时, 结构基层荷载等级采用 2 级。

③刚性防水层。工程实践证明, 防水层的做法采用 40 mm 厚、200 号细石混凝土加水泥用量 0.05% 的三乙醇胺, 或水泥用量 1% 的氯化铁, 1% 的亚硝酸钠, 内设 $\phi4$ mm、200 mm × 200 mm 的钢筋网, 防渗漏性最好。

④分隔缝或分仓。分隔缝的设置应符合屋盖结构要求, 间距按板的布置方式而定。对于纵向布置的板, 分隔缝的无筋细石混凝土面积应小于 50 m², 对于横向布置的板, 应按开间尺

寸不大于 4 m 设置分隔缝。

⑤泛水。泛水对渗漏水影响很大,应将防水层混凝土沿檐墙内壁上升,高度应超过水面100 mm。由于混凝土转角处不易密实,宜在该处添设如油膏之类的嵌缝材料。

⑥所有屋面上的预留孔洞、预埋件、给水管、排水管等,均应在浇筑混凝土防水层前做好,不得事后在防水层上凿孔打洞。

⑦混凝土防水层应一次浇筑完毕,不得留施工缝,立面与平面的防水层一次做好,防水层施工气温宜为 5~35℃,应避免在负温或烈日暴晒下施工,刚性防水层完工后应及时养护,注水后不断水。

5.5.5　屋面保温隔热层施工

1. 松散材料保温层施工

松散材料保温层施工适用于平屋面,不适于有较大震动或易受冲击的屋面,一般屋面工程中用作松散保温层的材料主要有膨胀蛭石、膨胀珍珠岩、高炉熔渣等。铺设要求基层应干净、干燥,松散材料中的含水率不得超过规定。

2. 板状材料保温层施工

(1)板状保温材料适用于带有一定坡度的屋面

由于是事先加工预制,故一般含水率较低,所以不仅保温效果好,而且对柔性防水层质量影响小。适用材料有整体封闭式保温板、加气混凝土板、泡沫混凝土板、矿棉、聚苯板、聚氯乙烯泡沫塑料板、聚氨酯泡沫塑料板等。

铺设板状保温层材料的基层应平整、干燥和干净。板状保温材料要防止雨淋,要求板型完整,不碎不裂。

(2)采用铺砌法进行铺设

铺设时干铺的板状保温隔热材料,应紧靠在需保温的基层平面上,并铺平垫稳。分层铺设的板块,上下层接缝应相互错开,板间缝隙应用同类材料嵌填密实。

(3)整体浇注保温层施工

整体浇注保温层适合于平屋顶或坡度较小的屋顶。此种保温层由于是现场拌制,所以增加了现场的湿作业,保温层的含水率就增大,易导致卷材防水层起鼓,故一般用于非封闭式保温隔热层,不宜用于整体保温层。一般整体现浇保温隔热层多为水泥膨胀蛭石和水泥膨胀珍珠岩,对于一些小型的屋面或冬季施工时,也可用沥青膨胀蛭石或沥青膨胀珍珠岩。整体现浇保温隔热层铺设,要求铺设厚度应符合设计要求,表面应平整,并达到规定要求强度,但又不能过分压实,以免降低保温隔热效果。

整体现浇保温隔热层采用铺抹法施工。当采用水泥膨胀蛭石、水泥膨胀珍珠岩铺设保温隔热层时注意以下几点:①配合比。一般为 1:10~1:12;水灰比 2.4~2.6(体积比)。②拌和。应采用人工拌和,拌和均匀,随拌随铺。③分仓铺抹。每仓宽度 700~900 mm,可用木条分格,控制宽度。④控制厚度。铺设厚度应根据试验确定,铺后拍实磨平至设计厚度。⑤做外保护,保温隔热层压实抹平后,应立即做找平层,对保温隔热层进行保护。

3. 屋面保温隔热层材料的技术要求

屋面保温隔热材料的技术指标,直接影响节能屋面质量的好坏,在确定材料时应从以下几个方面对材料提出要求:

（1）导热系数是衡量保温材料的一项重要技术指标。导热系数越小，保温性能越好；导热系数越大，保温效果越差。

（2）保温材料的堆密度和表现密度，是影响材料导热系数的重要因素之一。材料的堆密度、表现密度越小，则导热寿数越小；堆积密度、表现密度越大，则导热系数越大。屋面保温材料要求的堆积密度、表现密度见表 5 – 13。

（3）屋面保温材料的强度和外观质量，对保温材料的使用功能和技术性能有一定影响。屋面保温材料的强度要求如表 5 – 14 所示，保温材料的外观质量应符合表 5 – 15 中的要求。

表 5 – 13　保温材料的堆积密度和表观密度

保温材料种类	材料名称	要求材料堆积密度（kg/m³）	要求表现的密度（kg/m³）
松散保温材料	膨胀蛭石 膨胀珍珠岩 高炉熔渣	<300 <120 500～800	—
板状保温材料	泡沫塑料板类板材 微孔混凝土类板材 膨胀蛭石板材 膨胀珍珠岩板材	—	30～130 200～700 300～800 300～800

表 5 – 14　保温层强度要求

屋面保温层类别	保温层及其材料	抗压强度要求
板状保温材料	泡沫塑料板类板材 微孔混凝土类板材 膨胀蛭石板材 膨胀珍珠岩板材	≥0.1 ≥0.4 ≥0.3 ≥0.3
整体现浇保温层	水泥膨胀蛭石保温层 沥青膨胀蛭石保温层 水泥膨胀珍珠岩保温层 沥青膨胀珍珠岩保温层	≥0.2 ≥0.2 ≥0.2 ≥0.2

表 5 – 15　屋面保温材料的外观质量

保温材料类别	材料名称	外观质量要求
松散保温材料	膨胀蛭石 膨胀珍珠岩 高炉熔渣	粒径为 3～15 mm 粒径大于 0.15 mm，小于 0.15 的含量不应大于 8% 粒径为 5～20 mm，不含有机物、石块、土块
板状保温材料	泡沫塑料板类板材 微孔混凝土类板材 膨胀蛭石板材 膨胀珍珠岩板材	板的外观整齐，厚度允许偏差为 ±5%，且不大于 4 mm

（4）保温材料的导热系数随含水率的增加而增大，含水率越高，保温性能越低。含水率每增加1%，其导热系数相应增加5%左右。含水率从干燥状态增加到20%时，其导热系数几乎增加一倍。

（5）其他屋面隔热保温材料的技术要求：

①空心黏土砖。非上人屋顶的黏土砖等级不应小于MU7.5；上人屋面的黏土砖强度等级不应小于MU10，外形要求整齐，无缺棱掉角。

②混凝土薄壁制品。混凝土薄壁制品包裹混凝土平板、混凝土拱形板、水泥大瓦、混凝固架空板等制品，等级强度为C20，板内加钢丝网片。要求外形规格、尺寸一致，无缺棱掉角、无裂缝。

③种植介质。种植介质包括植土、炉渣、蛭石、珍珠岩等。要求质地纯净，不含石块及其他有害物质。

5.6　门窗节能技术

从对建筑能耗组成的分析中，人们发现通过房屋外窗所损失的能量是十分严重的，是影响建筑热环境和造成能耗过高的主要原因。研究外门、外窗节能技术具有重要意义。

5.6.1　门窗的能耗影响因素

门窗是影响建筑热环境和造成能耗过高的主要原因。传统建筑中，通过窗的传热量占建筑总能耗20%以上。影响门窗热量损耗大小的因素很多，主要有以下几方面。

1. 门窗的传热系数

门窗的传热系数是指在单位时间内通过单位面积的传热量。传热系数越大，则在冬季通过门窗的热量损失就越大。门窗的传热系数又与门窗的材料、类型有关。

2. 门窗的气密性

门窗的气密性是指在门窗关闭状态下，阻止空气渗透的能力。门窗气密性等级的高低，对热量的损失影响极大，室外风力变化会对室温产生不利的影响，气密性等级越高，则热量损失就越少，对室温的影响也越小。

3. 窗墙面积比与朝向

窗墙面积比是指外窗的面积与外墙面积之比。通常门窗的传热热阻比墙体的传热热阻要小得多，因此，建筑的冷、热耗量随窗墙面积比的增加而增加。建筑节能要求在满足采光通风的条件下确定适宜的窗墙面积比。一般而言，不同朝向的太阳辐射强度和日照率不同，窗户所获得的太阳辐射热也不相同。

门窗节能途径主要是保温隔热，其措施包括：提高门窗的保温性能；提高门窗的隔热性能，提高门窗的气密性。

5.6.2　门窗节能技术措施

门窗节能的关键是在满足其使用功能的前提下，具有较高的保温性能和隔热性能。门窗节能最重要的是解决好门窗型材断热问题和选配热阻值小的玻璃问题，使门窗具有高强度、高气密性、高水密性、高精度性，优异的隔热、隔音性能。

只要从门窗的设计、加工、安装等各个细微环节上下工夫，就完全可以设计、制造出适应保温节能要求的门窗。近些年来，我国在节能门窗的研究开发和技术引进方面做了大量的工作，总体上说门窗节能水平有所提高，但与先进国家相比，仍有较大差距。随着建筑节能标准的制订实施，国家也正采取有效措施，迫使我国的门窗、幕墙行业迅速发展进步。

1. 选择节能窗型

窗型是影响节能性能的第一要素。推拉窗的节能效果差，而平开窗和固定窗的节能效果优越。推拉窗在窗框滑轨来回滑动，上部有较大的空间，下部有滑轮间的空隙，窗扇上下形成明显的对流交换，热冷空气的对流形成较大的热损失，此时，不论采用何种隔热型材作窗框都达不到节能效果。平开窗的窗扇和窗框间一般有橡胶密封压条，在窗扇关闭后，密封橡胶压条压得很紧，几乎没有空隙，很难形成对流，热量流失主要是玻璃、窗扇和窗框型材本身的热传导、辐射散热和窗扇与窗框接触位置的空气渗漏，以及窗框与墙体之间的空气渗漏等。固定窗由于窗框嵌在墙体内，玻璃直接安装在窗框上，玻璃和窗框已采用胶条或者密封胶密封，空气很难通过密封胶形成对流，很难造成热损失。在固定窗上，玻璃和窗框热传导为主要热损失的来源，如果在玻璃上采取有效措施，就可以大大提高节能效果。因此，从结构上讲，固定窗是最节能的窗型。

2. 设计合理的窗扇比和朝向

一般来说，窗户的传热系数大于同朝向、同面积的外墙传热系数，因此，能耗随着窗墙面积比的增加而增加。在采光和通风允许的条件下，控制窗墙面积比节能效果比保温窗帘和窗板更加有效，即窗墙面积比设计越小，热量损耗就越小，节能效果越佳。能耗还与外窗的朝向有关，南、北朝向的太阳辐射强度和日照率高，窗户所获得的太阳辐射热多。在《民用建筑节能设计标准(采暖居住建筑部分)》中，虽对窗墙面积比和朝向做了有选择性的规定，但还应结合各地的具体情况进行适当调整。有专家提出：考虑到起居室在北向时的采光需要应为北向的窗墙面积比可取 0.3；考虑到目前一些塔式住宅的情况，东、西向的窗墙面积比可取 0.35；考虑到南向出现落地窗、凸窗的机会较多，南向的窗墙面积比可取 0.45。这样虽然增大了南向外窗的面积，但可充分利用太阳能的辐射热降低采暖能耗，实现既有宽敞明亮的视野又不浪费能源的目的。

3. 使用节能材料

由于新型材料的发展，组成窗的主材(框料、玻璃、密封件、五金附件以及遮阳设施等)技术进步很快，使用节能材料是门窗节能的有效途径。

(1)框料

窗用型材占外窗洞口面积的 15% ~ 30%，是建筑外窗中能量流失的薄弱环节之一，因此，窗用型材的选用也是至关重要的。目前节能窗的框架类型很多，如断热铝材、断热钢材、塑料型材、玻璃钢材及复合材料(铝塑、铝木等)。其中，断热铝材节能效果比较好，使用比较广，它不仅保留了铝型材的优点，同时也大大降低了铝型材的传热系数。断热铝材是在铝合金型材断面中使用热桥(冷桥)技术使型材分为内、外两部。目前有两种工艺：一种是注胶式断热技术(即浇注切桥技术)，这种技术既可以生产对称型断热型材，也可以生产非对称型材。由于利用浇注式处理流体填补成形空间原理，其成品精度非常高。另一种是断热条嵌入技术，即采用由聚酰胺 66% 和 25% 玻璃纤维(PA66GF25)合成断热条，与铝合金型材在外力挤压下嵌合组成断热铝型材。这种型材不仅强度高(接近铝合金)，而且机械性能好、隔热效果佳。由于隔热条的加入使型材形成多种断面形式，具有良好的强度。另外隔热条中的玻璃纤维排列有序，能够长时间承受高拉应力和高剪切应力，隔热条的线形膨胀系数接近铝，有非常好的加工性能；同时内、外型材可以由不同颜色和表面处理方式的型材组成，增强了装饰效果；并且可抗多种酸、碱化学物质的腐蚀。

（2）玻璃

在窗户中，玻璃面积占窗户面积的65% ~75%。普通玻璃的热阻值很小，而且对远红外热辐射几乎完全吸收，单层普通玻璃是无法达到保温节能效果的。门窗玻璃种类较多，不同种类的玻璃，其透光率、遮阳系数、传热系数是大不相同的。导热性和遮阳性，有着双重性。对于冬天，我们希望太阳辐射得到热量，使室内温度升高。但夏天又希望减少太阳辐射，避免进入室内。因此，对于不同地区，应选择相应传热系数和遮阳系数的玻璃。

为了降低导热性和提高遮阳性，目前，门窗玻璃常用的处理方法有：

① 镀膜低辐射玻璃。镀膜低辐射玻璃又称 Low－E 玻璃，是表面镀上具有极低表面辐射率的金属或其他化合物组成的多层膜层的特种玻璃。Low－E 玻璃将是未来节能玻璃的主要应用品种。图5－17是镀膜低辐射玻璃原理图。用物理或化学镀膜工艺，改变玻璃表面的热反射特性，将太阳辐射直接反射回去，从而提高玻璃的遮阳隔热性能。镀膜玻璃又分为热反射玻璃（又称阳光控制玻璃）和低辐射玻璃（又称 Low－E 玻璃），热反射玻璃可通过配置膜层的结构和厚度，在较大范围改

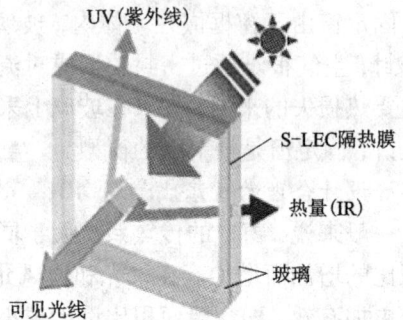

图5－17 镀膜低辐射玻璃原理图

变遮阳性能。由于使用对红外线高反射、不吸热的材料镀膜，Low－E 玻璃可反射太阳能波段的热辐射，从而有效地控制了玻璃的遮阳性能，同时也明显降低了玻璃的传热系数。

②吸热玻璃。吸热玻璃也称有色玻璃，能吸收大量红外线辐射能，并保持较高可见光透过率。生产吸热玻璃的方法有两种：一是在普通钠钙硅酸盐玻璃的原料中加入一定量的有吸热性能的着色剂；另一种是在平板玻璃表面喷镀一层或多层金属或金属氧化物薄膜而制成。在制造过程中加入色剂，着色玻璃的遮阳性和隔热性能优于透明玻璃。通过吸收部分直接透过的阳光，从而减少太阳辐射热进入室内；但由于吸收热量使自身温度升高，增加了温差传热，降低了保温效果。在玻璃表面镀金属或金属化合物膜，使玻璃呈现丰富色彩并具有新的光、热性能。

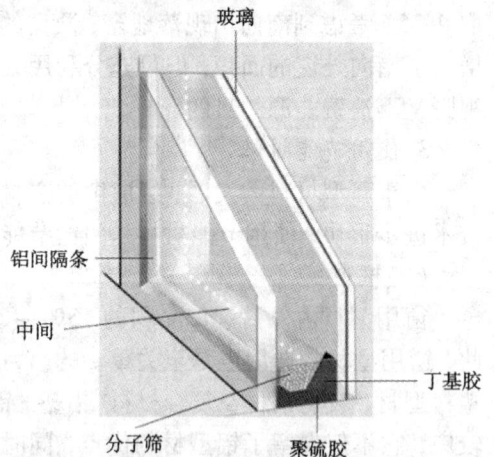

图5－18 中空玻璃结构示意图

③中空玻璃。中空玻璃应用的是保温瓶原理，是一种很有发展前景的新型节能建筑装饰材料。具有优良的保温、隔热和降噪性能。图5－18给出了中空玻璃结构示意图。中空玻璃是以两片或多片玻璃，采用间隔条来控制中空玻璃的内外两片的间距。双玻璃周边用密封胶

翻结密封，使玻璃层间形成干燥气体，具有隔音、隔热、防结露和降低能耗的作用。

（3）密封材料

洞口密封材料的质量，既影响着房屋的保温节能效果，也关系到墙体的防水性能，应正确选用洞口密封材料。目前钢塑门窗框的四边与墙体之间的空隙，通常使用聚氨酯发泡体进行填充。此类材料不仅有填充作用，而且还有很好的密封保温和隔热性能。另外应用较多的密封材料还有硅胶、三元乙丙胶条。其他部分的密封用密封条分为毛条和胶条。密封胶条用于玻璃和扇及框之间的密封，在塑钢门窗中起着水密、气密及节能的重要作用。密封胶条必须具有足够的拉伸强度、良好的弹性、良好的耐温性和耐老化性，断面结构尺寸要与塑钢门窗型材匹配。质量不好的胶条耐老化性差，经太阳长期暴晒，胶条老化后变硬，失去弹性，容易脱落，不仅密封性差，而且造成玻璃松动，产生安全隐患。密封毛条主要用于框和扇之间的密封，毛条的安装部位一般在门窗扇、框扇的四周或密封桥（挡风块）上，增强框与扇之间的密封，毛条规格是影响推拉门窗气密性能的重要因素，也是影响门窗开关力的重要因素。毛条规格过大或竖毛过高，不但装配困难，而且使门窗移动阻力增大，尤其是开启时的初阻力和关闭时的最后就位阻力较大；规格过小或竖毛条高度不够，易脱出槽外，使门窗的密封性能大大降低。毛条需经过硅化处理，质量合格的毛条外观平直，底板和竖毛光滑，无弯曲，底板上没有麻点。胶条、毛条都起着密封、隔音、防尘、防冻、保暖的作用。其质量的好坏直接影响门窗的气密性和长期使用的节能效果。

（4）五金附件

门窗是靠五金配件来完成开启、关闭功能的，它是建筑门窗中最易磨损和持续活动的部分，其功能的有效性不仅直接导致安全问题，而且影响建筑门窗的保温性能以及水密性、气密性。没有高性能的五金配件作保证，是无法制作出高性能的节能门窗的。门窗五金配件主要包括：执手、滑撑、撑挡、拉手、窗锁、滑轮等。对平开窗而言，按照密封性能来分类，大体可分为两类：多锁点五金件和单锁点五金件。多锁点五金件的锁点和锁坐分布在整个门窗的四周，当门窗锁闭后，锁点、锁坐牢牢地扣在一起，与铰链或滑撑配合，共同产生强大的密封压紧力，使密封弹性变形，从而提供给门窗足够的密封性能，使窗扇、窗框形成一体；而单锁点密封性相对来说就要差得多。因此，采用多锁点窗锁，可以大大减少门窗扇的变形，提高密封性能。就其他配件而言，滑撑铰链应采用不锈钢材料，对宽度超过 1 m 的推拉窗，或安装双层玻璃的门窗，应采用双滑轮或选用滚动滑轮。

4. 优化门窗框型材的断面结构

新材料出现后如果没有相应的结构配合，则它发挥的作用也就有局限性。同样的材料采用的结构不同，在性能上相差是很大的，如框采用多腔隔热条，密封采用多道密封和玻璃、附件配套，使 K 值大幅度降低。

由此可知，要提高框架的热阻，就须加大隔热条的宽度或连接内外铝框的隔热芯子的厚度。为了框架断面的紧凑，根据热流长度原理，在隔热条同样宽度下，可设计成"弓"形，由于热流的长度增加，也就提高了热阻 R，使 K 值进一步降低。

采取多空腔的隔热条设计，以降低 K 值。虽然加宽隔热条可有效降低 K 值，但也只能适当加宽，若加得太大，会造成结构不紧凑。根据热传导原理，可将热传导的面设计成叠加的多空腔以提高热阻。

加宽隔热条填充发泡材料，并用多头腔密封条配套，进一步降低 K 值。为一步降低

K 值，可加宽隔热条、填充发泡材料，用多头密封形成空腔与之性能配套。

密封结构应与框架等性能配套。门窗有一个开启问题，这样关闭时的缝隙密封处理是一个薄弱环节，密封不好会产生对流损失的热量。因此，在框架和玻璃都采取有效办法降低 K 值后，必须解决密封性能的问题。窗的密封构造设计除解决上述对流热损失问题外，还要考虑解决热传导的损失问题，因此密封条的设计除考虑密封性能外还需考虑多头密封空腔，形成多腔空间，以求得 K 值与其他部分配套。

5.7 遮阳技术

遮阳技术是建筑围护结构通用性的重要节能措施，同时适用于外墙节能和门窗节能。建筑围护结构的节能效果与开窗、方位、遮阳的隔热材料等因素有关，这些因素均会影响建筑物的耗能量。其中，遮阳具有防止太阳辐射、避免产生眩光、改善室内环境气候及建筑外观上光影美学效果之功能，但也对室内的采光、通风带来不同层次的影响。

5.7.1 建筑遮阳的概念

建筑遮阳是为了避免阳光直射室内，防止建筑物的外围护结构被阳光过分加热，从而防止局部过热和眩光的产生，以及保护室内各种物品而采取的一种必要的技术措施。建筑遮阳的合理设计是改善夏季室内热舒适状况和降低建筑物能耗的重要技术措施。

现代建筑外围护结构通常安装了大面积的玻璃，而且工业化带来的轻质结构的大量应用，这加剧了室内热物理环境的恶化。因此，控制建筑外围护结构的太阳辐射得热量非常重要。建筑太阳辐射得热量有三个主要影响因素：

①外墙的开窗率是外墙节能的最重要因素，降低开窗面积率是节能最重要手段，但是降低开窗率也必须确保适当的自然采光，并免除心理的封闭感。但是对于追求通透效果的玻璃幕墙而言，只能采用降低开启窗面积并加强不透光地方的隔热设计来达到节能要求。

②外遮阳和玻璃遮蔽是外墙节能的第二重要因素，玻璃材质及外遮阳都影响遮蔽率的大小，但是装设遮阳板、遮阳百页等外遮阳远比改变玻璃材质的效果大。玻璃材质可选择高反射率的反射玻璃和吸热玻璃(反射率太大的反射玻璃会造成眩光污染)。

③建筑方位因素是外墙节能设计的第三要素(占了 12% 的比重)。大面积的玻璃幕墙应避免东照西晒。建筑的朝向应朝南北向配置。

设置遮阳系统，可以最大限度减少阳光的直接照射，从而避免室内过热，是炎热地区建筑防热的主要措施之一。设置遮阳后，会有以下作用及效果：

①有效减少室内的太阳辐射得热量。不仅改善室内热环境，还可以较大幅度地降低建筑的夏季空调制冷负荷。研究表明，大面积玻璃幕墙墙外围设计 1 m 深的遮阳板，可以节约 15% 左右的空调耗电量。

②有效减少围护结构辐射得热以二次辐射和对流的方式进入室内。降低建筑围护结构的日温度波幅，进而可以防止围护结构的热裂，延长其使用寿命。

③改善室内光环境，有效防止炫目现象的发生。从天然采光的观点来看，遮阳措施会阻挡直射阳光，防止眩光，使室内照度分布比较均匀，有助于视觉的正常工作。对周围环境来说，遮阳可分散玻璃幕墙的玻璃(尤其是镀膜玻璃)的反射光，避免了大面积玻璃反光造成的

光污染。但是，由于遮阳措施有挡光作用，从而会降低室内照度，在阴雨天影响更为明显。因此，在遮阳系统设计时要有充分的考虑，尽量满足室内天然采光的要求。

④遮阳对房间通风的影响。遮阳设施对房间通风有一定的阻挡作用，在开启窗通风的情况下，室内的风速会减弱 22% ~47%，具体视遮阳设施的构造情况而定。同时对玻璃表面上升的热空气有阻挡作用，不利散热，因此在遮阳的构造设计时应加以注意。

⑤遮阳对建筑外观的作用。一般人都认为玻璃幕墙设计只能平板化，无法设计外遮阳等遮阳设施，但通过国外的许多案例我们可以发现，金属玻璃幕墙能以轻巧的金属板设计成美观的遮阳形式并成为建筑造型有趣的一部分。遮阳系统在玻璃幕墙外观的玻璃墙体上形成光影效果，体现出现代建筑艺术美学效果。因此，在欧洲建筑界，已经把外遮阳系统作为一种活跃的立面元素，加以利用，甚至称之为双层立面形式。一层是建筑物本身的立面，另一层是动态的遮阳状态的立面形式。这种具有动感的建筑物形象不是因为建筑立面的时尚需要，而是现代技术解决人类对建筑节能和享受自然需求而产生的一种新的现代建筑形态。

5.7.2　建筑遮阳的形式

根据地区的气候特点和房间的使用要求，可以把遮阳作为永久性的或临时性的。永久性的就是在玻璃幕墙内外设置各种形式的遮阳板和遮阳帘，临时性的就是在玻璃的内外设置轻便的布帘、竹帘、软百页、帆布篷等。在永久性的遮阳设施中，按其构件能否活动，有可分为固定式和活动式两种。活动式的遮阳可视一年中季节的变换、一天的时间变化和天空的阴晴情况，任意调节遮阳板的角度；在寒冷的季节，可以避免遮挡阳光，争取日照。这种遮阳设施的灵活性大，使用合理，因此近年在国外的建筑中应用较广。

1. 窗口遮阳

夏季的太阳辐射直射室内，这是造成室内过热的主要原因。特别在炎热的天气下，室内气温非常高，若再受到太阳的直接照射，会严重影响室内的热舒适性。采取窗口遮阳，可以防止直射阳光进入室内而引起室内过热。而且窗口遮阳还可以防止直射阳光引起的炫目现象，防止直射阳光使某些物品变质、老化。窗口遮阳是建筑遮阳技术中最重要和最常见的遮阳方式。

窗口遮阳按照遮阳构件是否随季节与时间的变换进行角度和尺寸的调节，具有在冬季便于拆卸的性能，可以划分为固定式遮阳和可调节式遮阳两大类型。

(1) 固定式遮阳

固定式遮阳经常是结合建筑立面、造型处理和窗过梁位置，用钢筋混凝土、塑料或铝合金等材料做成的永久性构件，是建筑物不可分割和变动的组成部分。固定遮阳的优势在于其简单、成本低、维护方便。缺点在于不能遮挡住所有时间段的直射光线，以及对采光和视线、通风的要求缺乏灵活应对性。

(2) 可调节式遮阳

与固定式遮阳相反，可调节式遮阳可以根据季节、时间的变化以及天空的阴暗情况，任意调整遮阳板的角度；在寒冷季节，为避免遮挡太阳辐射得热，争取更多日照，还可以拆除。这种遮阳灵活性大，使用科学合理，因此近年来在国内外得到了广泛的应用。可调节式遮阳根据调节主体不同，又可以分为手控可调遮阳和自控可调遮阳。

手控可调节遮阳优点为造价低、设备简单。缺点是需要工作人员不停的根据室外环境参数进行调节，使室内环境处于最优。往往会由于人为操作的失误而降低其效率，尤其是房间内由于白天无人控制而使大量热量进入室内，起不到应有的节能效果。

自控可调节遮阳常用于公共建筑，优点为能够根据室外日照情况自动调节遮阳板的角度甚至遮阳板的收缩，使室内有良好的光环境。缺点是造价较高，而且一旦出现故障，修理困难，从而可能长时间丧失遮阳调节功能。

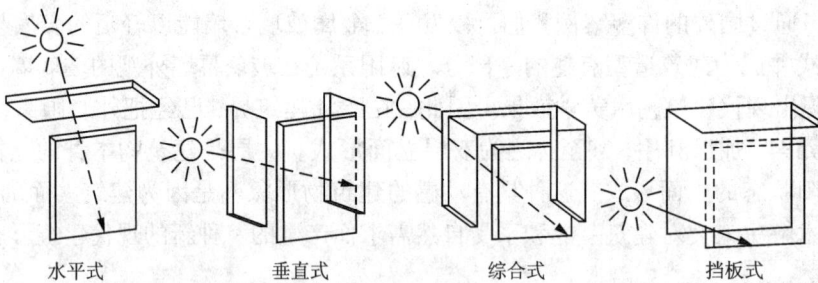

水平式   垂直式   综合式   挡板式

图 5-19   窗口遮阳的四种常见形式

从遮阳的适用范围分，窗口遮阳的形式可分为四种：水平式、垂直式、综合式和挡板式，如图 5-19 所示，各种遮阳形式均有自己适应的朝向范围。

①水平式遮阳。在玻璃前采用伸出重叠的平板形式的遮阳，能有效地遮挡太阳高度角较大的，从玻璃幕墙上方投射下来的阳光。水平式遮阳适合于太阳高度角大，从窗口上方来的太阳辐射。适用于南向及接近南向的窗口，也适用于北回归线以南的低纬度地区的北向和接近北向的窗口遮阳。图 5-20 给出了遮阳板系数的导风作用。

②垂直式遮阳。设于玻璃前凸出板的垂直式遮阳，能有效地遮挡角度较小的，从玻璃窗侧斜射进来的阳光。但对于角度较大的，从玻璃窗上面射下来的阳光，或接近日出、日落时平射的阳光，它不起遮挡作用。故垂直式的遮阳主要适用于太阳高度角较小，从窗口侧方射来的太阳辐射，适用于北回归线以南的低纬度地区的北向和接近北向（东北、西北）的窗口遮阳。

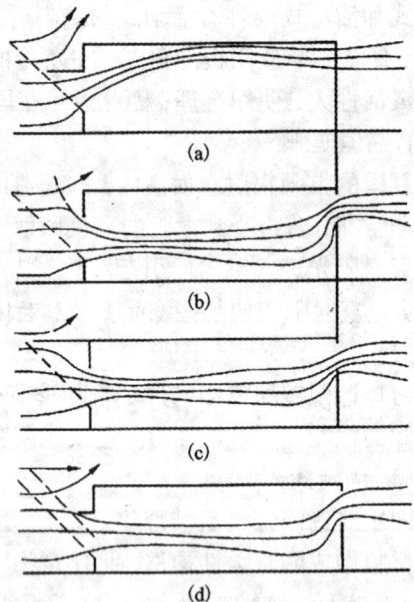

图 5-20   遮阳板系数的导风作用

③综合式遮阳。综合式遮阳由水平式和垂直式遮阳组合而成。遮阳效果比较均匀，故它适用于太阳高度角中等，窗前斜方来的太阳辐射，适用于南向、东南向、西南向和接近此朝向的窗口遮阳，同时也适用于北回归线以南的低纬度地区的北向和接近此朝向（东北、西北）的窗口遮阳。

④挡板式遮阳。挡板式遮阳为平行于窗口的遮阳设施，能有效地遮挡高度角较小的，正射窗口的阳光。故它主要用于东西向的玻璃幕墙建筑。挡板式遮阳主要适用于太阳高度角较

小,正射窗口的太阳辐射,可遮挡平射到窗口来的阳光,适用于东向、西向和接近此朝向的窗口遮阳,同时也适用于北回归线以南的低纬度地区的北向和接近此朝向(东北、西北)的窗口遮阳。

2. 屋顶遮阳

图 5 - 21 和图 5 - 22 分别给出了北京地区全年太阳辐射总量图和广州地区主要朝向的太阳辐射强度图,结合两张图表,可以看出在整个建筑围护结构中,水平面接受的太阳辐射量最大,因而对屋顶的遮阳隔热就显得非常必要。从图中可以看出水平屋顶接受的太阳辐射量约是西墙接受辐射量的两倍。屋顶传热形成的空调负荷是在室外综合温度与室内温度之差作用下形成的,综合温度中的太阳辐射当量温度的峰值通常要接近空气温度峰值的70%,而通过遮阳技术控制屋顶的太阳辐射照度,则屋顶的传热负荷可以减少近70%,节能效果十分显著,同时也大大改善了顶层房间的热环境状况。而且,通过对建筑屋顶的遮阳,可以减小屋顶温度波幅,从而减小其产生热裂的可能性。今年来热带和亚热带地区涌现出了一批屋顶遮阳的优秀建筑工程,如印度柯里亚的大量作品、马来西亚杨经文自宅和广州华南理工大学逸夫人文馆等。

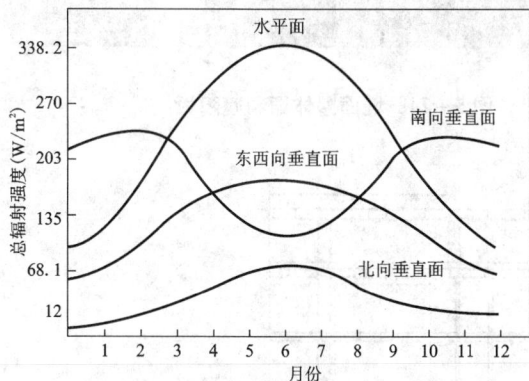

图 5 - 21　北京地区全年太阳辐射总量图

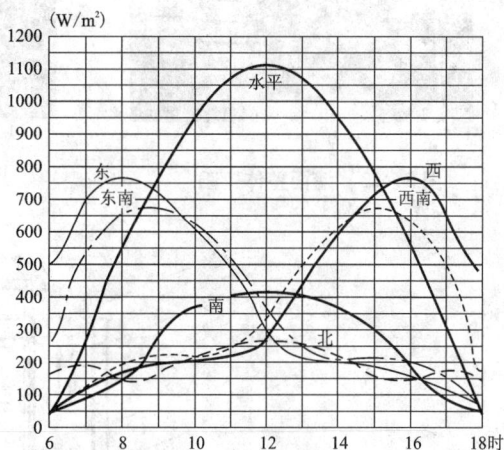

图 5 - 22　广州地区主要朝向的太阳辐射强度图

3. 墙面遮阳

无论居住建筑,还是公共建筑,外墙作为建筑的主要组成部分,是影响室内热环境和建筑能耗的重要部位。建筑外墙接受的太阳辐射仅次于屋顶,因而遮阳就显得很有必要。而外墙遮阳设计,尤其是西墙"西晒"怎样处理的问题,一直是整个建筑界非常关注的问题,同时外墙作为整个建筑物最主要的部分,与建筑的整体艺术造型效果息息相关,因而墙面遮阳设计需综合考虑其遮阳隔热效果和建筑艺术效果。墙体遮阳设计的方法有很多,总体来讲,墙面遮阳主要有以下几种方式:

(1)墙面整体遮阳

墙面整体遮阳要综合考虑遮挡太阳辐射效果和建筑形体艺术效果。一般的做法有两种,一种是在建筑的外墙外部设置可调节遮阳板或可回收的遮阳帘布,如图 5 - 23 所示。图 5 -24所示建筑表面用 4000 片闪亮的铜制遮阳板作为立面的主题,它采用的是电动式机翼型板产品。为了避免立面显得过于凌乱,遮阳板的调节有几个固定的角度,遮阳板完全关闭时可以起到保温墙体的作用。另一种做法是设置"防晒墙",防晒墙一般用于建筑的东西墙,这面墙完全与建筑脱开,防晒墙在夏季与过渡季节,可以完全遮挡西晒的直射阳光。同时防晒墙与建筑主体之间的空隙不仅有利于室内外空气的流通,还可以保证主题建筑室内的均匀天光照明,如图 5-25 所示。

图 5-23 墙面整体遮阳

图 5-24 墙面整体铜制遮阳板

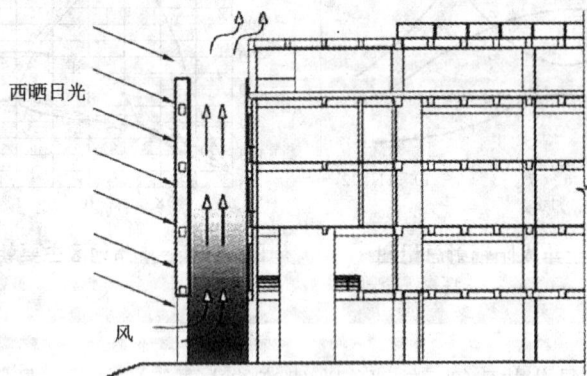

图 5-25 防晒墙结构示意图

（2）绿化遮阳

大自然给我们提供了一些天然的遮阳手段,树木或攀缘植物可以用来遮挡阳光,形成阴影,其效果总体来说相当不错。绿化遮阳不同于建筑构件遮阳之处还在于它的能量流向。植被通过光合作用将太阳能转化为生物能,植被叶片本身的温度并未显著升高。而遮阳构件在吸收太阳能后温度会显著升高,其中一部分热量还会通过各种方式向室内传递。植物绿化遮阳需要注意几个问题:第一是正确选择植物种类;第二是要做好植物攀爬用的固定构件设计,不要让植物直接附着在外墙上,否则既减弱了墙体自身的散热性能,也会使建筑显得形态臃肿,建筑轮廓模糊,容易使建筑产生年老失修的感觉;第三要防止藤蔓植物带来的虫害。

4.入口遮阳

建筑物入口作为连接建筑室外与室内的过渡空间,除了具有很重要的引导功能外,还是进入建筑或经过建筑的人员暂时停留或通过的空间。为了给人们提供一个良好的热环境,需要对建筑入口做遮阳处理。入口遮阳主要有两种方式:

(1)入口附加构件遮阳

当前建筑的入口遮阳多采用在入口上方架设水平遮阳构架,以达到遮阳防晒的目的。同时还能防雨。如图 5 - 26 所示为某建筑入口的遮阳。

图 5 - 26　建筑的入口遮阳

(2)建筑自身构架遮阳

入口遮阳还可以通过建筑自身体型凹凸形成的阴影实现有效遮阳,例如我国传统建筑的大屋顶以及广州地区的"骑楼"建筑。在达到入口遮阳目的的同时,也与建筑有机地结合在一起。

5.7.3　遮阳技术的适用性

遮阳的措施多种多样,与特定建筑项目的不同地理位置、朝向以及建筑的不同用途相适应,不存在某一种遮阳措施普遍适用的情况。我国幅员辽阔,按照建筑热工分区可分为严寒地区、寒冷地区、夏热冬冷地区、温和地区和夏热冬暖地区五个建筑热工气候分区。不同的遮阳形式在不同的气候区也有着不同的适用性。总体上应满足以下原则:在严寒地区和寒冷地区,对于夏季的遮阳措施要兼顾考虑不能阻挡冬季对太阳热能的利用,宜采取如竹帘、软百叶、布蓬等可拆除的遮阳措施;在夏热冬冷地区和温和地区,夏季遮阳措施对冬季的影响相对较小一些,宜采用活动式遮阳;在夏热冬暖地区,夏季的遮阳可不考虑冬季对太阳辐射的遮挡,可采取固定式遮阳,但仍以活动式遮阳为最佳。具体到某气候区特定的建筑,遮阳形式的选择应考虑以下因素:

1. 不同建筑方位遮阳需求

结合图 5-21 和图 5-22 可知水平面接受的太阳辐射量最大。所以，对屋顶和天窗的遮阳隔热非常必要。对于竖向围护结构，无论是从全日的太阳辐射总量看，还是从房间内日照面积的大小看，东西向最大，其次是东南、西南；再次是东北、西北；南向又次之；北向最小。而由于下午室外气温要高于上午，所以西向遮阳比东向更加重要。南向虽然日照时间较长，但由于我国大部分地区处在中低纬度地区，夏季太阳高度角较高，照射房间不深，遮阳也比较容易处理。

因此，对遮阳的需求程度的建筑方位排序依次为水平屋顶、西向、西南向、东向、东南向、南向、西北向、东北向、北向。

2. 不同建筑方位遮阳形式的选择

根据太阳运行规律，可以大致确定不同气候区不同朝向较为合适的遮阳方式。我国纬度跨度较大，同朝向的遮阳策略会略为不同，但以下意见在大部分情况下有效。

①南向。在我国，南向比较合适的遮阳方式是水平式固定遮阳，尤其对较热季节，高度角大而方位角在 90°附近的时段遮阳效果最佳，遮阳效率高。虽然日出后和日落前的一段时间，高度角较低，南向水平遮阳的效果要较其他时段差一点，但此时段一则室外气温不高，二则南向辐射不强，所以对遮阳要求不高，南向遮阳可以满足要求。

②东、西向。对于建筑的东西向，最合适的遮阳形式为挡板式遮阳，但固定垂直式遮阳的实际遮阳效果很差，而且会阻挡冬季阳光入室。在武汉针对垂直式遮阳板的实测效果显示，垂直式遮阳板对东西向窗户在夏季只能有效遮挡阳光 0.5 h，而在冬季反而会遮挡 2~3 h 的阳光。

③东南、西南向。应选择综合式遮阳形式，但构件尺寸应根据朝向角度不同进行设计。

④东北、西北向。垂直式遮阳是较好的选择，同样的，构件尺寸应根据朝向角度不同进行设计。

⑤北向。对我国大部分地区而言，夏季太阳仅在日出和日落时的短暂时间段照射到北窗，对北窗的影响很小，一般可不采取遮阳措施。

⑥屋顶。水平式温度接受太阳辐射是西墙接受辐射量的两倍，所以，对屋顶进行遮阳非常有必要。对于不同的气候区因地制宜地考虑有效遮挡阳光的构件即可。

5.8 双层皮幕墙技术

5.8.1 双层皮幕墙的起源、性能特点与在国际上的应用现状

双层皮玻璃幕墙(Double-skin Facade，简称 DSF)的构造形式最早出现在 20 世纪 70 年代的欧洲，其目的是为了解决大面积玻璃幕墙建筑在夏季出现过热的问题、高层通风可控的需求以及简单的外遮阳维修、清洗困难等问题。主要做法是，在原有的玻璃幕墙上增设一层玻璃幕墙，在夏季利用夹层百叶的遮挡与夹层通风将过多的太阳辐射热排走，从而减少建筑物的空调能耗；冬季时打开百叶，关闭通风，形成温室效应。

双层皮幕墙作为一种崭新的幕墙形式，近 20 年来在欧洲办公建筑中应用较多，据统计，已建成的各种类型的 DSF 建筑在欧洲就有 100 座以上，分布于德国、英国、瑞士、比利时、芬

兰、瑞典等国家。近几年来，国内一些高档建筑也开始了尝试各类 DSF，出现了一些双层玻璃幕墙的建筑工程。

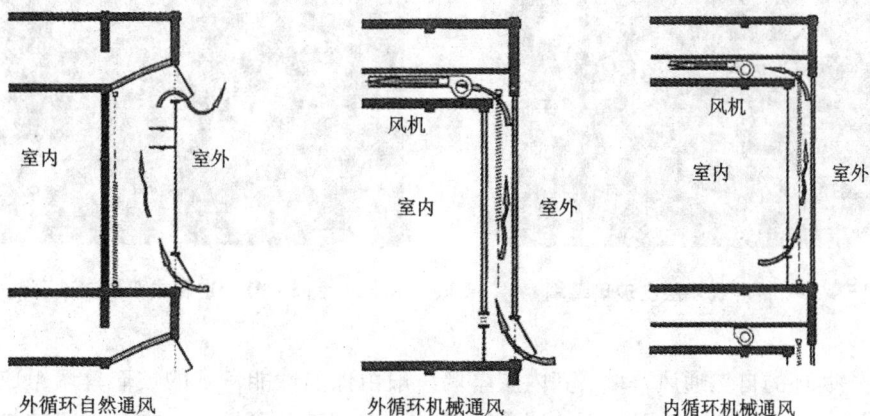

外循环自然通风　　　　　外循环机械通风　　　　　内循环机械通风

图 5 – 27　不同双层玻璃幕墙形式

双层玻璃幕墙种类繁多，最为常见的是根据通风方式的不同，可分为外循环和内循环两种，其中外循环还可以分为外循环自然通风和外循环机械通风，如图 5 – 27 所示。此外还可以根据夹层空腔的大小、通风口的位置、玻璃组合及遮阳材料等不同分为其他类型，如"外挂式"（见图 5 – 28 所示）、"井 – 箱式"（见图 5 – 29 所示）、"百叶式"（见图 5 – 30 所示）和"走廊式"（见图 5 – 31 所示）。但其实质是在两层皮之间留有一定宽度的空气间层，通过不同的空气间层方式形成稳定缓冲空间。由于空气间层的存在，因而可在其中安装遮阳设施；通过调整间层设置的遮阳百叶和利用外层幕墙上下部分的开口的辅助自然通风，可以获得比普通建筑使用的内置百叶较好的遮阳效果，同时可以实现良好的隔声性能和室内通风效果。

图 5 – 28　外挂式双层皮玻璃幕墙

图 5 – 29　井 – 箱式双层玻璃幕墙

图 5-30　百叶式双层皮玻璃幕墙

图 5-31　走廊式双层皮玻璃幕墙

　　对于外循环的自然通风幕墙，其内层幕墙一般由保温性能良好的玻璃幕墙组成，主要起到冬季保温、夏季隔热的作用。而外层幕墙通常为单层玻璃幕墙，主要起到防护的作用，保护夹层内的遮阳装置不受室外恶劣气候的损坏，同时，设置在外层立面的开口可以调节夹层的通风。这种幕墙的主要特点就是利用夹层百叶吸收太阳辐射热后形成烟囱效应，驱动夹层空间与室外进行换气，从而达到减少太阳辐射得热的目的。为了获得较好的自然通风效果，其夹层的宽度一般不小于 400 mm。与自然通风的外循环双层幕墙相比，外循环的机械通风幕墙为了减少幕墙结构对建筑面积的占用而缩小了两层幕墙之间的间距，夹层间距一般小于 200 mm，由于夹层较窄，加上夹层百叶的设置，使得夹层通道的流动阻力增大，为了减少太阳辐射得热，通常采用机械的方式对夹层进行辅助通风。当夹层有效通风宽度小于 100 mm 时，单纯依靠烟囱效应进行通风已不可行，这时需要采用辅助机械通风的方式来强化夹层的通风，一般通风不宜小于 100 m³/h。考虑到增加通风量直接影响风机能耗，因此存在一个最佳的机械通风量范围。

　　对于内循环机械通风 DSF 幕墙，在构造上与前面两种幕墙有较大的区别。它把保温性能好的幕墙设置在外层，而内层幕墙为普通单层玻璃。它主要是依靠机械的方式将室内的空气抽进夹层，利用温度相对较低的室内空气来冷却吸收太阳辐射后升温的夹层，减少太阳辐射得热。具体有利用送风或回风进入双层皮空腔去除热量的不同处理方式。如果是送风先进入夹层，可以起到再热的作用，可以减少了再热能耗，但是空腔温度过低，室内外传热负荷变大，有一定的坏处；如果是回风进入夹层，一般还是需要返回空调箱，那么空腔的热量最终由空调机带走，依然有可能增加冷量消耗。此外，由于需要增加夹层通风，还会增加风机能耗。总之，不管哪一种内循环 DSF 方式，均存在降低空腔温度、增加空调负荷的可能。如何在不同工况下合理设计空腔机械通风量、提高通风启动温度、合理设计控制策略来节省能耗非常重要。

　　双层皮幕墙进出风口的大小尺寸以及所处立面的位置也会不同程度地影响空腔流通通道的阻力，从而影响通风量。一般而言，在不影响立面美观的前提下，开口面积越大越好。对于孔板开口，开孔率不宜小于 0.3；对于悬窗开口，其开启角度不宜小于 30°。遮阳百叶位置对于双层皮幕墙的夹层通风量也有一定影响。实验和理论计算表明，百叶位置在夹层中间偏外 10% ~ 20% 的宽度位置，有可能获得最佳的隔热和通风效果。

5.8.2　双层皮幕墙的适用范围和局限性

目前，我国在双层皮玻璃幕墙应用中存在较多问题，主要体现在：

①设计单位和节能部门认为双层皮幕墙就是节能法宝，盲目推广，不注意合理选择双层皮幕墙形式，忽略了其气候适应性特点和适用建筑类型。

事实上双层皮玻璃幕墙做法不同，节能效果不同。适应的地区与建筑类型也不同，深受地区气候特点、建筑内部发热量、是否希望自然通风、是否低温除湿需要再热等因素的影响。例如，欧洲的经验表明，双层皮玻璃幕墙建筑应用较多的国家主要是德国、英国、瑞士等国家，这些国家多数具有夏季气温温和、冬季寒冷，过渡季节适合自然通风等气候特点，并且在这些建筑中，主要采用的双层皮幕墙是外循环方式。内循环方式主要应用于噪声或空气污染严重的情况。而从应用的建筑类型看，早期几乎全部都是商业办公建筑，并且高层建筑占有较大比例，最近几年才有一部分如文化、会展、交通类建筑尝试使用。对于我国，双层皮幕墙主要应在夏热冬冷气候下，空调和采暖负荷大致相当的公共建筑中使用。一方面，不分气候条件和建筑类型，盲目使用双层皮幕墙。例如，目前双层皮玻璃幕墙形式在夏热冬暖气候应用较多。另一方面，双层皮幕墙形式中过多采用了内循环方式。

事实上，夏热冬暖地区建筑利用外遮阳是最有效的节能措施，如果因为高层建筑大风损坏外遮阳百叶，那么就应该采用外循环双层皮幕墙方式。如果采用了内循环双层皮幕墙，结果只能依赖机械手段把室内低温空气送入空腔带走太阳辐射热量，实际上既增加了耗冷量，又增加了风机电耗，结果并不节能。此外由于采用内循环双层皮幕墙，在过渡季节还无法实现直接开窗自然通风，会延长空调的使用时间。更有效的方式是减少窗墙面积比，同时采用遮阳系数在 0.3 以下的 Low-E 遮阳型玻璃或浅色玻璃，既能直接控制进入室内的太阳热量，也容易实现开窗通风，节能效果反而更好。

②即使是适宜双层皮玻璃幕墙的场合，也存在许多不合理的设计，结果也达不到节能的目的。

问题 1：分不清外循环、内循环幕墙系统对内、外层玻璃的不同性能要求。比较常见的问题就是无论内循环、外循环方式，外层玻璃均采用单玻璃、内层玻璃为中空玻璃。事实上，对于内循环玻璃幕墙而言，高性能的玻璃置于外层节能效果更好。

问题 2：无法通风，或者无法有效通风。主要原因包括夹层空间面积不够，或者过多楼层串联通风，烟囱效应明显。通风效果不佳直接导致夹层的太阳辐射热量无法尽快排走，空调能耗还会增加。对于室内发热量大的公共建筑，通风不好，不利于过渡季节或夏季夜间散热，会延长空调使用时间。

问题 3：双层皮空间没有设计遮阳百叶，或仅仅在最外层玻璃采用简单的丝网印刷或彩釉，或者遮阳百叶在外层玻璃表面，这都是不恰当的做法。首先，如夹层不设遮阳百叶，整体遮阳系数的改善不足 10%，却浪费、占用了更多的空间面积，甚至还影响室内自然通风，从节能的性价比角度分析，是否采取双层皮构造方式值得商榷。其次，在外层玻璃增加丝网印刷或彩釉处理，无法实现遮阳性能的大幅度提高。最后，既然在外层玻璃表面安装了外遮阳，又何必再设计室内双层皮夹层空间。

③有些场合双层皮幕墙对能耗的改善很小，但投资增加的却很多，技术经济性较差，不值得使用。

目前，双层皮玻璃幕墙还是一件较为昂贵的商品，一般较常规方式都要额外增加 1500～2000 元/m² 的初投资，并且会浪费一定的使用面积或空间。但是现在不少住宅建筑及能耗较低的公共建筑，为"节能"的口号和"营销"的目的，也采取双层皮幕墙形式。

对于采用双层皮玻璃幕墙，但仅仅是在外层或内层多镀上一层彩釉或增加丝网印刷，围护结构的可调节性能十分有限，从围护结构节能的性价比看，也没有必要采用双层皮幕墙方式。

重点与难点

重点：(1)建筑节能对建筑热工性能的要求；(2)外墙保温隔热技术；(3)屋顶保温隔热技术；(3)门窗节能技术；(4)遮阳技术；(5)双层皮幕墙技术。

难点：(1)遮阳技术；(2)双层皮幕墙技术。

思考与练习

1. 与外墙内保温相比，外墙外保温有哪些优势？
2. 影响绝热材料导热系数的因素有哪些？
3. 倒置屋面的概念是什么？倒置屋面的构造应符合哪些规定？
4. 什么是窗墙面积比？窗墙面积比与建筑能耗的关系是什么？
5. 简述双层皮玻璃幕墙的三种形式及其工作原理。
6. 屋顶保温隔热技术包括那些内容？

第 6 章

建筑自然通风节能技术

通风是指室内外空气交换，自然通风由于不耗能，受到建筑节能和绿色建筑的特别推荐。采用自然通风方式的根本目的就是取代(或部分取代)空调制冷系统。而这一取代过程有两点至关重要的意义：一是实现有效的被动式制冷，当室外空气温度、湿度较低时，自然通风可以降低室内温度，带走潮湿气体，达到人体热舒适要求；二是可以提供新鲜、清洁的自然空气(新风)，满足人和大自然交往的心理需求，有利于人的生理和心理健康。本章主要介绍自然通风的原理和改善建筑自然通风的方法。

6.1　自然通风原理

建筑自然通风是由于建筑物的开口处(门、窗等)存在压力差而产生的空气流动。根据产生压力差的原因不同，自然通风可分为三类：风压单独作用的自然通风；热压单独作用的自然通风；风压与热压共同作用的自然通风。

如果建筑物外墙上的窗孔两侧存在压力差 Δp，就会有空气流过该窗孔，空气流过窗孔时的阻力就等于 Δp。

$$\Delta p = \zeta \frac{v^2}{2} \rho \quad (\text{Pa}) \tag{6-1}$$

式中：Δp 为窗孔两侧的压力差，Pa；v 为空气流过窗孔时的流速，m/s；ρ 为空气的密度，kg/m^3；ζ 为窗孔的局部阻力系数。

上式可改写为：

$$v = \sqrt{\frac{2\Delta p}{\zeta \rho}} = \mu \sqrt{\frac{2\Delta p}{\rho}}$$

式中：μ 为窗孔的流量系数，$\mu = \frac{1}{\sqrt{\zeta}}$，$\mu$ 值的大小与窗孔的构造有关，一般小于1。

通过窗孔的空气量

$$L = vF = \mu F \sqrt{\frac{2\Delta p}{\rho}} \quad (\text{m}^3/\text{s}) \tag{6-2}$$

$$G = L \cdot \rho = \mu F \sqrt{2\Delta p \rho} \quad (\text{kg/s}) \tag{6-3}$$

式中：F 为窗孔的面积，m^2。

由式(6-3)可以看出，只要已知窗孔两侧的压力差和窗孔的面积 F 就可以求得通过该窗孔的空气量 G。要实现自然通风，窗孔两侧必须存在压力差，下面分析在自然通风条件下，压力差产生的原因和提高的途径。

6.1.1 热压作用下的自然通风

有一建筑物如图6-1所示，在外围结构的不同高度上设有窗孔a和b，两者的高差为h。假设窗孔外的静压力分别为P_a、P_b，窗孔内的静压力分别为P'_a、P'_b，室内外的空气温度和密度分别为t_n、ρ_n和t_w、ρ_w。由于$t_n > t_w$，所以$\rho_n < \rho_w$。

如果我们首先关闭窗孔b，仅开启窗孔a。不管最初窗孔a两侧的压差如何，由于空气的流动，P_a将会等于P'_a。当窗孔a的内外压差$\Delta P_a = (P'_a - P_a) = 0$时，空气停止流动。

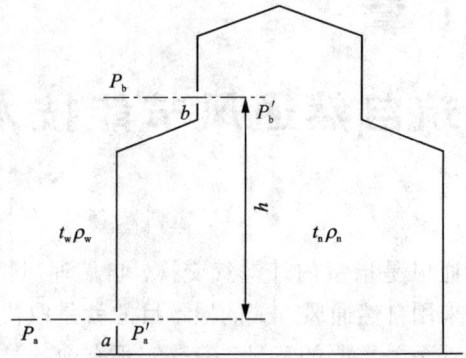

图6-1 热压作用下自然通风

根据流体静力学原理，这时窗孔b的内外压差为：

$$\Delta P_b = (P'_b - P_b) = (P'_a - gh\rho_n) - (P_a - gh\rho_w) = (P'_a - P_a) + gh(\rho_w - \rho_n)$$
$$= \Delta P_a + gh(\rho_w - \rho_n) \tag{6-4}$$

式中：ΔP_a、ΔP_b为窗孔a和b的内外压差；$\Delta P > 0$，该窗孔排风，$\Delta P < 0$，该窗孔进风；g为重力加速度，m/s^2。

从公式(6-4)可以看出，在$\Delta P_a = 0$的情况下，只要$\rho_w > \rho_n$(即$t_n > t_w$)，则$\Delta P_b > 0$。因此，如果窗孔b和窗孔a同时开启，空气将从窗孔b流出。随着室内空气的向外流动，室内静压逐渐降低，$(P'_a - P_a)$由等于零变为小于零。这时室外空气就由窗孔a流入室内，一直到窗孔a的进风量等于窗孔b的排风量时，室内静压才保持稳定。由于窗孔a进风，$\Delta P_a < 0$；窗孔b排风，$\Delta P_b > 0$。

根据公式(6-4)

$$\Delta P_b + (-\Delta P_a) = \Delta P_b + |\Delta P_a| = gh(\rho_w - \rho_n) \tag{6-5}$$

公式(6-5)表明，进风窗孔和排风窗孔两侧压差的绝对值之和与两窗孔的高度差h和室内外的空气密度差$\Delta\rho = (\rho_w - \rho_n)$有关，通常把$gh(\rho_w - \rho_n)$称为热压。如果室内外没有空气温度差或者窗孔之间没有高差就不会产生热压作用下的自然通风。实际上，如果只有一个窗孔也仍然会形成自然通风，这时窗孔的上部排风，下部进风，相当于两个窗孔紧挨在一起。

为了便于今后的计算，把室内某一点的压力和室外同标高未受扰动的空气压力的差值称为该点的余压。仅有热压作用时，窗孔内外的压差即为窗孔内的余压，该窗孔的余压为正，则窗孔排风；如该窗孔的余压为负，则窗孔进风。

某一窗孔的余压为：

$$P'_x = \Delta P_x = P_{xa} + gh'(\rho_w - \rho_n) \tag{6-6}$$

式中：ΔP_x为某窗孔的内外压差，Pa；P_{xa}为窗孔a的余压，Pa；h'窗孔a与某窗孔的高差，m。

由上式可以看出，如果以窗孔a的中心平面作为一个基准面，任何窗孔与窗孔a的高差h'愈大，则余压值愈大。室内同一水平面上各点的静压都是相等的，因此某一窗孔的余压也就是该窗孔中心平面上室内各点的余压。在热压作用下，余压沿房间高度的变化如图6-2所示。余压值从进风窗孔a的负值逐渐增大到排风窗孔b的正值。在$O-O$平面上，余压等于零，这个平面称为中和面。位于中和面的窗孔上是没有空气流动的。

如果把中和面作为基准面，窗孔 a 的余压：

$$P_{xa} = P_{xo} + h_2(\rho_w - \rho_n)g = h_1(\rho_w - \rho_n)g$$

$$(6-7)$$

窗孔 b 的余压：

$$P_{xb} = P_{xo} + h_2(\rho_w - \rho_n)g = h_2(\rho_w - \rho_n)g$$

$$(6-8)$$

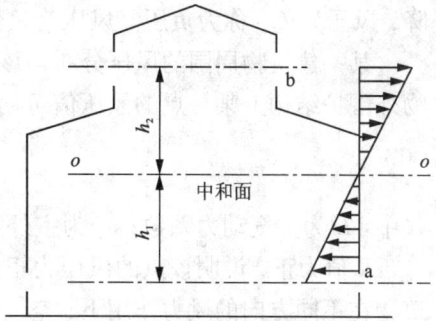

图 6-2　余压沿房间高度的变化

式中：P_{xo} 为中和面的余压（$P_{xo} = 0$），Pa；h_1、h_2 为窗孔 a、b 至中和面的距离，m。

上式表明，某一窗孔余压的绝对值与中和面至该窗孔的距离有关，中和面以上的窗孔余压为正，中和面以下的窗孔余压为负。

对于多层和高层建筑，在热压作用下室外冷空气从下部门窗进入，被室内热源加热后由内门窗缝隙渗入走廊或楼梯间，在走廊和楼梯间形成了上升气流，最后从上部房间的门窗渗出到室外。

无论是楼梯间内还是在门窗处的热压均可认为是沿高度线性分布的，如图 6-3 所示。沿高度方向有一个分界面，上部空气渗出，下部空气渗入。这个分界面即上述的中和面，中和面上既没有空气渗出，也没有空气渗入。如果沿高度方向上的门窗缝隙面积均匀分布，则中和面应位于建筑物或房间高度的 1/2 处。如果外门窗上的小中和面移出了门窗的上下边界，则该外门窗就是全面向外渗出或全面向内渗入空气。

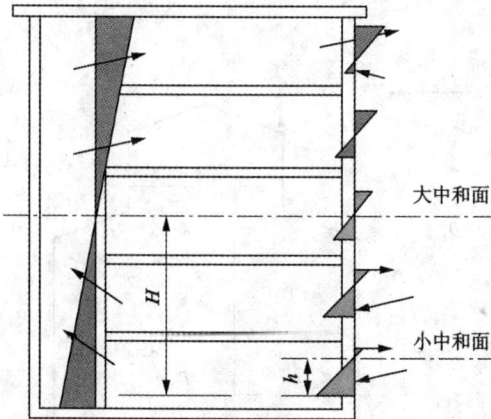

图 6-3　多层建筑的热压引起的空气渗透

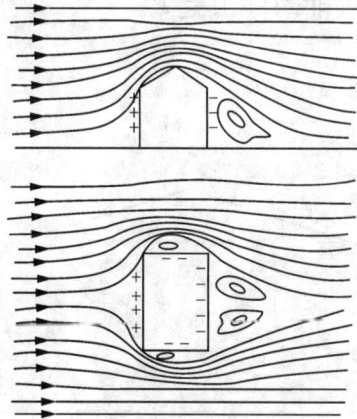

图 6-4　建筑物四周的气流分布

6.1.2　风压作用下的自然通风

室外气流与建筑物相遇时，将发生绕流，经过一段距离后，气流才恢复平行流动，如图 6-4 所示。由于建筑物的阻挡，建筑物四周室外气流的压力分布将发生变化，迎风面气流受阻，动压降低，静压增高，侧面和背风面由于产生局部涡流，静压降低。和远处未受干扰的气流相比，这种静压的升高或降低统称为风压。静压升高，风压为正，称为正压；静压下降,风压为负,称为负压。风压为负值的区域称为空气动力阴影。

某一建筑物周围的风压分布与该建筑的几何形状和室外的风向有关。风向一定时,建筑物外围护结构上某一点的风压值可用下式表示:

$$P_f = K \frac{v_w^2}{2} \rho_w \quad （Pa） \tag{6-9}$$

式中:K 为空气动力系数;v_w 为室外空气速度,m/s;ρ_w 为室外空气密度,kg/m³。

K 值为正,说明该点的风压为正值;K 值为负,说明该点的风压为负值。不同形状的建筑物在不同方向的风力作用下,空气动力系数是不同的。空气动力系数要在风洞内通过模型试验得到。

同一建筑物的外围护结构上,如果有两个风压值不同的窗孔,空气动力系数大的窗孔将会进风,空气动力系数小的窗孔将会排风。图 6-5 所示的建筑,处在风速为 v_w 的风力作用下,由于 $t_n = t_w$,没有热压的作用。在风的作用下,迎风面窗孔的风压为 P_{fa},背风面窗孔的风压为 P_{fb},窗孔中心平面上的余压为 P_x。因为没有热压的作用,室内各点的余压保持相等。

如果只开启窗孔口 a,关闭窗孔 b,不管窗孔 a 内外的压差如何,由于空气的流动,室内的余压 P_x 逐渐升高,当室内的余压等于窗孔 a 的风压时(即 $P_x = P_{fa}$),空气停止流动。如果同时打开窗孔 a 和 b,由于 $P_{fa} > P_{fb}$,$P_x = P_{fa}$,所以 $P_x > P_{fb}$,空气将从窗孔 b 流出。随着空气的向外流动,室内的余压 P_x 下降,这时 $P_{fa} > P_x$,室外空气由窗孔 a 流入室内。一直到窗孔 a 的进风量等于窗孔 b 的排风量时,P_x 才保持稳定($P_{fa} > P_x > P_{fb}$)。

6.1.3　风压、热压同时作用下的自然通风

某一建筑物受到风压、热压的同时作用时,外围护结构上各窗孔的内外压差就等于各窗孔的余压和室外风压之差。

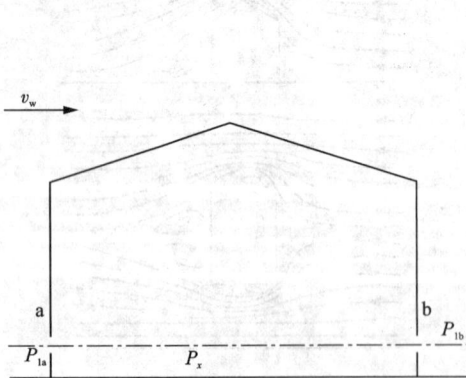

图 6-5　风压作用下的自然通风

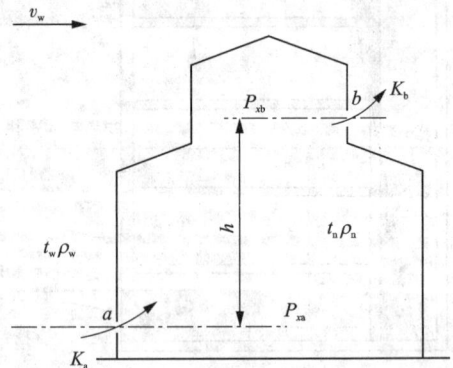

图 6-6　风压热压同时作用下的自然通风

对于图 6-6 所示的建筑,窗孔 a 的内外压差:

$$\Delta P_a = P_{xa} = K_a \frac{v_w^2}{2} \rho_w \tag{6-10}$$

窗孔 b 的内外压差:

$$\Delta P_{\mathrm{b}} = P_{x\mathrm{b}} - K_{\mathrm{a}} \frac{v_{\mathrm{w}}^2}{2} \rho_{\mathrm{w}} = P_{x\mathrm{a}} + gh(\rho_{\mathrm{w}} - \rho_{\mathrm{n}}) - K_{\mathrm{a}} \frac{v_{\mathrm{w}}^2}{2} \rho_{\mathrm{w}} \tag{6-11}$$

式中：$P_{x\mathrm{a}}$ 为窗孔 a 的余压，Pa；$P_{x\mathrm{b}}$ 窗孔 b 的余压，Pa；K_{a}、K_{b} 分别为窗孔 a 和 b 的空气动力系数；h 为窗孔 a 和 b 之间的高差，m。

由于室外风的风速和风向是经常变化的，不是一个稳定因素。为了保证自然通风的设计效果，在实际计算时通常仅考虑热压的作用，风压一般不予考虑。但是必须定性地考虑风压对自然通风的影响。

对于一座大楼的自然通风，实际上可以看作一个通风流体网络系统。大楼内部各个空间或者空间内部各个区域可视为该通风网络中的各个节点，每个区域（节点）内部均假设空气充分混合，空气参数分布均匀一致；将建筑中的门、窗等建筑开口视为该通风网络中连接各个节点的通风支路单元，从而由各个节点和各条支路组成了通风流体网络系统。国内外许多学者对这种流体网络系统的空气流动、压力分布进行了深入研究，开发出了多区域网络模型，并开发出多种此类软件，其中比较著名的有 COMIS、CONTAM、BREEZE、NatVent、PASS-PORTPlus、AIOLOS 等。实际设计中如有条件，可以在初步自然通风设计的基础上，采用该类流体网络模型软件对设计方案进行模拟评估并指导进一步优化设计。

6.2　改善建筑自然通风的方法

自然通风的动力主要是风压和热压，在建筑设计中，设计师应结合风压、热压通风的原理，设计出有利于自然通风的建筑形体，无论在体量、形式、平面布局、建筑细部等方面都应该与自然通风紧密结合。

6.2.1　利用风压实现自然通风

利用风压作为动力的自然通风形式是：室外空气从房屋一侧窗流入，另一侧窗流出。显然，进气窗和出气窗之间的风压差越大，房屋内部空气流动阻力越小，通风越流畅。此时房屋在通风方向的幢深不能太大，否则就会通风不畅。在建筑设计中，板楼的通透设计要优于塔楼的设计，因为这样能形成穿堂风。

若希望利用风压来实现建筑自然通风，在建筑设计中就应注意以下几点：

①要求建筑有较理想的外部风环境（平均风速一般不小于 3 ~ 4 m/s）。

②建筑应面向夏季夜间风向，房间幢深较浅，以便形成穿堂风。

③由于自然风变化幅度较大，在不同季节、风速、风向的情况下，建筑应采取相应措施（适宜的构造形式，可开合的气窗，百叶窗等）来调节室内气流状况。

室内气流状况受诸多因素影响：室外风环境状况；建筑周围的气压分布；风进入窗口的方向；窗的大小、位置和具体构造方式；室内空间的分隔状况等。自然通风设计在建筑单体的设计中主要是通风口及其与空间组合关系的设计。

1. 开窗角度的影响

窗扇的开启有挡风或导风的作用，装置得宜，则能增加通风效果。一般房屋建筑中的窗扇常向外开启成 90°。这种开启方法，当风向入射角较大时，使风受到很大的阻挡，如图 6 - 7(a)所示，如增大开启角度，则可改善室内的通风效果，如图 6 - 7(b)所示。中轴旋转窗扇的开启角度可以任意调节，必要时还可以拿掉，导风效果好，可以使进气量增加。房间内如果需要设置隔板，可做成上下漏空的形式，或在隔板上设置中轴旋转窗，以调节室内气流，有利于房间较低的地方都能通风。落地窗、漏空窗、折门等，用在内隔断或外廊等处都是有利于通风的构造措施。

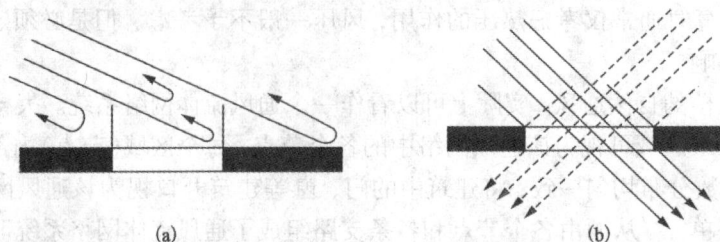

图6-7 窗扇导风作用

2. 开口相对位置的影响

开窗位置直接影响气流路线，因此，选择适当的窗户位置和形式对形成所期望的气流十分重要。若进、出风口正对风向，则主导气流就由进风口直接流向出风口，对室内墙角的空气流动影响较小；若错开进、出风口的位置，使进、出风口分设在相邻的两个墙面上，利用气流的惯性作用使气流在室内改变方向，可获得良好的室内通风条件(见图6-8)。

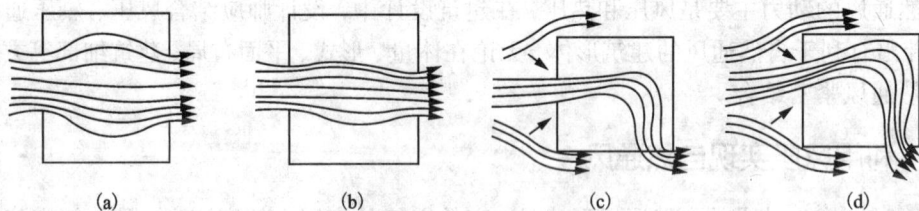

图6-8 开口位置与气流路线关系

在建筑剖面上，开口高低与气流路线亦有密切关系，图6-9说明了这一关系。图6-9(a)为进气口中心在房间高度的离地面1/2以上的单层房屋剖面示意图；图6-9(b)为进气口中心在房间高度的1/2以下的单层房屋剖面示意图。当进风口设在高处时，气流就贴着天花板流动，吹不到人的身上，只有把进风口设在较低的地方，气流才能作用到人的身上。图6-10所示为出口位置对气流速度的影响，由图可知，出口在上部时室内各点的气流速度均比出口在下部时各相应点的气流速度要小些。

图6-9 开口高低与气流路线关系

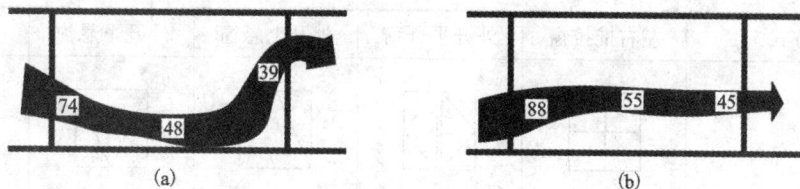

图 6 - 10　不同出口对气流速度的影响

3. 开窗口大小的影响

首先，开口的大小存在一个优化组合的问题。如图 6 - 11 所示，房间开口尺寸的大小对风速和进气量有着直接影响，开口大，则气流场较大，缩小开口面积，流速虽然相对增加，但气流场缩小。根据测定，当开口宽度为开间宽度的 1/3 ~ 2/3，开口面积为地板面积的 15% ~ 20% 时，通风效率最高。

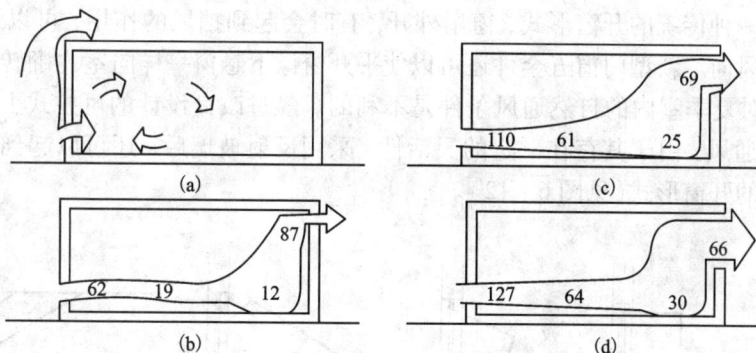

图 6 - 11　开窗大小与风速比的关系

经过调查，对于能形成穿堂风的建筑空间，开窗尺寸会影响其室内气流速度，对于不能形成穿堂风的建筑空间，开窗尺寸的大小对室内的气流速度影响微乎其微。

4. 窗开启方式的影响

窗的开启方式对建筑自然通风的影响主要表现为：通过窗的开启大小对空气流量进行控制，通过窗的开启方式不同进行引导或制约进入室内的空气，达到可控的目的。从表 6 - 1 可以看出，目前较流行的推拉窗对自然通风最为不利，它的有效通风面积是其开口面积的 1/2 ~ 2/3。相比之下，中悬窗可以获得最大的通风量，并且能够灵活地控制气流的方向，但中悬窗只有在上侧外倾的条件下，才对室内自然通风起一定的改善作用，而且此方式在建筑防雨方面存在严重的问题，因此不被采用。

表 6 - 1　相同条件下窗的不同开启方式对自然通风的影响

开启方式	左右推拉窗	外开平开窗	外开上悬窗	外开下悬窗	中悬窗
立面图					
剖面图					
对于主导风向的风量系数	0～35%	0～65%	0～65%	0～65%	0～67.5%
对下旋气流的引导	否	否	否	是	是
对上旋气流的引导	否	否	是	否	是

　　平开窗是一种传统的开窗形式,窗扇外开,有时会起到挡风的作用,可以通过单侧窗扇的开闭来控制风向。新型门窗五金件还可以使平开窗像下悬窗一样向室内翻转,但使气流上吹到天花板,对夏季室内的自然通风条件是不利的。经过改良设计的可控式上悬窗,可以加强室内的自然通风,由于其存在一定的灵活性,采用反射玻璃后,还可以起到遮阳作用,是一种值得推广的开窗形式(见图 6 - 12)。

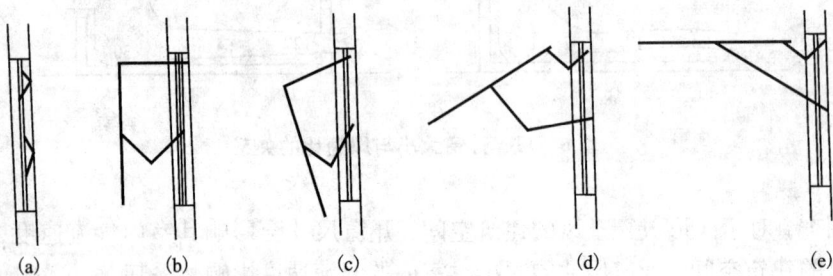

图 6 - 12　可控式上悬窗的几种开启方法

　　位于南向房间的可控式上悬窗可以采用图 6 - 12(e)型开启方式,窗与外墙面的空隙有利于风趋于水平地进入室内,北向采用图 6 - 12(c)型开启方式,有助于热空气的排出,使室内的自然通风更加通畅。可控式上悬窗可以选用特殊的反射玻璃,对太阳光进行有效的反射和折射,将热量辐射掉,起到水平遮阳的作用。通过改变窗的角度还可以调节通风量并在太阳高度角较低时起到遮阳作用,如图 6 - 12(d)型开启方式。东西向可以采用图 6 - 12(b)型开启方式,起到垂直遮阳的作用,而且太阳辐射中的可见光仍然可以照射到室内,不影响采光和卫生要求。

　　可控式上悬窗在夏季夜晚更有利于室内温度通过“天空辐射”降温,对夏季降温比较有利,窗中心的旋转轴使它兼具了中悬窗的优点,对于不能形成穿堂风的房间也可以使用该上悬窗来改善室内的自然通风。室外空气从窗的底部进入室内,室内的热空气从窗的顶部排到室外，气流在房间内形成了循环，从而改善了住宅室内的自然通风环境。可控式上悬窗的开启灵活性及对住宅自然通风的改善作用是其他形式的窗所达不到的，它是一种新型的开窗形式，但是其对五金配件的质量要求较高，是建筑中值得推荐的窗体。

6.2.2　利用热压实现自然通风

热压原理的自然通风主要依靠空气密度差异使室外冷空气从位置低的窗进入室内，室内的暖空气则从位置高的窗排出。在建筑设计中，要想办法形成环境各部分之间的温差，并利用建筑物内部贯穿多层的楼梯间、中庭、拔风井等满足进、排风口的高差要求，如果在顶部设置可以控制的开口，就能将建筑各层的热空气排出，达到自然通风的目的。在建筑中利用热压进行自然通风的具体形式很多，下面对一些典型的方法作详细介绍。

1. 中庭通风技术

自 1967 年约翰·波特曼在亚特兰大的海特摄政旅馆首次引入现代意义上的中庭建筑形式之后，世界范围内掀起了一股建造中庭的热潮，在各种类型的公共建筑中都出现了中庭。中庭作为公共建筑整体的一部分，其构成的共享空间具有某种开放感和自由感，使得室内空间具有室外感，迎合了人们热爱自然的天性，因而得到了广泛的应用。中庭通常具有不同于一般建筑形式的特点：大体量、高容积以及大面积的玻璃屋顶或者玻璃外墙。

中庭有种明显的气候控制特点：烟囱效应。烟囱效应是由于中庭较大的得热量而导致中庭和室外温度不同而形成中庭内气流向上运动。为了维持中庭良好的物理环境，夏季应利用烟囱效应引导热压通风，中庭底部从室外进风，从中庭顶部排出。同时注意，要避免室外新风通过功能房间进入中庭，否则将导致该功能房间新风量增大，进而导致冷负荷大幅度增加。过渡季节当室外温度较低时（如低于 25℃ 时），则应充分利用中庭的烟囱效应拔风。带动各个功能房间自然通风，及时带走聚集在功能房间室内和中庭的热量。在中庭热压自然通风设计中，换气量和中和面的位置是其中关键的考虑因素，尤其是后者，如果设计不当会导致中庭热空气在高处倒灌进入主要功能房间的情况发生，严重影响高层房间的热环境。

2. 太阳能烟囱通风技术

太阳能烟囱在风停后主要利用烟囱效应来加强通风。太阳光晒热太阳能烟囱上部的结构，蓄储在上部的热量加热风塔内的空气，空气受热后上升，形成热虹吸；在热虹吸的作用下，热空气被抽到顶部排向室外，凉爽的空气从房屋冷侧的窗口流进补充。到了傍晚，烟囱在白天吸收并蓄储的热量继续促成这种向上的通风，将室内的热空气排向室外。为阻止不必要的热损失，太阳能烟囱通常还设有可以开闭的风门，在无需通风的时候可以关闭。

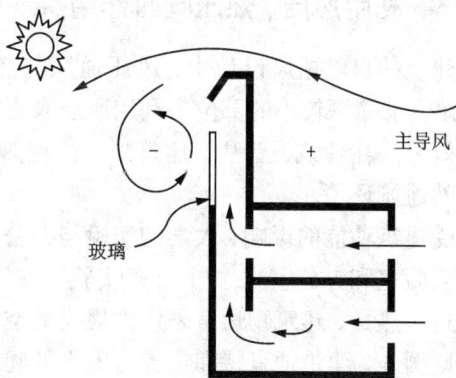

图 6 – 13　太阳能烟囱通风原理

在西方，很多建筑都使用太阳能烟囱，即风塔内、面向太阳的墙是透明的。让阳光透射到塔井内，加热对面的重质墙，塔内热量的积聚会增强塔内的烟囱效应，使空气上升的更快，如图 6 – 13 所示。

在设计太阳能烟囱系统时应注意下列一些问题：①建筑的自然通风系统能否采用太阳能烟囱首先要从三个方面来考虑：当地太阳辐射强度和日照率等气候条件；建筑径深及朝向；居住者的热舒适要求；②烟囱的出口应处于风压负压区，这样可以利用风压来加强烟囱效应，同时还可以避免产生倒灌气流；③对于较高的建筑，顶层的房间易处于热压中和面以上，这样其他房间的热空气会流入，因此，需要单独考虑。可将那些热压中和面以上的房间隔断，同时在屋顶添加单独的风道来增加此层房间的热压，引入新鲜空气。

3. 双层玻璃幕墙通风

在一些太阳能公共建筑中可能会使用大面积的玻璃幕墙，玻璃幕墙在提供通透效果的同时大大增加了建筑能耗。现在广泛使用的单层玻璃幕墙虽然逐渐采用热反射镀膜玻璃、中空玻璃、隔热型材等其他节能材料，在热工性能方面比过去的门窗有所改善，但仍然存在能耗较大的问题。且由于玻璃幕墙难以开窗，给室内通风换气带来了诸多不便，使得建筑师很难作出选择和权衡。双层玻璃幕墙的出现较好解决了这个问题，在当今生态建筑中已普遍采用。它既能保证建筑的通透效果，又能充分利用太阳能、自然通风换气，可以有效降低空调能耗并减少风及恶劣气候对室内环境的影响，营造舒适温馨的生活和工作环境，因此越来越受到建筑师和投资者的青睐，也非常适合在太阳能建筑中应用。

自然通风型双层玻璃幕墙又叫"呼吸式幕墙"或"热通道幕墙"，它由内外两层玻璃幕墙组成，两层幕墙中间要形成一个通道，并在外层玻璃幕墙设置进风口和出风口。自然通风型双层玻璃幕墙与传统的玻璃幕墙相比，最大的特点就在于内外两层幕墙间形成了一个通风换气层，即气流通道。在气流通道中，可根据需要设置百叶等遮阳设施。冬季时，关闭通风层两端的进风口与出风口，换气层中的空气在阳光的照射下温度升高，形成一个温室，能有效提高内层玻璃的温度，减少建筑的采暖费用；夏季时，打开换气层的进、出风口，在阳光的照射下，换气层的空气随着温度升高而自然上浮，形成自下而上的空气流，"烟囱效应"带走换气通道内的热量，降低内层玻璃表面的温度，减少空调的制冷费用。对于高层建筑来说，直接对外开窗容易造成紊流，不易控制，而双层围护结构则能够很好地解决这一问题。

6.2.3　利用风压、热压同时作用实现自然通风

建筑的自然通风设计中，风压通风与热压通风往往是互为补充、密不可分的。一般来说，在建筑幢深较小的部位多利用风压来直接通风，而幢深较大的部位则多利用热压来达到通风效果。在建筑设计中，建筑师往往把热压通风和风压通风的特点结合起来，创造出适宜的自然通风环境。

受建筑功能的影响，大学的实验与办公大楼大多是矩形平面（例如，大幢深、长走廊，两侧是实验室和办公室），加上许多实验室在工作过程中会产生热量，并大量使用人工照明，为带走这些热量，建筑物通常采用大规模的空调系统。但位于英国莱切斯特的蒙特福德大学机械馆则例外，建筑师肖特和福德将庞大的建筑分成一系列小体块，这样既在尺度上与周围古老的街区相协调，又使得自然通风成为可能。位于指状分支部分的实验室，与办公室幢深较小，可以利用风压直接通风；而位于中央部分的报告厅、大厅及其他用房则依靠热压进行自然通风。报告厅部分的设计温度定为27℃，当室内温度接近设计温度时，与温度传感器相连的电子设备会自动打开通风阀门，达到要求的新风量。整幢建筑完全是自然通风，外围护结构采用厚重的蓄热材料，使得建筑内部的得热量降至最低，几乎不使用空调。由于这些技术

措施,虽然机械馆总面积超过 1 万 m^2,相对同类建筑而言,其全年能耗却很低。实际测试表明,在室外气温为 31℃ 的情况下,建筑各部分房间的温度大多不超过 23.5℃,效果极佳。

重点与难点

重点:(1)热压作用下的自然通风;(2)风压作用下的自然通风;(3)风压、热压共同作用下的自然通过风;(3)改善建筑自然通风的方法。

难点:(1)风压、热压共同作用下的自然通风分析;(2)改善建筑自然通风的方法。

思考与练习

1. 说明自然通风的类型及原理。

2. 在单独热压作用下,高层建筑楼梯间会形成怎样的气流运动?

3. 改善建筑自然通风的方法有哪些?

4. 窗户的大小、位置、开启方式对室内气流组织有何影响?

5. 太阳能烟囱的通风原理是什么?

第7章

供热系统节能技术

供热是用人工方法通过消耗一定能源向室内供给热量，使室内保持生活或工作所需温度的技术、装备、服务的总称。为使室内保持生活或工作所需温度而建造的工程设施总称为供暖系统。供热系统主要由三部分组成：热媒制备（热源）、热媒输送（供热管道）、热媒利用（散热设备）。供热系统能量消耗主要由燃料转化效率、输送过程损失和建筑散热构成。

供热系统的节能除热源采取各项有效措施外，在供热管网的水力平衡、管道保温、减少漏水、合理的调节和控制循环水泵的耗电输热比等方面采取相应措施；对室内供暖系统从供暖方式、系统形式、散热设备、分户计量和分室控温等方面采取节能措施。对于供热系统的节能，国家多个标准都作了具体规定。

7.1　供热系统节能现状

《中国建筑节能年度发展研究报告 2009》指出，2006 年中国北方城镇建筑面积约75 亿 m^2，目前 70% 以上的民用建筑采用集中供热方式采暖，其余为各类分散供热方式采暖。集中供热的采暖系统中，约一半的热源为热电联产的低品位余热，另一半热源为不同规模的锅炉（除北京市大规模使用天然气外，北方各城市的供热锅炉基本以煤炭为燃料）。另外，我国南方地区冬季室外温度可能出现 5℃ 以下的城镇建筑面积目前约为 70 亿 m^2，主要集中在长江流域地区。由于冬季室外温度与室内要求的舒适温度差别不大，因此采暖多以分散方式为主，不同方式采暖能耗差别非常大，这与北方城镇采暖状况完全不同。

我国 20 世纪 50～60 年代北方地区的混凝结构的传热系数在 1～1.5 $W/(m^2 \cdot K)$；东北民居采用双层木窗，传热系数在 2.5～3.5 $W/(m^2 \cdot K)$。20 世纪 60～80 年代部分建筑采用100 mm 混凝土板和单层钢窗，围护结构平均传热系数可超过 2 $W/(m^2 \cdot K)$。20 世纪 90 年代开始，全社会开始关注建筑节能。尤其是近年来，北方地区城市新建建筑符合建筑节能标准的比例不断升高，这就使得新建建筑的维护结构平均传热系数大幅度降低，很多新建建筑在 0.6～1 $W/(m^2 \cdot K)$ 之间。发达国家也经历我国类似的过程，一些早期建筑围护结构平均传热系数也在 1.5 $W/(m^2 \cdot K)$ 以上，从 20 世纪 70 年代能源危机开始，各国开始注重围护结构的保温，欧美各国建筑节能标准中的围护结构平均传热可低至 0.4 $W/(m^2 \cdot K)$。但由于近 30 年内新建的建筑占建筑总量的比例不大，因此发达国家的既有建筑围护结构保温的平均水平仍处在传热系数为 1 $W/(m^2 \cdot K)$ 左右的水平。

换气次数是指室内外的通风换气量，以每小时有效换气量与房间体积之比定义。20 世纪 90 年代以前的建筑由于外窗质量不高，房间密闭性不好，门窗关闭后仍撒气漏风，换气次数可达 1～1.5 次/h。近年来新建建筑采用新型门窗,密闭性得到显著改善,门窗关闭时的换气次数可在 0.5 次/h 以下。实际上为了满足室内空气品质,必须要保证一定的室内外的通风换气量。人均 20 m^2 的居室面积 0.5 次/h 的换气次数是维持室内空气品质的下限。近年来在发达国家越来越关注室内空气质量。对于气密性较好的建筑都要求采用机械通风的方式保证室内外的通风换气。目前发达国家对住宅建筑机械通风换气的标准是 0.5～1 次/h,我国的通风换气造成的对热量需求的影响与发达国家基本相同。

透过玻璃窗的太阳辐射得热量,与玻璃窗的朝向有关,并随季节和每天的具体时刻而变化。阳光照射到窗玻璃表面后,一部分被反射掉;一部分直接透过玻璃进入室内,成为房间的热量;还有一部分则被玻璃吸收,使玻璃温度升高,其中一部分又以长波热辐射和对流方式传至室内,而另一部分则同样以长波热辐射和对流方式散至室外。

热水管网热媒输送到各热用户的过程中存在各种损失:管网由于向外散热造成散热损失;管网上附件及设备由于漏水和用户放水而导致的补水耗热损失;通过管网送到各热用户的热量,由于网路失调而导致的各处室温不等造成的多余热损失。这些损失会较大地降低我国供热管网的效率。

随着采暖系统的改进和对人民生活保障重视程度的提高,由于采暖系统缺少有效的调控手段,以及采暖系统运行调节与管理的问题,使得为了保证部分末端偏冷的建筑或某些角落偏冷的房间的温度不低于 18℃,而增加供热量,结果造成实际供热量大于实际需要热量,部分时间室温高于 18℃,有时室温可高达 25℃以上。为了避免室温过热,居住者最可行的办法就是开窗降温,这就加大了室外空气交换量,从而进一步加大了向外界的散热,增加了采暖能耗。这种过量供热的现象来源于以下几个情况:

(1)供热系统水力失调

供热系统发生管网水力失调现象时,管网近端用户热水流量大于实际需要流量,管网远端用户热水流量小于实际需要流量,产生近端用户过热,远端用户供热效果不佳的现象。此时,为了保证远端用户的供热效果,供热系统需要提高供水温度、提高循环泵功率、加大管网循环流量,这样导致近端用户的室温就超过了规定温度。由此可见,供热系统水力失调会引起能源浪费。

(2)散热器的设计容量偏大

建筑中设计容量合理的散热器会把室温控制在正常室内空气温度内,但散热器容量过大的散热器会出现过热现象,造成室温过高。而在一个小区内很难保证先后不同时间建造的各座建筑都采用同样的采暖参数进行散热器设计,因此部分散热器容量偏大现象普遍存在。

(3)建筑朝向不同引起的过热现象

建筑不同时间不同朝向房间的需热量不同,而流量分配不变。为了使温度偏低的房间温度不低于 18℃,必然造成对温度偏低的房间过量供热从而导致过热。

大量的实测数据表明,对于大型城市热网,这种末端不均匀造成的部分建筑过热量供热损失可达总供热量的 30%,对于小规模集中供热,过量供热的损失为 15%～25%。对于单栋建筑独立热源集中供热系统,这种不均匀损失有可能控制在 15% 以下。

在热源、系统输送、末端调节、末端装置等各环节,近年来国内都出现不少值得关注的节能技术和措施,这是引起我国单位建筑面积建筑供热能耗不断下降的主要原因。节能技术和措施主要包括:①热电联产是各类采暖热源中能源转换效率最高的,随着技术进步和新的工艺流程的出现，热电联产机组的效率也不断提高；②集中供热系统热源的优化调度，在负荷随气候大幅度变化的情况下能够使高效的热电联产热源长期的稳定运行，这也是节能的重要途径；③集中供热管网的"分布式"调压泵方式则是近年的又一重大技术进步，通过调节水泵的转速，改变进入热力站的流量，进而实现对热量的调节。

7.2　热网节能措施

供热系统热网节能措施包括：水力平衡、管道保温、减少漏水、合理调节和控制循环水泵的耗电输热比等。研究表明：从技术经济综合考虑，热网保温效率可以达到97.5%；系统的补水量可控制为循环水量的0.5%，平衡效率可以达到98%。这表明只要管道保温效率和平衡效率同时达到要求，管网输送效率满足第三阶段节能标准要求的93%的水平是完全可行的。供热管网各项损失及输送效率如图7-1所示。热网运行的实际情况表明：系统的补水量可从管理方面加以控制，而提高管网的平衡效率和保温效率则应采取技术措施。

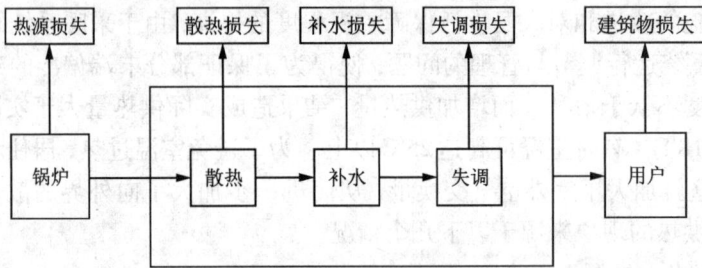

图7-1　供热管网各项损失及输送效率

7.2.1　热网的水力平衡

1. 水力平衡的概念和作用

供热管网的水力平衡用水力平衡度来表示，所谓水力平衡度就是供热管网运行时各管段的实际流量与设计流量的比值。该值越接近1说明供热管网的水力平衡度越好，在《采暖居住建筑节能检验标准》(JGJ 1321 - 2001)中规定：室外供热管网各热力入口处的水力平衡度应为0.9~1.2。否则在供热系统运行时就会出现有些建筑物供给的热量大于设计热负荷，而有些建筑物供给的热量小于设计热负荷，从而出现各建筑物内温度冷热不均的现象，造成热量浪费或达不到设计的室内温度，降低了房间热舒适性。

热网水力失调时，各支路流量分配不均匀，产生冷热不均现象。为了避免水力失调，使处于热网末端的建筑达到起码的舒适温度，一般有两种方法：一是加大循环泵的循环水量；二是提高整个管网的运行水温。供热管网在实际运行时，由于管材、设备和施工等方面出现的差别，各管段及末端装置中的水量并不可能完全按照设计要求输配，因此需要在供热系统中采取一定的措施。

2. 管网水力平衡技术

水力平衡是供热系统节能及提高室内热舒适性的关键。供热系统水力失调会使流经用户及机组的流量与设计流量不符。加上水泵选型偏大,水泵运行在不合适的工作点处,导致水系统处于大流量、小温差运行工况。水泵运行效率低,热量输送效率低。近热源处室温偏高,远热源处室温偏低。为确保各环路实际运行的流量符合设计要求,在室外管网各环路及建筑热力入口处的采暖供水管或回水管路上应安装平衡阀或其他水力平衡元件,并进行水力平衡调试。

目前采用较多的是平衡阀,实际上平衡阀是一种定量化的可调节流通能力的孔板,专用智能仪表不仅用于显示流量,更重要的是配合调试方法,原则上只需对每一环路上的平衡阀做一次性调整,即可使全系统到达水力平衡。这种技术尤其适用于逐年扩建热网的系统平衡,因此只要在每年管网运行前对全部或部分平衡阀做一次调整即可使管网系统重新实现水力平衡。

(1)平衡阀

平衡阀也叫静态水力平衡阀,具备开度显示、压差和流量测量、限定开度等功能。通过改变平衡阀的开度,使阀门的流动阻力发生相应变化来调节流量,能够实现设计要求的水力平衡,其调节性能一般包括接近线性和对数曲线特性。平衡阀具有水力平衡功能外,还可取代一个热力入口处设置的静态水力失调问题,能够较好地解决供暖系统中各建筑物供暖系统之间的静态水力失调问题,但并非每个热力入口处都要安装,一般要根据水力平衡要求决定是否设置。平衡阀属于调节阀范畴,它的工作原理是通过改变阀芯和阀座的间隙来调节流量。平衡阀的外观示意图如图 7-2 所示。

平衡阀具有的特性:清晰、精确的阀门开度指示,调试后不能随便更改开度值,阀体上的测压孔可测流量,耐压耐温性能,局部阻力系数。图 7-3 所示给出了平衡阀的流量特性。

图 7-2　平衡阀

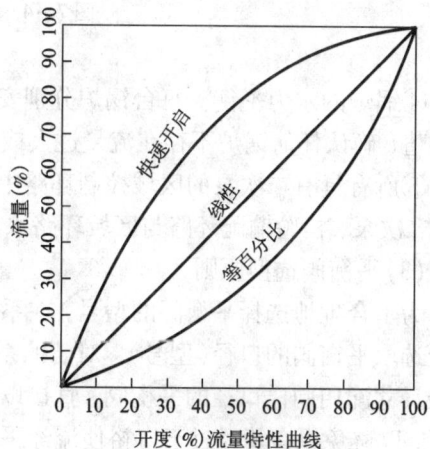

图 7-3　平衡阀的流量特性

平衡阀与普通阀门的不同在于有开度指示、开度锁定装置及阀体上有两个测压小阀。在管网平衡调试时,用软管将被调试的平衡阀测压小阀与专用智能仪表连接,仪表能显示出流经阀门的流量值及降压值,经仪表的人机对话向仪表输入该平衡阀要求的流量值后,仪表经计算分析,可显示出管路系统达到水力平衡时该阀门的开度值。

（2）平衡阀安装位置

①管网系统中所有需要保证设计流量的环路中都应安装平衡阀，每一环路中只需安设一个平衡阀（或安设于供水管路，或安设于回水环路），可替代环路中一个截止阀（或闸阀）。

②热力站的一二次环路水量平衡。向若干热力站供水，为使各热力站获得要求的水量，宜在各热力站的一次环路侧回水管上安装平衡阀。为保证各二次环路水量为设计流量，热力站各二次环路侧也宜安设平衡阀。

③小区供热管网中各楼之间的平衡。小区供热管网往往由一个锅炉房（或热力站）向若干幢建筑供热，由总管、若干条干管以及各干管上与建筑入口相连的支管组成。由于每幢建筑距热源远近不同，一般又无有效设备来消除近环路剩余压头，使得流量分配不符合设计要求，近端过热，远端过冷。建议在每条干管及每幢建筑的入口安装平衡阀，以保证小区中各干管及各幢建筑间流量的平衡，如图 7 - 4 所示。

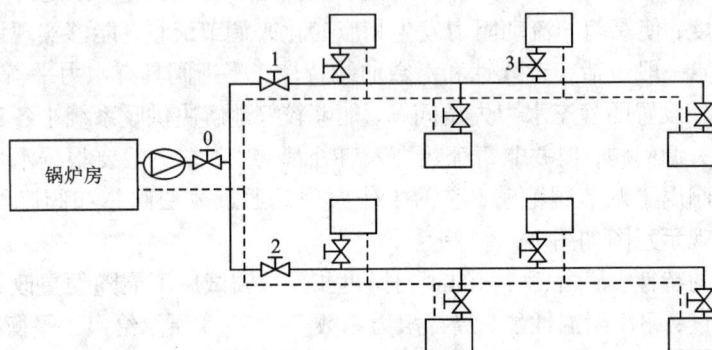

图 7 - 4　小区供热管网平衡图

④锅炉的水力平衡。每台锅炉分别安装平衡阀用于调整锅炉之间的流量分配，使其达到正确值，确认任何锅炉不存在流量过大或过小现象，检验与输配系统的水量协调性。

⑤所有具有二次泵的区域控制环路中分别安装平衡阀用以均衡补偿型号尺寸过大的控制阀，二次泵，检验输配环路与区域环路水量间的协调性。

（3）平衡阀选型原则

为了合理地选择平衡阀的型号，在系统设计时要进行管网水力计算及环路平衡计算，按管径选取平衡阀的口径（型号）。对于旧系统改造时，由于资料不全，为方便施工安装，可按管径尺寸配用同样口径的平衡阀，直接以平衡阀取代原有的截止阀或闸阀。但应做压降校核计算，以避免原有管径过于富裕使流经平衡阀时产生的压降过小，从而使得调试时出现较大误差。平衡阀选型首先是流量特性的选择。在供热系统中，平衡阀一般装在干线的分支点，用户的热入口处，以及热源的分、集水器和热力站中的流量控制（包括调节阀和电动阀）。当热负荷变化时，常常需要依靠平衡阀的调节改变流量，配合供水温度的变化，使散热器的散热量适应热负荷的要求。换热器最理想的换热特性，应为相对换热量与平衡阀相对开度成线性关系，即保证在调节过程中，平衡阀和换热器的综合放大系数维持不变，换热器（特别是散热器）的热特性在小流量时换热量变化大，在大流量时换热量变化小。也就是在小流量时放大系数大，大流量时放大系数小。为保持总放大系数不变，平衡阀的流量特性应该是小流量时放大系数小；大流量时放大系数大。

①平衡阀的阻力应为系统总阻力的 10% ~ 30%，平衡阀应参照水压图选择。

②在选择平衡阀时，对于同口径的平衡阀，应该优先选用阻力较大的。

③在选择平衡阀时，为了增加平衡阀阻力占系统总阻力的百分比，可适当选择口径比管道直径较小的平衡阀。

（4）专用智能仪表

专用智能仪表是平衡阀的配套仪表。在专用智能仪表中已经存储了全部型号平衡阀的流量、压降及阀门系数的特性资料，同时也存储了简易法及比例法两种平衡调试法的全部软件。仪表由两部分构成，即差压变送器和仪表主机。差压变送器选用体积、精度高、反应快的半导体差压传感器，并配以联通阀和测压软管；仪表主机由微机芯片、A/D 变换器、电源、显示器等部分组成。差压变送器和仪表主机之间用连接导线连接。

3. 热网的保温

供热管网的热量从热源输送到各用户用热系统的过程中，由于管道内热媒的温度高于周围环境温度，热量不断散失到周围环境中，从而形成供热管网的散热损失。管道保温的主要目的是减少热媒在输送过程中的热损失，节约燃料、保证温度。热网运行经验表明，即使有良好的保温，热水管网的热损失仍占总输热量的 5% ~ 8%，蒸汽管网占 8% ~ 12%，而相应的保温结构费用占整个热网管道费用的 25% ~ 40%。

供热管网的保温隔热结构由防腐层、保护层和保温层组成。管道由于受工作介质的内腐蚀和大气、土壤等环境的外腐蚀，容易影响管道系统的正常运行和使用寿命，因此须增设防腐层。保护层的作用是防止保温层在遭受机械碰撞时破损，防止水分侵入保温层降低其性能，美化保温管的外观。保护层通常采用金属或毡布类材料。金属保护层可采用镀锌钢板、普通薄钢板及铝合金板等材料，金属保护层结构简单、美观，使用寿命长，但造价高，易腐蚀，多用于地下敷设管道；毡布类保护层要采用有良好防水性能和易于施工的材料，如玻璃丝布、玻璃钢、沥青油毡等，可用于室内管道，但不美观，因此一般大量用于管沟、管井内的管道。保温层由保温材料构成，是实现保温、隔热的主要组成部分和保温结构的主体。

供热管网的保温是减少供热管网散热损失，提高供热管网输送热效率的重要措施，然而增加保温厚度会带来初投资的增加，因此如何确定保温厚度，达到最佳的效果是供热管网节能的重要内容。

（1）管道保温材料的临界厚度和经济厚度

经济保温厚度是在综合考虑了保温材料价格、使用寿命、散热损失等因素后计算得出的厚度。理论研究和实践表明，管道保温效果是由保温材料的导热热阻与外侧空气对流换热热阻之和的大小决定的。导热热阻随着保温厚度的增加而增大，相反，对流换热热阻却随着保温厚度的增加而减小。只有导热热阻的增加大于对流换热热阻的减小时，保温材料才发挥作用，否则，就会出现管道敷设了保温材料，反而会增大热损失的现象。保温材料导热热阻的增加等于对流换热热阻减小时的厚度称作临界厚度。只有在未包保温层之前、裸管外直径已超过了与临界厚度相对应的临界保温直径的情况下，包上保温材料才能使冷热损失减少。

管道保温热力计算的任务主要分为两类：一类是给定保温层厚度后计算管道的热损失、工作介质的温度降、管道表面温度或环境温度（如管沟内温度等）；另一类是根据技术经济条件或限定管道热损失、工作介质温度降和管道表面温度，反过来确定所需保温层厚度。在工程中还根据一些标准，如《设备及管道保温技术通则》《设备及管道保温设计导则》和《民用建筑节能设计标准》中的规定来计算管道的经济厚度、节能要求的保温厚度或控制最大热损失。另外，对冷热媒管道还应限制其表面温度，以防结露或烫伤人员。

供热管网保温厚度应按现行国家标准《设备及管道保温设计导则》(GB 8175)中的计算公式确定。该标准明确规定："为减少保温结构热损失，保温材料厚度应按经济厚度的方法计算。"所谓经济厚度就是指在考虑管道保温结构的基建投资和管道散热损失的年运行费用两者因素后，折算得出在一定年限内其年费用最小值时的保温厚度。年总费用是保温结构的总投资与保温年费用之和，保温厚度增加时年热损失费用减小，但保温结构的总投资分摊到每年的费用则相应的增加；反之保温层减薄，年损失费用增大，保温结构总投资分摊费用减少。年总费用最少时对应的最佳保温层厚度即为经济厚度，如图 7-5 所示。

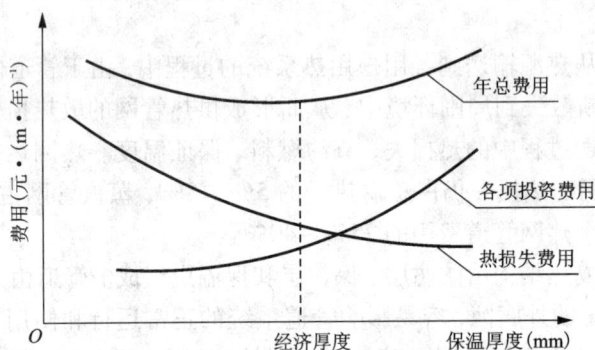

图 7-5 保温管道年总费用与热损失、各项投资费用关系曲线图

(2)管网保温效率分析

供热管网保温效率是输送过程中保温程度的指标，体现了保温结构的效果。理论上采用导热系数小的保温材料和增加厚度都将提高供热管网保温效率，但是根据前面提到的经济原因可知并不是一味地增加厚度就是好，应在年总费用的前提下考虑提高保温效率。

在相同保温结构时，供热管网保温效率还与供热管网的敷设方式有关。架空敷设方式由于管道直接暴露在大气中，保温管道的热损失较大、管道保温效率低，而地下敷设，尤其是直埋敷设，保温管道的热损失小、管网保温效率高，经北京、天津、西安等地冬季采暖期多次实地检测，每千米保温管道中介质温降不超过1℃，热损失仅为传统管材的25%。

管道经济保温厚度是从控制单位管长热损失角度制定的，但在供热量一定的前提下，随着管道长度的增加，管网总热损失也将增加。从合理利用能源和保证热源最远点的供热质量来说，除了控制单位管长热损失之外，还应控制管网输送时的总热损失，使输送效率提高到规定的水平。

7.3 室内供热系统节能

室内供暖的节能应从选择合理的供暖方式、运用有利于热计量和控制室温的系统形式、采用高效节能的散热设备等几个方面采取措施，以使得进入建筑物的热量合理有效的利用，做到既节省热量又提高室内供热质量。

7.3.1 供暖方式选择

1. 集中供热为主导

我国住宅供热采暖系统多采用以热电联产或锅炉房为热源的集中供热系统。所谓集中供热是指由集中热源产生的蒸汽、热水通过管网供给采暖和生活所需的热量方式。集中供热不仅能提供稳定、可靠的高位热源，而且能节约能源，减少城市污染，具有显著的经济和社会效益，是我国目前提倡使用的供热热源。

近年来，由于能源构成情况的变化，同时为了适应分户热计量的要求，住宅供暖方式呈现多元化发展的趋势，有些住宅开始采用燃气、轻质油或直接用电的单户独立的分散式采暖系统。这些系统由于规模小、调节灵活，发展较快，特别是在小型别墅系统中应用较多。尽管如此，从能源效率、环境保护、消防安全等诸多方面考虑，城市热网、区域热网或较大规模的集中锅炉房为热源的集中供暖系统仍是城市住宅采暖方式的主体。

城镇供热在坚持以集中供热为主导的同时，可以根据当地的能源构成、环保要求以及经济发展状况，经过经济、社会及环境效益分析，从全局出发，合理地选择其他采暖方式。利用电、燃气等价格较高能源的采暖方式仅是一种辅助的供暖方式。

2. 供暖热媒及方式

集中供暖系统应采用热水作为热媒，实践证明，采用热水作为热媒，不仅提高供暖质量，而且更便于进行节能调节。在公共建筑内的高大空间，提倡采用辐射供暖方式。公共建筑内的大堂、候机厅、展厅等处的采暖，如果采用常规的对流采暖供暖方式时，室内沿高度方向会形成很大的温度梯度，不但建筑热损耗增大，而且人员活动区的温度往往偏低，很难保持设计温度。采暖辐射供暖时，室内高度方向的温度梯度很小，同时由于有温度和辐射照度的综合作用，既可以创造比较理想的热舒适环境，又可以比对流采暖时减少15%左右的能耗。

3. 电采暖

电采暖应该符合《民用建筑供暖通风与空气调节设计规范》(GB50736 - 2012)的规定。除符合以下条件之一外，不得采用电加热供暖。

①供电政策支持；②无集中供暖或燃气源，且煤或油等燃料的使用受到环保或消防严格限制的建筑；③以供冷为主，供暖负荷小且无法利用热泵提供能源的建筑；④采用蓄热，电散热器、发热电缆在夜间低谷电进行蓄热，且在用电高峰和平缓时间启用的建筑；⑤由可再生能源发电设备供电，且其发电量能够满足自身电加热量需求的建筑。

4. 各种供暖方式费用

各种供热采暖方式的运行费用和综合年费用不同。运行费用包括供热能源燃料费用、动力费用、水费(管网)、运行管理费用、设备维修费用、人工费用等。燃料费用是运行费用的重要组成部分，不同的燃料差别极大。对于采暖热电联产，运行费用在各项费用合计中减去发电效益。各种供热设备的寿命年限(折旧年限)是不同的，所以在经济分析时应考虑初投资和一年运行费用的综合影响，例如采用直线折旧法可得出各种供热采暖方式的综合年费用，即包括各项费用和各设备的年折旧费用。研究分析北方某城市的各种供热采暖方式的运行费用和综合年费用，如图7-6所示。由图7-6可知，电热锅炉的运行费用和综合年费用最高，是最不经济的。其他分散的直接电热采暖的费用均高出各种热泵采暖的费用。燃煤锅炉的运行费用和综合年费用随系统规模缩小减少。而天然气热电联产的运行费用和综合年费用比较高。因此在选择供暖方式时应考虑其他运行费用。

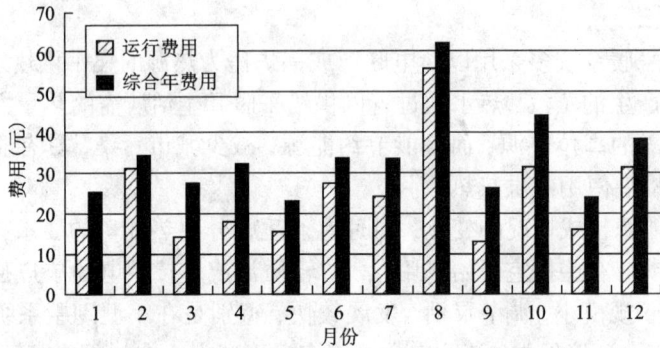

图7-6 北方某城市的各种供热采暖方式的运行费用和综合年费用

7.3.2 供暖系统形式

目前,室内低温热水供暖系统主要有散热器和地面辐射供暖两大类,热水地板辐射供暖明显有利于分户计量,其系统形式也很确定,因此不加叙述,在此只是针对散热器供暖系统形式进行论述。

1. 选择供暖系统形式的原则

住宅建筑和其他建筑由于计量点及计量方法不同对系统形式要求也不同。对于不影响计量的情况下,集中采暖系统管路按南、北向分环供热原则进行布置,并分别设置室温调控装置。通过温度调控装置调控调节流经各向的热媒流量和供水温度,不仅具有显著的经济效益,而且还可以有效平衡南、北房间因太阳辐射导致的温度差异,克服南热北冷的问题。

室内系统供暖形式根据计量方式不同有很大区别,采用热量表和热量分配表进行按户计量对采暖系统形式的要求完全相同。然而,室内供暖系统无论是否进行热计量都应设计成有利于控制温度的系统形式。

适合热计量的室内采暖系统形式大致可分为两种:一种是沿用传统的垂直单管式或双管式系统,这种系统在每组散热器上安装的热量分配表及建筑入口的总热表,进行热量计量;另一种是适应按户设置热量表形成的单户独立系统的新形式,直接由每户的户用热表计量。

2. 采用热分配表计量的系统形式

热分配表是安装在散热器表面,进行热量测量的仪表,因此对系统形式无特别要求,从理论上任何系统形式都可由该方法进行热量计量,但是传统的单管顺流式系统无法对单组散热器进行控制,因此应加跨越管改造。

(1)垂直式双管系统

由于双管系统存在的重力垂直失调问题,往往只应用于4层及以下的供暖系统,在每组散热器入口处安装温控阀(见图7-7),不仅可使系统具有可调节性,而且有利于各个环路的平衡。

(2)垂直单管系统

垂直单管系统是带跨越管和温控阀的可调节系统,是旧系统改造十分可行的一种方式。

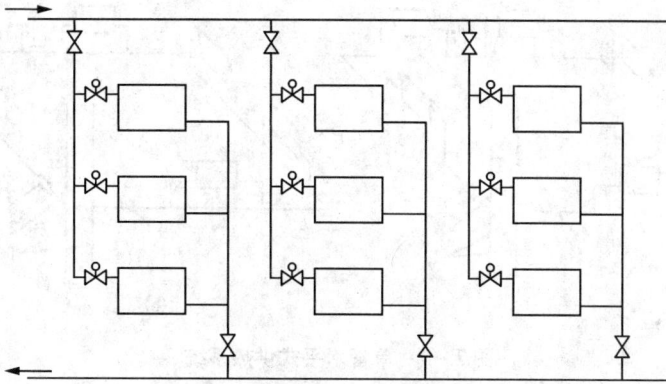

图 7 – 7　加温控阀的双管系统

一般有两种形式：加两通温控阀，如图 7 – 8(a)所示；加三通温控阀，如图 7 – 8(b)所示。这两种形式都取得了明显的节能效果，同时改善了垂直失调的现象。

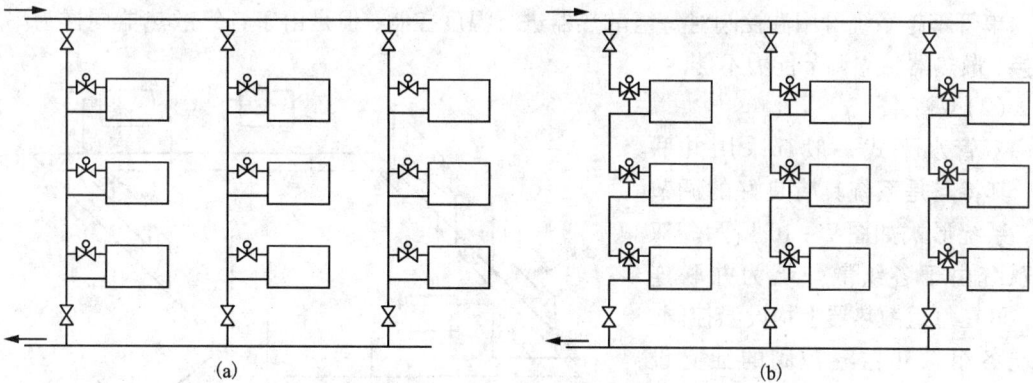

图 7 – 8　加温控阀垂直单管系统
(a)加两通温控阀；(b)加三通温控阀

3. 采用热量表的供暖系统形式

热量表是测量供暖系统入户的流量和供、回水温度后进行计量热量的仪表，因此要求供暖系统设计成每一户单独布置成一个环路。对于户内的系统采用何种形式则可由设计人员根据实际情况确定。《采暖通风与空气调节规范》中推荐，户内系统采用单管水平跨越式、双管水平并联式、上供下回式等系统形式。由设在楼梯间的供回水立管连接户内的系统，在每户入口处设热量表。

(1)单管水平式

单管水平式采暖系统分为无跨越式和跨越式两种形式，系统中户与户之间并联，供、回立管可设于楼梯间。户内水平管道靠墙水平布置或埋入地板找平层中，系统形式如图 7 – 9所示。

单管无跨越系统由于各组散热器为串联连接，不具有独立调节能力，因而不必在每组散

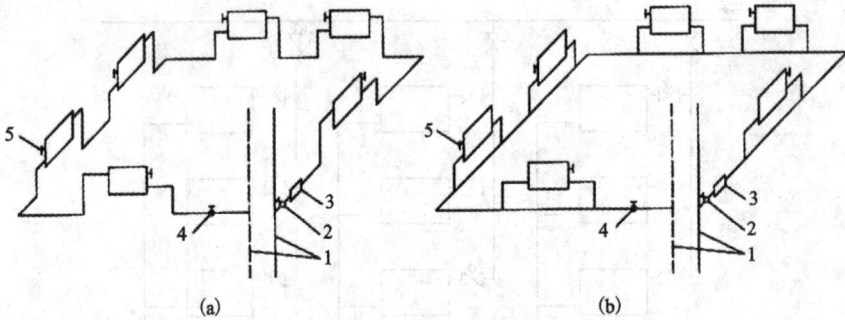

图7-9 单管水平式供热系统

(a)无跨越式；(b)跨越式

1—供回水立管；2—调节阀；3—热量表；4—闸阀；5—放气阀

热器上都设温控阀，该系统特点是：室内水平串联散热器的数量有限，末端散热器效率低，但住户室内水平管路数量少。该方式适用住宅面积中小、房间分割较少、对室温调节控制要求不高的场合。相对而言是一种室内采暖系统热计量与控制的廉价解决方案。

单管跨越系统可用温控阀对每组散热器进行温度控制，但是由于各组散热器同样为串联连接，散热器独立调节能力不佳。

(2)双管水平式

双管水平式一般都采用并联式，其特点是系统具有良好的调节性，系统形式如图7-10所示。双管系统由于各组散热器为并联连接，可在每组散热器上均设温控阀，实现各组散热器温控阀的独立设定，室温调节控制灵活，热舒适性好。但是住户室内水平管数量较多，系统设计及水平散热器的流量分配计算相对复杂。该方式适用于住宅面积较大、房间分隔多以及室内热舒适性要求高的场合。

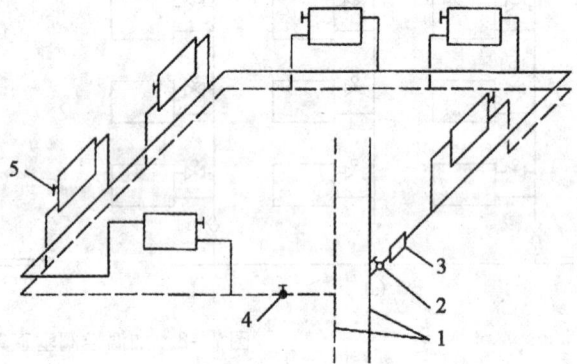

图7-10 双管水平并联式

1—供回水立管；2—调节阀；3—热量表；4—闸阀；5—放气阀

(3)上分式系统形式

上分式系统的优点是很好地解决了系统排气问题，并可在房间装修中将户内供水干管加以隐蔽，尤其是上供上回的系统可减少地面的管道过门出现的麻烦。缺点在于沿墙靠天花板或地板水平布置管路和立管不美观，系统形式如图7-11所示。

7.3.3 散热设备

1.散热器的节能

散热器是安装在房间里的一种放热设备，它把热媒(热水或蒸汽)的部分热量传给室内空

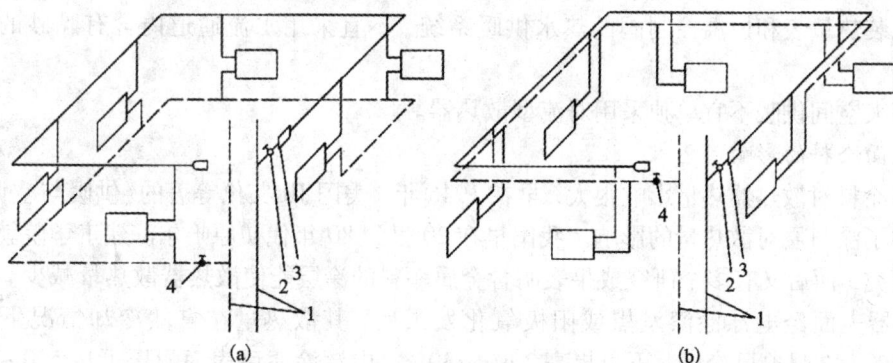

图 7 – 11　上分式系统

（a）上供下回的系统；（b）上供上回的系统
1—供回水立管；2—调节阀；3—热量表；4—闸阀

气，用以补充建筑物的热损失，使室内保持所需要的温度以达到供暖目的。散热器的散热过程是能量平衡过程，如图 7 – 12 所示。没有散出的热量又回到供热管网。对于散热器的节能，一些专家认为可以从加工过程的耗能、耗材，使用过程的有利散热、水容量、金属热强度等指标考虑。

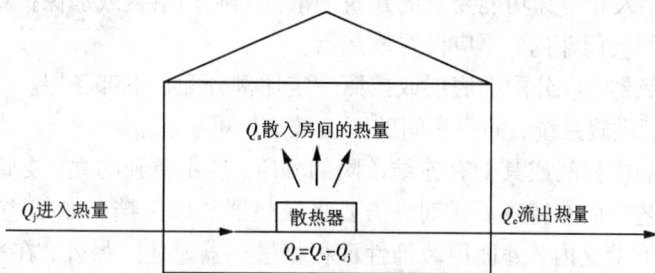

图 7 – 12　散热器散热的能量平衡

单位散热量、金属热强度和单位散热量是评价和选择散热器的主要依据，特别是金属热强度指标，是衡量同一种材质散热器节能性能和经济的重要指标。

2. 散热器的选择

选择散热器时，应符合以下规定：

①散热器的工作压力应满足系统的工作压力，并符合国家现行有关产品标准的规定。

②民用建筑宜采用外形美观、易于清扫的散热器。

③放散粉尘或防尘要求较高的工业建筑，应采用易于清扫的散热器。

④具有腐蚀气体的工业建筑或相对湿度较大的房间，应采用耐腐蚀的散热器。

⑤采用钢制散热器时，应采用闭式系统，并满足产品对水质的要求，在非供暖季节应冲水保养。

⑥采用铝制散热器时，应选用内防腐型，并满足产品对水质的要求，一般铝制散热器 PH

5～8.5；在供热温度高于85℃，PH＞10的连续供暖系统中，不应采用铝合金散热器。

⑦安装热量表和恒温控制阀的热水供暖系统，不宜采用水流通道内含有黏砂的铸铁散热器。

⑧高大空间供暖不宜单独采用对流型散热器。

3. 表面涂料的影响

表面涂料对散热器热量影响很大，早在1946年，美国JR艾伦等著的《供暖与空调》一书中就论述了涂料层对散热量的影响。我国早在20世纪80年代初原哈尔滨建工学院就做过这方面的研究，而后又有多个研究成果表明含金属颜料的涂层能使散热器散热量减少。实验证明：散热器表面经电泳涂漆发黑或阳极氧化发黑后，其散热量在自然冷却情况下可提高10%～15%，在强迫风冷情况下可提高20%～30%，电泳涂漆后表面耐压可达500～800 V。所以在选择散热器及制定加工工艺时，对散热器进行上述工艺处理会大大提高本身的散热能力，还可以增强绝缘性，降低了因安装不当造成的爬电距离过小、电气间隙不够等带来的不利影响。

4. 散热器安装要求

①散热器设置在外墙窗台下最为合理，经散热器加热的空气沿外窗上升，能阻止渗入的冷空气沿墙及外窗下降，因而防止了冷空气直接进入室内工作区域。对于安装或布置管道有困难时，散热器也可靠内墙设置。

②一般情况下，散热器应明装，这样散热效果好，且易于清除灰尘。

③幼儿园、老年人和特殊功能要求的建筑的散热器必须暗装或加保护罩。

④两道外门之间的门斗内，不应设置散热器。

⑤楼梯间的散热器，应分配在底层或按照一定比例分配在下部各层。

⑥垂直单、双管供暖系统，同一房间的两组散热器可串联。

⑦有冻结危险的楼梯间或其他有冻结危险的场所，应由单独的立、支管供暖。

⑧当建筑或工艺方面有特殊要求时，需要将散热器加以围挡。如某些建筑物为了美观，可将散热器装在窗下壁龛内，外面用装饰性面板把散热器遮住。另外，在采用高压蒸汽供暖的浴室中，也要将散热器加以围挡，防止人体烫伤。

5. 散热器连接方式

散热器支管连接方式不同，散热器内的水流组织也不同，使散热器表面温度场变化而影响散热量。在室内温度、散热器进出口水温相同的条件下，如图7-13所示中的几种支管与散热器连接的传热系数的大小依次为A＞B＞C＞D＞E。其差别与散热器类型有关，最大差别达40%，可见合理选择连接方式会大量节省散热量。尤其在分户计量系统设计时，有的只考虑管路布置的方便，而忽视了连接方式造成的浪费。

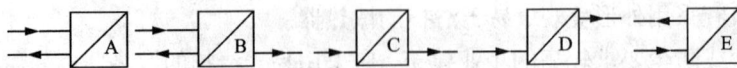

图7-13　散热器与支管连接方式

7.3.4　热力入口

热水供暖系统应在进入室内处安装热力入口，如图7-14所示。应注意的事项：

①热水供暖系统，在热力入口处的总管上应安装静态水力平衡阀、泄水口、温度计和压力表，必要时，应装设流量计和除污器。

②当热网的供水温度高于供暖系统的供水温度，且热网的水力工况稳定，入口处的供回水压差足以保证混水器工作时，宜设混水器，否则可采用换热器。

③蒸汽系统供暖，当供汽压力高于室内供暖系统压力时，应在供暖系统入口的供汽管上装设减压装置。

④当需从供暖入口分接出两个以上分支环路，或虽是两个环路，但平衡有困难时，在入口处应设分汽缸或分水器。

⑤加压阀、调压板、混水器等入口装置及蒸汽供暖系统的疏水装置，应尽量明装，热量计量装置不应设在地沟里。

⑥室内热水供暖系统的总压力损失，应根据入口处的资用压力通过计算确定，当资用压力过大时，应装设调压装置。

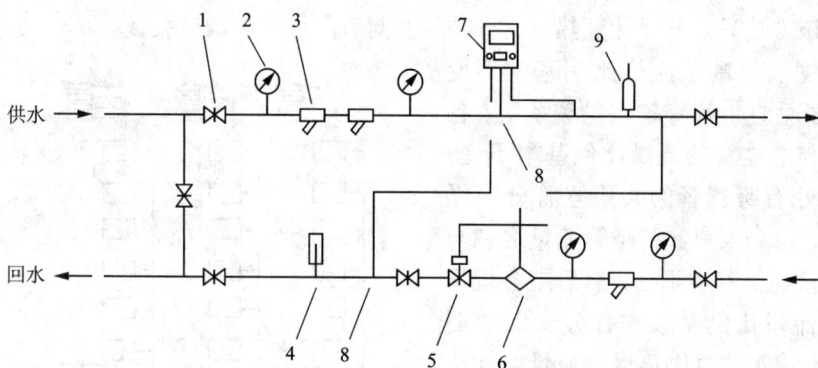

图 7－14　建筑物热力入口
1—阀门；2—压力表；3—过滤器；4—温度计；5—流量控制阀；
6—流量传感器；7—积分仪；8—温度测点；9—自动排气阀

7.4　分户热计量技术

集中供暖系统实行热计量是建筑节能、提高室内热舒适性的一项重要措施。室温调控等节能技术是热计量的重要前提条件，也是体现热计量节能效果的基本手段。供暖热计量技术在发达国家已经实行多年，是一项成熟的技术。《中华人民共和国节约能源法》第三十八条规定：国家采取措施，对实现集中供暖的建筑分步骤实行分户计量。我国政府目前已开始逐步实施该项技术，并且近几年在多个地区进行了该项技术的试验研究，已取得了一些成功的经验。国家行业标准《供热计量技术规程》（JGJ173）做了如下规定："集中供热的新建建筑和既有建筑的节能改造必须安装热量计量装置"，"新建建筑和改扩建的居住或以散热器为主的公共建筑的室内供暖系统应安装自动温度控制阀进行室温调控"。

7.4.1 热计量方法

目前用户热分摊法有：散热器热分配计法、流量温度法、通断时间面积法、户用热量表法、基于分栋热计量的末端通断调节与热分摊法五种方法。

1. 散热器热分配计法

散热器热分配计法适用于新建和改造的各种散热器供暖系统，特别适合室内垂直单管顺流式系统改造为垂直单管跨越式系统，该方法不适用于地面辐射供暖系统。散热器热分配计法只是分摊计算用热量，室内温度调节需要安装散热器恒温控制阀。

散热器分配计法是利用散热器热分配计所测量的每组散热器的散热量比例关系，来对建筑的总供热量进行分摊。热分配计有蒸发式、电子式和电子远传式三种，后两者是今后的发展趋势。

2. 流量温度法

流量温度法适用于垂直单管跨越式供暖系统和具有水平单管跨越式的共用立管分户循环供暖系统。该方法只是分摊计算热量，室内温度调节需另安装调节装置。

流量温度法是基于流量比例基本不变的原理，对于垂直单管跨越式供暖系统，各个垂直单管与总立管的流量比例基本不变；对于在入户处有跨越管的共用立管分户循环供暖系统，每个入户和跨越管流量之和与共用立管流量比例基本不变，然后结合现场预先测出的流量比例系数和各分支三通前后温差，分摊建筑的总供热量。流量温度法采暖热计量系统如图 7-15 所示。

3. 通断时间面积法

通断时间面积法适用于共用立管分户循环供暖系统，该方法同时具有热量分摊和分户室温调节的功能，即室温调节时对户内各个房间室温作为一个整体统一调节而不实施对每个房间独立调节。适用于分户循环的水平串联式系统，也可用于水平单管跨越式和地板辐射供暖系统。

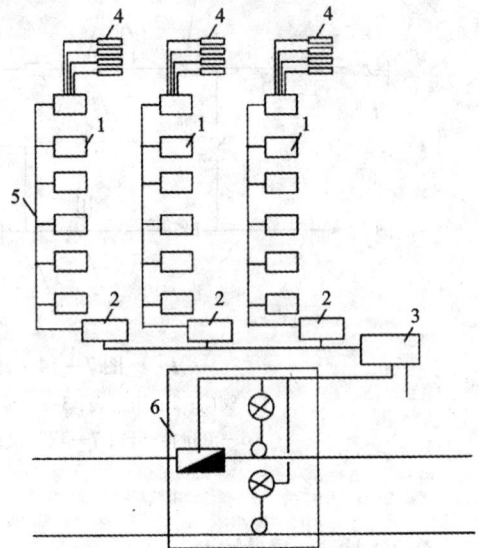

图 7-15 流量温度法供暖热计量分配系统
1—采集器；2—热量采集显示图；3—热量计算分配器；
4—温度传感器；5—通信线路；6—热量表

通断时间面积法是以每户的供暖系统通水时间为依据，分摊建筑的总供热量。

4. 户用热量表法

户用热量表法由各户用热量表及楼宇热量表组成。户用热量表安装在用户供暖环路中，可以测量每户的供暖耗热量。热量表由热量传感器、温度传感器和计算器组成。根据流量传感器的形式，可将热量表分为：机械式热量表、超声波式热量表、电磁式热量表。

5. 基于分栋热计量的末端通断调节与热分摊法

如图 7-16 所示，在每座建筑物入口安装热量表，计量整座建筑物的采暖耗热量，对于分户水平连接的室内采暖系统，在各用户的分支支路上安装室温通断控制阀，对进入该用户散热器的循环水进行通断控制来实现该用户的室温控制，同时在每个用户的代表房间放置室温控制器，用于测量室内温度同时供用户自行设定室温。室温控制器将这两个温度值无线发送给室温通断控制阀，室温通断阀根据实测室温与设定值之差，确定在一个控制周期内通断阀的开停比，并根据这一开停比确定的时间来确定通断调节阀的通断，从而实现对供热量的调节。通断控制阀控制器同时还记录和统计各用户通断控制阀的接通时间，按照各用户的累计接通时间分摊各用户的热费。

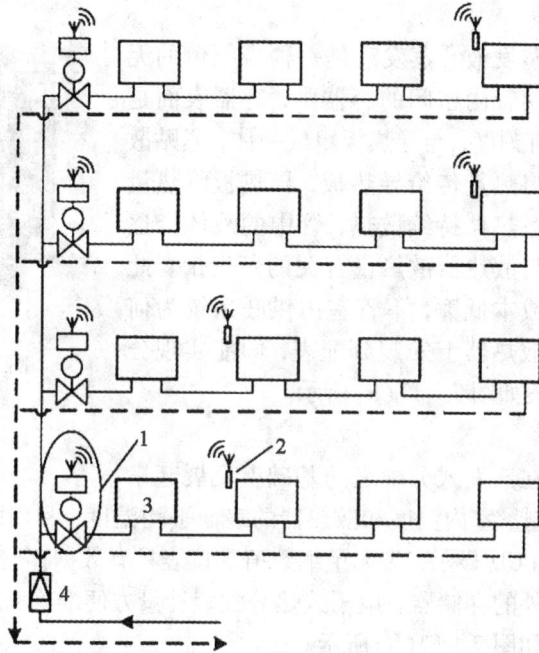

图 7 - 16　通断控制装置及热分摊法原理图
1—室温通断控制阀；2—室温控制器；3—供热末端设备；4—建筑入口热量表

　　基于分栋热计量的末端通断调节与热分摊法既实现了对各用户室内温度的分别调节，又给出了相对合理的热量分摊方法。该方法的特点是：改善调节；避免用户开窗和室温设定偏高；减少邻室传热带来的问题；解决建筑物不利位置住户热费缴纳问题；安装方便、经济可靠。

　　采用上述不同方法时，对于既有供暖系统，局部进行温室调控和热计量改造工作时，要注意系统改造时是否增加了阻力，是否会造成水力失调及系统压头不足，因此需要进行水力平衡及系统压头的校核，考虑增设加压泵或者重新进行平衡调试。

7.4.2　热计量仪表

　　目前，热量的计量仪表按计量原理不同可分为两大类：一类是热量表；另一类是热分配表。

1. 热量表

热量表一般由流量计、温度传感器及二次仪表三部分组成。按照热量表的结构和原理不同,可分为机械式、电磁式、超声波式等种类的流量计。温度传感器采用热敏电阻或铂电阻;二次仪表均配有微处理器,用户可直接观察到使用的热量和供回水温度。有的智能化热量表除可直接观察到使用的热量和供回水温度外,还具有可直接读取热费和进行锁定等功能。热量表电源有直流电池和直接连接交流电源两种。

2. 热分配表

根据测量原理的不同,热量分配表有蒸发式和电子式两种。使用热分配表应注意安装位置和对应的散热器系数。

(1)蒸发式热分配表

主要包括导热板和蒸发液。蒸发液是一种带颜色的无毒化学液体,装在细玻璃管内密闭的容器中,容器表面是防雾透明胶片,上面标有刻度,与导热板组成一体,紧贴散热器安装,散热器表面将热量传给导热板,导热板将热量传递到液体管中,由于散热器持续散热,管中的液体会逐渐蒸发减少,可以读出与散热器散热量有关的蒸发量。此种热分配表构造简单,成本低廉,不管室内供暖系统为何种形式,只要在全部的散热器上安装分配表,即能实现分户计量。蒸发式热分配表如图 7 - 17(a)所示。

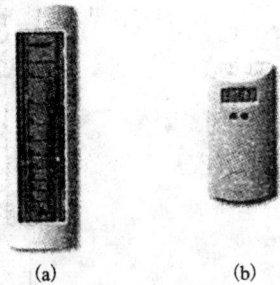

图 7 - 17　热分配表
(a)蒸发式热分配表;
(b)电子式热分配表

(2)电子式热分配表

电子式热分配表是在蒸发式分配表的基础上发展起来的计量仪表,它需同时测量室内温度和散热器的表面平均温度,利用两者的温差值相对于供暖时间积分的数值通过 LCD 显示,为无量纲数值。仪表具有数据存储功能,并可以将多组散热器的温度数据引至户外的存储器。电子式热分配表计量方便准确,但价格高于蒸发式热分配表。电子式热分配表如图 7 - 17(b)所示。

7.4.3　分室控温技术

控制室内温度是有效利用免费热量和行为节能的更加有效的节能措施,并且可以提高室内热舒适性。因此在供暖系统中比热计量更为重要,一般来说分户计量和分室控温是同时采用的技术。分室控温技术有散热器温控阀和手动三通阀两种。

1. 散热器温控阀

(1)散热器温控阀构造及原理

散热器温控阀又称恒温器,安装在每组散热器的进水管上,用户可根据对室温高低的要求,调节并设定室温。温控阀构造如图 7 - 18 所示。恒温传感器是一个带少量液体的充气波纹管膜盒,当室温升高时,部分液体蒸发变为蒸汽,压缩波纹管关小阀门开度,减少了流入散热器的水量。当室温降低时,起相反的作用,部分蒸汽凝结为液体,波纹管被弹簧推回而使阀门开度开大,增加流经散热器水量,恢复室温。

温控阀属于比例控制器,即根据室温与恒温阀设定值的偏差,按比例、平稳地打开或者关闭阀门,阀门的开度保持在相当于需求负荷位置处,其供水量与室温保持稳定。相对于某一设定值时温控阀从全开到全关位置的室温变化范围称之为恒温阀的比例带,通常比例带为0.5~2.0℃。

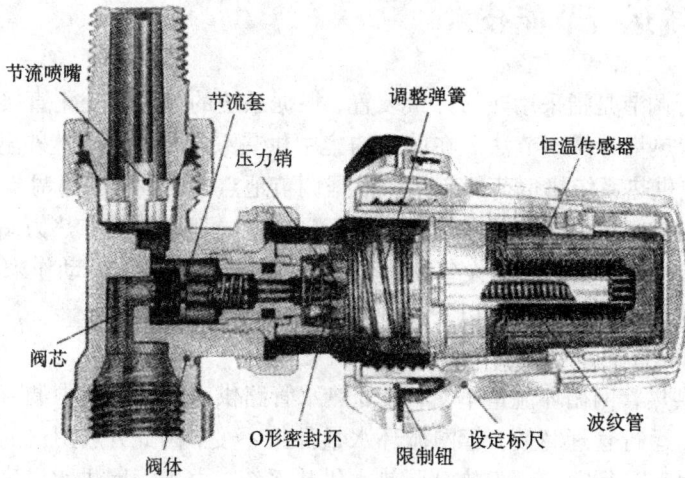

图 7 - 18　温控阀结构示意图

（2）温控阀作用

散热器上安装温控阀可以自行调节室温，同时当室内有"自由热"时，恒温阀能自行调节进水量，保持室温恒定，不仅提高室内舒适度，而且节能。温控阀还确保了各房间的室温，避免了立管水量不平衡，以及单管系统上层及下层室温不均问题。

自 20 世纪 70 年代初世界能源危机以后，许多国家（尤其是欧洲发达国家）颁布了建筑法规（标准），特别对采暖系统安设自动控制装置提出了明确的要求。如丹麦《建筑法规》（1985）规定"采暖系统必须安装自动控制装置，以确保调节供给的热量为所需的热量"。其他国家如德国、芬兰、英国、法国、瑞典也有类似规定。

北京市热力公司在北京市节能示范工程中采用了丹麦采暖系统自控技术，获得了很好的效果。我国也在有关的标准中作了这方面的规定。

（3）温控阀使用过程中应注意的问题

温控阀在单管系统中的应用先决条件是必须在每组散热器出口管网安设跨越管；安装在装饰罩内的温控阀必须采用外置传感器，传感器应设在能正确反映房间温度的位置。

2. 手动三通阀

手动三通调节阀在供暖系统中使用也可达到控温的作用，而且价格低，但控温效果不如自动控温阀。

三通调节阀结构上具备水流直通、旁通、部分旁通的特性。直通（阀全开状态）即流量全部进入散热器时，阀的局部阻力系数最小，可减少堵塞；旁通（阀全闭的状态）即流量不进入散热器而从跨越管段旁流时，阀的局部阻力系数大于直流时阀门的局部阻力系数；部分旁通（阀中间状态）时，阀的局部阻力系数值介于上述两者之间。

在散热器上设置三通调节阀后，可以使进入散热器的流量在额定流量的 100%（阀全开的状态）~0（阀全闭的状态）范围进行手动调节，而相应使旁通流量从 0 ~ 100% 范围内变化。个别房间散热器的调节，不会对其他楼层散热器工况产生间接影响，因此是一种相对合理的解决垂直失调和分室控制温度的方法。

7.5 供热系统运行节能技术

供热系统运行调节是指采用热量计量装置,根据系统的热负荷变化直接对热源的供热量进行调节控制,即热量计量调节法。在城市的集中供热系统中,常把室外温度的变化作为调节的依据,以适应供热系统热负荷的变化。根据调节地点的不同,供热调节分为:集中调节、局部调节、个体调节。集中调节是在热源处进行调节,局部调节是在热力站或用户系统入口处进行调节,个体调节是在散热器设备处进行调节,主要依靠温控阀动作来实现。

供热系统的运行调节通常包括以下几种形式。

1. 质调节

质调节是指供热管网循环流量不变,改变热水管路供水温度。集中调节只需在热源处改变系统供水温度,运行管理简便。管网循环水量保持不变,因此,热用户的循环水量保持不变,所以管网水力工况稳定。对于热电厂热水供热系统,由于管网供水温度随室外温度升高而降低,可以充分利用汽轮机的低压抽气从而有利于提高热电厂的经济效益。所以它是应用最为广泛的调节方式。但其本身也存在一定的不足之处,由于整个供暖期中的管网循环水量长期保持不变,所以消耗电能较多,同时难以满足所有用户的用热需求。

2. 量调节

量调节是指供热管网供水温度不变,改变热水管路循环流量。在供热管网进行集中量调节时,在热源处,随室外温度的变化改变管网循环水量,而供水温度保持不变。热源的集中调节是根据室外气温变化调节供水流量以满足用户对室温的要求。但是这种调节由于系统水力工况变化,在实际运行中并不能对所供热的各个建筑等比例进行流量变化,又由于流量减少降低回水温度,容易出现水力失调。因此,该调节方式应用较少。

3. 分阶段改变流量的质调节

分阶段改变流量的质调节是指在供暖初期中按室外温度的高低分成几个阶段,每个阶段供热管网循环流量不变,改变热水管路供水温度分阶段改变流量的质调节需要。在采暖中期按室外温度高低分成几个阶段,在室外温度较低的阶段中保持较大的流量,而在室外温度较高的阶段中保持较小的流量,在每一阶段内管网中的循环水量总保持不变,按改变管网供水温度的质调节进行供热调节。这种调节方式和量调节的结合,分别吸收了两种调节方法的优点,又克服了两者的不足,因此该调节方式目前应用较为普遍。

分阶段改变流量的质调节可以这样进行分析,例如整个供暖期分为三个阶段改变循环流量, $G = 100\%$, $G = 80\%$ 和 $G = 60\%$,则此时相应泵扬程分别为 $H = 100\%$, $H = 64\%$ 和 $H = 36\%$;而相应的循环水泵,电耗减少到 $n = 100\%$, $n = 51.2\%$, $n = 21.6\%$ 。分阶段改变流量系统,实际常用的方法是靠多台水泵并联组合来实现。

如果分两个阶段改变循环流量: $G = 100\%$ 和 $G = 75\%$,则理论上,对应的循环水泵扬程 H 和运行电耗 n 分别变为56%和42%,但是实际运行的能耗节约无法达到这么多。变流量可用两台同型号水泵并联实现,也可按循环流量值,选用两台不同规格的水泵单独运行,还可选用两级变速水泵。

通过上面的分析可以看出,分阶段改变流量的质调节,对于系统节能有着很大的优势,但到底应该在何时改变流量,还应考虑系统运行经济性,分析得出科学结论,不应一概而论。

即对分阶段改变流量的质调节进行优化分析，进一步确定分阶段改变流量时的相应热负荷、Q（即应何时开始分阶段）以及采用多大的相对流量比来制定供热调节曲线，从而使整个供暖期间的循环水泵的电能消耗为最小值。同时还应满足使用要求，避免流量改变引起的供热系统的热力失调。

4. 间歇调节

间歇调节是指改变供热系统每天的供暖小时数。在室外温度较高的供暖初期和末期，不改变供热管网的循环水量和供水温度，只减少每天供暖小时数，这种调节方式称为间歇调节。这种调节方式在锅炉房为热源的供热系统作为供暖初期和末期的一种辅助调节措施。

在维持室内平均条件相同的前提下，间歇供热和连续供热的总耗热量是相同的，但耗煤量却不相等，因为间歇供热时，锅炉在升温过程中，效率明显降低，因而间歇运行要比连续运行的效率低，另外，间歇供热还可能增加耗煤量。

5. 地面辐射供暖质调节参数

低温地面辐射供暖系统目前在我国民用建筑中得到广泛采用。但是，此种供暖方式普遍存在房间温度过热，甚至有的达到室温 30℃ 上，用户只好开窗，从而造成了能源的浪费。其中出现过热现象的一个重要原因就是低温地面供暖系统的调节中供水温度高。对于传统的散热器供暖系统，其供热调节已经具备完整公式体系和调节方法，但由于地面辐射供暖与散热器供暖的散热形式不同，二者的供热调节存在差别。

（1）调节公式

目前在供热系统建立调节公式，几乎都是采用散热器热量计算式代入热平衡式，但是散热器供暖和地面辐射供暖散热量计算公式是不同的，因此不能简单地利用常用的调节公式计算地面辐射供暖的调节曲线，而是应将地面辐射供暖散热量计算公式代入热平衡式后，再整理出供热调节公式进行计算。

对于地面辐射供暖的质调节，将补充调节 $\overline{G}=1$ 代入供热调节的基本公式，即：

$$\overline{Q} = \frac{t_n - t_w}{t_n' - t_w'} = \frac{(t_{pj} - t_n)^{1.032}}{(t_{pj}' - t_n')^{1.032}} = \frac{t_g + t_h - 2t_{pj}}{t_g' + t_h' - 2t_{pj}'} = \overline{G}\frac{t_g - t_h}{t_g' - t_h'} \tag{7-1}$$

可求出地面采暖系统质调节的供、回水温度的计算公式：

$$t_g = t_n + (t_{pj}' - t_n')\overline{Q}^{0.969} + (t_g' - t_{pj}')\overline{Q} \tag{7-2}$$

$$t_h = t_n + (t_{pj}' - t_n')\overline{Q}^{0.969} + (t_h' - t_{pj}')\overline{Q} \tag{7-3}$$

式中：$\overline{Q}$ 是相对供暖热负荷比，相应 t_w 下的供暖热负荷与供暖设计热负荷之比；t_{pj} 是地板表面平均温度，℃；t_n 是室内温度，℃；t_w 是室外温度，℃；t_n' 是室内计算温度，℃；t_w' 是室外计算温度，℃；t_{pj}' 是地表面计算平均温度，℃；t_g' 是供暖热用户的设计供水温度，℃；t_h' 是供暖热用户的设计回水温度，℃。

（2）质调节参数特点

地面辐射供暖系统运行质调节温度参数通过研究得到结论：低温地面辐射供暖系统调节曲线形式和散热器供暖质调节曲线形式相同，只是水温和温差上有差别。低温地面辐射供暖系统调节水温和散热器采暖相比，在供暖初期可以供很低的温度就可以达到供暖要求，一般可以低 10～20℃。在任一室外温度下，实际供水温度每高或者降低 2℃，室温就会升高或降低 1℃，实际供水温度和理想供水温度每偏离 2℃，室温就会偏离设计温度 1℃。

散热器供暖集中质调节公式为：

$$t_g = t_n + 0.5(t_g' + t_h' - 2t_n)\overline{Q}^{\frac{1}{1+b}} + 0.5(t_g' - t_h')\overline{Q} \tag{7-4}$$

$$t_h = t_n + 0.5(t_g' + t_h' - 2t_n)\overline{Q}^{\frac{1}{1+b}} - 0.5(t_g' - t_h')\overline{Q} \tag{7-5}$$

6. 热网末端混水调节

目前供暖系统运行中,出现了一个供热系统中部分为满足节能标准的节能建筑,而其余部分则为不满足节能标准的一般建筑,由于管网的供水温度相同,楼内又采用单管串联方式,这导致节能建筑过热,而一般建筑室温偏低。为了满足基本的供暖要求,只能提高水温,造成"节能建筑不节能"。这种现象不能通过调节各座楼之间的流量分配来解决,清华大学提出了解决这一问题的办法,即实现供热系统供水温度的"分栋可控",以实现对采暖设备热量的调节和室温控制。即在每幢楼宇入口的供回水管安装旁通管和变速混水泵,将热网温度较高的供水直接送到楼宇入口,再与室内采暖系统的回水混合降温后送到室内用户里去,实现外网干管"小流量、大温差、高水温",室内末端用户"大流量、小温差、低水温"运行,同时通过改变混水比调节供水温度,改变混水泵转速或阀门开度调节楼内循环流量,实现单幢楼宇的独立质、量并调。通过上述方式可以有效控制采暖散热设备的散热量和室温,从而使得建筑供热不均热损失由原来的20%~30%减低至10%以下。

―――――**重点与难点**―――――

重点:(1)管网热力平衡技术;(2)分户热计量方法;(3)供热系统的节能运行调节形式;(4)散热器表面涂料的影响和安装要求。

难点:(1)平衡阀的安装位置;(2)计量仪表的计量原理;(3)地面辐射供暖质调节参数的确定方法。

―――――**思考与练习**―――――

1. 分户热计量的方法有哪些?

2. 供热系统运行调节的类型有哪些?

3. 什么是保温层经济厚度?

4. 导致供热系统出现过量供热现象的原因有哪些?

5. 平衡阀的安装应该满足哪些规定?

6. 热量分配表包括哪些类型?

7. 哪些情况可以采用电采暖?

第 8 章

空调系统节能技术

8.1　空调系统的形式

空气调节，简称空调，是用人为的方法处理室内空气的温度、湿度、洁净度和气流速度的技术。可使某些场所获得具有一定温度和一定湿度的空气，以满足使用者及生产过程的要求和改善劳动卫生和室内气候条件。空调系统由空气处理设备、空气输送管道、空气分配装置、电气控制部分及冷、热源等部分组成。

8.1.1　按承担室内热负荷、冷负荷和湿负荷的介质分类

以建筑热湿环境为主要控制对象的系统，根据承担建筑环境中的热负荷、冷负荷和湿负荷的介质不同分为五类：

1. 全水系统

全部用水承担室内的热负荷和冷负荷。当为热水时，向室内提供热量，承担室内的热负荷，目前常用的热水采暖即为此类系统；当为冷水（常称冷冻水）时，向室内提供制冷量，承担室内冷负荷和湿负荷。

2. 蒸汽系统

以蒸汽为介质，向建筑供应热量，可直接用于承担建筑物的热负荷，例如蒸汽采暖系统、以蒸汽为介质的暖风机系统等，也可以用于空气处理机组中加热、加湿空气，还可以用于全水系统或其他系统中的热水制备或热水供应的热水制备。

3. 全空气系统

以空气为介质向室内提供冷量或热量。例如全空气空调系统，它向室内提供经处理的冷空气以除去室内显热冷负荷和潜热冷负荷，在室内不再需要附加冷却。

4. 空气－水系统

以空气和水为介质，共同承担室内的负荷。例如以水为介质的风机盘管向室内提供冷量或热量，承担室内部分冷负荷或热负荷，同时有一新风系统向室内提供部分冷量或热量，而又满足室内对室外新鲜空气的需要。

5. 冷剂系统

以制冷剂为介质，直接用于对室内空气进行冷却、去湿或加热。实质上，这种系统是用带制冷机的空调器（空调机）来处理室内的负荷，所以这种系统又称机组式系统。

8.1.2　按空气处理设备的集中程度分类

以建筑热湿环境为主要控制对象的系统,又可以按对室内空气处理设备的集中程度来分类,有以下三类:

1. 集中式系统

空气集中于机房内进行处理(冷却、去湿、加热、加湿等),而房间内只有空气分配装置。目前常用的全空气系统中大部分是属于集中式系统;机组式系统中,如果采用大型带制冷机的空调机,在机房内,集中对空气进行冷却去湿或加热,这也属于集中式系统。集中式系统需要在建筑物内占用一定机房面积,以便于控制、管理。

2. 半集中式系统

对室内空气处理(加热或冷却、去湿)的设备分设在各个被调节和控制的房间内,而又集中部分处理设备,如冷冻水或热水集中制备或新风进行集中处理等。全水系统、空气—水系统、水环热泵系统、变制冷剂流量系统都属这类系统。半集中式系统在建筑中占用的机房少,可以容易满足各个房间各自的温度、湿度控制要求,但房间内设置空气处理设备后,管理维修不方便,若设备中有风机,还会给室内带来噪声。

3. 分散式系统

对室内进行热湿处理的设备全部分散在各房间内,如家庭中常用的房间空调器、电采暖器等都属于此类系统。这种系统在建筑内不需要机房,不需要进行空气分配的风管,但维修管理不便,分散的小机组能量效率一般比较低,其中制冷压缩机、风机会给室内带来噪声。

8.1.3　按空调系统用途分类

以建筑热湿环境为主要控制对象的空调系统,按其用途或服务对象的不同可分为两类:

1. 舒适性空调系统

它简称舒适空调,是指室内人员创造舒适健康环境的空调系统。舒适健康的环境令人精神愉快,精力充沛,工作学习效率提高,有益于身心健康。办公楼、旅馆、商店、影剧院、图书馆、餐厅、体育馆、娱乐场所、候机或候车大厅等建筑中所用的空调都属于舒适空调。由于人的舒适感在一定的空气参数范围内,所以这类空调对温度和湿度波动的控制,要求并不严格。

2. 工艺性空调系统

它称工业空调,是指以满足设备工艺要求为主,室内人员热舒适感为辅的,具有较高温度、湿度、洁净度等级要求的空调系统。由于工业生产类型不同、各种高精度设备的运行条件也不同,因此工艺性空调的功能、系统形式等差别很大。例如,半导体元器件生产对空气中含尘浓度极为敏感,要求有很高的空气净化程度;棉纺织布车间对相对湿度要求很严格,一般控制在 $70\% \sim 75\%$;计量室要求全年基准的温度为 $20℃$,波动 $\pm1℃$;高等级的长度计量室要求 $20 \pm 0.2℃$;I级坐标镗床要求环境温度为 $20 \pm 1℃$;抗菌素生产要求无菌条件等。

8.1.4　按送风量是否恒定进行分类

1. 定风量空调系统

定风量空调系统是指总的送风量保持不变,通过改变送风温度维持空调区内的温度、湿度在允许的范围内。全空气定风量空调系统适用于空间较大，温度、湿度允许波动范围小，噪声和洁净度要求高的空调区域。单风机式定风量空调系统具有系统简单、占地少、一次投资省、运行耗电量少等优点，因此常被采用。当回风系统阻力大时，或需要新风、回风和排风量变化时，全空气空调系统可设回风机。

2. 变风量空调系统

变风量空调系统是根据室内负荷的变化或室内温度设定值的改变，自动调节空调系统的送风量，使室内温度达到设定要求的全空气空调系统。变风量空调系统一般由变风量末端装置、集中空气处理机组、送回风管路及其控制系统组成。

8.1.5　按照所使用空气的来源分类

1. 全新风系统

全部是采用室外新鲜空气(新风)的系统，新风经处理后送入室内，消除室内的冷、热负荷后，再排到室外，又称为直流系统。全新风系统的空气品质好，但是节能效果差。

一般说，系统要求的送风量大于系统的最小新风量，大部分地区室外空气比焓大于室内空气比焓，因此这个系统的能耗比回风式系统的能耗高。但是由于全部采用了新风，室内的空气品质好；如有多个房间，避免了房间污染物互相传播。因此，这种系统适用于要求室内空气品质高，防止污染物互相传播的场合。

2. 再循环式系统

全部是采用再循环空气的系统，即室内空气经处理后，再次送入室内消除室内的冷、热负荷，又称为封闭式系统。再循环系统的空气品质差，但是节能效果好。

送风全部采用回风(无新风)的系统称再循环系统，或称封闭式系统。室内空气(状态 R)处理到 R，再送到室内消除室内冷、热负荷。不难看到，这个系统无新风负荷，节省能量。但是室内无新风供应，卫生条件差。因此在有人员的空调房间不应采用这样的系统。然而对于间歇运行的系统，如体育馆、剧场等的空调系统，在对房间预调节时，这时人员极少，可以采用再循环系统运行，从而降低能耗。

3. 回风式系统

采用部分新鲜空气(新风)和室内空气(回风)的混合气体的全空气系统，介于上述两种系统之间。新风与回风混合并经处理后，送入室内消除室内的冷、热负荷。有较好的室内空气品质和较好的节能效果。

8.2　泵、风机及其节能措施

泵和风机是空调系统的动力源，泵与风机的能耗占建筑总能耗的比例较大，因此研究泵和风机设计和运行时的节能措施具有重要意义。

8.2.1　泵与风机的分类和工作原理

根据泵与风机的工作原理，可以对泵与风机进行分类，如图 8-1 和图 8-2 所示。根据泵产生的压力，可以将水泵分为三类：低压泵(压力在 2 MPa 以下)、中压泵(压力在 2~6 MPa)、高压泵(压力在 6 MKPa 以上)。

```
        ┌叶片式泵┌离心式
        │      │轴流式
        │      └贯流式
   泵 ┤ 容积式泵┌往复式
        │      └回转式
        │      ┌真空泵
        └其他类型│射流泵
               └齿轮泵
```

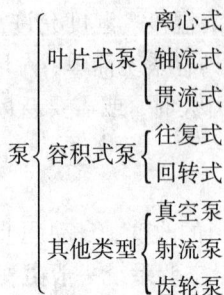

图 8 - 1　泵的分类

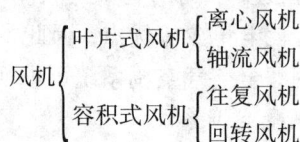

```
        ┌叶片式风机┌离心风机
        │        └轴流风机
   风机┤ 容积式风机┌往复风机
        │        └回转风机
```

图 8 - 2　风机的分类

风机按产生的风压可分为：通风机(风压小于 15 kPa)、鼓风机(风压在 15～340 kPa 以内)、压气机(风压在 340 kPa 以上)。通风机中最常见的是离心通风机及轴流通风机，按其压力大小可分为：低压离心通风机(风压在 1 kPa 以下)；中压离心通风机(风压在 1～3 kPa)；高压离心通风机(风压在 3～15 kPa)；低压轴流通风机(风压在 0.5 kPa 以下)；高压轴流通风机(风压在 0.5～5 kPa)。

8.2.2　泵与风机的效能

为了表示输入的轴功率被流体利用的程度，可以采用泵或风机的全效率来计算。即：

$$\eta = P_e/P \qquad (8-1)$$

式中：η 为泵或风机的全效率；P_e 为有效功率，kW；P 为轴功率，指原动机传递给泵或风机轴上的功率，即输入功率，kW。

有效功率指的是在单位时间内通过泵或风机的流体所获得的总能量，可表示为：

$$P_e = \frac{\rho g q_V H}{1000} \qquad (8-2)$$

式中：q_V 为泵输送液体的流量，m^3/s；H 为泵给予液体的扬程，m。

由于流体流经泵或风机存在机内损失，因此其有效功率必然低于轴功率，泵或风机的机内损失包括机械损失、容积损失和流动水力损失。

1. 机械损失和机械效率

机械损失(用功率 ΔP_m 表示)包括：轴与轴封、轴与轴承及叶轮圆盘摩擦所损失的功率。机械损失功率的大小，用机械效率 η_m 来衡量。机械效率等于轴功率克服机械损失后所剩余的功率(即流动功率 P_h)与轴功率 P_{sh} 之比：

$$\eta_m = \frac{P_{sh} - \Delta P_m}{P_{sh}} = \frac{P_h}{P_{sh}} \qquad (8-3)$$

2. 容积损失和容积效率

在泵与风机中，由于结构上的要求，动、静部件之间存在着一定的间隙，当叶轮旋转时，在间隙两侧压强差的作用下，使部分已经从叶轮获得能量的流体不能被有效地利用，从高压侧通过间隙向低压侧流动，造成能量损失。这种能量损失称之为容积损失，亦称泄露损失，用功率 ΔP_V 表示。

泵的容积损失主要发生在以下几个部位：叶轮入口与外壳之间的间隙处，多级泵的级间间隙处，平衡轴向力装置与外壳之间的间隙处，以及轴封间隙处等。总的容积损失为：

$$q \approx q_1 + q_3 \tag{8-4}$$

式中：q_1 为叶轮入口与外壳之间的容积损失；q_3 为平衡装置与外壳之间的容积损失。

为了计算容积损失，必须知道间隙两侧的压强差。通常，假设间隙两侧的压强差是通过风机全压 P 的 2/3，其容积损失可用式（8-2）进行估算。

容积损失的大小用容积效率 η_V 来衡量。容积效率为考虑容积损失后的功率与考虑容积损失前的功率之比：

$$\eta_V = \frac{P}{P_h} = \frac{\rho g q_V H_T}{\rho g q_{VT} H_T} = \frac{q_V}{q_{VT}} = \frac{q_V}{q_V + q} \tag{8-5}$$

式中：P 为考虑容积损失后的功率，kW；P_h 为考虑容积损失前的功率，kW；ρ 为流量的密度，kg/m³；g 为重力加速度，v/kg；q_V 为泵与风机的实际流量，m³/s；q_{VT} 泵与风机的理论流量，m³/s；q 为泵与风机由于容积损失减少的流量，m³/s。

可见，容积损失的实质是使实际流量小于理论流量。因此，容积效率还可表述为：实际流量（泵与风机的流量）与理论流量（吸入叶轮流量）之比。

容积效率 η_V 与比转速有关。一般来说，在入口径相等的情况下，比转速大的泵，其容积效率比较高。

3. 流动损失和流动效率

流动损失是指当泵与风机工作时，由于流动着的流体和流道壁面发生摩擦，流道的几何形状改变时流体运动速度的大小和方向发生改变而产生的漩涡，以及当偏离设计工况时产生的冲击等所造成的损失。

流动损失和过流部件的几何形状、壁面粗糙度、流体的黏性以及流体的流动速度、运行工况等因素密切相关，大体可以分为两类：一类是摩擦损失和局部损失，另一类是冲击损失。

流动损失的大小用流动效率 η_h 来衡量。流动效率等于考虑流动损失后的功率（即有效功率）与未考虑流动损失前的功率之比，即：

$$\eta_h = \frac{P_{sh} - \Delta P_m - \Delta P_v - \Delta P_h}{P_{sh} - \Delta P_m - \Delta P_v} = \frac{\rho g q_V H}{\rho g q_V H_T} = \frac{H}{H + H_W} = \frac{P_e}{P_T} \tag{8-6}$$

式中：H_T 为泵与风机的理论扬程，m；H_W 为泵与风机由于流动损失减小的扬程，m；ΔP_h 为流动损失，kw。

由式（6-6）可知，流动损失的实质是使扬程下降。因此，流动效率可表述为：实际扬程与理论扬程之比。

4. 泵与风机的总效率

由定义知道，泵与风机的总效率等于有效功率和轴功率之比。即：

$$\eta = \frac{P_e}{P_{sh}} = \frac{P_h P' P_e}{P_{sh} P_h P'} = \eta_m \eta_V \eta_h \tag{8-7}$$

由此可见，泵与风机的总效率等于机械效率 η_m、容积效率 η_V 和流动效率 η_h 三者的乘积。因此，要提高泵与风机的效率，就必须在设计、制造、运行及检修等方面减少机械损失、容积损失和流动损失。

8.2.3　提高泵与风机能效的方法

如前所述，泵与风机在工作时会产生机械损失、容积损失和流动损失，而这三种损失正是影响泵与风机效率的最重要因素。因此从这三方面考虑,来提高泵与风机的能效。

在机械损失中,叶轮圆盘摩擦损失占据主要部分,尤其对低比转速的离心泵、风机,叶轮圆盘摩擦损失更需力求降低。降低叶轮圆盘摩擦损失的措施有:①降低叶轮与壳体内侧表面粗糙度;②叶轮与壳体间的间隙不要太大,间隙大,回流损失大;反之回流损失小。

为了提高容积效率,一般可采取如下减少泄漏量的方法:①减小泄漏面积,②增大密封间隙的阻力。

流动损失比机械损失和容积损失大,为了提高泵与风机的流动效率,可采取以下措施:

①合理设计叶片形状和流道,流体在过流部件各部件的速度要确定合理,变化要平缓。叶片间的流道,尤其是叶片进、出口和导叶喉部,尽量采用合理的流道。选择适当的叶片进口几何角,减少冲击损失。

②保证正确的制造尺寸,注意流道表面的粗糙度。有了优化的设计,还必须有正确的制造、良好的工艺保证。

③提高检修质量。

④注意离心风机的几个主要尺寸与形状。离心风机进气箱的形状要尽量使漩涡区域少。进风口的形状与尺寸要合理。

8.2.4 泵与风机的运行与建筑节能

风机和泵是建筑中不可缺少的设备,又是建筑中耗电最多的设备之一。大、中型中央空调系统中水泵的耗电量甚至占整个系统耗电量的30%左右。

建筑物中泵与风机存在的主要问题有:

①为了压低初投资,所选用的泵与风机质量差,额定效率低于先进水平。

②系统设计不合理,大马拉小车,有较大裕量。运行时泵与风机偏离性能曲线上的最佳工作区,运行效率比额定效率低很多。

③输送管路的设计和安装不合理,管路阻力大,运行能耗加大。

④管路水力不平衡,只能采取阀门或闸板调节流量,增加了节流损失。

⑤维护保养不当,泵与风机经常带病工作,浪费了能源。

建筑物中泵与风机一般的节能措施有:

①更新和改造,用高效率泵与风机替代原有效率比较低的泵与风机。

②选择水泵或风机的特性与系统特性匹配。管网特性曲线尽量通过效率的最高点,对于流动特性变化较大的管网系统,应尽量选择效率曲线平坦型的水泵。

③在主要管路上安装检测计量仪表。例如,在水管路安装电磁流量计或超声波流量计以及温度计,结合楼宇自控系统,能够掌握水泵是否工作在特性曲线的经济区。

④切削叶轮、减小直径。如果所选水泵的流量和扬程远大于实际需求,最简单的方法就是减小叶轮直径,从而减小轴功率。但是这种方法只适用于比较稳定的系统,所花代价小,有较高的经济性,并可实现自动调节。

⑤目前采用比较普遍的是泵与风机的变转速节能。对同一台泵与风机,其流量、压头(扬程)、转速和轴功率之间存在如下理论关系:

$$\frac{Q_1}{Q_2} = \frac{n_1}{n_2}$$

$$(8-8)$$

$$\frac{P_1}{P_2} = \left(\frac{n_1}{n_2}\right)^2 \tag{8-9}$$

$$\frac{H_1}{H_2} = \left(\frac{n_1}{n_2}\right)^2 \tag{8-10}$$

$$\frac{N_1}{N_2} = \left(\frac{n_1}{n_2}\right)^3 \tag{8-11}$$

式中：Q 为流量；P 为风机压头；H 为水泵扬程；N 为功率；n 为转速。可见泵与风机泵与风机的功率与转速成三次方关系，改变转速的节能潜力很大。

8.2.5　泵与风机的变频节能技术

中央空调耗电量的 40% ~60% 是各类风机、循环水泵的电耗。采用变频技术，对这些风机、水泵进行变频调节，可以使风机、水泵全年的运行能耗降低，从而可以使中央空调的电耗降低。

全空气系统的风机变频调节是最有效的节能途径之一。调节冷水水阀维持恒定的送风温度，或者仅分期对水阀进行手动调节；根据被控的室内温度通过改变风机转速调节送风量，实现对室温的调节。这种调节方式能改善室内空气湿度，同时可大幅度降低风机电耗。经多个工程实践证明，这是一个方便、易行、效果显著的节能方式。

冷却塔风机变频调节是通过改变风机转速，调节冷却塔风量与水量比，并满足冷却水供水水温要求。这样做就可以一直维持所有的冷却塔运行，不必根据冷机开启的台数改变冷却塔运行台数，避免了部分冷却塔运行时经常出现的溢水现象，同时可维持冷却水温度接近室外湿球温度，提高冷冻机运行效率。目前已有不少大型公共建筑改用这种方式运行，效果良好。

冷冻水循环泵的变频也是一项有效的节能途径。根据末端装置的调节特性，采用不同的变频调节方式。当大部分末端装置为不具备调节手段或者是"通断"控制的风机盘管时，可以根据冷冻水的供回水温差调节循环水泵，使循环流量根据气候变化，避免出现"小温差，大流量"。当末端主要为自动的连续调节水阀时，就应该根据某个最不利点的供回水压差调节水泵转速，使得在满足最不利回路需要的前提下，尽可能减少调节阀门消耗的能源，从而降低循环水泵能耗。目前冷冻水的"变水量运行"已成为一项非常有效的节能技术，在相当多的大型公共建筑中成功推广。

8.3　空调系统变容量节能技术

空调系统是现代建筑不可缺少的重要设备之一，它能改善和提高建筑内部的环境质量，营造一个舒适宜人的室内环境。但空调系统运行时间长，耗电大，通常占整座建筑总电耗的比例较大。空调系统是以满足使用场所的最大冷热量来进行设计的，而在实际应用中，冷热负荷是变化的，一般与最大设计供冷热量存在着很大差异，空调系统大部分时间运行在非满载额定状态。传统的空调水系统、空调风系统均采用调节阀门或风门开度的方式来调节水量和风量，这种调节方式能耗较大。

自从 1972 年能源危机以来，各种空调系统都以节能作为主要的选择依据，因此变容量节能技术在空调系统中得到了广泛应用,用于调节和匹配空调负荷的变化。变容量节能技术分别应用于水系统、空气系统和制冷剂系统,出现了变风量(varied air volume air conditioning systerms, VAV)空调系统、变水量(varied water volume air conditioning systerms, VWV)空调系统和变制冷剂流量(varied refrigerant fluent air conditioning systerms, VRF)空调系统等空调系统。变容量节能技术可以使空调各子系统的负荷工况参数按负荷情况得到适时调节,不但能改善系统的调节品质,改善空调的舒适性,更能节省大量电能,降低设备运行成本。

8.3.1 变风量空调系统

1. 变风量空调系统的概念

变风量空调系统于 20 世纪 60 年代始于美国。变风量空调系统是一种全空气空调系统。为了控制空调区域空气温度和空气湿度在允许的范围内,全空气空调系统向空调区域输送一定量的经过处理的湿空气,用于消除空调区域的余热和余湿。式(8-12)是计算全空气空调系统送风量的公式:

$$V_{tot} = \frac{3.6Q_q}{\rho(h_{in} - h_{sup})} = \frac{3.6Q_w}{\rho c(T_{in} - T_{sup})} \qquad (8-12)$$

式中:V_{tot} 是全空气空调系统的送风量,m^3;Q_q 和 Q_w 分别是空调区域的总全负荷和总显负荷,kJ;ρ 是空气密度,kg/m^3;c 是空气的定压比热容,$kJ/kg \cdot ℃$;h_{in} 和 h_{sup} 分别是空调区域的空气焓值和送风焓值,kJ/kg;T_{in} 和 T_{sup} 分别是空调区域空气温度和送风温度,℃。

分析式(8-12)可知,当空调区域的总显负荷一定时,主要有两种方法可以使空调区域空气温度 T_{in} 不变。一种方法是保持送风量 V_{tot} 不变,改变送风温度 T_{sup},叫做定风量空调系统;另一种方法是保持送风温度 T_{sup} 不变,改变送风量 V_{tot},叫做变风量空调系统。变风量空调系统很难同时较好地控制空气温度和空气湿度。当对空气湿度控制有严格要求时,变风量空调系统经常需要采取辅助措施来控制空气湿度。

2. 变风量空调系统的特点

变风量空调系统通过改变送风量来消除空调区域的余热和余湿,进而控制空调区域空气温度在允许范围内。变风量空调系统的工作原理决定了变风量空调系统的特点,了解变风量空调系统的特点有助于选择合适的故障检测与诊断方法。变风量空调系统主要有以下特点:

①变风量空调系统是一种全空气空调系统,不存在冷凝水污染问题,而且可以避免水管上顶棚导致的各种麻烦。

②与定风量空调系统相比,变风量空调系统的初投资相对较少,并且节能效果较好。在建筑中,各朝向房间的最大空调负荷不会同时出现,对定风量空调系统而言,各房间的送风量均按最大负荷计算,并且总风量保持不变。然而,对于变风量空调系统来说,房间送风量可以随着空调负荷的变化而改变,这就意味着送风量可以在各朝向房间之间进行转移,因此,变风量空调系统可以较好地适应各朝向房间负荷参差不齐的特点。在部分空调负荷的情况下,变风量空调系统的总送风量要小于定风量空调系统的总送风量。

③变风量空调系统可以对各空调区域空气温度进行独立控制,根据需要各空调区域可以设定不同的空气温度。

④变风量空调系统的工作原理决定了变风量空调系统不能较好地控制空气湿度,因此,变风量空调系统经常需要采取辅助措施来进行湿度控制。

⑤在负荷相同的情况下，变风量空调系统的送风机能耗要小于定风量空调系统的送风机能耗，定风量空调系统送风管道的风速要大于变风量空调系统送风管道的风速，定风量空调系统的噪声也要大于变风量空调系统的噪声。

⑥变风量空调系统对系统设计和自动控制均有较高要求。变风量空调系统设计的目的是确定空调设备容量，从而保证空调区域的热舒适度和通风换气量。变风量空调系统自动控制的目的是使系统能耗可以有效地响应负荷变化，在出现部分负荷时，可减少送风机能耗和再热能耗。

⑦变风量空调系统易于拓展，特别适应建筑物的改建和扩建。只要在空调设备容量范围内，一般不需要对变风量空调系统进行太多改动。

⑧变风量空调系统不需要进行系统风量平衡测试，就可以取得令人满意的风量平衡效果。系统风量平衡只需对新风阀、回风阀和排风阀进行调节就可以了。

3. 变风量空调系统的构成

根据变风量空调系统的工作原理，变风量空调系统特别适合负荷变化大、多区域控制和具有公共回风通道的建筑。变风量空调系统的构成根据建筑的不同有较大差别。广义的变风量空调系统主要包含冷源(热源)、变风量空气处理机组、空气输送管道和变风量空调末端装置。狭义的变风量空调系统仅包括变风量空气处理机组、空气输送管道和变风量空调末端装置。

(1)变风量空气处理机组

变风量空气处理机组是变风量空调系统的重要设备。变风量空气处理机是水子系统和空气子系统进行能量交换的地方，是新风进入建筑的地方，也是进行湿度控制的地方。变风量空气处理机组主要由新风阀、回风阀、排风阀、空气过滤器、表冷器、送风机、回风机和控制系统构成。实际变风量空调系统大都采用装配式空气处理设备。表冷器可以是直接蒸发式，也可以是冷水式，在实际应用时绝大多数采用冷水式。变风量空气处理机组通常利用离心式送风机提供动力，通过调整风机转速或叶片安装角度来控制送风量。

(2)变风量空调末端装置

变风量空调末端装置是系统实现变风量功能的关键设备，用于控制送风量，维持空气温度在允许的范围内。变风量空调末端装置对系统能耗和室内热舒适性有直接影响。变风量空调末端装置的选择是否合适，以及空调末端装置性能是否良好，在很大程度上决定了变风量空调系统性能。变风量空调末端装置通常由进风管道、箱体、风量调节器和风阀等几个基本部分组成。

VAV 空调系统的运行主要依靠末端装置根据室内要求提供能量控制其送风量。同时向DDC 控制器传递自己的工作状况，经 DDC 分析计算后发出控制风机变频信号。根据系统要求风量改变风机转速，节约送风动力。该装置主要由室内温度传感器、电动风阀、控制用 IC板、风速传感器等部件构成。在国外，变风量末端装置已经发展了 20 多年，拥有不同的类型和规格，按调节原理分，变风量末端可以分为节流型、风机动力型(串联型和并联风机型)、双风道型和旁通型四种，还有一种是在北欧广泛采用的诱导型。

(3)系统控制器

系统控制 SC 的主要功能是根据系统中的各 VAV 装置的动作状态或风管的静压值(设定点)，分析计算系统的最佳控制量，指示变频器动作。在各种 VAV 的空调系统的控制方法中，除 DDC 式外，其他方法均设置独立式系统控制器。

4. 变风量空调系统的控制

变风量空调系统的总送风量和各房间的送风量均随着空调负荷的变化而变化。为了使变风量空调系统的节能性和经济性得到充分体现，必然导致变风量空调系统对自动控制水平有较高要求。变风量空调系统控制包括房间温度控制、送风静压控制、新风量控制和系统正压控制等几个方面。

①房间温度控制：它是通过末端装置对送风量的控制来实现的；

②送风静压控制：送风静压控制的目的是维持送风静压在其设定值，从而使系统总送风量随着空调负荷的变化而变化。送风静压控制系统由送风机、变频器、送风静压传感器和控制器组成。

③新风量控制：新风量控制的目的是为建筑提供足够的新风量，保证室内的空气品质。新风量控制系统由新风阀、新风流量传感器、二氧化碳浓度传感器和控制器组成。

④建筑物正压控制：建筑物正压控制的目的是维持建筑物内空气压力等于或略高于大气压，以避免室外空气向建筑物内渗透。只要空调系统的总新风量等于或略大于空调系统的总排风量与总机械排风量之和，就可以维持空调区域的空气压力等于或略高于大气压。变风量空气处理机组通过调整新风阀、回风阀和排风阀的开度来维持建筑物内的空气压力等于或略大于大气压。

8.3.2 变制冷剂流量空调系统

1. 变制冷剂流量空调系统的概念和组成

变制冷剂流量空调系统是制冷剂流量可自动调节的一大类直接蒸发式空调设备的总称。自 20 世纪 90 年代初以来，变频 VRF 系统在日本发展迅速，应用广泛。VRF 系统一般由室内机、室外机、控制装置和冷媒配管组成。一台室外机可以配置不同规格、不同容量的室内机（1~16 台）。根据室内、外机数量的多少可划分为单元 VRF 系统（SVRF 系统）和多元 VRF 系统（MVRF 系统）两大类。

VRF 空调系统由室内机、室外机、配线与控制系统和制冷剂配管等组成。从系统外观上看，该空调系统室外机相当于水系统空调中的制冷机组，制冷剂管道相当于冷水管，室内单机相当于风机盘管。

2. 变制冷剂流量空调系统的压缩机技术

VRF 空调系统与分体式空调系统原理相同，只是一台室外机可带多台室内机。VRF 空调系统通过压缩机的制冷剂循环量和进入室内各换热器的制冷剂流量，适时满足室内冷热负荷要求，是一种可以根据室内负荷大小自动调节系统容量的节能、高效、舒适的空调。在对制冷压缩机的控制上有变频 VRF 系统和数码涡旋 VRF 系统之分。

用于容量调节的变频压缩机技术包括由变频器驱动提供的可变速压缩机，带旁路（热气和液体）的多级压缩机、双速压缩机和二级容量控制压缩机等。数码涡旋技术是实现容量调节的一种全新的技术，数码涡旋技术使用的是涡旋压缩机，它有一特有性能，称为"轴向柔性"。

3. 变制冷剂流量空调系统的节能

VRF 空调系统的节能性表现在以下几个方面：

①空调系统在全年的绝大部分时间里是处于部分负荷运行状态，常规空调在设计时是按照设计负荷选定的制冷设备，在非额定工况下，制冷机 COP 值较低，而 VRF 空调产品在部分负荷下运行时也有较高的 COP 值。

②VRF 空调系统中，不同的房间可以设定不同的温度，以满足不同使用者的要求，避免了集中控制造成的无效能耗，也提高了舒适水平。

③空调系统直接以制冷剂作为传热介质，传递的热量约为水的 10 倍，空气的 20 倍，且不需用庞大的水管和风管系统，不但减少了耗材，节省了空间，还减少了输送能耗及冷媒输送中的能量损失。

8.3.3　变水量空调系统

传统的中央空调水系统采用定流量质调节的方式，即冷冻水泵和冷却水泵都是定流量运行的，这导致在低负荷下水系统处于大流量小温差运行工况，浪费了大量电能，因此，如何降低水泵的能耗对于空调系统节能意义重大。随负荷变化来降低水泵能耗的主要手段是变频技术，即通过 PLC 或工控机控制变频器，改变水泵的转速，在部分负荷下减小循环的水量以实现节能。VWV 空调系统具体的运行方式包括变冷却水量和变冷冻水量，以及上述两种方式的结合。变流量水系统在水泵设置和系统流量控制方面必须采取相应的措施，才能达到节能的目的。变水量空调系统的水泵配置方式有两种：

1. 制冷机（或热源）与负荷末端共用水泵

称一次泵（primary pump）系统或单式系统。在图 8 - 3 中可以看出，一次泵系统的末端如果用三通阀，则流经制冷机（R）或热源（H）的水量一定。如果末端用两通阀，则系统水量变化。为保证流经制冷机蒸发器的水量一定，可在供回水干管之间设旁通管。

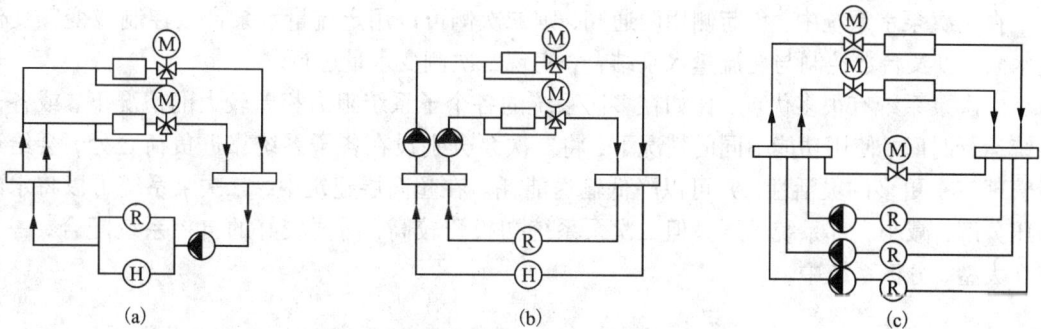

图 8 - 3　二次泵水系统

（a）一次泵流量系统；（b）一、二次泵流量系统；（c）一次泵变流量系统、二次泵定流量系统

在供回水干管之间的旁通管上设有旁通调节阀。根据供回水干管之间的压差控制器的压差信号调节旁通阀，调节旁通流量。在多台制冷机并联的情况下，根据旁通流量也可以实现台数的控制。

一次泵系统的台数控制有以下一些方式：

①旁通阀规格按一台冷水机组流量确定。当旁通流量降到阀开度的 10% 时，意味着系统负荷增大，末端用水量增加，这时要增开一台冷水机组。反之，当旁通流量增加到 90% 时，

停开一台冷水机组。

②在旁通管上再增设流量计。当旁通流量计显示流量增加到一台冷水机组流量的110%时，停开一台冷水机组。旁通调节阀由压差控制，保证供回水管处于恒定压差。

③在回水管路中设温度传感器。当回水温度变化时，根据设定值控制冷水机组的启停。

一次泵系统比较简单，初投资省。目前在中小规模空调系统中应用十分广泛。

2. 将水系统设为冷热源测和负荷侧

冷热源测用定流量泵，保持一次环路流经蒸发器的水流量不变；负荷侧（二次环路）可以采用变频水泵或定流量水泵的台数控制实现变流量运行。这种系统称之为二次泵系统或"复式"系统。如图8-4所示。

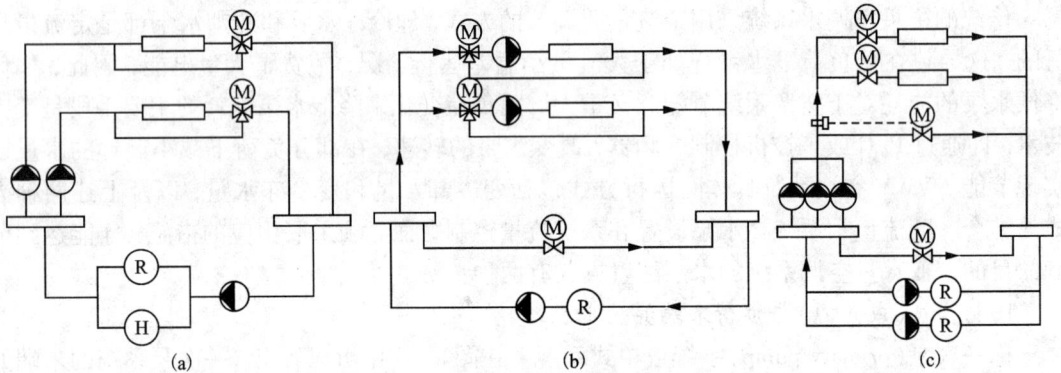

图8-4 二次泵水系统

（a）一、二次泵定流量水系统；（b）一、二次泵变流量水系统；（c）一次泵变流泵、二次泵定流量水系统

在二次泵水系统中，负荷侧用两通阀，则二次侧可以用定流量水泵台数控制或变频变流量水泵，以及台数控制与变流量水泵结合，实现二次侧变水量运行。

二次泵系统有很多优点：比如在多区系统的各个子系统阻力相差较大的情况下，或各子系统运行时间、使用功能不同的情况下，将二次泵分别设在各子系统靠近负荷之处，会给运行管理带来更多的灵活性，并可以降低输送能耗。在超高层建筑中，二次泵系统可以将水的静压分解，减小底部系统承压。但二次泵系统初投资较高，需要较好的自控系统配合，一般用在大型、分区系统中。

8.4 蓄冷空调技术

8.4.1 蓄冷空调的概念

热能存储（thermal energy storage，TES）是指在蓄冷装置（蓄热器）内在充能和放能过程中发生的物理或化学过程。蓄冷装置包括储存容器（通常是隔热保温的）储存介质、充能和放能及其他附属装置。蓄能系统是指从能源提取能量充入蓄热器和从蓄热器释放能量，以及在许多情况下将其转换成需要的能量形式的系统。

由于白天和夜间用电设备的不同，昼夜电力负荷是不一样的，一般是白天的电力负荷要高于夜间。夏季，大量空调的使用造成白天与夜间相比巨大的电力负荷峰谷差。由于空调的日益普及，空调中80%以上是电力驱动空调，我国各城市的夏季最大电力负荷和昼夜负荷峰谷差逐年攀升，其中以上海市最为典型，如图8-5所示。蓄冷空调就是电力负荷削峰填谷的目的。

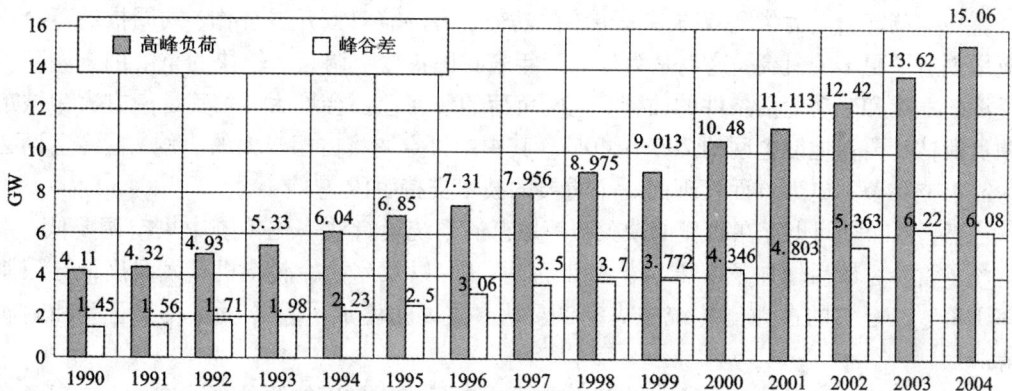

图 8-5　上海市历年的电力高峰负荷和最大昼夜负荷峰谷差

蓄冷空调是指在电力负荷很低的夜间，即用电低谷期，采用电制冷机制冰，将冷量以冰的方式储存起来；而在电力负荷较高的白天，也就是用电高峰的时期，把储存的冷量释放出来，从而满足建筑物空调负荷的需要，实现用电负荷的"移峰填谷"。最大限度实现中央空调用户能源运行费用节省。

蓄冷空调的蓄冷方式是指从热力学角度考虑所采用的蓄冷方法。蓄冷空调的蓄冷方式主要有两种：一种是显热蓄冷，它是在蓄冷介质状态不变的情况下，使其降温释放热量后蓄存冷量的方法；另一种是潜热蓄冷，它是在蓄冷介质温度不变的情况下，使其状态变化释放相变潜热后蓄存冷量的方法。

根据蓄冷介质的不同，蓄冷空调系统可以分为三类：一是水蓄冷，即以水作为蓄冷介质的蓄冷系统；二是冰蓄冷，即以冰作为蓄冷介质的蓄冷系统；三是共晶盐蓄冷，即以共晶盐作为蓄冷介质的蓄冷系统。水蓄冷属于显热蓄冷，冰蓄冷和共晶盐蓄冷属于潜热蓄冷。水的热容量较大，冰的相变潜热很高，而且都是易于获取和廉价的物质，是采用最多的蓄冷介质，因此水蓄冷和冰蓄冷是应用最广的两种蓄冷系统。

按蓄冷设备结构的不同，水蓄冷空调系统主要有迷宫式、隔膜式、多槽式和水温分层式等几种形式，冰蓄冷空调系统主要有冰盘管式、容积式（封装式、冰球式）、冰片滑落式和冰晶式（冰泥式）几种。冰蓄冷空调系统是蓄冷空调发展的主流。

8.4.2　蓄冷空调的特点

蓄冷空调系统是在传统空调装置中，加装一套蓄冷装置形成蓄放冷循环后的空调系统。蓄冷空调系统与传统空调系统相比，最突出的优点是：可全部或部分地转移制冷设备的运行时间，从而能较大幅度地降低电网的高峰负荷、充填低谷负荷、进行移峰填谷。它一方面有利于供电方提高电网运行的可靠性和经济性，降低供电成本；另一方面有利于需电方避开电网负荷高峰时段的高价电力，充分利用负荷低谷时段的廉价电力，节省了电费开支。对于供电资源短缺的电网还可以部分地缓解电力供应的压力，对于负荷增长较快的电网会减少增建电厂和输配电系统的电力投资。对于要求较高的空调用户，采用蓄冷空调相当于设置一个备用冷源，一旦临时停电可作为应急冷源，启用蓄冷装置和自备电源投入运行，可以保障主要部位的空调负荷。

蓄冷空调能给电力供需双方带来更多的功效，为供需双方开展合作、共同推动蓄冷空调的应用创造了更多的机会，这也是为什么近年来我国蓄冷空调起步较快的重要因素。随着市场经济的发展和劳动生活条件的改善，电网负荷的峰谷差还会增大，尤其是南方大中城市的空调负荷估计要占地区电网的20%～40%，其中中央空调将占相当大的比例，蓄冷空调必将成为需求方在节约电力方面管理的一个重要的技术支持手段。

当然，蓄冷空间也存在明显的缺欠：一是它的系统运行效率比传统中央空调要低，主要是增添了蓄冷系统后增加了换热、传热和工质损失，以及冰蓄冷制冷机蒸发温度低导致制冷效率下降；二是它的占地比传统中央空调要大，主要是增加了蓄冷设备及其管路和附属部件等。

由于水蓄冷空调及冰蓄冷空调为目前技术成熟且应用最广的两种蓄冷空调，二者各自的特点介绍如下。

（1）水蓄冷空调系统

水蓄冷与冰蓄冷相比，它的主要优点是它的制冷效率高、蓄冷设备简单、易于改造、见效快。主要原因有以下几个：一是传统中央空调的制冷机、风机、水泵、空调箱、管路等主要部件不必更换，可直接使用；二是以水作为蓄冷介质，它的获取方便，价格低廉；三是不需降低制冷机的蒸发温度，制冷深度不变，可保持较高的制冷效率；四是蓄冷设备比较简单，容易将传统中央空调系统改造为水蓄冷空间系统，投资少，工期短，见效快。

水蓄冷空调系统的主要缺点是蓄冷介质的蓄冷密度低，蓄冷设备占地大和蓄冷效率低。水的比热是 4.1868 kJ/（kg·K），冰的相变温度是 0℃、相变潜热为 333.3 kJ/kg。在水蓄冷方式中，通常的蓄冷温差在 5℃ 左右，1 m^3 水的蓄冷能力为 20.9×10^3 kJ，相当于 5.8 kW·h。在冰蓄冷方式中，1 m^3 的冰（相当 924 kg）蓄冷能力为 308×10^3 kJ，相当 85.6 kW·h。理论上，在水和冰两种蓄冷介质同样体积下，冰蓄冷能力约为水蓄冷能力的 15 倍。因此，在提供相同蓄冷量条件下，水蓄冷设备占地要比冰蓄冷占地大得多，因而受场地条件约束大。若能够与消费水池共用，不但可以节省占地，而且还可以减少投资。

水蓄冷的蓄冷槽内不同温度的冷冻水易于掺混，以及庞大蓄冷槽的水表面散热损失较大等因素的影响，使它的蓄冷效率偏低。

（2）冰蓄冷空调系统

冰蓄冷与水蓄冷相比，它的主要优点是蓄冷密度大，蓄冷能力强，蓄冷效率高，并可实现低温送水运风，水泵和风机容量较小。究其原因主要有以下几种：一是蓄冷介质的蓄冷密度大，故蓄冷设备占地比水蓄冷设备占地小得多，这在大中城市高层楼宇设置蓄冷空调是一个相对有利的条件；二是冰蓄冷设备内的蓄冷温度虽比水蓄冷设备内的蓄冷温度低，蓄冷设备内外温差大，但它的外表面积远小于水蓄冷设备的外表面积，故而散热损失低，蓄冷效率高；三是冰蓄冷可提供低温冷冻水和低温送风系统，使得水泵和风机的容量减少，也相应地减少了管路直径，有利于降低蓄冷空调的造价；四是冰蓄冷能力强，临时停电时，可以作为一个蓄冷库当作应急冷源。

冰蓄冷空调系统的主要缺点是在蓄冷工况时的制冷效率低，制冷能力下降。制冷机的特征是，制冷剂的蒸发温度越低制冷效率就越低，在提供相同冷量的条件下降低了制冷机的可用功率，一般制冷剂的蒸发温度每下降1℃，它的可用功率要下降3%。水蓄冷空调制冷机的制冷剂的蒸发温度与传统中央空调相同，一般在2~3℃，而在蓄冰工况时制冷剂的蒸发温度一般在-7~-8℃。因此，相同容量的制冷机，冰蓄冷的制冷能力要下降30%左右，即相当水蓄冷空调制冷机容量的70%。理论上，在环境条件不变的前提下蓄冷工况的单位冷吨用电量，冰蓄冷约为水蓄冷的1.43倍。应当指出，蓄冷用电量是填谷电量，既可以缓解电网压电的困难，又有利于平稳系统负荷；对用户来说，从移峰填谷电价差中所获得的收益，往往高于效率损失的花费。此外，冰蓄冷系统的装置比较复杂，操作技术要求高，投资也比较大，施工期也比较长，更适合于大中型新建筑物采用。

8.4.3　蓄冷系统的工作循环

1.蓄冰空调的设备

（1）制冷机

制冷机是制冷系统的主体设备，使用最多的有活塞式、离心式和螺杆式三种压缩制冷机。蓄冰式空调使用的制冷机要在空调工况和制冰工况两种工况下运行，普通传统空调的离心式制冷机不适用于蓄冰式空调，必须选用双工况制冷机组，螺杆式制冷机的性能更适合作为双工况制冷机。

（2）蓄冷罐

蓄冷罐是蓄冰系统的主体设备。罐内堆装着蓄冰球，球壳是由高密度聚合稀烃硬质材料制成的圆球体，其机械性能和化学性能与蓄冰介质和载冷介质性质相容。球壳内充注具有高凝固潜热的相变物质盐水作为蓄冷介质，并把它封装起来。当从制冷机蒸发器出来的低于相变温度的载冷剂（冷冻液）透过蓄冷罐时，蓄冰球将其热量传递给载冷剂，使蓄冷介质结冻蓄冷；当高于相变温度的载冷剂遇过蓄冷罐时，蓄冰球就会吸收载冷剂的热量，把冷量释放给载冷剂使蓄冷介质解冻融化，从而完成蓄冷和释冷过程。

（3）载冷剂

载冷剂是介于制冷剂和蓄冷介质之间，作为冷量传递的中间介质的冷冻液，通常采用的是含乙二醇的水溶液。乙二醇水溶液有个特性，它的凝固点很低并随其浓度不同而变化，浓度越高相变温度越低，在蓄冷循环中为保证冷冻液液体不被固化，乙二醇水溶液的浓度应使其凝固点低于最低蒸发温度。一般用25%浓度的乙二醇水溶液，其相变温度在-12℃，低于蒸发器-8℃的最低蒸发温度。

（4）并盘管式

并盘管式又称为冷媒盘管式和外融冰系统。该系统也称直接蒸发式蓄冷系统，其制冷系统的蒸发器直接放入蓄冷槽内，冰冻结在蒸发器盘管上。融冰过程中，冰由外向内融化，温度较高的冷冻水回水与冰直接接触，可以在较短的时间内制出大量的低温冷冻水，出水温度与要求的融冰时间长短有关。这种系统特别适合于短时间内要求冷量大、温度低的场所，如一些工业加工过程及低温空调送风系统。

（5）完全冻结式

完全冻结式又称乙二醇静态储冰和内融冰式冰蓄冷。该系统是将冷水机组制出的低温乙二醇溶液(二次冷媒)送入蓄冰槽(桶)中的塑料管或金属管内,使管外的水结成冰。蓄冷槽可以将90%以上的水冻结成冰。融冰时从空调负荷端流回的温度较高的乙二醇水溶液进入蓄冰槽,流过塑料或金属盘管内,将管外的冰融化,乙二醇水溶液的温度下降,再被抽回到空调负荷端使用。

(6)动态制冰

动态制冰又称制冰滑落式系统,该系统的基本组成是以制冰机作为制冷设备,以保温的槽体作为蓄冷设备,制冰机安装在蓄冰槽的上方,在若干块平行板内通入制冷剂作为蒸发器。循环水泵不断将蓄冰槽中的水抽送到蒸发器的上方喷洒而下,在平板蒸发器表面结成一层薄冰,待冰层达到一定厚度(一般在3~6.5 mm之间)时,制冰设备中的四通换向阀切换,使压缩机的排气直接进入蒸发器而加热板面,使冰脱落,也就是冰的所谓"收获"过程。通过反复的制冰和收冰,蓄冰槽的蓄冰率可以达到40%~50%。由于板式蒸发器需要一定的安装空间,因此动态制冰不大适合大、中型系统。

(7)冰球式

冰球式又称容器式蓄冰。此种类型目前有多种形式,即冰球、冰板和蕊心褶囊冰球。冰球又分为圆形冰球,表面有多处凹凸的冰球和齿形冰球2种。

(8)共晶盐

共晶盐是一种由无机盐,即以硫酸钠水化合物为主要成分,加上水和添加剂调配而成的混合物,充注在高密度聚乙烯板式容器内。

(9)冰晶或冰泥

该系统是将低浓度乙二醇水溶液冷却至冻结点温度,产生千千万万个非常细小的均匀的冰晶,其直径约为100 μm。这种冰粒与水的混合物,形成类似泥浆状的液冰,可以用泵输送。

2. 蓄冰系统的工作过程

蓄冰系统的工作过程,有以下四种典型运行工况:

①单蓄冷工况:单蓄冷工况是空调终端不需冷量时的运行工况。写字楼和商务大厦等一般在上夜或下夜电网负荷低落或负荷谷期停止工作、不需空调的时候,关闭放冷回路,蓄冷回路投入运行,起全量填谷作用。

②蓄冷和直供冷工况:蓄冷和直供冷工况是空调终端需冷量低于制冷机过冷能力时的运行工况,歌舞厅、建身房、写字楼、夜总会、商厦、酒楼、车间等,在清晨或午夜前的一段时间常常出现此种空调工况。此时,蓄冷回路和放冷回路均投入运行,起部分填谷作用,有较大的填谷能力。

③放冷和直供冷工况:放冷和直供冷工况是空调终端所需冷量大于制冷机能力时的运行工况。在通常情况下,中央空调最大需量时段正处于电网负荷的高峰期,是蓄冷空调发挥削峰作用的最好机会,此时制冷机和放冷回路均投入运行。

④单放冷工况:单放冷工况是停用制冷机,终端需冷量只用蓄冷设备供冷的运行工况。主要应用在电网负荷峰期的空调时间不长,但空调负荷很大,蓄冷容量大于或等于空调时段需冷量的场合,如体育场馆、大会堂等的空调会遇到这种运用方式。

8.4.4　蓄冷系统的工作模式

采用蓄冷空调的目的就是把空调电力负荷从高峰转移到低谷，实现移峰填谷的功能。对空调用户来讲，到底转移多少高峰负荷，选择多大蓄冷容量才经济合理，主要取决于蓄冷空调系统采用的工作模式，也就是蓄冷系统与制冷系统相互配合的工作方式。究竟选用哪种工作模式，与空调负荷特性、电网负荷方式、电价制度、设备价格、场地条件等多种因素有关。

典型的蓄冷系统工作模式有两种：一种是全量蓄冷工作模式，另一种是分量蓄冷工作模式。全量蓄冷工作模式是利用非空调时间储存足够的冷量来供给全部的空调负荷，把用电高峰期的空调负荷全都转移到电网负荷的低谷期；分量蓄冷工作模式是利用非空调时间蓄存一定的冷量，在用电高峰期制冷机仍然工作直接供冷，同时利用非空调时间蓄存的冷量供给部分的空调负荷，把用电高峰期的空调负荷部分地转移到电网的低谷期。

8.5　热电冷联供技术

建筑热电冷联供（BCHP）系统，是分布式供能系统的一种，是在建筑物内安装燃气或燃油发电机组发电，满足建筑的用电基础负荷；同时，用其余热产生热水，用于采暖和生活热水需要；在夏季利用发电的余热产生冷量，用于空调的降温和除湿。即在建筑物中同时解决电能、热能和冷能需要的能源供应系统。

BCHP 系统由发电设备、余热利用设备及蓄能设备等组成。由于原动机形式不同，BCHP 系统的发电效率、产热效率和所产生热量的承载形式也不同，从而决定了能耗性能的差异。通常，发电机产生的余热量有烟气热量和冷却水热量两部分可以回放利用。根据能量的梯级利用原则，在余热的利用方面一般采用如下方式：温度在 150℃ 以上的余热在夏季可用于驱动双效吸收式制冷机制取空调用冷冻水，此时，烟气中的热量转换为冷量的转换效率可达 1.2 ~ 1.3；在冬季可用于驱动吸收式热泵制热，制热 COP 可达 1.6 ~ 1.7；温度在 80℃ 以上的余热可作为单效吸收式制冷机的驱动能源，此时，热量转换为冷量的转换效率只能达到 0.7 ~ 0.8；温度在 60℃ 以上的余热可直接用于供热，或作为除湿机的驱动能源；60℃ 以下的余热可利用热泵技术回收后用于供热，如采用热泵技术将天然气烟气冷凝热回收供热。

1. 比较基准

要想认识 BCHP 系统的能耗状况，需要有一个参考系统作为比较对象，即基准线。天然气 BCHP 系统消耗天然气，动力装置在发电的同时，产生的余热可以进一步用来供热或供冷。如果比较对象设为燃煤锅炉与燃煤电厂，同样可以计算出燃气 BCHP 系统相对于燃煤的节能率，这也是目前多数分析 BCHP 系统能耗的方法。但这样是欠妥的。因为，我们平均的是宝贵的天然气资源如何使其充分发挥作用，因而应比较天然气用于热电冷联供，还是直接用于发电、以燃气锅炉方式供热、用电制冷。所以燃气 BCHP 系统的比较对象应该是天然气发电厂和燃气锅炉，以及用电制冷。天然气发电提出采用燃气 – 蒸汽联合循环实现，相应的发电效率目前可以达到 55% 以上，甚至达到 60%，因而可选取这种电厂作为热电冷分产的比较对象，同时考虑电网网损。在下文的比较中我们取基准天然气发电厂的发电效率为 55%，电网输配效率为 90%；燃气锅炉热效率取 90%；分产情况下的制冷利用电动制冷机实现，制冷系统的 COP 一般可以达到 5 ~ 6，在本书中分析取 5。热电联供供热工况和制冷工况与分产模式的比较如图 8 - 6 和图 8 - 7 所示。

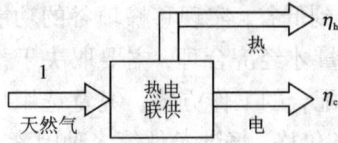

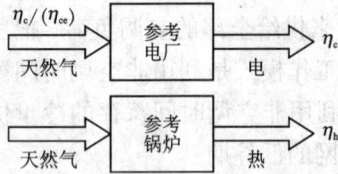

图 8 - 6　热电联供与分产的能耗对比

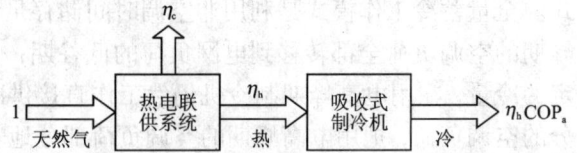

图 8 - 7　BCHP 系统在制冷工况下的各效率

2. 从能源利用率角度分析系统适用性

如图 8 - 8 所示，BCHP 系统冬季运行与燃气锅炉供热、燃气 - 蒸汽联合循环发电相比的节能率，图中横坐标为总的能源利用率，分析图 8 - 8 可知：

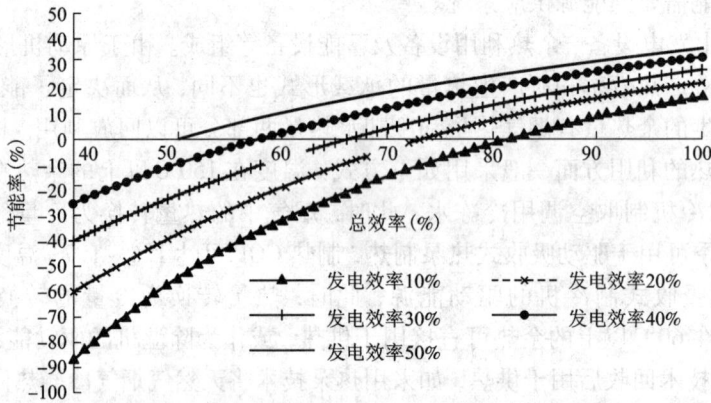

图 8 - 8　供热工况下燃气热电冷联系统的节能率

①对于特定机组，发电效率一定的情况下，随着供热效率的提高，系统的节能率逐渐提高。当机组的发电效率是 10% 时，必须使得系统的供热效率超过 70%，系统的总的热源利用效率超过 80%，此时 BCHP 系统相对于热电分产才节能，随着发电效率的提高，BCHP 系统的优越性开始变得明显，当机组的发电效率为 40% 时，只要使用 BCHP 系统热效率超过20%，系统的能源利用总效率超过 60%，BCHP 系统即可保证比热分产系统节能，因此对于天然气 BCHP 系统，一方面应该研究通过系统的发电效率，另一方面应该注意改进系统的状态能源利用效率。

②对于内燃机 BCHP 系统，总效率一般在 80% 左右，发电效率一般在 15% ~ 40%，其节能率在 3% ~ 20% 之间。

③对于内燃机 BCHP 系统，其发电效率和总效率更高，发电效率一般在 25% 以上，总效率也可达 85%，因而节能率一般可以高达 14% 以上。

④对于微燃机和斯特林发动机，发电效率可达 30%，热电冷联供总效率为 80% 左右，此时节能率 25% 左右。

⑤对于燃料电池热电冷联系统，发电效率可达 50%，热电冷联供总效率为 80% 左右，此时节能率 25% 左右。

BCHP 系统也有能耗高于热电分产的情况。由于热、电负荷的变化，系统可能多数时间偏离设计工况，造成发电效率和总效率下降，将会导致系统的热电比下降；总效率降低，致使能效甚至不如热电分产。

制冷工况比较，如图 8 - 9 所示，燃气 BCHP 系统夏季制冷工况的节能率，有如下的规律：

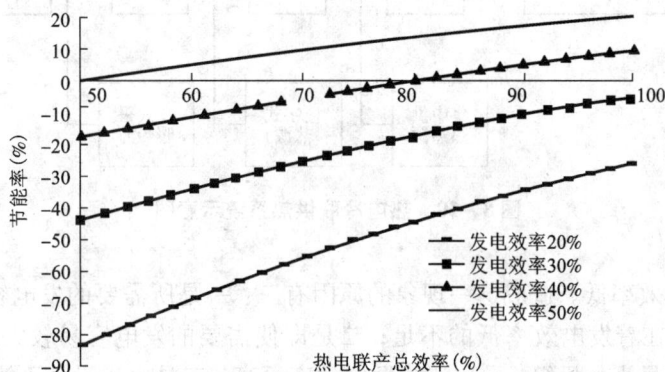

图 8 - 9　楼宇式燃气 BCHP 系统夏季制冷工况节能率

①只有当天然气 BCHP 系统的发电效率达到 40%，系统整体能源利用率达到 82% 以上，系统工作于联供制冷模式下才有可能比分产系统节能。

②对于单循环燃气轮机 BCHP 系统，机组的发电效率很难达到 40% 以上，因此单循环燃气轮机 BCHP 系统相比与分产系统一般不节能。

③对于内燃机，发电效率可以达到 40%，但是余热热量中有 15% ~ 20% 的热量是以低温缸套水的形式出现的，这部分热量中 90℃ 左右的冷却水只能用于驱动单效制冷机或者用于双效吸收式制冷机的低压发生器，而 60℃ 左右的冷却水只能用于供生活热水，这样对于内燃机而言，BCHP 系统相对于分产模式也很难实现有效的节能。

④对于微燃机和斯特林发电机，发电效率为 30% 左右，且此时斯特林发电机大部分热量都为 60℃ 左右的低温热水，不能用于溴化锂吸收式制冷，200℃ 左右的排烟所占热量份额小于 10%，所以此时微燃机和斯特林发动机夏季制冷时不比冷电分产节能。

⑤对于燃料电池 BCHP 系统，发电效率可达 50%，热电冷联供总效率为 80% 左右，节能率可达 13%。

造成 BCHP 系统夏季很难有节能效果的主要原因：一是发电机本身的发电效率与燃气 - 蒸汽联合循环电厂相比较低；二是其烟气余热品位仍然较高，可利用的热量温度可高达 400℃ 以上，而吸收式制冷机所需要的热量温度只要 160℃。因此，利用燃气轮机排放的热量直接驱动吸收机制冷,巨大的传热温差会造成巨大的不可逆损失,从而降低了能源利用效率。这是 BCHP 系统制冷工况下不节能的主要原因。

从能源利用率角度分析可知,当全年有稳定的热负荷时,采用 BCHP 系统是一种高效的能源利用方式;而以冷负荷为主的 BCHP 系统一般不能节能。

3. BCHP 系统实施存在的问题

图 8-10 所示是热电冷联供热系统的示意图。目前,从技术的角度,天然气 BCHP 系统存在着发电效率低、余热利用效率低、系统容量配置过大这三个主要现象,通过对不同在役的三联供系统进行调研,透过这一现象分析其本质,我们发现对于同一种现象背后的原因却不尽相同,将同一现象的原因分析归纳如下:

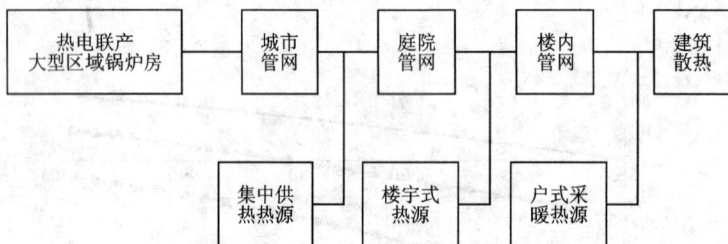

图 8-10　热电冷联供热系统示意图

①发电机发电效率低。造成这一现象的原因有三:一是所需要的发电容量小,选用发电容量小的机组,存在着发电效率低的不足;二是即使需要的发电容易较大,在设计方案中,选用了多台发电容量小的机组,导致整体发电效率不高;三是由于设计不当或者不能并网造成发电机组的负荷率低,造成机组部分负荷条件下运行效率低。因此,就发电机组发电效率低这一表象,其原因就涉及政策方面、设计方面、施工建设及运行管理四个方面的问题。

②系统的容量配置过大。在设计阶段,对建筑的负荷预测至关重要,实际工程中往往因为对建筑负荷预测没有准确把握,造成设备容量过大,影响系统的经济性;二是因为在系统设计之初,采用了并网甚至上网的方案,为了增大系统的规模效应配置了较大的容量,而在实际工程中不能保证上网条件,导致大容量设备无法正常运行。

③系统余热利用效率低。原因一是由于季节原因造成系统余热不能得到充分的利用,或者在某个季节不能利用,造成热量的浪费,导致余热利用效率低;二是由于系统运行策略不当,运行过程中电、热负荷的不匹配或者变工况条件下系统余热利用设备运行效率低,甚至难以正常运行等;三是由于系统设计原因造成的,即设计的余热利用方法不当,没有按照能源利用的原则设计余热利用系统或者没有采用能最大限度地回收余热的配置方法等;四是由于在实际建设项目过程中不能保证高于该平均余热利用效率水平的机组准入使用,导致系统实际运行效果差。

因此,在考察三电联供系统适用性时,必须从政策方面、设计方面、项目施工建设、项目运行管理方面形成一套科学有效的体系,才能保证系统健康合理、高效的发展。从调研的结果来看,不成功的三联供系统往往不是一种原因造成的,而是多个阶段多个原因造成的结果,然而,必须特别指出,工程咨询阶段和设计阶段的原因所占比例最大,其次建设过程中的原因也不容忽视。

8.6 辐射供冷

早在 20 世纪 30 年代，辐射顶板供冷/供暖空调系统就被公认为是一种最舒适的供暖方式，但由于它的造价太高，因此在工程上不能得到普遍应用。辐射顶板供冷/供暖空调系统于 20 世纪 70 年代起源于欧洲，后来逐渐在美国、澳州等地进行推广和应用，2002 年辐射供冷/供暖顶板空调系统被美国能源部列为节能效果最好的空调技术。

1. 辐射供冷的概念和空调系统的组成

辐射供冷是指降低围护结构内表面中一个或多个表面温度，形成冷辐射面，依靠辐射面与人体、家具和围护结构等其余表面的辐射热交换，以及辐射冷表面与室内空气对流换热，对房间进行降温的技术方法。

辐射供冷空调系统形式一般是辐射供冷与独立新风系统结合，主要由冷源设备、新风处理机组、冷却盘管、送风口以及自动控制系统组成。

（1）辐射供冷空调系统的冷源

冷却盘管所需的送水温度较高，一般为 16～20℃，因此，利用天然冷源就比较方便，例如冷却塔自然蒸发冷却的水、地下深井水等。若使用制冷机，由于蒸发温度的提高，COP 值也得以提高。而对于独立新风系统，由于风系统主要承担除湿任务，它要求的送水温度较低，冷源可以采用制冷机组，如地源热泵、风冷热泵、冰蓄冷等形式。热泵机组出来的低温水首先进入新风系统，对风系统冷却减湿以后再和给水混合进入冷却盘管。

（2）新风处理与送风方式

辐射供冷与独立新风混合式系统的优点之一就是能够实现对空气温度和湿度的解耦处理，尽可能地发挥冷却盘管的辐射供冷能力，而让风系统在承担室内全部潜热负荷的同时尽量减少冷量的提供，从而达到节能的目的。而空气处理方式除了采用冷凝除湿外，也可采用上述的固体除湿和液体除湿，充分发挥除湿供冷的优势。

新风送风方式可以采用上送风方式，也可采用置换通风送风方式，即在房间底部设送风口，将新鲜的冷空气由房间底部送入室内。由于送入的空气密度大而沉积在房间底部，形成一个空气湖，当遇到热源时，新鲜空气被加热上升，形成热羽流作为室内空气流动的主导气流，图 8－11 为置换通风与辐射吊顶空调系统示意图。

2. 辐射供冷的节能性

（1）送风量的减少降低了输送空气的能量消耗

在辐射供冷空调系统中，房间的显热负荷由辐射盘管来承担，湿负荷由新风来承担，新风的送风量只需用来消除气味和湿度，满足卫生要求以及人员所需的最小新风量，所以该空调系统的送风量少，与传统空调相比，其送风量减少 60%～80%，大大节省了风机耗能，降低了输送空气的能量消耗。

同时用水代替空气来消除热负荷，大大降低了输送冷量的动力能耗。系统中大部分的冷负荷由冷水系统承担，传递冷量的介质是水。而与空气相比，水具有高热值和高密度的特点，其热传输能力约是空气的 4000 倍。水输送冷量的能力远大于空气，因此，只需耗费很少的水泵能量，冷量就可以运输至目的地。同风冷系统相比，尽管水冷系统增加了水泵的能耗，但总能耗仍远远低于风冷系统中风机消耗的能量。在输送相同冷量的情况下，水所消耗

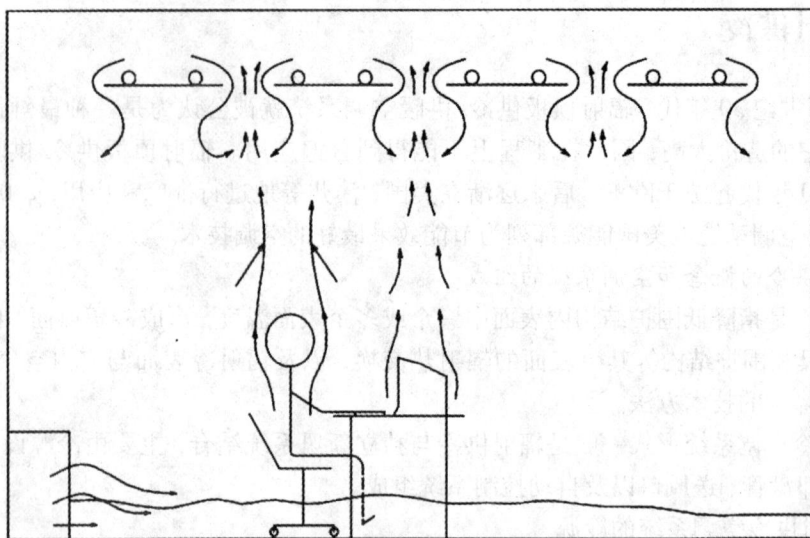

图 8 - 11　置换通风与辐射吊顶空调系统示意图

的动力能耗大约是风的一半。

（2）辐射供冷降低人体实感温度，减少了系统能耗

由于辐射面的辐射作用，围护结构、地面以及环境中设备表面均有较低的温度，导致房间内的平均辐射温度较低，这种低平均辐射温度的环境使人的实感温度低于环境的空气温度，给人以较好的舒适感。当冷却顶板系统提供的辐射含量较高时，人在房间里所感受的温度要比实际温度低 2 ~ 3℃。在装有高辐射含量的冷却顶板的房间里，其室内空气温度可以比常规系统房间内的空气温度高 2 ~ 3℃，但人的舒适感相同。因此，在相同的热舒适度情况下，与传统空调相比，采用辐射供冷空调系统的室内设计温度可以高一些，从而减少了冷负荷，节省了系统能耗。

（3）采用温度、湿度独立控制系统，提高了制冷设备的 COP 值

辐射供冷空调系统具有一个独立的新风系统，其承担全部室内潜热和湿负荷，这样供冷水温度由传统空调的 5℃ 可以提高到 16℃ 左右，从而大大提高了空调机组的 COP 值，节约了能源。同时，由于供冷水温度的提高，冷水可以利用天然冷源，减少了电能或常规能源的消耗。

另外，采用辐射供冷空调系统可以避免传统空调送风量大、有吹风感的缺点，有较好的房间舒适度；由于辐射供冷系统没有室内风机，并且管内的水流速度较低，这样室内的噪声就很小；辐射供冷/供热顶板空调系统安装在顶棚或墙体上，没有大的风道，这样就大大减少了占用建筑的空间，从而可以减少建筑的层高。

3. 辐射供冷空调的系统结构

按照辐射板的位置不同，辐射供冷系统形式可以分为辐射吊顶、辐射地板和辐射墙等形式；按照辐射板结构划分，有"水泥核心"型、"三明治"结构、"冷网格"等不同辐射板形式。下面以辐射吊顶系统为例说明辐射供冷系统的组成。

　　辐射吊顶系统是水流经特殊制成的吊顶板内的通道,并与吊顶板换热,吊顶板表面再通过对流和辐射的作用与室内换热,通过控制吊顶板表面温度而达到控制室内热环境的目的。从吊顶板的结构来说,一般采用的是所谓的"三明治"结构,即中间是水管,上面是保温材料和上盖板,下面是吊顶表面板。

　　图 8 - 12 为吊顶空调系统示意图。其是由辐射顶板和间隔顶板组成,辐射板为了满足房间空调负荷的要求,一般占房间顶棚面积的 30% ~ 70%。保温材料可以采用聚氨酯泡沫塑料、聚苯板等易于成型或加工、导热系数小的材料。供水管采用铜管,规格较小,可采用 1 mm 左右的细管(毛细管)。辐射顶板常采用铝板,其具有较大的导热系数和较强的辐射能力,同时还有易于成型、易于加工的特点,较容易将其制成不同的形状和不同的颜色。

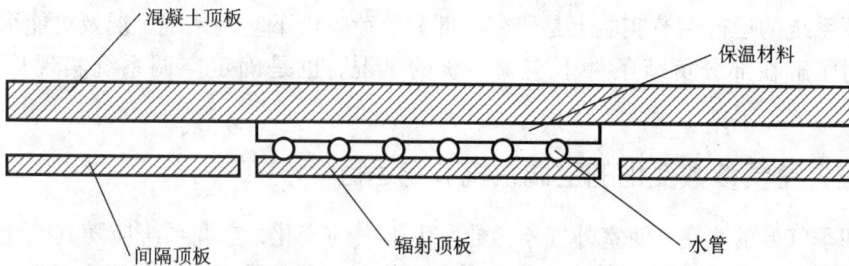

图 8 - 12　吊顶空调系统示意图

　　4.辐射供冷需要解决的问题

　　(1)冷表面结露问题

　　在室内空调设计工况下,空气的露点温度在 16℃ 左右,因此如果辐射面的温度低于空气的露点温度,在辐射表面就会产生结露情况。所以防止辐射冷表面结露是设计辐射供冷空调首先要解决的问题。防止辐射吊顶凝露的传统方法就是控制进入辐射板的冷水初温,只要冷水初温在室内空气露点温度以上就可以避免结露。但是,提高水温防止结露的另一个后果则是需要增大辐射板的面积,由此导致的一次投资的增加,往往是冷水机组效率提高难以弥补的,因此要合理地进行技术性和经济性分析。

　　(2)初投资问题

　　辐射供冷空调系统的初投资较高,一般看来,工程的初投资大约要比传统的空调高50%,这主要由所采用材料和技术的成熟度来决定,有资料显示,当技术成熟和集成后,造价可以大大降低。

　　(3)吊顶冷却能力的问题

　　由于辐射吊顶的单位面积制冷量是一定的,而吊顶的面积也是一定的,因此当室内冷负荷较大时,很可能会出现辐射吊顶面积不够的尴尬局面。所以提高单位面积制冷量是减少成本、提高冷却能力的关键。

8.7　空调系统运行节能技术

　　空调系统的空气处理方案、设备选型、输送管道的设计等,都是根据夏、冬季节室内外设计计算参数和相应室内最大负荷确定的,是空调系统的最不利工况。系统安装好后,经过调试,一般都能达到设计要求。但是,在实际运行过程中,室外空气参数会因气候的变化而与设计计算参数有差异,而室内冷、热、湿负荷也会因室外气象条件的变化以及室内人员的变化、灯光和设备的使用情况而变化。显然室外的最不利工况只有在夏季最热月和冬季最冷月的某几天出现,室内的热、湿负荷高峰在一年中也并不多见。因此,空调系统若不根据实际的负荷变化情况做出调整,而始终按最大负荷工作,则室内空气参数达不到设计要求,造成空调系统冷量和热量的不必要浪费,增加系统运行的能耗(电、气、油、煤等消耗)和费用开支。

所以,一个完善的空调系统应根据室外气象条件和室内负荷变化情况随时进行调节,保证空调系统既能发挥出最大效能,满足用户需求,又能用最经济节能的方式运行,且使用寿命长。空调系统的运行调节实质上是研究在部分负荷条件下空调系统工况及可能采取的节能措施。及时了解在部分负荷条件下空调系统的工况,也是确定空调系统实现自动控制的基础。

8.7.1 室外空气参数变化的空调系统节能运行

一年四季气候的变更,使室外气象参数发生很大的变化,空调系统应随其变化做相应的调整。室外空气状态的变化,主要从两方面来影响室内空气状态:一方面是当空气处理设备不作相应的调节时,会引起空调系统送风参数的变化,从而造成空调房间内空气状态参数的波动;另一方面,由于室外气象参数的变化引起围护结构传热量的变化,从而引起室内负荷的变化,导致室内空气状态的波动。为讨论问题的方便,设定以下条件:

①空调房间的室内热、湿负荷(即工作人员数、运转设备的台数、电热设备数以及照明设备开启的数量等)保持不变。

②空调房间在全年使用中所要求的空气状态参数、温度、相对湿度均为一定值。

室外空气状态变化过程通常在焓湿图上进行分析。若把全年各时刻干湿球温度状态点在焓湿图上的分布进行统计,算出这些点全年出现的频率值,就可得到一张焓频图,点的边界线称室外气象包络线。图8-13(a)给出了室外空气焓值的频率分布。

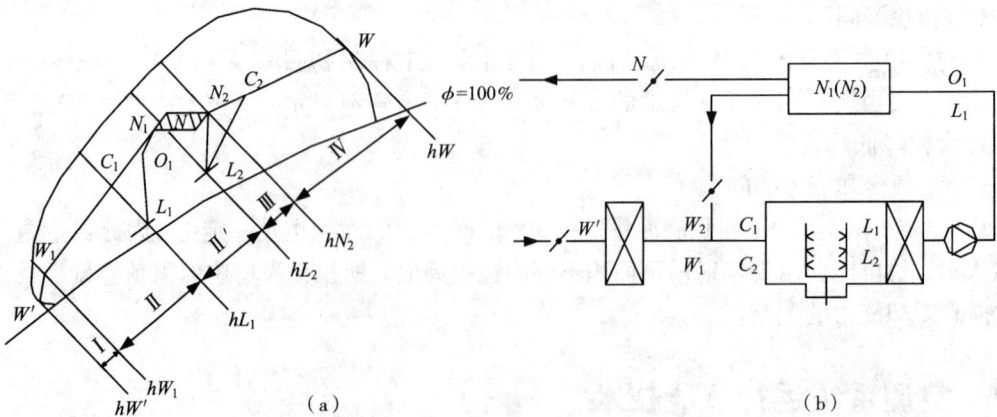

图8-13 一次回风空调系统的分区图

按照室外空气状态全年的变化情况，将全年室外空气状态所处的位置划分为四个区域，即四个工况区，对于每一个空调工况区采用不同的运行调节方法。

每一个空调工况区，空气处理都应尽可能按最经济的运行方式进行，而相邻的空调工况都能自动转换。图 8-13(b)给出了在室外设计空气参数下的一次回风空调系统的流程及冬夏季的处理工况。

按照室外的空气状态全年的变化情况，将全年室外空气状态所处的位置划分为 I、II、III、IV 四个区域，冬夏季允许有不同的室内状态点。在焓频图上用等焓线作为分界线来分区，这样比较方便。其中 II' 区为冬夏季室内设计参数不同所特有的，若两者相同则不存在这个区。下面以一次回风空调系统为例，根据焓湿图分析在室外空气状态点位于每一工况区内的调节过程。

1. 第 I 工况区域的运行调节方法

当室外空气状态处于第 I 区域时，则有 $h_W < h_{W_1}$，属于冬季寒冷季节。从节能角度考虑，可把新风阀门开至最小，按最小新风比送风，同时开启系统的一次加热器(即空气一次加热器)，将新风处理至 h_{W_1} 的等焓线上，此时空气的处理过程为：

$$\left.\begin{array}{c}W_1\\N_1\end{array}\right\rangle \xrightarrow{混合} C_1 \xrightarrow{绝热加湿} L_1 \xrightarrow{等湿加热} O_1 \xrightarrow{\varepsilon} N_1$$

在冬季特别冷的一些地区，当按照最小新风比混合，C_1' 点处于线 h_{L_1} 以下时，应将新风预热后再与一次回风混合后达到 C_1 点，一次混合后的空气经循环水绝热加湿后处理至系统机器露点 L_1，再经二次加热器加热将空气处理至送风状态点 O' 后送入室内。随着室外空气焓值的增加，可逐步减少一次加热量。当室外空气焓值等于 h_{W_1} 时，室外新风和一次回风的混合点也就自然落在 h_{L_1} 线上，此时，一次加热器可以关闭。该处理过程为：

$$\left.\begin{array}{c}W' \xrightarrow{预热} W_1\\N_1\end{array}\right\rangle \xrightarrow{混合} C_1 \xrightarrow{绝热加湿} L_1 \xrightarrow{等湿加热} O_1 \xrightarrow{\varepsilon} N_1$$

一次加热过程也可以在室外空气和室内空气混合后进行，如图 8-14 所示。

如果冬季不用喷水室而采用喷蒸汽加湿($C \to O_1$)，则处理过程为：

$$\left.\begin{array}{c}W' \xrightarrow{预热} W_2\\N_1\end{array}\right\rangle \xrightarrow{蒸汽加湿} C \xrightarrow{加热} O_1 \xrightarrow{\varepsilon_1} N_1$$

对于有蒸汽源的地方，这是经济实用的方法。

从上面的分析可以看出，在第一阶段里，随着室外新风状态的改变，只需要调节一次加热器的加热量就能保证达到要求的 L 点。当室外空气状态在 h_{L_1} 线上时，一次加热器关闭，第一阶段调节结束，将进入第二阶段的调节。

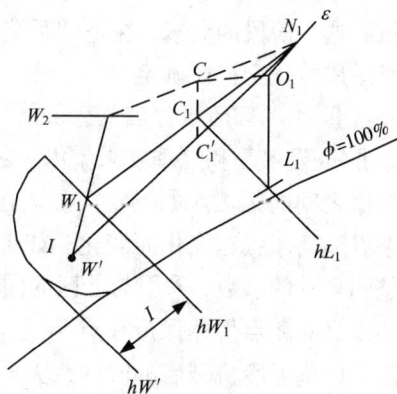

图 8-14　室外空气状态点处于第 I 工况区的处理过程

调节一次加热器加热量的方法有两种，一是调节进入一次加热器的热媒流量，这可以通过调节一次加热器管道上的供回水阀门来实现；二是控制一次加热器处的旁通联动风阀，以调节通过一次加热器处的风量和不通过一次加热器风量的比例来进行调节。上述两种方法，前者常用于热媒为热水的加热器，此方法温度波动大，稳定性差；后者多用于热媒为蒸汽的加热器，其调节特点是温度波动小，稳定性好。当调节质量要求高时，可将两种方法结合起来使用。

2. 第Ⅱ工况区的运行调节方法

第Ⅱ区室外空气焓值在 h_{W_1} 与 h_{L_1} 之间，从焓频图上可以看出，当室外空气状态到达该区域时，这时应是所谓的过渡季，即春季或秋季。如果仍按最小新风比 m% 混合新风，则混合点的焓值必然大于 h_{L_1}；如果要维持混合点的焓落在 h_{L_1} 上，就不能再用喷循环水的方法，而要启动制冷设备，用一定温度的低温水处理空气才能达到，这显然是不经济的。这时可采用改变新回风混合比（即增加新风量，减少回风量）的方法，使新回风混合点仍然落在 h_{L_1} 上，然后再用循环水喷淋处理至机器露点，再经二次加热器加热升温至

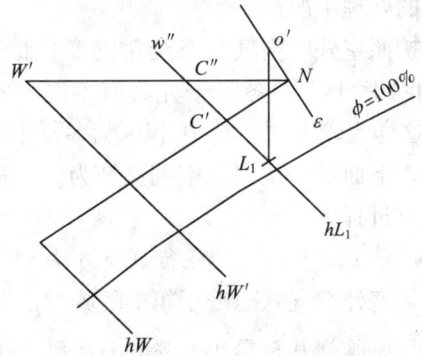

图 8 - 15 室外空气状态点处于第Ⅱ工况区的处理过程

送风状态点 O_1 后送入房间即可满足系统运行调节的需要，如图 8 - 15 所示。显然，此方法不但符合卫生要求，而且由于充分利用新风冷量，可以推迟启动制冷设备的时间，从而达到节能的目的。室外空气焓值恰好等于 h_{L_1} 时，这时可采用 100% 的新风，完全关闭一次回风，进入第三阶段的调节。

新回风混合比的调节方法，是在新、回风口处安装联动多叶调节阀，使风口同时按比例调节。根据 L 点的温度控制联动阀门的开启度，使新、回风混合后的状态点正好在 h_{L_1} 线上。

在整个调节过程中，为了不使空调房间的正压过高，可开大排风阀门。在系统比较大时，有时可设双风机系统来解决过渡季节取用新风问题。

按照这一阶段的要求，在空调系统设计时新风口和风管尺寸应按全新风计算，排风口和排风管道尺寸按全排风确定。

3. 第Ⅱ′工况区的运行调节方法

第Ⅱ′区是冬季和夏季要求室内参数不同时才有的工况区，即室外空气焓值在冬、夏季的露点焓值之间的区域。如果室内参数在允许的波动范围内，则新回风阀门不用调节，这时室内状态点随新风状态变化而变化。如果工艺要求室内参数有相对稳定性，则可将室内参数的值调整到夏季的参数，采用与Ⅱ区的同样方法处理空气，即调节新风和回风的混合比进行调节。如果机器露点仍然保持在点 h_{L_1} 上，则在Ⅱ′区内就要启动制冷机。采用改变室内整定值的方法可以推迟冷机开启的时间，从而节省冷量，达到节能的目的。

4. 第Ⅲ工况区的运行调节方法

第Ⅲ区室外空气焓值在 h_{L_2} 和 h_{N_2} 之间，如图 8 - 16 所示。这时开始进入夏季，h_{N_2} 总是大于室外空气状态点 h_W，如果利用室内回风，将会使混合点 C′ 的焓值比原有室外空气的焓值更高，显然这是不合理的。所以为了节约冷量，应该关掉一次回风，采用全新风。从这一阶段开始，需要启动制冷机，喷水室喷冷冻水，空气处理过程将从降温加湿改为降温减湿处理。

喷水温度应随着室外参数的增加从高到低地进行调节。喷水温度的调节可用三通阀调节冷冻水量和循环水量的比例。此外,如空调房间的相对湿度要求不严,也可用手动调节喷淋水量的方法来控制露点温度。

5. 第Ⅳ工况区的运行调节方法

第Ⅳ区是空气状态处于全年的高温高湿季节,由于室外空气焓值高于室内空气焓值,如继续全部使用室外新风将增加冷量的消耗,此时就应该采用回风。为了节约冷量,可采用最小新风比 $m\%$,喷水室或表冷器用冷冻水对空气进行降温减湿处理才能满足空调房间所要求的空气状态参数。当室外空气焓值增高至室外设计参数时,水温必须降到设计工况(夏季)时的喷水温度。如图 8 - 17 所示。调节过程为:

$$\left.\begin{array}{c} W \\ N_2 \end{array}\right\rangle \xrightarrow{混合} C \xrightarrow{冷却减湿} L \xrightarrow{再热} O \xrightarrow{\varepsilon} N_2$$

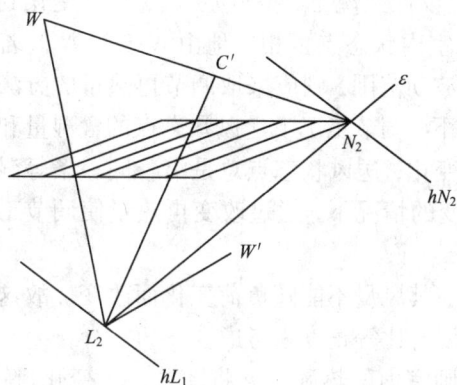

图 8 - 16　室外空气状态点处于
第Ⅲ工况区的处理过程

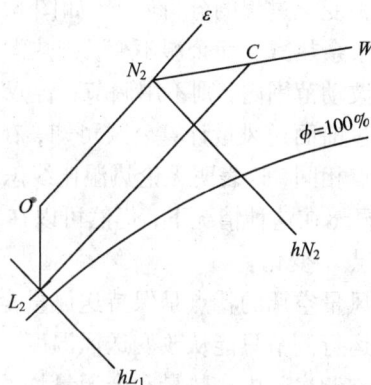

图 8 - 17　室外空气状态点处于
第Ⅳ工况区的处理过程

上述的调节方案主要是从经济合理、管理方便来考虑的,由于控制简单、性能可靠,所以应用较广。如空调系统所需冷量不多,也可采用新、回风比例全年不变的方案,即全年只分两个阶段,这样,虽然要提早一些使用冷源,在冷量上也要浪费一些,但运行调节方案更简单。

8.7.2　室内负荷变化的空调系统节能运行

空调系统的设备容量是在空气处于设计参数下选定的,并且能满足室内最大负荷的要求。但是室外空气的状态参数在一年四季中并不总处于设计好的状态参数下,所以室内的冷热负荷也并不总是最大值,而是在不停地发生变化。如果空调系统不作相应的调节,室内参数将发生变化,一方面达不到设计参数的要求,另一方面也浪费空调装置的冷量和热量。

利用焓湿图分析空气处理过程时,认为室内空气状态参数是一点。但空调房间一般允许室内参数有一定的波动范围,则可将室内空气状态视为一个允许波动区,如图 8 - 18 所示。图中的阴影面积称为“室内空气温度、湿度允许波动区”。只要空气参数落在这一阴影面积的范围内,就可认为满足要求。允许波动区的大小,根据空调工程的精度来确定。

空调房间内室内热、湿负荷变化可由室内产生热、湿量的变化引起,如工作人员的多少,照明灯具以及工艺生产设备投入的多少,生产工艺过程的改变等,也可由室外气象参数的变化引起。为了满足空调房间内所要求的温度、湿度参数，就必须对空调系统进行相应的调节。

室内热、湿负荷变化有不同的特点，一般可分三种情况：一是热负荷变化而湿负荷基本不变；二是热、湿负荷按比例变化，如以人员数量变化为主要负荷变化的对象；三是热、湿负荷均随机变化。

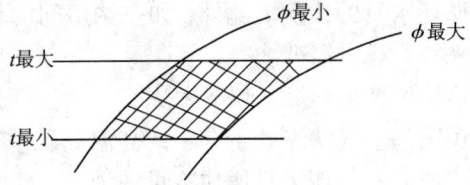

图 8 - 18　室内状态点允许波动区

当室内余热量变化，余湿不变时，常用的调节方法是定机器露点再热调节法。此种调节方法适用于围护结构传热变化，室内设备散热发生变化，而人体、设备散湿量比较稳定等类似情况。

这种变化过程的分析如下（如图 8 - 19 所示）：设计工况下，空气从 L 点沿 ε 变化到 N 点。如果余热减少而余湿不变，则热湿比变为 ε'。室内状态点也相应地由 N 变为 N'。若仍在允许波动范围内，则不用调节；若 N' 超出了允许波动范围，则应采取调节再热量的方法调节。通过前面送风量计算公式可知，在定风量系统下，调节工况下送风状态点的含湿量和设计状态点相同，这表明无论热湿比线怎样随热负荷变化，送风状态点总是沿着同一条等湿线变化，显然在这种情况下，仍然可以在控制露点不变的情况下，通过改变再热量使调节工况下的 N 点不变化。

定风量空调的特点是保持送风量全年固定不变，其风量不能随负荷变化而改变。故这种系统的运行调节只能从改变送风温度，调节新回风混合比等角度来考虑。

当空调房间内余热量和余湿量均发生变化时，则室内的热湿比 ε 将随之发生变化（除非余热量和余湿量成比例的变化）。如果空调房间内的余热量和余湿量同时减少，根据两者的变化程度不同，则有可能使变化后的热湿比 ε' 变大或变小。

如图 8 - 20 所示，在维持露点不变的情况下，新的状态点 N' 偏离了原来的状态 N。当室内热湿负荷变化较小，空调精度要求不严格，且 N' 仍在允许范围内，则不必重新调节。如新的状态点超出了允许范围，为了保证空调房间内空气温度、湿度保持不变的要求，一般可采用以下几种方法来达到运行调节的目的。

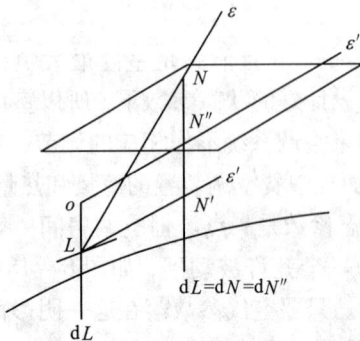

图 8 - 19　余热变化余湿不变时的室内状态点

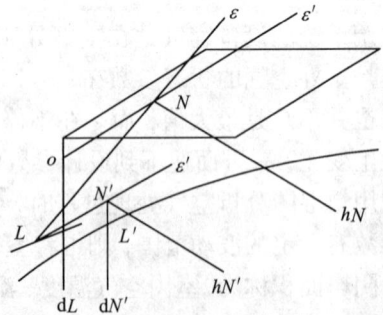

图 8 - 20　热湿负荷均变化时的送风状态点

（1）调节一次加热器再热量

如图 8 - 21 所示，当空调房间内的热、湿负荷发生变化后，设其变化后的室内热湿比为 ε'，此时可采用调节一次加热器的加热量，使一次加热后的空气状态点由 C' 点等湿升温而变化到点，再经循环水喷水绝热加湿处理至新的机器露点 L'，调节二次加热器加热量使之处于新的送风状态点 O' 即可。

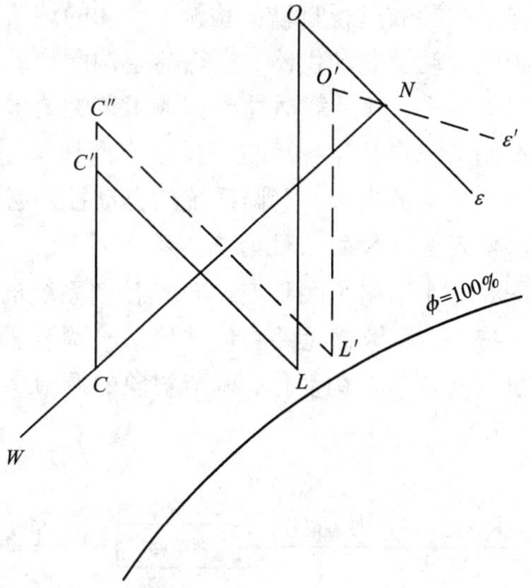

（2）调节新回风混合比

如图 8 - 22 所示，如室外气温较高，不需要预热，可调节新回风混合比，使新的混合点 C' 位于过新机器露点 L' 的等焓线上，之后沿 ε' 送风，达到 O'。

（3）调节喷水温度

当空调房间内热、湿负荷发生变化后，

图 8 - 21　改变一次加热器加热量变露点调节

其热湿比由 ε 变化至 ε'，或由 ε 变化至 ε''，如图 8 - 23 所示。如房间内所要求的空气参数保持不变，就需改变机器的露点温度。当 ε' 时，空调系统的机器点应由 L 点移至 L'，其喷水温度应比设计条件高，即提高冷水温度。但如果当 $\varepsilon > \varepsilon''$ 时，水温度则应比设计条件低，即降低冷水温度。

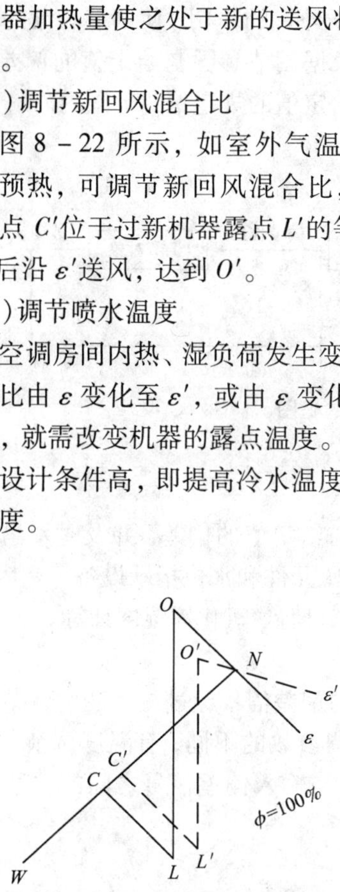

图 8 - 22　改变新回风混合比变露点调节

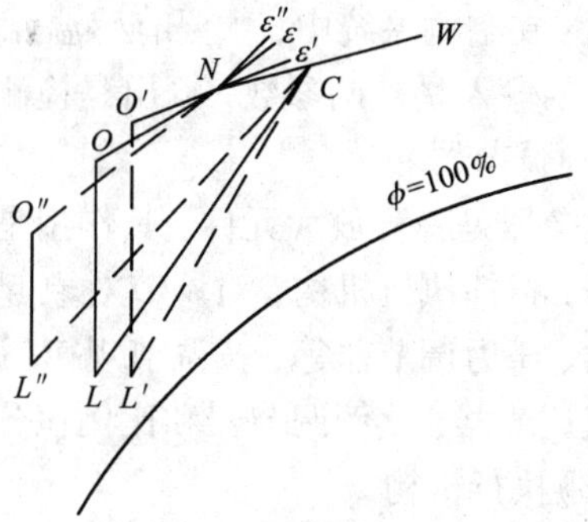

图 8 - 23　改变喷水温度变露点调节

（4）二次回风混合比

对于具有一、二次回风空调系统，可以采用调节一、二次回风比的方法，充分利用二次回风的热量，这样可节省二次加热器的加热量，在满足室内空气温度、湿度要求的前提下达到节能的目的。

8.7.3　空调系统的自动控制

空调系统的自动控制是指用专用的仪表和装置组成控制系统，以代替人的手动操作去调节空调参数，使之维持在给定数值上，或是按给定的规律变化，从而满足空调房间的要求。

因而自动控制的任务就是对以空调房间为主要调节对象的空调系统的温度、湿度及其他有关要求保证的参数进行自动的检测、自动的调节，对有关的信号报警和连锁保护控制，以及制冷系统的自动控制和供冷、供热与空调配合的自动控制、测量等，以保证空调系统始终在最佳工况点运行，满足舒适性要求或工艺性要求的环境条件。

空调系统自动化程度也是反映空调技术先进性的一个重要方面。因此，随着自动调节技术和电子技术的发展，空调系统的自动控制必将得到更广泛的应用。

1. 空调自动控制系统的基本构成

图 8 - 24 给出了闭环空调自动控制系统的构成。由于外扰的作用，使调节对象的调节参数发生偏差，经敏感元件测量并传送给调节器，调节器根据调节参数与给定值的偏差，指令执行机构使调节机构动作，调节对象的调节参数保持在给定值的规定偏差范围内。

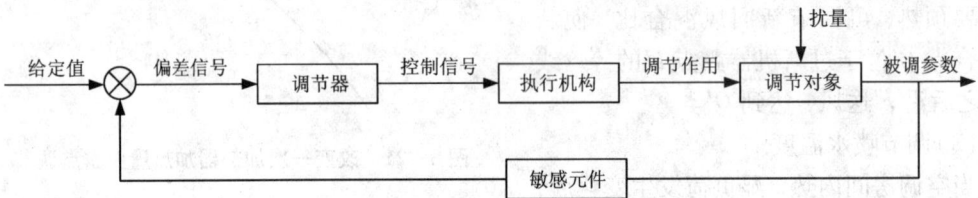

图 8 - 24　闭环自动控制系统的框图

（1）敏感元件（传感器）

敏感元件就是感受被调参数的大小，测出被控制量与给定值的偏差，并及时发出信号给调节器。在空调系统中，主要有感温元件、感湿元件、测压元件和水位指示设备等。因此，敏感元件的输入是被调参数，输出是检测信号。如铂电阻温度计、氯化锂湿度计等。

（2）调节器

调节器是一种放大元件，其作用是将敏感元件发来的偏差信号经过放大变为调节器的输出信号，指挥执行机构，对调节对象起调节作用。按被调参数的不同，有温度调节器、湿度调节器、压力调节器等；按调节规律（调节器的输出信号与输入偏差信号之间的关系）不同，有位式调节器、比例调节器和比例积分微分调节器等。

（3）执行机构

执行机构接受调节器的输出信号，驱动调节机构相应的动作。如接触器、电动阀门的电动机、电磁阀的电磁铁、气动薄膜部分等都属于执行机构。

（4）调节机构

调节机构与执行机构紧密相连，有时与执行机构合成一个整体，它随执行机构动作而动作。如电加热器、调节风量的阀门，冷热媒管路上的阀门等。当执行机构和调节机构组装在一起并成为一个整体时，则称之为执行调节机构。如电磁阀、电动二、三通阀和电动调节风阀等。

2. 空调系统自控的基本内容

根据空调房间要求的室内参数情况及精度，空调的运行调节系统既有简单的回路自动控制系统，又有采用多回路、多功能的节能自动控制系统。在自动调节装置方面，既有采用简易、廉价的调节器，也有采用专用、多功能、系列化的调节器控制系统，更有采用可编程序控制器及微型计算机作为空调控制系统中数据处理、监督和控制的系统。

不论采用什么样的控制系统，什么样的调节器，其目的都是实现空调系统的自动控制，以保证空调系统的正常运行。主要包含内容有：

①空调房间的温度、湿度的检测与调节。

②新风干、湿球温度的检测与报警。

③一、二次混合风温度的检测与调节。

④送、回风温度、湿度的检测与调节。

⑤表面冷却器出口空气温度的检测。

⑥喷水室露点温度的检测与调节。

⑦喷水室或表面冷却器输水出口冷水温度、压力的检测和自动调节。

⑧不同运行工况的自动转换。

⑨空调设备工作时的自动连锁与保护。

⑩空调房间内要求的正（负）静压的检测与控制。

⑪变风量空调系统风管静压的检测与调节。

⑫空气过滤器进出口静压差的检测、显示与报警。

⑬制冷系统中各部分温度、压力、流量的检测、调节、报警、连锁与保护。

重点与难点

重点：(1)泵或风机的机内损失类型；(2)变风量空调系统、变制冷剂流量空调系统和变水量空调系统的概念；(3)蓄冷空调系统的概念；(4)BCHP 系统的概念；(5)辐射供冷的概念和形式。

难点：(1)减少泵或风机的机内损失的措施；(2)空调系统泵和风机的变频节能技术；(3)室外空气参数变化的空调系统节能运行。

思考与练习

1. 空调系统的变容量节能技术的形式有哪几种？

2. 变频技术在空调系统泵和风机中的应用包括哪些？

3. 典型的蓄冷系统工作模式有哪些？

4. BCHP 系统的实际工程应用存在哪些问题？

5. 辐射供冷的概念和组成是什么？

6. 简述室外空气参数变化时空调系统的节能运行方法。

7. 空调自动控制系统由哪几个主要部分组成？各部分的作用是什么？

第9章

采光与照明节能技术及应用

20 世纪 70 年代发生第一次石油危机后，作为当时照明节电的应急对策之一，就是采取降低照明水平的方法，即少开一些灯或减短照明时间。然而以后的实践证明，这是一种十分消极的办法。因为这会导致劳动效率的下降和交通事故与犯罪率的上升。所以，照明系统节能应遵循的原则是：必须在保证有足够照明数量和质量的前提下，尽可能节约照明用电。照明节能主要是通过采用高能效照明产品、提高照明质量、优化照明设计等手段来达到。

在我国，照明用电量占发电量的 10% ~ 12%，并且主要以低效照明为主，照明终端用电具有很大的潜力。同时照明用电大都属于高峰用电，照明节电具有节约能源和缓解高峰用电压力双重作用。

建筑照明节能主要有两种途径，一是充分利用自然采光，以降低白天时人工照明对能源的消耗；二是采用绿色的照明产品和智能化的控制系统来提高能源的利用率和降低能耗总量，同时对再生能源的有效利用也是建筑照明节能的有效途径。

9.1　自然采光与建筑节能

9.1.1　自然采光的基本知识

1. 自然采光对建筑节能的作用和意义

20 世纪 70 年代能源危机后，能源和环境问题举世瞩目，建筑物如何充分利用自然光，节省照明用电，引起国际建筑和照明界的高度重视。作为无污染、可再生的能源，利用自然光进行昼光照明对节能减排有着不可忽视的作用和意义：

①自然采光减少了电光源的需求量，因此相应减少了电力消耗和相关的污染，节能环保。

②自然采光没有光电能量转换过程，而是直接把太阳光导入室内需要照明的地方，自然采光时太阳能的利用效率较高。

③自然光是取之不尽、用之不竭的巨大的洁净、安全的能源，且具有照度均匀、持久性好、光色好、眩光的可能性少等特点。

④尽可能多地合理采用自然采光利于人们的身心健康，提高视觉功效。

⑤自然采光能有助于改善工作、学习和生活环境，提高人们的工作效率。利用自然采光，无论是对于生态环境、经济发展还是对于人类的健康都有着积极有益的作用，它拥有着最小的能耗和长远的经济效益。

2. 自然光组成

自然光是一种独特的光源，它有着变化的光谱和空间分布。我们通常所利用的自然光主要由太阳直射光、天空扩散光和地面反射光三部分组成。

晴天时的地面照度是由太阳直射光和天空扩散光共同组成；而在全云天（阴天）时，自然光则全由天空扩散光组成。在多云天气时，光线变化很不稳定，光气候综复杂。因此目前自然采光主要采用全云天作为依据。采光计算依靠天空亮度分布，经国际照明委员会（CIE）长期研究，提出了 15 种标准天空模型。这 15 种标准天空采用已有的 CIE 标准全阴天空和CIE 标准晴天空，包括了世界上天空类型的所有可能性。标准天空模型从水平方向到天顶以及随着太阳的角距离的改变，其亮度也发生平稳的改变。同时 CIE 还制定了天空亮度分布标准，包含了宽广的、从密布乌云的全云天到无云天的各种气候状态，该标准成为室外采光条件的标准，可以较好地描述任意一个地区的光气候状况。CIE 的天空标准可广泛运用于节能窗设计、采光计算方法、计算机程序和视觉舒与眩光评估等不同方面，并能对相关运用提供更为准确的结果，从而更加有效地利用自然光，降低建筑能耗，实现可持续发展。

3. 我国自然光资源和光气候分区

就太阳能年辐射总量而言，我国各地的太阳能年辐射总量为 $334.94 \sim 837.36 \text{ kJ/cm}^2$，在全世界范围内属于自然光资源丰厚的国家。我国各地自然光资源分布特征为：全年平均总照度最低值位于四川盆地，最高值位于西藏高原。在北纬 $30° \sim 40°$ 地区，自然光分布呈现"南地北高"的局面；在北纬 $40°$ 以北地区，自然光分布自东向西逐渐增高；新疆地区受天山山脉东西走向影响，自然光分布按东西向变化；台湾地区自然光资源的分布呈现出从东北向西南增高的趋势。云量分布状况对我国自然光资源的分布影响很大。

我国地域辽阔，各地光气候区别很大，因此全国的光气候被划分为 I ～ V 类光气候分区。在《建筑采光设计标准》（GB/T50033—2001）中所列出的采光系数标准值适用于第 III 类光气候区，其他地区应按照所处的具体光气候分区，选择相应的光气候系数（见表 9 - 1）。各区具体的采光系数标准值，为采光标准各表所列出的采光系数标准值乘上各区的光气候系数。

表 9 - 1　光气候系数

光气候区	I	II	III	IV	V
光气候系数 K 值	0.85	0.90	1.00	1.10	1.20
室外临界照度值 $E_1(lx)$	6000	5500	5000	4500	4000

9.1.2　影响自然采光效率的因素

1. 自然因素

（1）地理位置

自然采光的效果和它所处区域的昼夜长短、季节变化及太阳光照强弱等地理位置因素有直接关系。白天越长的地区可利用自然采光的时间越持久。高纬度地区冬夏分明，其光线随季节变化程度明显高于低纬度地区。在同纬度地区，太阳光线的强度随海拔的升高而升高，所以在高海拔和低海拔地区进行自然采光的方式也因此而有所不同。

（2）气候条件

影响一个地区室外光线照度变化的气候因素称之为一个地区的光气候状况，主要包括：云状和运量、太阳高度、日照率等。

（3）建筑周边的生态环境条件

对建筑光环境而言，周边的生态环境，如局部地形、水体、水面和植被等条件也会在不同程度上影响到自然采光的效果。

2. 人工因素

考虑自然采光的规划设计，主要应从两个方面进行具体设计操作：

①针对建筑本身而言，应根据不同性质的建筑对光线的要求，高效率、科学合理地利用日光以节约能源，规划设计中应确定不同功能建筑物对日光环境以及建筑物的朝向的要求。

②针对建筑物之间相互关系而言，应协调和平衡建筑之间的位置关系，以避免和减少建筑之间的相互遮挡，这主要应从建筑物间距和建筑群的布局方式考虑。建筑的朝向对自然采光很重要，朝向的不同，不仅关系到处于建筑物内的使用者的舒适度、心理感受，而且也直接影响了建筑的采暖和照明能耗。从自然采光的角度而言，可以从以下两个方面考虑：

①建筑室内获得日照的时间和面积一般说来，建筑室内获得的日照时间越长、获得的日照面积越大，越有利于利用天然光进行照明。不同朝向的建筑室内获得的日照量是不同的。

②不同朝向的日光变化系数一般说来，朝向不同，日光变化系数相差较大。对于利用自然光的建筑而言，南向最好，北向最不理想，而在妥善解决低角度天然光引起的眩光的前提下，东西也是适宜的。

在城市规划过程中，从自然采光角度出发，主要应考虑建筑的间距、建筑群与道路的布局、建筑群的组织方式等因素。

为了保证建筑及户外活动的场地不受相邻建筑的遮挡而影响自然采光，建筑群应该具有合理的密度。建筑物间距的确定要依靠地形、建筑性质、朝向、建筑物的高度和长度、地区纬度和日照标准等相关因素。一定地区的建筑间距，由太阳高度角决定的建筑物高度与间距之比来确定。另外，地势的变化和建筑物体量的削切也可补偿实际间距，比如位于坡地的前后排建筑的间距就可按照坡度相应变小。

街道应该保证多数沿街建筑物获得更多的自然光。对南北走向的街道而言，路面可获得足够的日光，提供给沿街建筑一个亮度较高的室外环境；东西向的街道可获低角度的冬季阳光。对于东西走向的街道应有足够的宽度，尽量减少建筑对路面和朝阳街面的遮挡。东西向道路两侧可不对称地布置房屋建筑，由此也导致了干道两侧居住区的不同规划布局（如图 9-1 所示）。背阳街面几乎常年得不到直射阳光，要解决这个问题可使道路网采用与子午线成 30°~60° 的方位，形成东南、西南、东北、西北四个走向的街道。一般来说，道路越宽，建筑物间距越大，城市结构中阳光穿透的范围越广，更能保证建筑有更多的日光照射和良好的通风条件。街道宽度和沿街建筑物的高度应该有合适的比例，这要由区域的地理纬度、日照要求和街道走向共同决定。

建筑群布局组织方式有行列式、周边式、散点式等多种形式（见图 9-2），使得日光的空间分布发生变化，从而影响了建筑室内、室外各部分的使用方式和功能。因此，建筑群设计中应当考虑各种布局可能产生的不同的日光环境效果，以便选择最符合设计要求的建筑组合

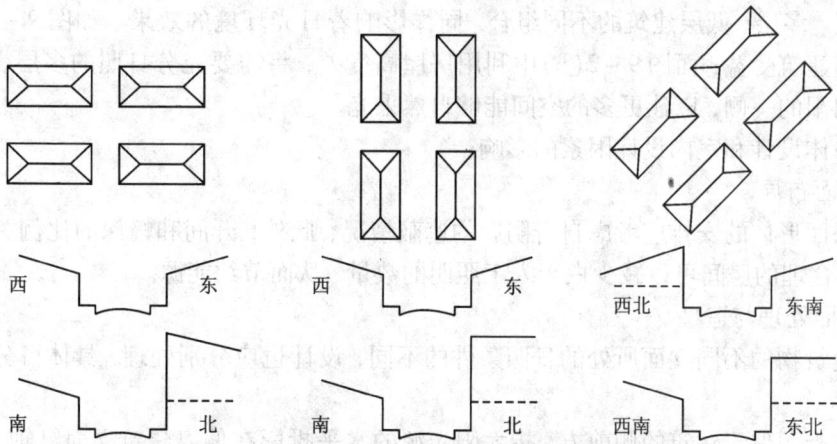

图 9－1　建筑布局因道路走向不同而发生变化

	冬至日10点	夏至日10点	夏至日16点

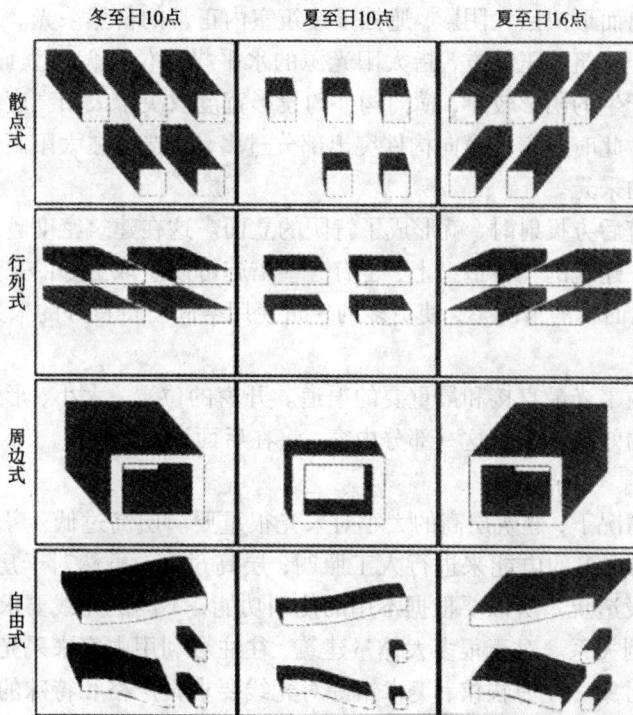

散点式

行列式

周边式

自由式

图 9－2　建筑群布局方式与日照的关系

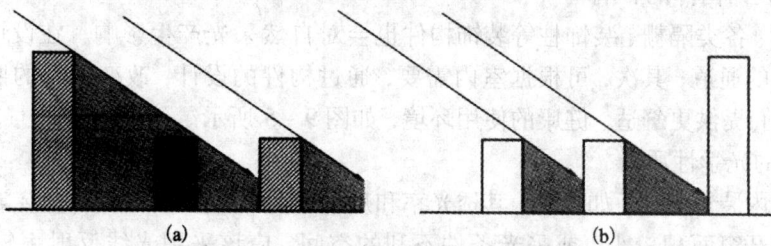

(a)　　　　　　　　　　　(b)

图 9－3　两种建筑群布局组织方式对比

(a)高层位于向阳一侧；(b)多层、低层位于向阳一侧

形式。高层、多层、低层建筑的不同组合，同样影响着日光环境的效果。如图 9-3(a) 只有向阳的一幢建筑受益；而图 9-2(b) 中利用房屋高度差，将需要充分日照的多层、低层建筑置于高层向阳的一侧，以让更多的空间能够自然采光。

建筑单体设计和室内设计因素的影响：

(1) 平面布局

建筑平面形体的安排应考虑自身阴影的遮蔽情况，此外，开间和幢深的比例关系也很重要，长宽比合理的房间可以减少白天人工照明的数量，从而节约能源。

(2) 立面处理与造型

根据建筑物的不同立面所处的日照条件的不同，设计也应分别处理，具体可分为以下几种情况：

① 自然光源位于建筑的侧前方，指太阳光源的水平投影在偏离建筑立面纵轴 0°~30° 的范围内。立面上纵向构件造成的阴影最大，横向构件投影的影子最长。这种情况下要防止立面装饰构件过于突出而形成巨大阴影，遮挡了建筑室内正常的自然采光。

② 自然光源位于建筑的正前方，指太阳光源的水平投影位于偏离立面横轴 ±60° 的范围内。这时纵向构件产生的阴影较小，横向构件的投影宽度取决于太阳高度的变化及光线和立面倾角的水平投影。此时要避免横向构件突出部分过多，而造成在太阳高度角较大时形成过宽的阴影而遮挡窗的采光。

③ 当光线从建筑后方投射时，就形成了背阴的立面。这在建筑密度越来越高的城市建设中是很难避免的。在建筑的整体造型上，也有一些措施可以争取更好的采光效果。退台式建筑，能在不增加用地面积的情况下，使更多的建筑使用空间获得良好的采光效果。

(3) 开窗形式

窗户是建筑室内采光最直接和最重要的渠道。开窗的位置、大小、形式以及所用的材料都会影响自然采光的效果。关于这一部分内容，将在后面详细介绍。

(4) 剖面设计

在幢深一定的情况下，建筑层高的大小对采光很重要。层高过低，房间内直接采光的面积就有限，就要耗用更多的电能来进行人工照明；层高过高，虽然对于房间整体采光有利，但是增加了房屋建设造价。所以要根据不用的使用功能，不同的光线要求，确定出经济合理的层高和幢深的比例关系。对于很多大体量建筑，往往会利用中庭来采光，中庭的高宽比也是一个需要研究的对象。在博物馆、美术馆等对光线要求很严格和特殊的场所，往往采取特殊的剖面设计来满足要求，如图 9-4 所示。

(5) 室内装饰构件的影响

室内吊顶、各类隔栅、装饰柱等装饰构件也会对自然采光产生影响。在设计时，应确保不遮挡自然光的通道；其次，可根据室内需要，通过构件的设计，改变日光的照射方向、方式，从而为人们提供更舒适、健康的使用环境，如图 9-5 所示。

(6) 材料的光学性质

透明的室内装饰材料，如玻璃，其透光率和反射率是很重要的指标，直接影响着采光效果。对于房间开窗面积较小，或采光条件不利的空间，应该采用光线反射率较高的装饰材料，来加强室内照度，尤其是对于地板和墙面。对于长时间能够直接被日光照射的部分，应避免采用表面过于光滑的材料，以免形成眩光。

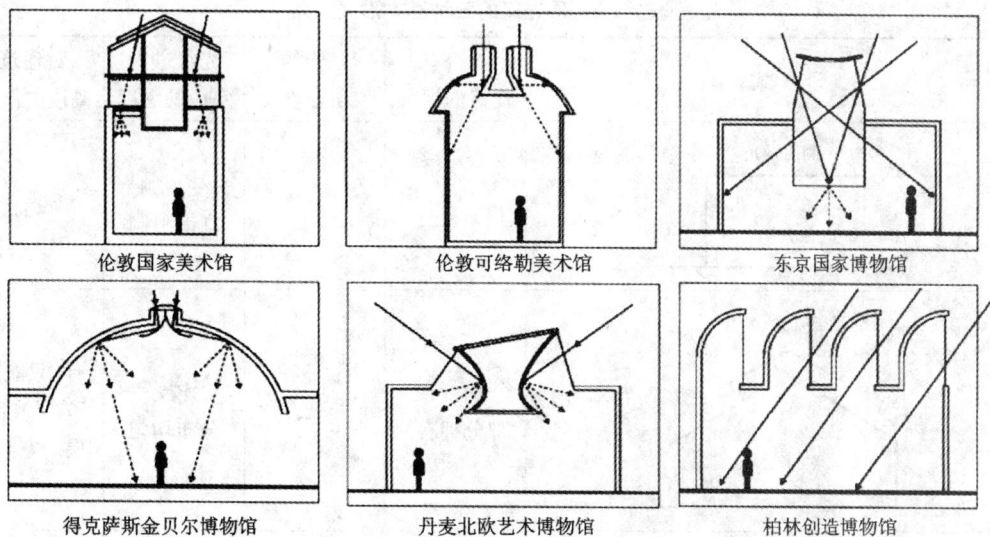

图9-4　特殊的剖面设计示例

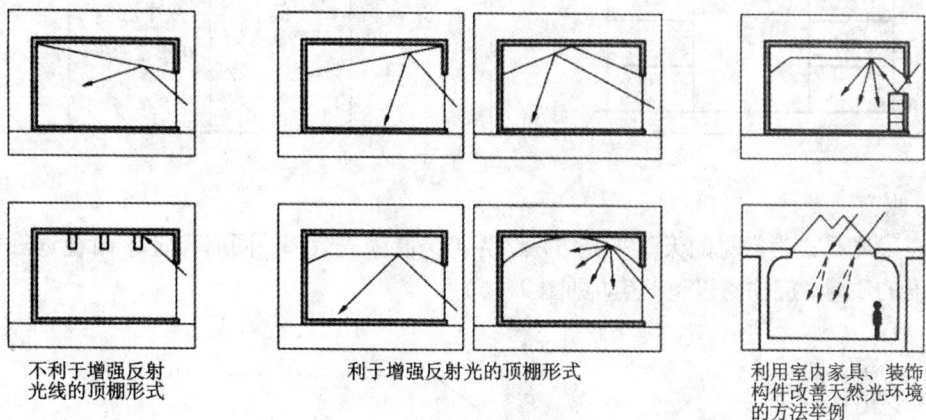

图9-5　室内装饰构件对自然采光的影响

（7）色彩

室内材料表面不同的色彩效果给人们带来不同的心理感受。对于光线较暗的房间，宜采用明度高、色泽较浅的色调，尤其对于房间上部，要采用高明度的色彩，以取得明亮的感觉。

9.1.3　利用自然采光的建筑节能技术和方法

建筑利用自然光的方法概括起来主要有被动式采光法和主动式采光法两类。被动式采光法是通过或利用不同类型的建筑窗户进行采光的方法。主动式采光法则是利用集光、传光和散光等设备与配套的控制系统将天然光传送到需要照明部位的方法，这种采光方法完全由人所控制，人处于主动地位，故称主动式采光法。

1. 被动式采光法

被动式采光法主要指以采光口获取自然光的方法，一般有三种形式允许自然光进入建筑的室内空间（见表9-2）。

表 9-2　采光口的三种基本形式

形　式	能否有良好的视野	眩光的可能性	光线进入室内的深度	对建筑高度的限制
侧面采光	是	高	受顶棚高度限制	没有
顶部采光(天窗)	没有(或部分拥有)	低	比较好,分布均匀	有(只能是单层或顶层的空间)
中庭采光	是	低	比较好,但受中庭空间形态影响	没有

(1)侧窗采光

侧窗采光是最为常见的天然采光方法,为了提高采光效率,同时保证室内视觉舒适度和热舒适度的质量,应注意以下几点(见图 9-6):

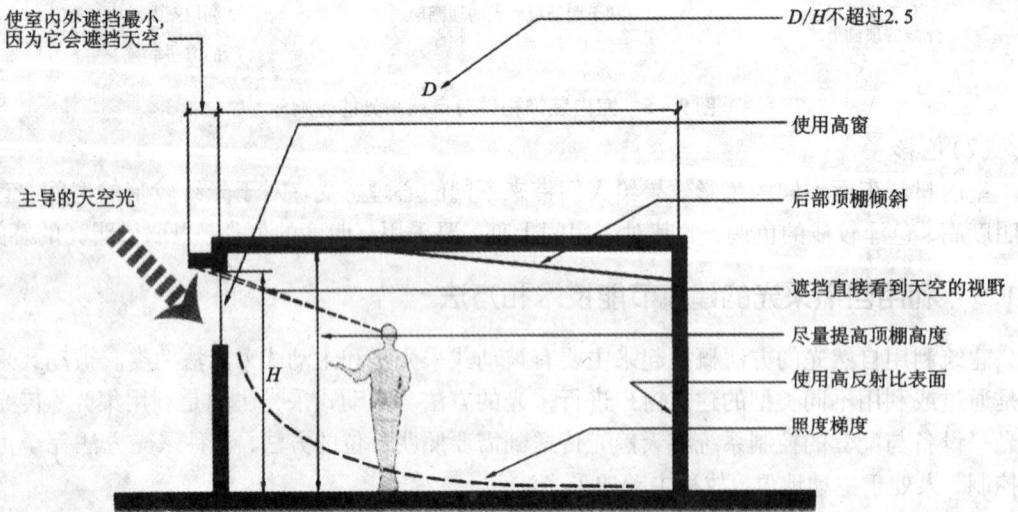

图 9-6　侧窗采光策略

①使室内视觉作业或光反射表面位置看到天空的立体角最大,这意味着视觉作业面不能过于远离窗口。对于侧窗采光的情况,房间的最大幢深不应超过窗楣距地面高度的 2.5 倍。

②提供必要的遮挡以防止眩光,全阴天时,天空也是一个亮光源,有潜在眩光,因此应尽量避免直接看到天空。

③尽量不要遮挡光线,不应使用实体的遮光格板或挑檐,它们对于在全云天情况下光线的再分布是无效的,并且可能会减少到达视觉作业的自然光数量。

④尽量把窗口开在高处。窗口的位置应能看到天空最亮的部分。全云天时天空顶端比其地平线亮度高 3 倍。高的窗口位置将提供有利的途径以接受来自全云天的光线。

⑤通过室内设计使其对光线的吸收最小。使用高反射比的室内装饰面,靠近窗口的顶棚的高度越高越好,从而可以设置高窗,并且使顶棚朝房间后部向下倾斜,从而可以使空间内部表面积最小。

影响侧窗采光的因素有很多,从建筑设计的角度,主要体现在窗户的形状、间距、大小、位置、朝向、形式,以及室内顶棚的状况等方面。

①窗户的形状。侧窗的形状有很多种,如长方形、圆形、三角形、菱形等,但总体来说,以长方形最为常见。对于采光量(指室内各点的自然光照度总和),在采光口面积相等、窗台标高一致的情况下,正方形窗口采光量最高,竖长方形次之,横长方形最少。对于照度均匀性来说,竖长方形在房间幢深方向的均匀性较好,横长方形在房间宽度方向比较均匀,而方形窗口居中。所以在选择侧窗口形状时,应根据房间的形状来选择,细长房间宜选用竖长方形的窗口形状,而面阔大幢深小的房间应该选择横长方形的窗口较好。

②在侧墙上的位置。侧窗在建筑侧立面上位置的不同,主要指其位置的高低差异,对房间纵深方向的采光均匀性影响很大。位置较低的窗使近窗处照度很高,但随着向房间内部距离的加大,照度迅速下降,到达内墙时的照度已经很低。窗口位置较高时,近窗处的照度稍低,但是距窗口远的区域的照度有所提高,房间照度均匀性得到很大改善。所以高侧窗对于提高房间较深的内部空间的照度是很有帮助的。

③窗户的间距。除了开设水平带窗的房间,大部分房屋的窗户都按照比较统一的间距排列在立面上。窗户之间的距离大小,即窗间墙的宽窄对房间横向采光的均匀性影响比较大。一般来说,窗间墙越宽,横向采光均匀性越差,特别是靠近侧窗的区域。

④窗户的大小。侧窗面积大小对采光效果的影响应该结合侧窗的位置分析。若窗上沿高度不变,用降低窗台的高度来增加窗面积时,近窗处的照度明显升高,而房间较深处的照度变化不大。若窗台高度不变,不断提高窗上沿高度时,近窗处照度相对平缓,而房间较深处照度的变化明显。当窗高度不变,单纯增加窗户宽度时,随窗宽度的减小,房间墙角暗角面积增大。一般说来当窗的长度大于或等于窗高的 4 倍时,室内照度变化(特别是近窗处)不明显,但小于 4 倍后,照度变化很明显。

⑤朝向和天气。在晴天时,位于建筑不同方向侧墙的采光窗对室内光照效果的影响差别很大。窗口朝向偏离太阳越远,室内照度随之下降,变化梯度渐小,而且室内照度的分布并不呈中轴对称。只有窗口正对太阳时,才沿中轴对称分布。当天气状况发生改变时,侧窗的采光效果也会不同。晴天的室内照度要比阴天高出很多,但是晴天背阴面的房间,室内照度比阴天还低,这是由于远离太阳的晴天天空的亮度低,所以建筑的背阴面是采光比较不利的部位。

⑥窗户的形式。侧窗可以是横平竖直的,但是由于其布置的灵活性,所以它可以根据需要来采用不同的形式,如向外倾斜的,向内凹进的等(见图9-7),一方面是为了让造型更具特色,另一方面是为了更多地获取自然光。同时,侧窗还会和附属构件、遮阳板等配合在一起,组成独特的形式解决采光、遮阳、防眩光问题。

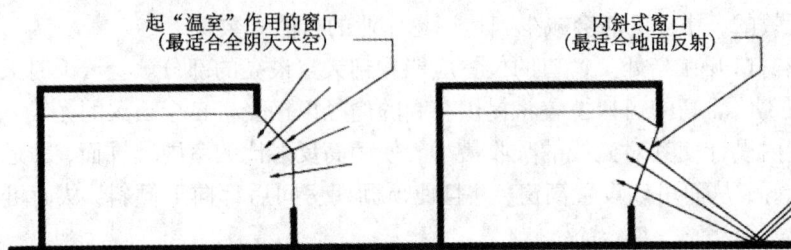

图9-7 侧窗窗户的形式

(2)天窗采光

当建筑仅靠侧面采光不能满足要求、由于条件限制不利于采用侧面采光或室内使用功能对光线有特殊要求时,顶部采光往往可以作为解决室内自然采光的方法。顶部采光最为常见的形式就是天窗。在太阳高度角较小时,天窗采光不易引起眩光。另外,天窗采光每单位窗口面积能比侧窗采光提供更多的光线。

①天窗的朝向。天窗获取的自然光的多少直接受外部环境条件的制约,如天气状况、日照时间、季节变化等。天窗安装在建筑的平屋面上,在无云的天气下,太阳直射光可直接到达天窗并射入室内。但是,天窗安装在倾斜屋面上时,屋面的倾斜角度和朝向决定了天窗在一年的一定季节内、一天的一定时段内是无法受到阳光直射的。在这种情况下,比起同样面积的安装在平屋顶的天窗,它所能为室内提供的自然光照度相对较低。

②天窗的形状。尽管天窗的形状比建筑的形体对采光效果的影响要小,但是在一天的不同时段,由于形状的差异,室内的采光效果也会相差很大。例如,位于平屋面上的平天窗,在太阳高度较低的时段,如早晨和傍晚,其能接受到的太阳直射光就十分有限;而带有一定几何形状、凸出于屋面的天窗,就能在太阳高度较低的情况下,接受到比平天窗多5%~10%的直射阳光,提高室内照度,如图9-8所示。

③天窗的布置方式。天窗在屋顶的数量、间距以及布局方式对于自然采光效果的影响很大。较大的室内空间需要提供均匀和谐的视觉环境时,天窗宜均匀布置。像入口大厅、展室等空间,可以通过天窗提供具有冲击力或特殊艺术效果的视觉光环境,但需要考虑光线入射的角度和强弱对比等因素。大面积的天窗的初始安装费用相对较低,但容易造成了天窗可照射区域和无日光到达区域的亮度对比过大的问题,影响光线均匀度,过暗的区域还需要用人工照明进行弥补,增加能耗,并且易引起眩光。而面积相对小,呈有序排列的天窗能提供更为均匀的光环境,即满足了照度要求又节省能源,不过初始安装费用相对较高。建筑中常用的天窗的间距和层高的比例关系为天窗的间距(指中对中距离)为层高的1.0~1.5倍。这个关系是以天窗的玻璃具有良好的光线扩散性能和采光井高度适中的假设为前提的(见图9-9)。

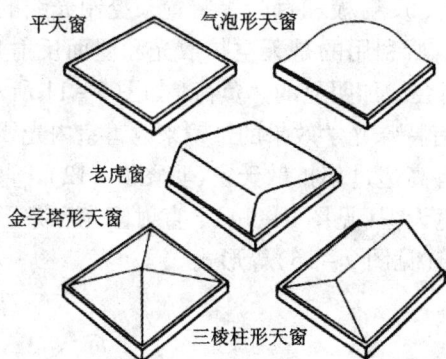

图 9-8　天窗的形状

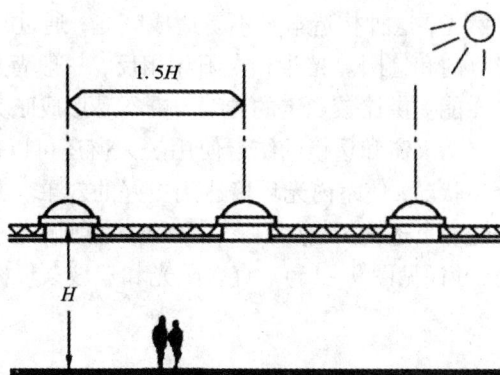

图 9-9　常用天窗的间距和层高的比例关系

④天窗对入射光线的控制。当室外光线一旦到达天窗表面，就要受到天窗自身特性的影响和控制，天窗的形状、采光井的断面形式、遮阳设施以及天窗和采光井表面材料的光学性能等都是影响因素。采光井是天窗系统的基本组成部分之一。在光线到达主要使用空间前，它控制和改变光线的入射方式，以满足使用要求。采光井的形式多样，最常见的形式如图 9-10 所示。

在采光井的设计中，主要需要考虑如下几个因素：太阳的位置；表面材料的反射性能；采光井侧壁的倾斜角度。通常还可以在采光井部

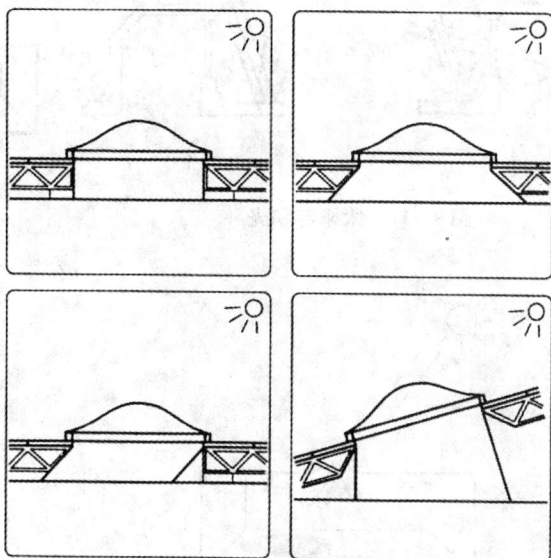

图 9-10　采光井的形式

分加设水平方向的遮阳装置（如百叶）来实现对光线的控制。可变化角度的遮阳装置，能够对入射光线的强度、入射光线的方向进行有效控制，一方面为室内提供充足的天然照明，一方面维持室内良好的热平衡。常用的天窗遮阳装置又可分为室外和室内两种类型。室内常见的有百叶、挡板、幕帘和卷帘等形式。

⑤天窗的材质。天窗一般采用的材料多为各种各样的玻璃和塑料制品，常见的有聚碳酸酯、丙烯酸树脂以及玻璃纤维等。这些材料的颜色丰富——从透明无色到褐色、灰色等，其厚度也可根据实际需要变化，材料的这些特性都会影响采光效果。以提高采光效率和节省能源消耗为出发点，对天窗使用材料的选择需要考虑下面几个方面：材料对光线的透射性能；材料对与太阳直射光的漫射性能；材料对于太阳热辐射的吸收性能；材料自身的热传导性能。此外，也要兼顾考虑到材料的强度以及寿命等因素，以降低维护费用。

⑥天窗采光的其他形式：太阳斗和光斗。太阳斗一般面向太阳，将接受到的太阳直射

光、天光和屋面反射光通过反射或漫射送入室内。太阳斗在夏季通常可以获得两倍于冬季的自然光，这种构造本身不易造成眩光，通过架设挡板、反射板和百叶等装置来控制光线的入射方向和遮阳。光斗和太阳斗相反，一般背向太阳，所利用的是天空扩散光和屋面反射光。光斗能提供比较稳定的光线，更不易形成眩光，也不会增加明显的热负荷，如图9-11所示。

⑦天窗和透镜的结合使用。天窗还可以使用具有特殊光学效果的透镜来改善室内光线的分布状况，使室内光环境达到更好的效果。常见的有高透过率扩散天窗(见图9-12)、直射阳光和负透镜天窗(见图9-13)、直射阳光和正透镜天窗(见图9-14)、直射阳光和条形棱镜天窗(见图9-15)、直射阳光和双坡条形棱镜天窗(见图9-16)等形式。

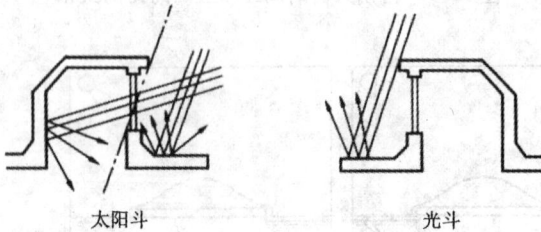

图9-11 太阳斗和光斗

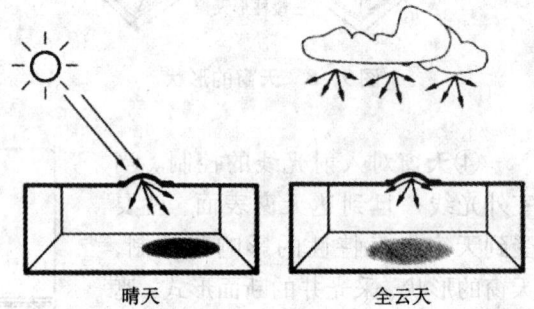

图9-12 高透过率扩散天窗

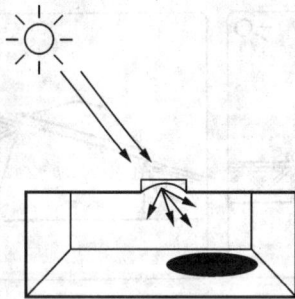

图9-13 直射阳光和负透镜天窗

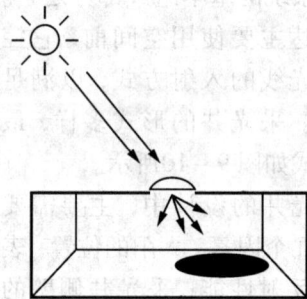

图9-14 直射阳光和正透镜天窗

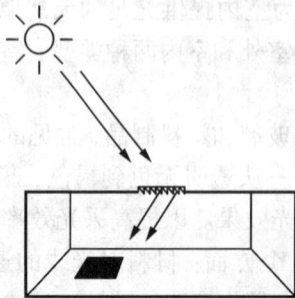

图9-15 直射阳光和条形棱镜天窗

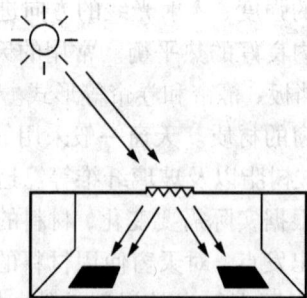

图9-16 直射阳光和双坡条形棱镜天窗

（3）中庭采光

现代建筑在功能上越发趋于综合，体量也越来越复杂，围绕一个或几个中心空间形成建筑群或大型建筑综合体的现象越来越多。可以通过空间设计，创造出如中庭、庭院、光井、天井等共享空间，将天窗和侧窗采光结合起来，作为自然采光的手段。中庭可以使多个水平层面从侧面进行照明。

中庭采光效率和中心共享空间的形状有很大关系，倒梯形的剖面形式更利于光线到达最底部。中庭采光还可以利用光线反射板、反光镜等多种手段增加其对自然光线的利用（见图 9 – 17）。

2. 主动式自然采光

主动式自然采光的方法比较适合无法自然采光的空间（如地下室）、朝北的房间以及识别有色物体或对防爆有要求的房间。它既能改善室内光环境质量，同时可以减少人工照明能耗、节约能源。

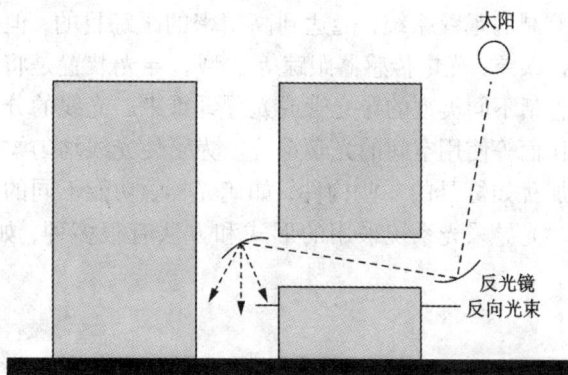

图 9 – 17　利用反光镜采光的中庭空间

目前已有的主动式自然采光方法主要有以下 5 类：①镜面反射采光法；②利用光导系统的采光法；③利用棱镜组传光法；④利用卫星反射镜法；⑤利用特殊光学材料制作的辅助采光构件等。

（1）镜面反射采光法

所谓镜面反射采光法就是利用平面或曲面镜的反射面，将阳光经一次或多次反射送到室内需要照明的部位。这种采光方法通常有两种做法：一种是将反射镜面和采光窗结合为一体；另外一种是将反射镜面安装在太阳追踪装置上，做成定日镜，经过多次反射，将光线送达室内（见图 9 – 18）。

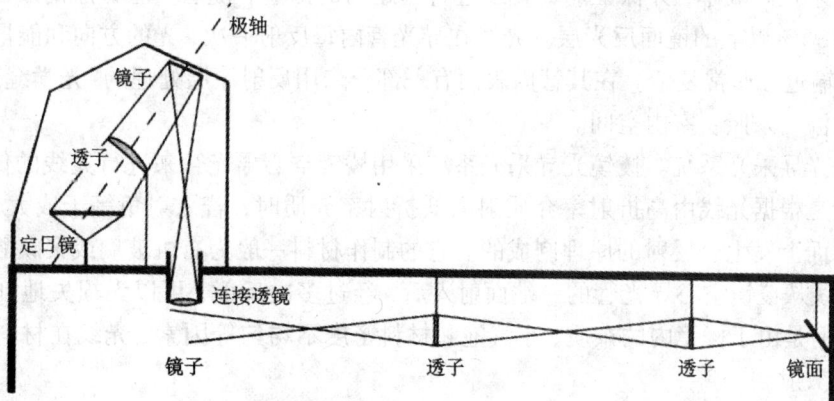

图 9 – 18　镜面反射采光法

（2）利用光导系统的采光法

一般来讲，光导采光系统主要由集光装置、导光装置和光线分配装置三部分组成（见图9－19）。集光装置是能将不同方向的自然光线聚集，按照要求将聚集的光线以平行光或按照一定的入射角送入导光装置内。集光装置一般由聚光系统和跟踪系统组成。聚光系统可按照聚光方式分为折射聚光和反射聚光两种。光导采光系统中大多采用的是折射聚光，主要使用菲涅耳透镜聚光和透镜聚光的方法。常用的跟踪系统按采用的技术的不同，分为计算机程序控制的跟踪系统，能达到高精密的跟踪目的，但是造价昂贵；时钟式结构跟踪，容易产生累计误差；光电传感器跟踪等类型。导光装置是将收集到的光线高效率的传送到目的地，一般包括不同类型的导光管或光导纤维束。光线的分配装置是将传送来的自然光按需要分配到工作面等使用空间的光学系统。为了使光线均匀柔和地分布在室内，一般会在导光管的末端添加犹如灯具的一些构件，如遮光器、功能不同的透镜，可以将光线漫射入室内，并防止眩光。光导采光系统采用的形式和方法有很多种，如果按其导光的方式划分，主要有以下几种。

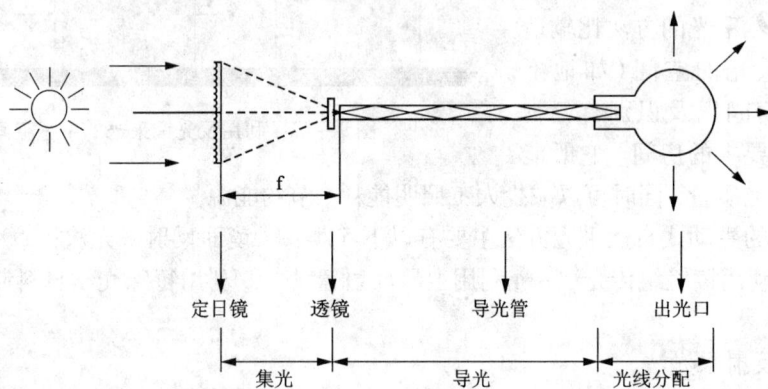

图9－19 利用光导系统的采光法

①缝光导采光系统。这种光导采光系统是将有缝光导管内表面制成镜面反光镜，通过提高其反射率来提高效率，并保证能对光线进行远距离的传输。随着真空镀膜的发展，已能制成反射率在95%以上的镜面反光层。光线在导光管内每反射一次，光的方向和能量均要发生变化，其传输过程非常复杂。在其管内表面有一部分未用反射涂层处理的"光学缝"，使管内光线均匀地溢出来照明室内空间。

②棱镜光导采光系统。棱镜光导采光系统采用棱镜空心导光管来进行光线的传输，棱镜空心导光管是根据光线由高折射率介质射入低折射率介质时，若入射角等于或大于临界角，则会在分界面上发生全反射的原理制成的。它的制作材料一般为有机玻璃或聚碳酸脂。从理论上讲，光线从棱镜空心导光管的一端面射入后，经过多次反射，可以无损失地到达导光管的另一端，但是由于棱镜内的杂质、小气泡和材料密度不均匀等因素，光线在材料内部会被部分吸收和散射。

③光纤光导采光系统。光纤光导采光系统是根据光线的全反射原理制成的，光纤实质上是一种圆柱形的导光元件。每根光纤的直径在 $50 \sim 150~\mu m$ 之间，其外表面被覆盖一层低折射率的材料。在光线传播过程中，光线在光纤芯体和表面覆盖的分界面上会发生全折射，使光线在光纤芯体内传播。光纤导光对光线的最大接收角仅和材料的折射率有关，而和光纤的

截面大小无关，这个优势是一般透镜所不具有的。

（3）利用棱镜组传光法

棱镜传光采光的原理是旋转两个平板棱镜可以产生 4 次光的折射（见图 9 - 20）。受光面总是把直射光控制在垂直面。这种控制机构的原理是当太阳方位、高度角变化时，使各平板棱镜在水平面上旋转。当太阳位置处于最低状态时，两块棱镜在同一方向上，使折射角度加大，光线射入量增多。当太阳高度角变大时，有必要减少折射角度时在各棱镜方向上给予适当的调节，设定适当的旋转角度，使各棱镜的折射光被部分抵消。

（4）利用卫星反射镜法

科学家在 20 世纪 60 年代提出利用卫星反射镜的采光法的设想，利用安装在高达 36000 km 的同步卫星上的反光镜，将阳光反射到地球上需要采光或照明的地区。

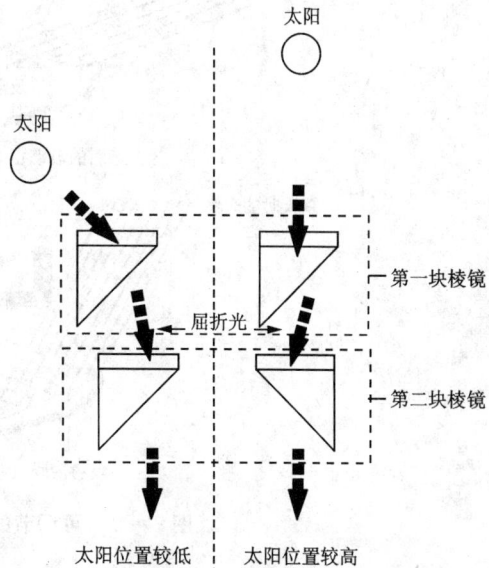

图 9 - 20　棱镜采光原理

不仅在白天，更可以在晚上利用这一技术采集阳光进行照明。这就是人们所说的人造"月亮"或称不夜城计划。

（5）带特殊采光功能的辅助构件

在现实情况中，可采用一些技术含量相对较高、构造复杂的一些采光系统增强或改善自然采光的效果。这些采光系统通常被制作成建筑构件的形式安装在窗户上或室内。辅助的自然采光系统包含了很多种方法，按照对光线的遮挡和传播的途径分为两大类。

①带遮挡的自然采光辅助构件。这种自然采光辅助构件既满足遮阳需要，同时又提供了自然采光的可能。它既保护近窗区域在太阳较低的时候室内不受阳光直射，避免眩光，同时通过改变光线方向和传播方式创造了均匀舒适的室内自然光环境，较好地解决了遮阳带来的自然光不足的矛盾，更加节能。如可调节的阳光追踪采光隔板（见图 9 - 21），这种装置可根据光线变化而进行调整。它是在一块固定的异型采光隔板上安装一个可沿采光隔板幢深方向移动的滚轴，滚轴上裹有带反射性能的塑料薄膜。随着太阳高度的变化，通过滚轴的移动，来实现对反射面（塑料薄膜）位置的改变，以便能将光线尽可能地反射到室内较深的空间中去。

②无遮挡的自然采光辅助构件。这类辅助自然采光系统主要是将光线改变传播方向，将其投射到室内离窗较远的区域或直接反射回室外。在不同情况下，可能允许太阳直射光进入室内，也可能阻止太阳光的直射。这种方法又可分为三类。a. 以漫射为主的导光系统辅助构件：该辅助构件主要是能将天穹一定区域（如天顶）的光线按需要导入室内空间。在全云天情况下，天顶区域的亮度要比地面附近的天穹亮度高出很多；另外，在高密度的城区，周围有较多遮挡的情况下，来自天顶的光线可能是最为主要的天然光源。在以上这些情况下，利用该自然采光系统能提高采光效果。b. 以直射为主的导光系统：在不易引起眩光和室内过热的前提和要求下，将太阳直射光引入室内的辅助自然采光系统。c. 加强光线散射的采光系统：

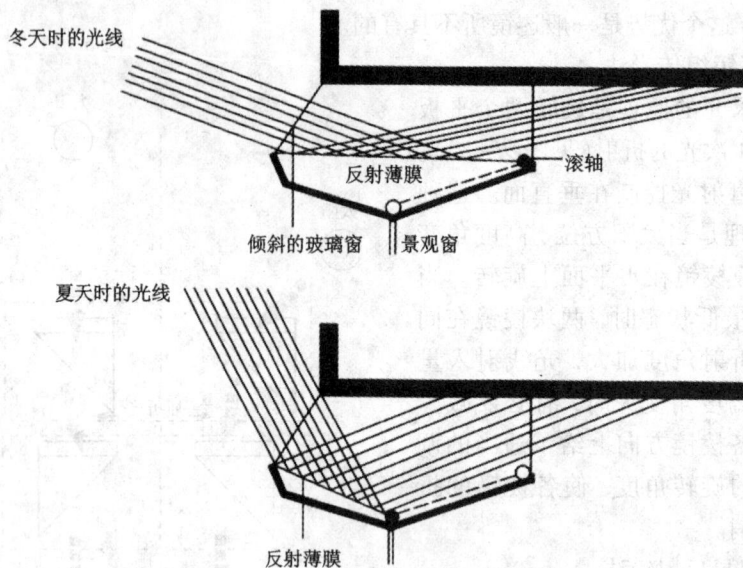

冬天时的光线

反射薄膜　滚轴

倾斜的玻璃窗　景观窗

夏天时的光线

反射薄膜

图 9 - 21　可调节的阳光追踪采光隔板

这类方法主要适用于天窗或建筑顶部的洞口，该系统可将光线扩散到更大的室内区域，并提供更为合理的光线分配方式。但是这类方法不宜用于侧窗，因为会引起严重的眩光。图 9 - 22 所示就是采用了导光玻璃系统的天窗。导光玻璃系统是在双层玻璃之间垂直叠放一系列由聚丙烯制成的弯曲的体块，以此来把入射的自然光反射到室内的辅助自然采光构件，通过它的作用，光线有效地分布到了更为广阔的室内空间。

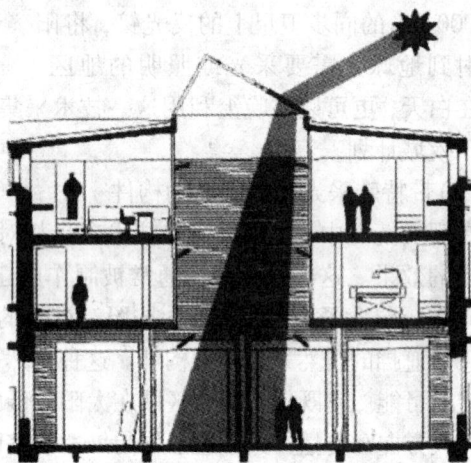

图 9 - 22　采用导光玻璃系统的天窗

9.2　人工照明与建筑节能

9.2.1　建筑人工光环境的基本要求

1. 照明品质

建筑人工照明不但应满足基本的功能需要，还应该从视觉舒适度、心理感受、视觉审美、环保节能等方面来提高空间的照明品质。照明品质主要包括以下方面。

（1）眩光　眩光是与人的视觉舒适度、视觉功效密切相关的。眩光可以分为①失能眩光：由于散射光在人们眼睛中引起的光幕亮度，降低了在视网膜上图像的亮度对比。②不舒适眩光：主要是视野中的非均匀亮度分布和对比过大引起的人们不舒适的感觉，但并不会像失能眩光那样彻底阻碍人们对物体的观察。③厌恶性眩光：令人产生不愉快或抱怨的光照都可称之为厌恶性眩光。影响眩光效应的主要因素为：光源的亮度、视野中光源的数量和位置、光源表面的尺寸和眼睛的适应亮度水平。照明设计中应该注意避免眩光的不良影响。

（2）视觉适应 通常人们的视觉适应和认知主要以三种方式进行：明适应、中间适应和暗适应。明视觉的亮度水平通常是指高于 $3~\text{cd/m}^2$ 的亮度环境；暗视觉通常是在非常低的亮度水平下，适应的亮度水平低于 $0.01~\text{cd/m}^2$。适应的亮度水平一般在 $3 \sim 0.01~\text{cd/m}^2$ 之间的光环境属于中间视觉。同一光源在明视觉条件下和较低亮度适应水平条件下对人眼的作用是有差别的。这包括颜色对比、边缘视觉反应和亮度知觉。在建筑人工照明设计中，应充分考虑不同亮度水平空间的视觉适应和过渡。

（3）光照水平 不同的视觉作业要求不同的光照水平，在视觉作业相对明确的环境中，通常将亮度分布作为照明质量的标准。在同样的照明条件下，由于照明表面的反射特性不同，其亮度水平和均匀度变化较大。空间中光照的分布创造了环境中的光与影，这就是典型的亮度分布例子。一般来说，视野中的知觉亮度既不要太大，也不要太小。

（4）气氛与空间观感 光与照明能够使环境空间产生戏剧、神秘、浪漫等一系列气氛和表情，人们的心理和行为深深受到气氛和空间观感的影响。对于夜间人们经常活动空间不要使用过大的亮度对比，以免发生危险。神秘的光环境（比如戏剧性的照明效果），也是采用非均匀的照明方式，但是亮度对比较小。表 9 - 3 是列举的空间感受和建议采取的照明方式。

表 9 - 3 空间的视觉感受与照明方式

视觉感受	照明方式
视知觉清晰感	宽配光下照型、均匀性白光照明、被照面是高反射材料、没有重点照明
放松感	低照度水平、非均匀光照、柔和的颜色
私密感	非均匀光照、中心黯淡而周边明亮、温暖的光色
愉悦感	整体照明和投射照明相结合、适度的亮度分布
厌倦和单调感	均匀的漫射光、乏味的光色
压抑感	黯淡的光线、色调偏黑
双剧性、兴奋和欢快感	闪烁、动态照明、鲜艳的色彩
混乱和喧闹感	非均匀光照，色彩图案与空间其他视觉信息相抵触，如不规则的灯具布置
不安全感	中心区域明亮、周边很暗、裸野中照度水平较低

（5）光色与显色性在室内人工照明环境下，"真实的颜色"是不存在的，人们对颜色的真实性判断是依据人们脑海中自然光的情形。光谱成分决定了物体的颜色显现和光源的色，在谈及照明品质时，光源的光色和显色性是非常重要的两个因素。颜色适应这种视知觉现象也会影响人们对光色的判断。颜色对比效应也会影响人们对颜色的评价。

光源色温的选择与照度水平之间存在着一定关系。研究结果表明，暖色调的光（低色温）适合低照度水平；冷色调的光（高色温）如果要看起来自然的话，就必须提供高的照度水平。热带或亚热带地区，日照水平相对较高，对于人工照明，适合选择冷色调的光源；气候寒冷或温和的地区则适合选用暖色调的光源。最后，光源的显色指数与光效有一定关联。工程实践中，显色指数 Ra 与光源的发光效率有一定关系。显色性好的光源，光效与经济性不是太好。因此，标准中或指南手册中给出的显色指数要求都是以最低值给出，既考虑了显色性要求，也考虑到了经济性方面的需要。

(6)光照与景深

光照与景深改变环境中的亮度分布，空间的景深感觉也会发生变化。为了便于说明这个问题，可以将一个空间环境划分成三个区域：前景、中景和背景。增加景深的一般原则是背景最亮，前景次之，中景最暗。当然在实际的设计中，我们也会打破这种规律，创造性地发挥。当你试图增加空间环境的神秘性或戏剧性时，对景深也要加以限制，因此对背景的光照就要有所抑制。光环境的构图应该是创造集中的视觉焦点，在整个空间环境中平衡亮度的关系。

(7)光的空间分布

照明设计的基本目标是：1)限定空间；2)创造空间协调；3)强调质感；4)塑造立体感；5)特殊效果设计（滤色装置）。灯具的位置和配光决定了光在空间的分布，也就形成了某种光照图式。灯具的配光对空间的光分布产生直接影响。窄光束可以强调被照物的细节，宽光束照射的面积较大。方向性较强的光束产生较强的对比，如较深的阴影和高亮度的光照部分，可以增强三维立体感。

2.照明的过程与能效

当前国际上照明节能所遵循的原则是在保证照明品质的前提下，尽可能做到对照明能耗的节约。在前面已对照明品质进行了介绍，现在需要对照明过程与能效的关系进行介绍。照明的节能是项系统工程，要从提高整个照明系统的效率来考虑。照明光源的光线进入人眼，最后引起光的感觉，是一个复杂的物理、生理和心理过程。该过程中照明技术、能源与人的相互关系如图9-23所示。从能源角度上讲，人工照明节能主要应挖掘可再生能源的利用潜力（如太阳能、风能等），从技术领域上讲，人工照明节能要从照明光源、灯具、电气设备、控制技术等环节入手。

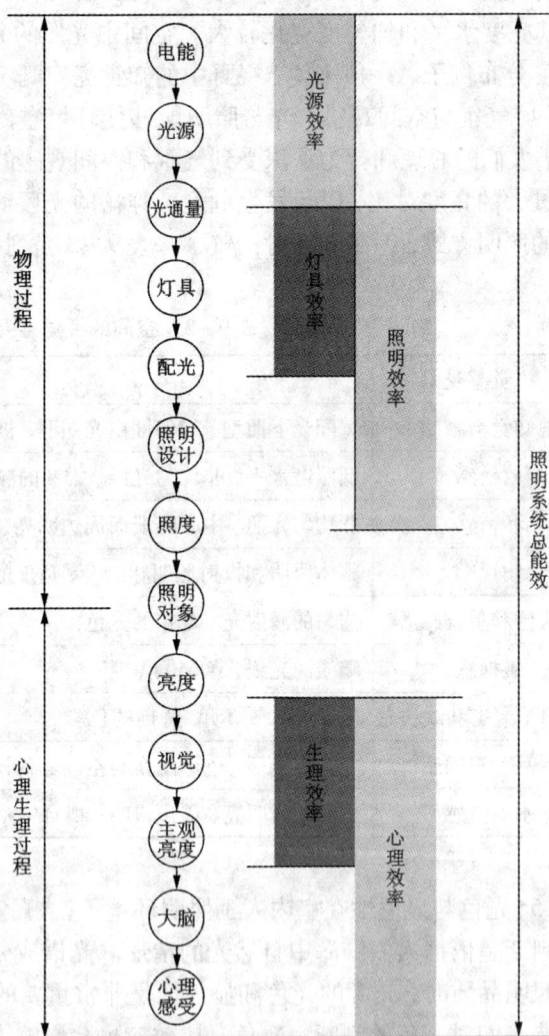

图9-23　照明过程和能效

9.2.2 照明节能原则

照明节能是一项涉及节能照明器件生产推广、照明设计施工、视觉环境研究等多方面的系统工程。宗旨是要用最佳的方法满足人们的视觉要求，同时又能最有效地提高照明系统的效率。要达到节能的目的，必须从组成照明系统的各个环节上分析设计，完善节能的措施和方法。

国际照明委员会（Commission Internationale de l' Eclairage，简称 CIE）根据一些发达国家在照明节能中的特点，提出了以下 9 项照明节能原则：

①根据视觉工作需要，决定照明水平。

②制定满足照度要求的节能照明设计。

③在考虑显色性的基础上采用高光效光源。

④采用不产生眩光的高效率灯具。

⑤室内表面采用高反射比的材料。

⑥照明和空调系统的热结合。

⑦设置不需要时能关灯的可变控制装置。

⑧将不产生眩光和差异的人工照明同自然采光综合利用。

⑨定期清洁照明器具和室内表面，建立换灯和维修制度。

9.2.3 照明节能的评价指标

节能工作从设计到最终实施都应有相应的节能评价指标。从目前已经制定实施的国内外标准来看，各国均采用照明功率密度（lighting power density，简写 LPD，单位为 W/m^2）来评价建筑物照明节能的效果，并且规定了各类建筑的各种房间的照明功率密度限值。要求在照明设计中满足作业面照明标准值的同时，通过选择高效节能的光源、灯具与照明电器，使房间的照明功率密度不超过限值。

我国《建筑照明设计标准规定》（GB 50034 - 2004）中对各种类型的建筑物的照明功率密度作了较详细的规定，具体可见表 9 - 4 ~ 表 9 - 9。在这里居住建筑的照明功率密度是按每户来计算的，除居住建筑外其他类建筑的 LPD 均为强制性条文，这样既保证了照明质量，又确保了在照明器件采用上达到高效节能。

表 9 - 4 居住建筑每户照明功率密度值

房间或场所	照明功率密度（W/m^2）		对应照度值（lx）
	现行值	目标值	
起居室			100
卧室			75
餐厅	7	6	150
厨房			100
卫生间			100

表 9 – 5 办公建筑照明功率密度值

房间或场所	照明功率密度（W/m²）		对应照度值（lx）
	现行值	目标值	
普通办公室	11	9	300
高档办公室、设计室	18	15	500
会议室	11	9	300
营业厅	13	11	300
文件整理、复印、发行室	11	9	300
档案室	8	7	200

表 9 – 6 商业建筑照明功率密度值

房间或场所	照明功率密度（W/m²）		对应照度值（lx）
	现行值	目标值	
一般商店营业厅	12	10	300
高档商店营业厅	10	16	500
一般超市营业厅	13	11	300
高档超市营业厅	20	17	500

表 9 – 7 旅馆建筑照明功率密度值

房间或场所	照明功率密度（W/m²）		对应照度值（lx）
	现行值	目标值	
客房	11	9	300
中餐厅	18	15	500
多功能厅	11	9	300
客房层走廊	13	11	300
门厅	11	9	300

表 9 – 8 医院建筑照明功率密度值

房间或场所	照明功率密度（W/m²）		对应照度值（lx）
	现行值	目标值	
治疗室	11	9	300
化验室	18	15	500
手术室	30	25	750
候诊室、挂号厅	8	7	200
病房	6	5	100
护士站	11	9	300
药房	20	17	500
重症监护室	11	9	300

表 9 - 9　学校建筑照明功率密度值

房间或场所	照明功率密度（W/m²）		对应照度值（lx）
	现行值	目标值	
教室	11	3	300
实验室	11	9	300
美术教室	18	15	500
多媒体教室	11	9	300

9.2.4　照明节能的主要技术措施

照明节能的主要技术措施包括以下五个方面。

1. 选择优质高效的电光源

光源在照明系统节能中是一个非常重要的环节，生产推广优质高效光源是技术进步的趋势，工程中设计选用先进光源又是一个易于实现的步骤，表 9 - 10 中列出了各种光源的性能。从表中可看出高压钠灯的光效最高，但显色性也最差，这种光源可一般用于对辨色要求不高的场所，如道路、货场等；荧光灯和金属卤化物灯的光效低于高压钠灯，但显色性很好；白炽灯光效最低，相对能耗最大。由世界各种光源年消费比例和一些国家光源的应用比例可知，荧光灯和高强度气体放电灯用量呈逐年增长趋势，而白炽灯呈逐年减少的趋势。为减少能源浪费，在选用光源方面可遵循以下原则。

（1）要尽量减少白炽灯的使用量

由于白炽灯光效低、能耗大、寿命短，应尽量减少其使用量，在一些场所应禁止使用白炽灯，无特殊需要不采用 150 W 以上的大功率白炽灯。如需采用白炽灯，宜采用光效高些的双螺旋白炽灯、充氖白炽灯、涂反射层白炽灯或小功率的高效卤钨灯。

表 9 - 10　典型光源的性能

	光效（lm/W）	寿命（h）	显色指数（Ra）
白炽灯	9 ~ 34	1000	99
高压汞灯	39 ~ 55	10000	40 ~ 45
荧光灯	45 ~ 103	5000 ~ 10000	50 ~ 90
金属卤化物灯	65 ~ 106	5000 ~ 10000	60 ~ 95
高压钠灯	55 ~ 136	10000	< 30

（2）一般场所推广使用细管径荧光灯和紧凑型荧光灯

荧光灯光效高、寿命长，获得普遍应用，在室内照明场所中重点推广细管径（26 mm）T8 型、T5 型荧光灯和各种形状的紧凑型荧光灯以代替粗管径（38 mm）T12 型荧光灯和白炽灯。紧凑型节能灯是目前替代白炽灯最适宜的光源。GE 公司最近研制生产的紧凑型节能灯与白炽灯相比,节能达80%,功率范围5~23W,寿命长达10000 h,降低维护和替换费用。这种光源使用稀土三基色荧光粉,使被照物体更真实、更自然,光色从暖色到冷色,满足不同应用的需求,还可应用于可调光电路。现已广泛被国内重点工程所采用。

(3)有条件的项目使用电磁感应灯、LED 灯等高效光源

电磁感应灯:电磁感应灯是继传统白炽灯、气体放电灯之后,在发光机理上有突破的新颖光源,它具有高光效、长寿命、高显色、光线稳定等特点。电磁感应灯是由高频发生器、功率耦合线圈、无极荧光灯管组合而成的,而且不用传统钨丝,可以节约大量资源。由于无极启动点燃,可避免电极发射层的损耗以及对荧光粉的损害而产生的寿命短的弊端,使其使用寿命大幅提高,同时也不存在因灯丝损坏而造成的整个灯报废的问题。它的使用寿命长达10年以上,用电量不超过荧光灯的50%,功率为25~350 W 电磁感应灯可实现30%~100%的连续调光功能。

LED 光源:半导体照明是21世纪最具发展前景的高技术领域之一,它具有高效、节能、安全、环保、寿命长、易维护等显著特点,被认为是最有可能进入普通照明领域的一种新型第四代"绿色"光源。白光 LED 可应用于建筑照明领域,以替代白炽灯、荧光灯、气体放电灯。提高白光 LED 发光效率是目前各公司和研究机构竞相努力的方向,人们正向着100 lm/W的目标不断努力。白光 LED 的显色性现已能做到 Ra>80(色温5800K)。

(4)大型场所采用高光效、长寿命的高压钠灯和金属卤化物灯

在大型公共建筑照明、工业厂房照明、道路照明以及室外景观照明工程中,推广使用高光效、长寿命的金属卤化物灯和高压钠灯。逐步减少高压汞灯的使用量,特别不应随意使用自镇流高压汞灯。

2.高效灯具及节能器件

灯具的效率会直接影响照明质量和能耗。在满足眩光在、限制要求下,照明设计中应多注意选择直接型灯具。其中,室内灯具效率不宜低于70%,室外灯具的效率不宜低于55%。要根据使用环境不同,采用控光合理的灯具,如多平面反光镜定向射灯、蝙蝠翼配光灯具、块板式高效灯具等。

选用灯具上应注意选用光通量维持率好的灯具,如二氧化硅保护膜、防尘密封式灯具,反射器采用真空镀铝工艺,反射板蒸镀银反射材料和光学多层膜反射材料。同时选用利用系数高的灯具。

在各种气体放电灯中,均需要电器配件如镇流器等。以前的 T12 荧光灯中使用的电感镇流器就要消耗将近20%的电能,而电能的电感镇流器的耗电量不到10%,电子镇流器耗电量则更低,只有2%~3%。由于电子镇流器工作在高频,与工作在工频的电感镇流器相比,需要的电感量就小得多。电子镇流器不仅耗能小、效率高,而且还具有功率因数校正的功能,功率因数高。电子镇流器通常还增设有电流保护、温度保护等功能,在各种节能灯中应用非常广泛,节能效率显著。

3.提高照明设计质量精度

能源高效的照明设计或具有能源意识的设计是实现建筑照明节能的关键环节,通过高质量的照明设计可以创造高效、舒适、节能的建筑照明空间。目前我国建筑设计院主要承担建设项目的一般照明设计,这类照明设计主要包括一般空间照明供配电设计、普通灯具选型、灯具布置等工作。由于照明质量、照明艺术和环境不像供配电设计那样需严肃对待设计建筑

安全和使用寿命等设计问题，故电器工程师考虑较少，这样就造成了照明设计中随意加大光源的功率和灯具的数量或选用非节能产品，产生能源浪费。一些专业公司承包大型厅堂、场馆及景观照明的设计，虽然比较好地考虑了照明艺术和环境，但由于自身力量不足或考虑的侧重不一样，有时候设计十分片面，出现了如照度不符合标准，照明配电不合理，光源和灯具选型不妥等现象。

要解决好上述问题，应加强专业照明设计队伍的业务建设，提高照明设计质量意识和能源意识。目前国外照明设计已大量采用先进的专业照明设计模拟软件，保证照明设计的科学合理。国际著名的专业照明设计模拟软件如 Lumen Micro、AGI32、DIALux 等，都含有国际上几十家灯具公司的产品数据库，能进行照明设计和计算及场景虚拟现实模拟，并输出完整的报表，误差在 7% 以内。使用这些先进的设计工具，可以提高设计质量的精度，从建筑照明的最初设计环节上实现能源的高效利用。

4. 采用智能化照明

智能化照明是智能技术与照明的结合，其目的是在大幅度提高照明质量的前提下，使建筑照明的时间与数量更加准确、节能和高效。

智能化照明的组成包括：智能照明灯具、调光控制及开关模块、照度及动静等智能传感器、计算机通信网络等单元。智能化的照明系统可实现全自动调光、更充分利用自然光、照度的一致性、智能变换光环境场景、运行中节能、延长光源寿命等功能。

适宜的照明控制方式和控制开关可达到节能的效果。控制方式上可根据场所照明要求，使用分区控制灯光；灯具开启方式上，可充分利用自然光的照度变化，决定照明点亮的范围。还可使用定时开关、调光开关、光电自动控制开关等。公共场所照明、室外照明可采用集中控制、遥控管理方式，或采用自动控光装置等。

5. 可再生能源的利用

建筑人工照明的能源可以利用自然界中的可再生能源，如太阳能、风能等。这些可再生能源清洁、用之不竭，对缓解能源紧张是十分有效的。

(1) 对太阳能的利用

人工照明对太阳能的利用主要是光伏效应照明法，即利用太阳能电池的光电特性，先将太阳光转化为电能，再将电能输送到照明器，转化为光线进行照明。光伏发电是利用太阳能及半导体电子器件有效地吸收太阳光辐射能，并使之转变成电能的直接发电方式，是当今太阳光发电的主流。光伏发电具有清洁、环保、无污染的优势，整个过程没有火力发电排放的温室气体和大量粉尘，是真正的环保绿色能源。同时这种方法供电方式相对简单，规模不影响发电效率。

太阳能光伏发电的市场领域划分为独立太阳能光伏发电和并网太阳能光伏发电两大领域。独立太阳能光伏发电是指太阳能光伏发电不与电网连接的发电方式，典型特征为需要蓄电池来存储夜晚用电的能量。在太阳能光伏发电过程中，太阳能光电池的性能是一个关键性因素，其光电转化率是反映能源利用率的重要指标。

太阳能光伏效应照明在建筑中的应用分为分离式和集中式两种。分离式系统适合应用于寓所、办公室、学校等建筑。集中式系统可将电源分配至建筑中一些特殊场所使用，主要有室内采光不佳的部分，如地下室、楼梯间、储藏室等；或应用于室内安全照明，如应急灯、指示灯等；还有就是长亮照明灯，如通道指示灯、地下出入口指示灯等部位。

在光伏采光照明系统设计时，应注意以下几个方面：

①提高系统的能源利用率。由于太阳能电池的光电转化率较低，必须采取措施提高电池吸取阳光数量，并降低系统中的能量损耗。这就需要在太阳能电池板的安装位置和角度上进行认真选择。对于照明设备，应选择高光效的光源和电气附件，以节约能源。如果有条件的话，可以在光电池前选择增加一些附属设备来加强对阳光的收集和吸收，如聚光板或日光追踪系统等。

②发电量与用电量的匹配与平衡。光伏采光系统的太阳能电池供电能力必须和需要的用电量匹配，以免出现供电不适或供电过剩现象。一般要对负载功率、太阳能资源参数以及工作元件的额定功率、电压和效率等指标进行计算。

③系统效率的影响。主要影响因素首先是温度的影响，温度的升高会使太阳能电池的工作电压下降，并使输出功率线性下降；其次是时间、天气、季节等因素的影响。

（2）对风能的利用——"风光互补"

人工照明同样可以使用风力发电提供的电能。风能作为一种无污染和可再生的新能源有着巨大的发展潜力，特别是对沿海岛屿，交通不便的边远山区。风光互补发电照明系统将是一个很好的风能利用系统。风力、太阳能光伏发电互补供电照明系统（称"风光互补照明系统"），是利用风力发电机和太阳能电池将风能和太阳能转化为电能用于照明的装置，两个发电系统在一个装置内互为补充，为照明提供了更高的可靠性，具有广泛的推广利用价值。该照明系统具有不需挖沟埋线、不需要输变电设备、不消耗市电、安装任意、维护费用低、低压无触电危险、使用的是洁净可再生能源等优点，是真正的环保节能高科技，它代表着未来绿色照明的发展方向之一。

（3）人工照明与自然采光的综合运用

建筑室内人工照明和自然采光的结合不仅可以节省大量的照明用电，而且对改善室内光环境质量有着重要的技术经济意义。人工照明和自然采光的综合运用的目的是要在白天把自然光与人工光舒适、合理地协调起来，形成良好的室内视觉舒适度人工照明归纳起来主要可分为照度平衡和亮度平衡两种模式。

①照度平衡型。该种人工照明模式是指白天室内自然光主要照射在近窗处，为使房间深处的照度与近窗处照度达到平衡，人工照明主要照射在房间深处，使房间内照度尽量保持均匀一致的照明方法。因为近窗处可以不用或少用人工照明，因而可以节能。

②亮度平衡型。该种人工照明模式是指白天室内窗的亮度很高，使人觉得室内窗户周边的墙壁和顶棚很暗，此外，因强烈的明暗对比，增加了室内视觉的不舒适，为了改变这种情况，必须提供必要的人工照明来平衡室内的亮度。室内人工照明的照度随着窗亮度的改变而改变。如果依据室外光线的变化来控制室内人工照明，就会比一直按照提供最大照度要求减少电能的消耗。

人工照明与自然采光的综合运用中，要把握好几个重要的技术环节：①要准确确定恒定的辅助人工照明的照度值。②要选用合适的辅助人工照明的光源、布灯方式和控制方式。光源的选择中，色温要尽量和自然光接近，一般 5000 K 左右的 El 光色荧光灯比较适宜。人工照明的布置方式一般应和采光窗平行，这样更利于室内采光与照明的亮度与照度达到均衡。靠窗区域由于自然光因素，布灯数量相对要少。控制方式可以通过人工手动控制，也可通过光电传感器，按照室内照度的变化进行自动控制。还有一种更加智能化的控制模式，即采用连续自动的调光系统，实现室内照度水平随着自然光的变化及时调整，使室内自然光和人工光总照度始终在一个相对恒定的水平上。③节能效果。室内照明用电量和照明时间、照明总功率有关。使用高效节能的照明设备可以节省单位时间耗电量；而采用智能照明控制系统，既可以用调光来控制用电量，又可以自动关闭不需要的照明设备，减少照明用电时间，是建筑照明节能的有效途径。

重点与难点

　　重点：(1)建筑环境对照明品质的要求；(2)照明节能的原则；(3)照明节能的评价；(4)照明节能的主要技术措施。

　　难点：(1)照明的品质；(2)照明节能技术的选择。

思考与练习

　　1. 建筑照明为什么采取节能技术？

　　2. 建筑照明需要满足哪些要求？

　　3. 光源的色温与照度水平之间有什么关系？

　　4. 照明节能应满足什么原则？

　　5. 建筑照明节能有哪些主要技术措施？

第 10 章

可再生能源在建筑节能中的应用

10.1　太阳能在建筑节能中的应用

太阳能是太阳发出的、以电磁辐射形式传递到地球表面的能量,经光热、光电转换,这些能量可以被转换为热能和电能。太阳能具有取之不尽、用之不竭、洁净环保等优点,所以,它被认为是最好的可再生能源。

太阳能在建筑中的应用形式有:太阳能建筑、太阳能热水系统、建筑一体化光伏系统。

太阳能建筑为利用太阳能供暖和制冷的建筑。在建筑中应用太阳能供暖、制冷,可节省大量电力、煤炭等能源,而且不污染环境,在年日照时间长、空气洁净度高、阳光充足而缺乏其他能源的地区,采用太阳能供暖、制冷,尤为有利。

太阳能建筑的形式有被动式太阳能建筑和主动式太阳能建筑(包括太阳能采暖系统和太阳能制冷系统)。

10.1.1　被动式太阳能建筑

是否采用机械设备获取太阳能是区分主动式、被动式太阳能建筑的主要标志。把通过适当的建筑设计,无需机械设备获取太阳能采暖的建筑称为被动式太阳能建筑。

被动式太阳能采暖设计,是通过建筑朝向和周围环境的合理分布、内部空间和外部形体的巧妙处理,以及建筑材料和结构构造的恰当选择,使其在冬季能集取、保持、储存、分布太阳热能,从而解决建筑物的采暖问题。被动式太阳能采暖系统的特点是:将建筑物的全部或一部分既作为集热器又作为储热器和散热器,既不要连接管道又不要水泵或风机,以间接方式采集利用太阳能。

被动式太阳能建筑设计的基本思想是控制阳光和空气在恰当的时间进入建筑并储存和分布热空气。其设计原则是要有有效的绝热外壳和足够大的集热表面,室内布置尽可能多的储热体,以及主、次房间的平面位置要合理。

按照传热过程的区别,被动式太阳能建筑可分为两类:①直接受益式,指阳光透过窗户直接进入采暖房间;②间接受益式,指阳光不直接进入采暖房间,而是首先照射到集热部件上,通过导热或空气循环将太阳能送入室内。

1. 直接受益式

被动式采暖系统中,最简单的形式就是直接受益式。这种方式升温快、构造简单;不需增设特殊的集热装置;与一般建筑的外形无差异,建筑的艺术处理比较灵活。因此,这种方式是一种最易推广使用的太阳能建筑设施。

　　直接受益式太阳建筑的集热原理如图 10-1 所示。房间本身是一个集热储热体,在日照阶段,太阳光透过南向玻璃进入室内,地面和墙体吸收储存热量,表面温度升高,所吸收的热量一部分以对流的方式供给室内空气,另一部分以辐射的方式与其他围护结构内表面进行热交换,第三部分则由地板和墙体的导热作用把热量传入内部储存起来。当没有日照时,被吸收的热量释放出来,主要加热室内空气、维持室温,其余则传递到室外。

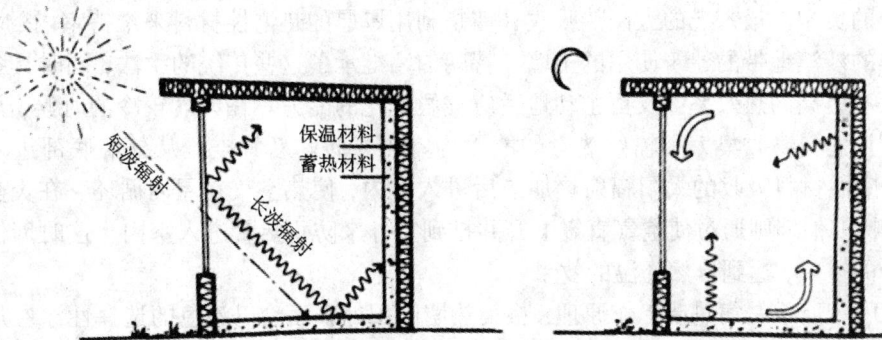

图 10-1　直接受益式太阳能建筑集热原理

　　直接受益式太阳能建筑的南向外窗面积与建筑内蓄热材料的数量是这类建筑的设计关键。采用该形式除了遵循节能建筑设计的平面设计要点,还应特别注意以下几点:建筑朝向在南偏东、偏西 30°以内,有利于冬季集热和避免夏季过热;根据热工要求确定窗口面积、玻璃种类、玻璃层数、开窗方式、窗框材料和构造;合理确定窗格划分,减少窗框、窗扇自身遮挡,保证窗的密封性;最好与保温帘、遮阳板相结合,确保冬季夜晚和夏季的使用效果。

　　采用高侧窗和屋顶天窗获取太阳辐射是应用最广的一种方式,如图 10-2 所示。其特点是:构造简单,易于制作、安装和日常的管理和维修;与建筑功能配合紧密,便于建筑立面处理,有利于设备与建筑一体化设计;室温上升快,一般室内温度波动幅度稍大。非常适合冬季需要采暖且晴天多的地区,如我国的华北内陆、西北地区等。但缺点是白天光线过强,且室内温度波动较大,需要采取相应的构造措施。

　　直接受益式的太阳能集热方式非常适于与立面结合,往往能够创造出简约、现代的立面效果。

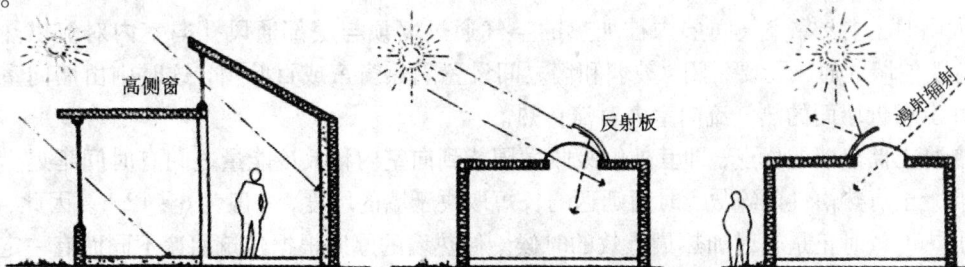

图 10-2　高侧窗和天窗在直接受益式太阳能建筑中的使用

2. 间接受益式

间接受益式的集热基本形式有：特朗伯集热墙（Trombe walls）、水墙、充水墙（载水墙）、附加阳光间等。

（1）特朗伯集热墙

特朗伯集热墙是近些年发展起来的一种外墙系统，它是法国太阳能实验室主任 Felix Trombe 博士于 1956 年提出并实验的，故通称特朗伯墙。

这种利用热虹吸管/温差环流原理，使用自然的热空气或水来进行热量循环，从而降低供热系统的负担。最古老的太阳热吸收外墙是利用厚厚的热惰性材料来维持室内的温度，如气候炎热的沙漠地带的建筑使用的土墙。特朗伯墙继承了这些传统的手法，同时具备了更轻盈的形象和更高的热效率以及更主动地适应气候变化的能力。在天气较冷的时候，热惰性墙体可以利用它自身收集太阳辐射热量的能力为室内供暖。新鲜空气从外墙底部进入空气腔内，被热惰性材料吸收的太阳辐射热加热后进入室内，使热空气在屋内循环。在炎热的气候条件下，特朗伯墙则通过使空气直接上升并排到室外来防止热量进入室内。这时墙体从北面吸取较冷的空气，达到自然降温的效果。

图 10-3 所示是集热墙工作原理：将集热墙向阳外表面涂以深色的选择性涂层加强吸热并减少辐射散热，使该墙体成为集热器和储热器。待到需要时（例如夜间）又成为放热体。离外表面 10 cm 作用处装上玻璃或透明塑料薄片，使其与墙外表面构成一个空气间层。冬季白

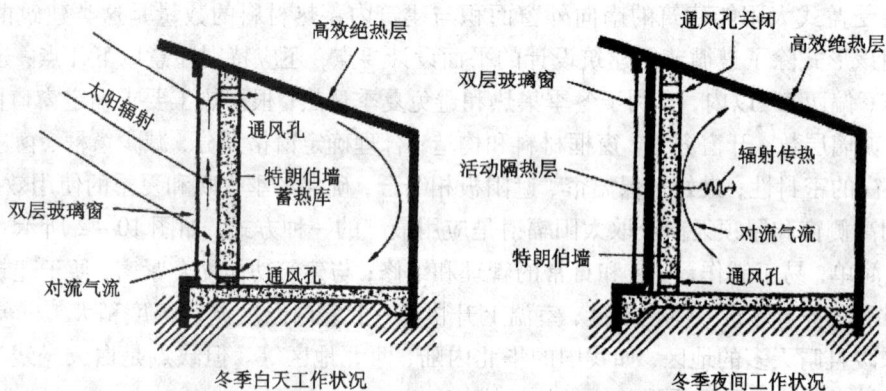

图 10-3 特朗伯集热墙工作原理

天有太阳时，主要靠空气间层内被加热的空气通过墙顶与底部通风孔向室内对流供热。晚上，特朗伯墙的通风孔要关闭，玻璃和墙之间设置隔热窗帘或百叶窗，这时则由墙向室内辐射热并由靠近墙面的热气流向室内对流传热。

混凝土储热墙的优点，即其外侧吸收太阳能到向室内释放该能量之间有时间延迟。这是由于混凝土有热惰性的缘故，时间延迟的长短取决于墙的厚度，一般为 6~12 h。因此，夜间对流加热无效时正是辐射加热最有效的时候。储热墙的厚度根据建筑用途不同而有一定的差别，Trombe 在比利尤斯用于实验第一幢房间的厚是 600 mm，该墙一年期间内，对室温控制在 20℃的情况下提供了总热量的 70%，后来又实验了较薄的墙，Trombe 及其同事们认为 400~500 mm 是最适宜的厚度。Balcomb 等对美国不同地区用计算机模拟研究指出，如果室

温在 18～24℃间变动,则 300 mm 厚的混凝土墙每年对全部所需热量可作出最高贡献(供热)。

特朗伯墙在夏季的工作过程:在被动系统中,用间接接受太阳能采暖的相同构件,用另一种方法使建筑物冷却(如图 10-4 所示);白天,将隔热窗帘或百叶窗放在特朗伯墙与玻璃之间,玻璃顶部和底部通风孔都开启,隔热层外表面用浅色或铝箔反射太阳热,玻璃与隔热层之间的空气受太阳辐射加热上升由顶部通风孔流出,冷空气则由底部通风孔进来维持隔热层与墙体冷却;夜间,墙体向室外辐射散热后冷却再从室内吸收热量。

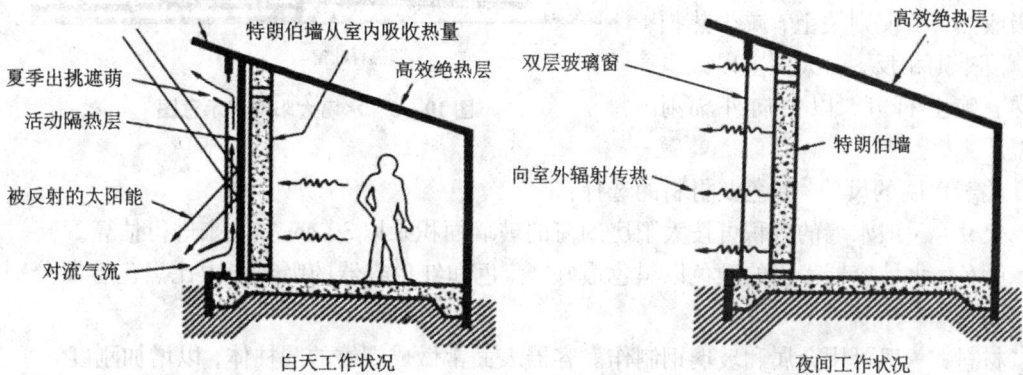

图 10-4　特朗伯墙在夏季的工作过程

另一种方法专门用于建筑物北侧空气较冷的地方,如图 10-5 所示。这时建筑物北墙(底部)和特朗伯墙底部以及玻璃顶部通风孔都开启,将活动隔热层移开使特朗伯墙露出朝向太阳辐射,使玻璃和特朗伯墙之间空气升温,从玻璃顶部通风孔流出,促使室内空气经特朗伯墙底部通风孔流出。同时通过北墙通风孔,冷空气又循环进入室内。

特朗伯墙和其他手段结合起来使用能发挥更大的作用。这些手段如采

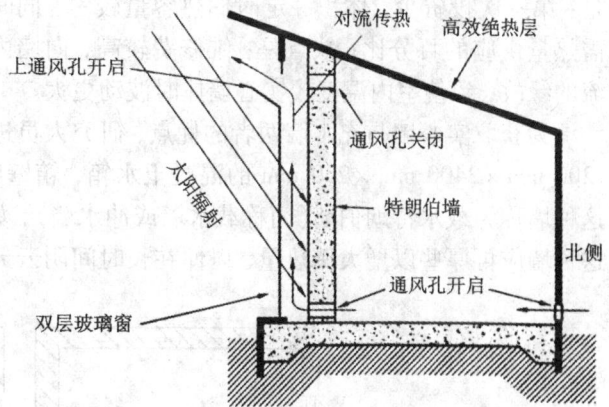

图 10-5　特朗伯墙夏季另一工作方式

用热绝缘玻璃、改良的热吸收墙体、空腔中控制空气流的风扇、利用水来储藏热量(如 IGUS 工厂)等。特朗伯墙的缺点是构造比较复杂,使用不太灵活,由于需要较大面积的实墙,所以视野也不如双层幕墙系统那样开阔。

(2)水墙

水的比热是 4.18×10 J/(kg·℃),其他一般建筑材料如砖、混凝土、土坯、木材等比热都在水的比热的 1/5 左右,故用同质量的水贮热比用其他材料贮存的热量多,反过来要贮存一定的热量,所用水比其他材料重量轻(自重小),这就是引起人们研究、发展水墙的主要

原因。

图 10 - 6 所示是早在 20 世纪 70 年代美国 Steve Baer 住房实验的水墙太阳能房。水盛于钢桶内，外表有黑色吸热层，放在向阳单层玻璃窗后。玻璃窗外设有隔热盖板，冬季白天放平可作为反射板，将太阳辐射能反射到钢桶水墙上去，增加吸收热，冬夜则关上，减少热损失。夏季则相反，白天关上以减少进热，晚上打开，以便向外辐射降温。

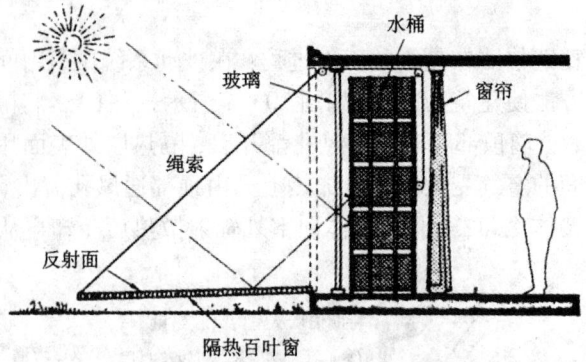

图 10 - 6 水墙太阳能房示意图

关于水墙的尺寸、颜色及材料的选择：

尺寸：一般水墙的容积可按太阳房的窗的玻璃面积乘以 30 cm 左右来进行估算。

颜色：水墙容器表面的颜色以黑色最好，蓝色和红色容器的吸热能力比黑色容器分别少 5% 和 9%。

材料：一般可用金属和玻璃钢制作。容器表面常做成螺纹的圆柱体，以增加刚度。

（3）充水墙

前面讲的水墙是用钢桶或钢管或塑料管盛水做储热物质，与现砌特朗伯墙相比，其优点是：第一次投资少，体积一定时储热容量较多，同时，采用较大的体积可能提高太阳能对年需热量供应的百分比；缺点是：维修费较高，向墙内侧传热的延迟性较小，这是由于水有对流的缘故，致使室内温度较实心墙体时波动更大。

为获取实心墙与充水墙两者的优点，研究人员进行了大量实验。最终确定采用总尺寸为 1200 mm × 2400 mm × 250 mm 的混凝土水箱，箱壁厚为 50 mm，水盛在箱内密封塑料袋内，这种墙称为载水特朗伯墙（简称载水墙或冲水墙），如图 10 - 7 所示。有的设计者认为，将来这种墙应再厚些以增大储热量，以便在长时间阴云天气时保持墙体温暖。

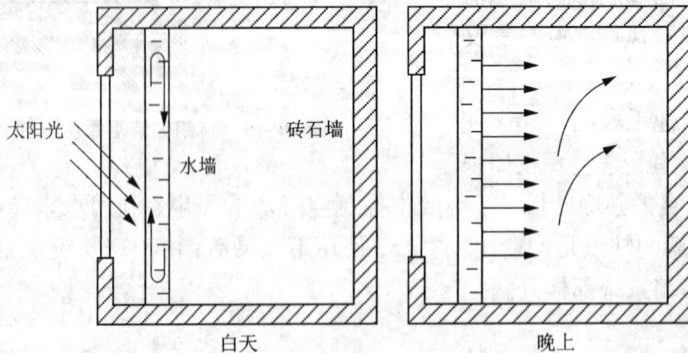

图 10 - 7 水墙式集热蓄热墙太阳房示意图

能适合这种设想的一种做法是，采用预制混凝土空心板作为载水墙，水就盛在装于板空腔内的薄塑料管里。有一种空腔直径 250 mm、厚 300 mm 的板,差不多占墙体积的一半都是水,与实心混凝土墙比,储热量增加了约 50%,比用混凝土墙空腔造价要少,又由于断面 50% 是混凝土,故比金属管充水墙传热过墙的时间延迟较长,墙内侧温度波动较小。由于储热容量增大,就能从太阳获取更多需要的热量。

这种设想还需从技术和经济两方面进一步研究,混凝土技术方面可能存在的问题是,外侧表面与其相邻的混凝土——水内表面之间会产生较陡的温度梯度,最大温差可能达 33℃。总之,这种设想很值得进一步研究。

(4)附加阳光间

附加阳光间属于一种多功能的房间,除了可作为一种集热设施外,还可用来作为休息、娱乐、养花、养鱼等使用,是寒冬季节让人们置身于大自然中的一种室内环境,也是为其毗连的房间供热的一种有效设施(见图 10 - 8)。

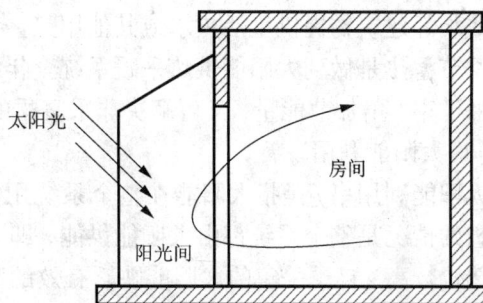

图 10 - 8　附加阳光间被动式太阳房示意图

附加阳光间除最好能在墙面全部设置玻璃外,还应在毗连主房坡顶部分加设倾斜的玻璃。这样做,可以大大增加集热量,但倾斜部分的玻璃擦洗比较困难。另外,夏季时,如无适当的隔热措施,阳光间内的气温往往会变得过高。冬季时,由于玻璃墙的保温能力非常差,如无适当的附加保温措施,日落后的室内气温将会大幅度地下降。以上这些问题,必须在设计时予以充分考虑,并应提出解决这些问题的具体措施。

10.1.2　太阳能采暖系统

1. 太阳能供热采暖系统的应用原则

太阳能供热采暖系统的应用原则是在考虑到相当的经济性的前提下最大限度地利用太阳能。一般情况下,太阳能供热采暖系统应用时需要符合以下条件和要求。

(1)使用太阳能热水采暖系统的建筑应满足相关节能规范要求

太阳能的能流密度较低,太阳能集热系统的价格在目前依然偏高,为尽可能减少常规能源的使用,必须保证建筑围护结构符合节能规范的要求,尤其是窗户的传热系数需要严格控制,以降低采暖系统的符合要求。

(2)使用太阳能热水采暖系统的建筑应尽量采用被动采暖的措施

为了更大限度地利用太阳能,减少太阳能热水系统的采暖负荷,在应用中应将太阳能热水采暖系统与被动式采暖相结合,以尽可能多地采集、储存和使用太阳能。因此,在建筑的设计和规划中建议考虑下述被动式太阳能采暖的因素:

①至少一半的窗户面积朝向在正南 ±30° 范围内,南向窗户的面积应大于地板总面积的 7% ~9%,北向窗户的面积应小于地板总面积的 2%。

②主要使用房间尽量放置在南面或东面,储藏间等辅助用房和非采暖房间应尽量安排在北面或西面。

③南向窗户的太阳得热系数应大于 0.55,尽量避免树木或其他物体的遮挡,外遮阳设施应满足冬季南向窗户不被遮挡的要求。

④南向和东南向的墙体尽量采用热惰性大的构造,在可能的情况下,墙体颜色可刷成绿色、棕色等较深的颜色以增强吸热和蓄热。

(3)系统供水温度要求尽量低,夏季采集的太阳能应尽可能利用

太阳集热系统的集热效率与集热系统的出水温度有关,温度越高,热损失越大,效率降低。因此,在选择采暖系统时,应选择供水温度要求低的系统。

此外,太阳能供热采暖系统应做到全年综合利用,建筑物最好有生活热水或其他的夏季用热需求,以提高设备的利用率,增强经济性。采暖期为建筑物供热采暖,非采暖期向本建筑物或相邻建筑物提供生活热水或其他用热。

季节蓄热是做到太阳能供热采暖系统全年综合利用的一个有力措施,既可提高系统的太阳能保证率,增加节能量,又可解决非采暖季的过热问题,但初投资会相对较高。

(4)太阳能利用率 f

太阳能利用率 f 是指太阳能在整个系统用能中所占的比例。从太阳能利用的角度来看,最理想的情况是整个系统都由太阳能供能,即 $f=1$;但从经济性来看,由于目前太阳集热系统的造价较高,夏季采集的太阳能缺乏有效的利用手段,不可能按照采暖负荷来确定太阳集热系统的供热能力。根据经验,适宜的太阳能利用率 f 取值与系统所在地的太阳辐射度有关,一般取值在 $0.4 \sim 0.8$ 的范围内,太阳能资源丰富的地区可以取高值,反之取低值。

(5)常规辅助能源

如仅为改善室内热环境,对舒适性要求不高的农村和小城镇地区,在资金不允许的情况下可以不设常规辅助能源,单纯依靠太阳能采暖。当对建筑室内舒适性有要求时,应在系统中设置常规辅助能源,舒适性要求高时应不考虑太阳能因素,按照采暖系统的负荷要求设置常规辅助能源。

2. 太阳能供热采暖系统的构成和分类

太阳能供热采暖系统是将太阳能转换成热能,供给建筑物冬季采暖和全年其他用热的系统,它由太阳能集热系统、蓄热系统、末端供热采暖系统、自动控制和其他能源辅助加热/换热设备集合构成。目前液体工质太阳能集热器在冬季产生的是低温热水,最适宜的末端设备是地板辐射采暖系统(供水温度 $40 \sim 45 \text{℃}$)。也可以使用太阳能空气集热器,加热空气向房间送热风。

根据所使用的设备、系统的运行方式和蓄热能力,也可以将太阳能供热采暖系统划分为不同的系统类型。

按所使用的太阳能集热器类型可分为下列两种系统:

①太阳能空气集热器供热采暖系统。

②液体工质集热器太阳能供热采暖系统。

按集热系统的运行方式可分为下列两种系统:

①直接式太阳能供热采暖系统。

②间接式太阳能供热采暖系统。

按所使用的末端采暖系统类型可分为下列四种系统:

①低温热水地板辐射采暖系统。

②水 – 空气处理设备采暖系统。

③散热器采暖系统。

④热风采暖系统。

按蓄热能力可分为下列两种系统：

①短期蓄热太阳能供热采暖系统。

②季节蓄热太阳能供热采暖系统。

短期蓄热空气集热器太阳能供热采暖系统具有以下特点：

①空气集热器太阳能采暖系统用于建筑物内需直接设置热风采暖的区域，目前主要采用卵石堆蓄热器短期蓄热方式。

②空气系统无腐蚀、沸腾、冻结、泄露问题，不需考虑防冻、防过热设计，维护费用低于液体工质系统。

③系统循环运行费用高，蓄热容积大（大致是水蓄热容积的 3 倍）。系统运行噪音较高，需按规范要求采取措施降低噪音至规定指标，风管需占据较大空间。

短期和季节蓄热液体工质集热器太阳能供热采暖系统具有以下特点：

①液态工质集热器太阳能采暖系统的应用范围最广，可用于国家标准《采暖通风与空气调节设计规范》（GB 50019 – 2003）中规定采用热水辐射采暖、空气调节系统采暖和散热器采暖的各类建筑。

②液态工质集热器太阳能采暖系统应优先于低温热水辐射采暖，也可用于兼有夏季供冷、冬季采暖功能的空气调节系统，在太阳能资源丰富、常规能源短缺、交通不便的地区，进行技术经济分析合理的前提下，还可用于散热器采暖。

③根据当地的太阳能资源、气候、工程投资等因素综合考虑，短期蓄热液态工质集热器太阳能采暖系统的蓄热量应能满足建筑物 1 ~ 5 天的采暖需求。

④季节蓄热液态工质集热器太阳能采暖系统宜优先用于夏季无空调需求的严寒地区，宜用于建筑面积大于 10000 m^2 的建筑。应根据投资规模和当地的地质、水文、土壤条件确定季节蓄热方式。

3. 太阳能集热系统设计

太阳能集热系统主要包含太阳能集热器、贮水箱和相应的阀门和控制系统，强制循环系统还包括循环水泵，间接式系统还包括换热器。

太阳集热器是太阳能热水系统中的集热部件，也是太阳能热水系统的核心部件，其性能优劣直接影响到太阳能热水系统的性能；太阳能集热系统的设计主要围绕着它来进行，但系统其他附件的合理选择及设计，对充分利用集热器所收集的太阳能也起决定性的作用。

（1）太阳能集热器技术条件

太阳能集热器产品按照结构形式可分为平板式和真空管型太阳能集热器，真空管型太阳能集热器按真空太阳能集热管的结构形式又可分为三类：

①全玻璃真空管太阳能集热器。

②玻璃 – 金属结构真空管太阳能集热器。

③热管式真空管太阳能集热器。

太阳能集热器应有出厂检验合格证和由国家授权的质量监督检验机构出具的性能检测报告。除符合国家标准规定的各项性能指标外，选用的太阳能集热器性能参数——热性能、耐压、耐冻、空晒性能等还应满足太阳能采暖系统的设计要求。判定太阳能集热器产品合格的热性指标有两项——瞬时效率截距和总热损失系数。

（2）太阳能集热器的瞬时效率方程

太阳能集热器的热性能瞬时效率方程可以用一次或二次曲线表示，一次曲线方程见式（10-1）。

$$\eta = \eta_0 - UT_i^* \qquad (10-1)$$

式中：η 为太阳能集热器的瞬时效率；η_0 为太阳能集热器的瞬时效率截距；U 为以 T_i^* 为参考的太阳能集热器总热损失系数，$W/(m^2 K)$；T_i^* 为对应于集热器进口工质温度的归一化温差，$m^2 K/W$。

$$T_i^* = (t_i - t_a)/G \qquad (10-2)$$

式中：T_i^* 为对应于集热器进口工质温度的归一化温差，$m^2 K/W$；t_i 为集热器进口工质温度，$℃$；t_a 为环境空气温度，$℃$；G 为太阳总辐照度，W/m^2。

以二次曲线表示的太阳能集热器瞬时效率方程为：

$$\eta = \eta_0 - a_1 T_I^* - a_2 G (T_I^*)^2 \qquad (10-3)$$

太阳能集热器瞬时效率虚线是反映集热器热性能的重要指标，在某一确定条件下的效率越高，说明通过集热器获取的有用热量越多。图 10-9 所示是在国家太阳能热水器质量监督检验中心（北京）检测的较好、较差产品的效率曲线（统计得出的平均水平）和国家标准规定合格品效率曲线的对比。冬季采暖时，集热器进口温度应在 40℃ 左右，按环境温度 0℃ 计，晴天条件下的归一化温差大于 0.05；从图中可知，采暖工况下（归一化温差 0.05 ~ 0.08），符合国家标准要求产品的效率范围在 0.38 ~ 0.2（平板型）、0.48 ~ 0.4（真空管型），较好产品的效率范围在 0.55 ~ 0.42（平板型）、0.65 ~ 0.58（真空管型），但较差产品的效率只有 0.27 ~ 0.02（平板型）、0.37 ~ 0.2（真空管型）。造成差距的主要原因的集热器产品的热损失过大。目前送检的产品中，有相当数量产品的总热损系数低于标准规定的合格线。对于要在太阳能供热采暖系统中使用的太阳能集热器，产品热性能必须高于国家标准规定才能真正有效工作，获得较好的节能效益。

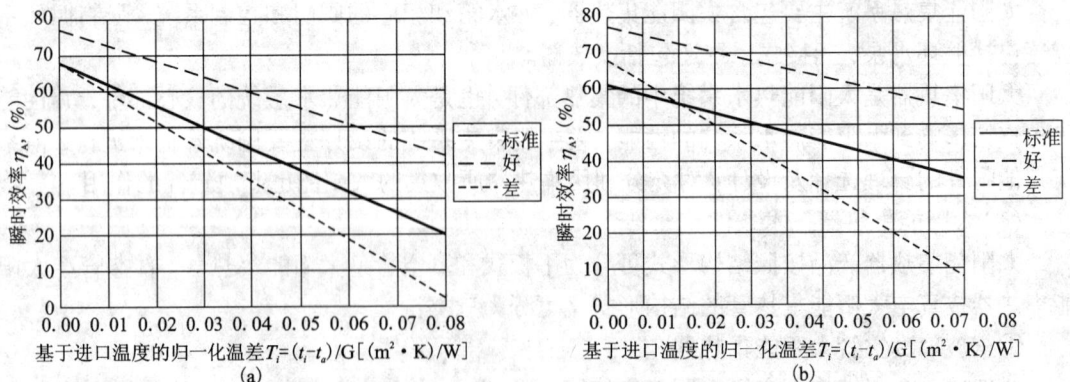

图 10-9　太阳能集热器瞬时效率曲线对比
(a) 平板型；(b) 真空管型

（3）太阳能集热器各类面积的计算规定

针对不同的计算范围，太阳能集热器有 4 种面积划分——总面积、采光面积、吸热体面积和轮廓采光面积。前面介绍的太阳能集热器瞬时效率方程要基于不同的面积得出，即：针对同一台太阳能集热器可以有分别基于总面积、采光面积、吸热体面积的 3 种瞬时效率曲线。

在太阳能采暖系统设计中要用到的太阳能集热器面积有两种：总面积和采光面积。总面积参与计算确定需要使用的太阳能集热器数量、太阳能集热系统的定义的定位和总占地面积；采光面积则用于判断某一太阳能集热器产品的热性能指标是否合格(国家规定的太阳能集热器产品热性能指标是基于采光面积提出)。

各类太阳能集热器的总面积和采光面积的计算方法如下：

平板型太阳能集热器(见图 10 - 10)

总面积：$A_C = L_1 \times W_1$。

采光面积：$A_a = L_2 \times W_2$。

真空管型太阳能集热器(见图 10 - 11、图 10 - 12)

总面积：$A_C = L_G \times W_G$

采光面积：无反射板 $A_a = L_2 \times D_0 \times N$；有反射板 $A_a = L_2 \times W_0$

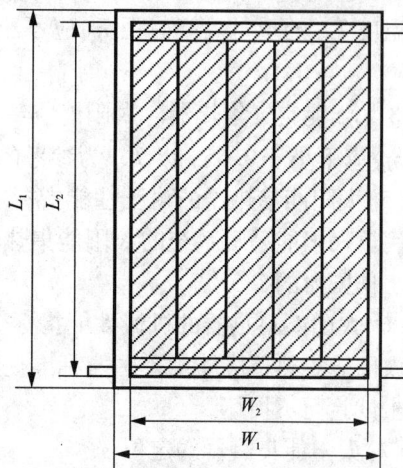

图 10 - 10　平板型太阳能集热器面积

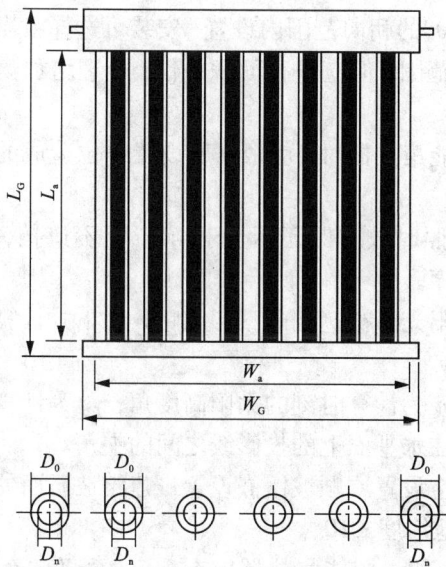

图 10 - 11　真空管型太阳能集热器面积
（无反射板）

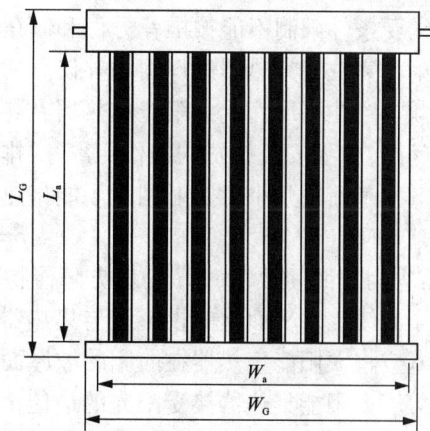

图 10 - 12　真空管型太阳能集热器集热面积
（有反射板）

(4)太阳能集热器的热性能指标

①平板型太阳能集热器。平板型太阳能集热器基于采光面积、进口工质温度 T_i^* 的瞬时效率截距 η_0 应不小于 0.70；以 T_i^* 为参考的总热损系数 U 应不大于 6.0 W/(m²·K)。

②真空管型太阳能集热器。无反射真空管型太阳能集热器基于采光面积、进口工质温度 T_i^* 的瞬时效率截距 η_0 应不小于 0.60，有反射器真空管型太阳能集热器基于采光面积、进口工质温度 T_i^* 的瞬时效率截距 η_0 应不小于 0.50；以 T_i^* 为参考的总热损失系数 U 应不大于 2.5 W/（m² · K）。

③太阳能空气集热器。太阳能空气集热器基于采光面积、进口工质温度 T_i^* 的瞬时效率截距 η_0 应不小于 0.65；以 T_i^* 为参考的总热损系数 U 应不大于 5.0 W/（m² · K）。

（5）太阳能集热器的耐压性能指标

用于太阳能采暖系统的太阳能集热器应能承受系统要求的工作压力，耐压试验的试验压力为工作压力的 1.5 倍。

（6）太阳能集热器的机械性能指标

太阳能集热器应能承受国家标准规定的空晒、闷晒、内热冲击、外热冲击、淋雨、耐冻、耐撞击试验而不损坏。

（7）太阳能集热器的定位

太阳能集热器的定位应符合以下要求：

①应合理设计太阳能集热器在建筑上的安装位置。建筑设计应将所设置的太阳能集热器作为建筑的组成元素，与建筑有机结合，保持建筑统一和谐的外观，并与周围环境相协调；设置在建筑任何部位的太阳能集热器应能充分接受阳光；应与建筑锚固牢靠，保证安全；同时不得影响该建筑部位的承载、防护、保温、防水、排水等相应的建筑功能。建筑设计应为系统各部分的安全维护检修提供便利条件。

②太阳能集热器宜朝向正南，或南偏东、偏西30°的朝向范围内设置；安装可选择在当地纬度±10°的范围内；受实际条件限制时，可以超出范围，但应进行面积补偿，合理增加集热器面积，并进行经济效益分析。

③受条件限制不能按推荐方位和倾角设置太阳能集热器时，应根据所设置方位造成的太阳辐射的衰减对集热器进行面积补偿。

④放置在平屋面上太阳能集热器在冬至日的日照时数应保证不少于 4 h，互不遮挡，有足够间距（包括安装维护的操作距离），排列整齐有序。

⑤正午前后几小时照射到太阳能集热器表面上阳光不被遮挡的日照间距 S 由下式计算。

$$S = Hctgh\cos\gamma_0 \tag{10-4}$$

式中：S 为日照间距，m；H 为前方障碍物高度，m；h 为计算时刻的太阳高度角；γ_0 为计算时刻太阳光线在水平面上的投影线与集热器表面法线在水平面上的投影线之间的夹角。

⑥宜将太阳能集热器在向阳的坡屋面上顺坡架空设置或顺坡镶嵌设置。建筑坡屋面的坡度宜等于太阳能集热器接受阳光的最佳角度，即当地纬度±10°。

⑦低纬度地区设置在墙面、阳台栏板、女儿墙上的太阳能集热器应有一定的倾角，使集热器更有效地接受太阳照射。

⑧太阳能集热器连接成集热器组宜采用并联方式。各集热器组包括的集热器数量应该相同，每组集热器的数量不宜超过 10 个。

（8）太阳能集热系统的设计流量的确定

太阳能集热系统的设计流量 G_S 分别用式（10-5）和式（10-6）计算：

$$G_S = 3.6gA_c \tag{10-5}$$

$$G_S = 3.6gA_{IN} \qquad (10-6)$$

式中：G_2 为太阳能集热系统的设计流量，m^3/h；g 为太阳能集热器的单位面积流量，$L/(h \cdot m^2)$；A_c 为直接式太阳能集热系统中的太阳能集热器总面积，m^2；A_{IN} 为间接式太阳能集热系统中的太阳能集热器总面积，m^2。

太阳能集热器的单位面积流量 g 与太阳能集热器的特性有关，宜根据太阳能集热器生产企业给出的数值确定。在没有企业提供相关技术参数的情况下，根据不同的系统，宜按表 10-1 中给出的范围取值。

在设计中宜采用自动控制变流量太阳能集热系统，设太阳辐射感应传感器（如光伏电池板等），根据太阳辐射条件控制变频泵改变系统流量，实现优化运行。

表 10-1　太阳能集热器的单位面积流量

系统类型		太阳能集热器的单位面积流量 $[m^3 \cdot (h \cdot m^2)^{-1}]$
太阳能热水系统	真空管型太阳能集热器	0.054 ~ 0.072
	平板型太阳能集热器	0.072
大型集中太阳能采暖系统（集热面积大于 100 m^2）		0.021 ~ 0.06
小型独户太阳能采暖系统		0.024 ~ 0.036
板式换热器间接式太阳能集热系统		0.009 ~ 0.012
太阳能空气集热器		36

（9）太阳能集热器类型及面积的确定

太阳能集热器的类型应与使用当地的太阳能资源、气候条件相适应，在保证太阳能采暖系统全年安全、稳定运行的前提下，选择性能价格比最优的太阳能集热器。

①太阳能供热采暖系统负荷计算。太阳能供热采暖系统的负荷包括采暖热负荷和生活热水负荷，由太阳能集热系统和其他能源辅助加热/换热设备共同负担。

太阳能集热系统负担的采暖热负荷是在计算采暖期室外平均气温条件下的建筑物耗热量。

建筑物耗热量应按下式计算：

$$Q_H = Q_{HT} + Q_{INF} + Q_{IH} \qquad (10-7)$$

式中：Q_H 为建筑物耗热量，W；Q_{HT} 为通过围护结构的传热耗热量，W；Q_{INF} 为空气渗透耗热量，W；Q_{IH} 为建筑物内部得热（包括照明、电器、炊事和人体散热等），W。

通过围护结构的传热耗热量应按下式计算：

$$Q_{HT} = (t_i - t_c)\left(\sum \varepsilon KF\right) \qquad (10-8)$$

式中：Q_{HT} 为通过围护结构的传热耗热量，W；t_i 为室内空气计算温度，按《采暖通风与空气调节设计规范》（GB 50019）中规定范围的低限选取，℃；t_e 为采暖期室外平均温度，℃；ε 为围护结构传热系数的修正系数；K 为围护结构的传热系数，$W/((m^2) \cdot ℃)$；F 为围护结构的面积，m^2。

空气渗透耗热量应按下式计算：

$$Q_{INF} = (t_i - t_e)(C_\rho \rho NV) \tag{10-9}$$

式中：Q_{INF} 为空气渗透耗热量，W；C_ρ 为空气比热容，取 0.28 W·h/(kg·K)；ρ 为空气密度，取 t_e 条件下的值，kg/m³；N 为换气次数，次/h；V 为换气体积，m³。

其他能源辅助加热/换热设备负担在采暖室外计算温度条件下的建筑物采暖热负荷。采暖热负荷应按现行国家标准《采暖通风与空气调节设计规范》(GB 50019) 中的规定计算。在标准规定可不设置集中采暖的地区或建筑，宜根据当地的实际情况，适当降低室内空气计算温度。

太阳能集热系统负担的热水供应负荷为建筑物的生活热水日平均耗热量。热水日平均耗热量应按下式计算：

$$Q_W = mq_r C_W \rho_W (t_r - t_1)/86400 \tag{10-10}$$

式中：Q_W 为生活热水日平均耗热量，W；m 为用水计算单位数（人数或床位数）；q_r 为热水用水定额，根据《建筑给水排水设计规范》(GB 50015) 规定，按热水最高日用水定额的下限取值（L/人·d 或 L/床·d）；C_W 为水的比热容，取 4187 J/(kg·℃)；ρ_W 为热水密度，kg/L；t_r 为设计热水温度，℃；t_1 为设计冷水温度，℃。

②直接系统太阳能集热器总面积计算。总面积用公式 (10-11) 计算：

$$A_c = \frac{86400 Q A_0 f}{J_T \eta_{cd}(1 - \eta_L)} \tag{10-11}$$

式中：A_c 为直接系统集热器总面积，m²；Q 为建筑物的耗热量指标，W/m²；A_0 为建筑面积，按各层外墙外包线围成面积的总和计算，m²；J_T 为当地集热器采光面上的采暖期平均日太阳辐射量，J/m² 日；f 为太阳能保证率，按表 10-2 选取，%；η_{cd} 为基于总面积的集热器集热效率，由测试所得的效率曲线方程，根据归一化温差计算得出，%；η_L 为管路及贮热装置热损失率，%。

$$Q = Q_{HT} + Q_{INF} + Q_{IH} \tag{10-12}$$

式中：Q 为建筑物的耗热量指标，W/m²；Q_{HT} 为单位建筑面积通过围护结构的传热耗热量，W/m²；Q_{INF} 为单位建筑面积的空气渗透耗热量，W/m²；Q_{IH} 为单位建筑面积的建筑物内部得热，住宅建筑取 3.8 W/m²。

表 10-2　不同地区冬季采暖的太阳能保证率选值范围

资源区划	短期蓄热系统太阳能保证率	季节蓄热太阳能保证率
Ⅰ资源丰富区	40%~60%	60%~80%
Ⅱ资源较富区	20%~40%	40%~60%
Ⅲ资源一般区	10%~20%	20%~40%
Ⅳ资源贫乏区	≤10%	10%~20%

太阳总辐射照度 $G = J_T/(S_y \times 3600)$，$S_r$ 为当地 12 月的月平均每日的日照小时数。

③间接系统太阳能集热器总面积计算。总面积 A_{IN} 按式 (10-13) 计算：

$$A_{IN} = A_c \cdot \left(1 + \frac{U_L \cdot A_c}{U_{hx} \cdot A_{hx}} \right) \tag{10-13}$$

式中：A_{IN} 为间接系统集热器总面积，m^2；A_c 为直接系统集热器总面积，m^2；U_L 为集热器总损失系数测试得出，$W/(m^2 \cdot ℃)$；U_{hx} 为换热器传热系数，$W/(m^2 \cdot ℃)$；A_{hx} 为间接系统换热器换热面积，m^2。

4. 蓄热系统设计

（1）蓄热系统选取原则

蓄热系统一般根据以下原则选取：

①应根据太阳能集热系统形式、系统性能、系统投资，采暖负荷和太阳能保证率进行技术经济分析，选取适宜的蓄热系统。

②贮热水箱蓄热适用于液体工质集热器短期蓄热太阳能采暖系统。

③地下水池蓄热适用于液体工质集热器季节蓄热太阳能采暖系统，蓄热量大、施工简便、初投资低，是性能价格比最优的季节蓄热系统。

④土壤埋管蓄热适用于液体工质集热器季节蓄热太阳能采暖系统，蓄热量大，但施工较复杂，初投资高。

⑤卵石堆蓄热适用于空气集热器短期蓄热太阳能采暖系统。

⑥相变材料蓄热同时适用于空气集热器和液体工质集热器短期蓄热太阳能采暖系统。

（2）液体工质蓄热系统设计

液体工质蓄热系统设计应符合下列规定：

①根据当地的太阳能资源、气候、工程投资等因素综合考虑，短期蓄热液态工质集热器太阳能采暖系统的蓄热量应能满足建筑物 1～2 天的采暖需求。

②各类太阳能供热采暖系统对应 1 m^2 太阳能集热器采光面积的贮热水箱、水池容积范围宜按表 10-3 选取，根据设计蓄热时间周期和蓄热量等参数计算确定。

表 10-3　各类系统贮热水箱的容积选择范围

系统类型	小型 太阳能供热水系统	短期蓄热 太阳能供热采暖系统	季节蓄热 太阳能供热采暖系统
贮热水箱、水池 容积范围（L/m^2）	40～100	50～150	1400～2100

③应合理布置太阳能集热系统、生活热水系统、采暖系统与贮热水箱的连接管位置，实现不同温度供热/换热需求，提高系统效率。

④为保证贮热水箱的水温分层，水箱进、出口流速宜小于 0.04 m/s，必要时宜采用水流分布器。

⑤设计地下水池季节蓄热系统的水池容量时，应校核计算蓄热水池内热水可能达到的最高温度；宜利用计算软件模拟系统的全年运行性能，进行计算预测。水池的最高水温应比水池工作压力对应的工质沸点温度低 5℃。

⑥地下水池应根据相关国家标准、规范进行槽体结构、保温结构和防水结构的设计。

⑦季节蓄热地下水池应有避免池内水温分布不均匀的技术措施。

⑧贮热水箱和地下水池宜采用外保温,其保温设计应符合国家现行标准《采暖同分与空气调节设计规范》(GB 50019)及《设备及管道保温设计导则》(GB 8175)的要求。

⑨设计土壤埋管季节蓄热系统之前,应进行地质勘察,确定当地的土壤地质条件是否适宜埋管,宜与地埋管热泵系统配合使用。

(3)卵石堆蓄热设计

卵石堆蓄热设计应符合下列规定:

①空气蓄热系统的蓄热装置——卵石堆蓄热器(卵石箱)内的卵石含量为每平方米集热器面积250 kg;卵石直径小于10 cm时,卵石堆深度不宜小于2 m,卵石直径大于10 cm时,卵石堆深度不宜小于3 m。卵石箱上下风口的面积应大于卵石箱截面积的8%,空气通过上下风口流经卵石堆的阻力应小于37 Pa。

②放入卵石箱内的卵石应大小均匀并清洗干净,直径范围宜在5~10 cm之间;不应使用易破碎或可与水和二氧化碳起反应的石头。卵石堆可水平或垂直铺放在箱内,宜优先选用垂直卵石堆,地下狭窄、高度受限的地点宜选用水平卵石堆。

(4)相变材料蓄热设计

相变材料蓄热设计应符合下列规定:

①空气集热器太阳能采暖系统采用相变材料蓄热时,热空气可直接流过相变材料蓄热器,加热相变材料进行蓄热;液态工质集热器太阳能采暖系统采用相变材料蓄热时,应增设换热器,通过换热器加热相变材料蓄热器中的相变材料进行蓄热。

②应根据太阳能供热采暖系统的工作温度,选定相变材料,使相变材料的相变温度与系统的工作温度范围相匹配。常用相变材料特性可参照相关资料。

5. 太阳能供热采暖系统辅助热源的配置

太阳能供热采暖系统辅助热源的配置应符合以下原则:

①太阳能采暖系统应设辅助热源及其加热/换热设备、设施,辅助热源可因地制宜选择城市热网、电、燃气、燃油、工业余热和生物质燃料等,加热/换热设备、设施有各类锅炉、换热器和热泵等。

②辅助热源的供热量宜按现行国家标准《采暖通风与空气调节设计规范》(GB 50019 - 2003)规定的采暖热负荷计算。在标准规定可不设置集中采暖的地区或建筑,可根据当地的实际情况,适当降低辅助热源的供热量标准。

③辅助热源加热、换热设备应根据当地可用的热源种类、价格、供水水质、采暖系统形式、对环境的影响、使用的方便性等多项因素,通过技术、经济分析合理选用;宜重视废热、余热利用。

④辅助热源以及加热设施应在保证太阳能集热系统充分工作的条件下辅助运行。辅助热源设施宜靠近贮热水箱(罐)设置,并应便于操作、维护。

⑤大型、集中式太阳能采暖系统的辅助热源设备配置宜不少于两台,当一台检修时,其他各台加热设备的总供热能力不小于系统负荷的50%。小型户式太阳能采暖系统可配置一台辅助热源设备,采用快速式燃气水加热器时,应注意该加热器的允许进水温度。

6. 自动控制设计

按控制目的和控制功能,太阳能集热系统的控制分为运行控制和安全防护控制。运行控制包括集热系统运行的自动控制，集热系统和辅助热源设备工作启停的自动切换控制。安全防护控制包括防冻保护控制和防过热保护控制，只有液态工质太阳能集热系统有安全防护控制要求。

控制方式应尽量简单、可靠，便于用户操作。宜设置可数字化显示的控制仪表盘，显示参数宜包括每日系统的太阳得热量、辅助热源用量、供水温度、管网温度、贮热水箱(池)水温等，便于用户直观地了解该系统能源量节约。

为保证系统的使用功能与安全，应相应设置电磁阀、温度控制阀、压力控制阀、泄水阀、自动排气阀、止回阀、安全阀等控制元件，阀门性能应符合相关产品标准的要求，并预留检修空间。

(1)太阳能供热采暖系统的自动控制设计应符合下列基本规定

①太阳能供热采暖系统应设置自动控制，自动控制的功能应包括对太阳能集热系统的运行控制和安全防护控制，集热系统和辅助热源设备的工作切换控制。太阳能集热系统安全防护控制的功能应包括防冻保护和防过热保护。

②控制方式应简便、可靠、利于操作；相应设置的电磁阀、温度控制阀、压力控制阀、泄水阀、自动排气阀、止回阀、安全阀等控制元件性能应符合相关产品标准要求。

③自动控制系统中使用的温度传感器，其测量不确定度应≤0.5℃。

(2)系统运行和设备工作切换的自动控制应符合下列规定

①太阳能集热系统宜采用温差循环运行控制。

②变流量运行的太阳能集热系统，宜采用设太阳辐射感应传感器(如光伏电池板等)或温度传感器的方式，根据太阳辐射条件或温差变化控制变频泵改变系统流量，实现优化运行。

③太阳能集热系统和辅助热源加热设备的相互工作切换宜采用定温控制。在贮热装置内的供热介质出口处设置温度传感器，防介质温度低于设计供热温度时，通过控制器启动辅助热源加热设备工作；介质温度高于设计供热温度后，控制辅助热源加热设备停止工作。

(3)系统安全和防护的自动控制应符合下列规定

①使用排空和排回防冻措施的直接和间接式太阳能集热系统宜采用定温控制。当太阳能集热系统出口水温低于设定的防冻执行温度时，通过控制器启闭相关阀门完全排空集热系统中的水或将水排回贮水箱。

②使用循环防冻措施的直接式太阳能集热系统宜采用定温控制。当太阳能集热系统出口水温低于设定的防冻执行温度时，通过控制器启动循环泵进行防冻循环。

③水箱防过热温度传感器应设置在集热系统出口，防过热执行温度的设定范围应与系统的运行工况和部件的耐热能力相匹配。

④为防止因系统过热造成运行故障或安全隐患而设置的安全阀，其安装位置及配备的相应措施，应保证在开启工作进行泄压时，排出的高温蒸汽和水不会危及周围人员的安全；其设定的开启压力，应与系统可耐受的最高工作温度对应的饱和蒸汽压力相一致。

7. 太阳能供热采暖系统应用实例

丹麦 Marstal 太阳能供热采暖工程：世界最大的太阳能供热采暖系统，太阳能集热器设置在大面积空地上，集热器面积 1.83 万 m^2；与社区热力网连接，1996 年建成运行。年热负荷 28 GWh，同时使用 2100 m^3 水箱蓄热，4000 m^3 水容量砂砾层蓄热，10000 m^3 地下水池蓄热(见图 10 – 13)。

图 10 – 13　丹麦 Marstal 太阳能供热采暖工程

德国汉堡 Bramfeld 区域供热工程：1996 年建成，联排别墅总计 124 户，年热负荷 1550 MW·h，共安装 3000 m² 太阳能集热器，年平均太阳能保证率 50%，半地下 4500 m³ 混凝土贮水箱季节蓄热，燃气锅炉辅助加热（见图 10 – 14）。

图 10 – 14　德国汉堡 Bramfeld 区域供热工程

北京新农村建设太阳能供热采暖示范村：结合新农村建设项目，北京郊区建成了一批太阳能供热采暖应用工程，以平谷区的数量最多，其中的示范村将军关村共有 86 户安装了太阳能供热采暖系统，其功能的冬天提供采暖，全年提供热水。系统使用平板型太阳能集热器，安装在屋面上，做到与建筑的完美结合。每户的太阳能集热器面积为 28.8 m²。贮热水箱容积为 500 L，电辅助加热，采用低温热水地板辐射采暖末端系统（见图 10 – 15）。

图 10 - 15　平谷区将军关村阳能供热采暖系统

10.1.3　太阳能制冷系统

1. 太阳能制冷的途径

近年来,太阳能热水器的应用发展很快,这种以获取生活热水为主要目的的应用方式其实与大自然的规律并不完全一致。当太阳辐射强、气温高的时候,人们更需要的是空调制冷,而不是热水,这种情况在我国南方地区尤为突出。随着经济的发展和人民生活水平的提高,空调的使用越来越普及,由此给能源、电力和环境带来很大的压力。利用取之不尽、清洁的太阳能制冷是一个理想的方案,它不仅可使太阳能得到更充分、更合理的利用,可以利用低品位的太阳能为舒适性空调提供制冷,对节省常规能源、减少环境污染、提高人民生活水平具有重要意义,符合可持续发展战略的要求。

实现太阳能制冷有两条途径:①太阳能光电转换,利用电力制冷;②太阳能光热转换,以热能制冷。前一种方法成本高,以目前太阳电池的价格来算,在相同制冷功率情况下,造价为后者的 4~5 倍。国际上太阳能空调的应用主要是后一种方法。利用光热转换技术的太阳能空调一般通过太阳能集热器与除湿装置、热泵、吸收式或吸附式制冷机组相结合来实现。在太阳能空调系统中,太阳能集热器用于向再生器、蒸发器、发生器或吸附床提供所需要的热源,因而,为了使制冷机达到较高的性能系数(COP),应当有较高的集热器运行温度,这对太阳能集热器的要求比较高,通常选用在较高运行温度下仍具有较高热效率的集热器。

2. 利用光热转换效应的太阳能制冷方式

(1)太阳能吸收式制冷系统

以热能制冷的多种方式中,以吸收式制冷最为普遍,国际上一般都采用溴化锂吸收式制冷机。太阳能吸收式制冷主要包括两大部分:太阳能热利用系统以及吸收式制冷机组。太阳能热利用系统包括太阳能收集、转化以及贮存等构件,其中最核心的部件是太阳能集热器。适用于太阳能吸收式制冷领域的太阳能集热器有平板集热器、真空管集热器、复合抛物面聚光集热器以及抛物面槽式等线聚焦集热器。吸收式制冷技术方面,从所使用的工质对角度看,应用广泛的有溴化锂—水和氨—水,其中溴化锂—水由于 COP 高、对热源温度要求低、没有毒性和对环境友好,因而占据了当今研究与应用的主流地位。从吸收式制冷循环角度看，主要有单效、双效、两级、三效以及单效/两级等复合式循环。目前应用较多的是太阳能驱动的单效溴化锂吸收式制冷系统。

我国在"九五"期间曾经在广东江门和山东乳山两地组织实施了太阳能空调重点科技攻关项目。中科院广州能源所在江门市建成 100 kW 太阳能空调系统，如图 10－16 所示。系统采用 500 m² 高效平板太阳能集热器驱动双级溴化锂吸收式制冷机，热源设计水温为 75℃，实验表明，热源水温在 60～65℃ 时仍能很稳定地制冷，COP 约为 0.4。北京太阳能研究所承担了乳山太阳能空调系统的设计工作，该系统采用 2160 支热管式真空管集热器，总采光面积 540 m²，总吸热体面积 364 m²。太阳能驱动的单效溴化锂吸收式制冷机可提供 100 kW 左右的制冷功率，COP 达 0.7，整个系统的制冷效率可达 20% 以上。

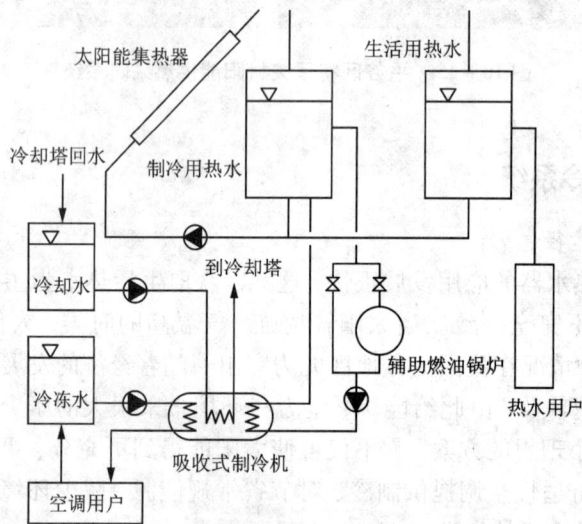

图 10－16　太阳能吸收式空调系统示意图

"十五"期间，中科院广州能源所在天普新能源示范楼实施了太阳能溴化锂吸收式空调项目。建设一套采光面积 812 m² 的太阳能集热系统，系统的布置不仅可以满足太阳能集热器的安装要求，又能够保证新能源大楼的安装要求，又能够保证新能源大楼造型美观、新颖别致，充分体现出太阳能与建筑一体化的特色。空调制冷采用一台 200 kW 单级溴化锂吸收式制冷机组，设计工况下热源温度 75～90℃，冷冻水温度 12～15℃。试验结果表明，太阳能制冷机组的制冷能力最高达到 266 kW，运行中热力 COP 最高可达 0.8 以上，在高效真空管集热器配合下，系统总的制冷效率可达 0.2～0.3。

（2）太阳能吸附式制冷系统

太阳能固体吸附式制冷是利用吸附制冷原理，以太阳能为热源，采用的工质对通常为活性炭—甲醇、分子筛—水、硅胶—水及氯化钙—氨等。利用太阳能集热器将吸附床加热用于脱附制冷剂，通过加热脱附—冷凝—吸附—蒸发等几个环节实现制冷。太阳能吸附式制冷具有以下特点：

①系统结构及运行控制简单，不需要溶液泵或精馏装置。因此，系统运行费用低，也不存在制冷剂的污染、结晶或腐蚀等问题。如采用基本吸附式制冷循环的太阳能吸附式制冷

机,可以仅由太阳能驱动,无运动部件及电力消耗。

②可采用不同的吸附工质对以适应不同的热源及蒸发温度。如采用硅胶水吸附工质对的太阳能吸附式制冷系统可由 65～85℃的热水驱动,用于制取 7～20℃的冷冻水;采用活性炭—甲醇工质对的太阳能吸附制冷系统,可直接由平板或其他形式的吸附集热器吸收的太阳辐射能驱动。

③系统的制冷功率、太阳辐射及空调制冷用能在季节上的分布规律高度匹配,即太阳辐射越强,天气越热,需要的制冷负荷越大时,系统的制冷功率也相应越大。

④与吸收式及压缩式制冷系统相比,吸附式系统的制冷功率相对较小。受机器本身传热传质特性以及工质对制冷性能的影响,增加制冷量时,就势必增加吸附剂并使换热设备的质量大幅度增加,因而增加了初投资,机器也会显得庞大而笨重。此外,由于地面上太阳辐射的能流密度较低,收集一定量的加热功率通常需较大的集热面积。受以上两方面因素的限制,目前研制成功的太阳能吸附式制冷系统的制冷功率一般均较小。

⑤由于太阳辐射在时间分布上的周期性、不连续性及易受气候影响等特点,太阳能吸附式制冷系统用于空调或冷藏等应用场合通常需配置辅助热源。

目前已研制出的太阳能吸附式制冷系统种类繁多,结构也不尽相同,可以按系统的用途、吸附工质对及吸附制冷循环方式等对其进行分类,如表 10－4 所示。

表 10－4　太阳能吸附式制冷系统分类

分类方式		系统名称	应用及特点
用途		制冷机	制冷,可采用基本制冷循环,系统结构简单
		空调用制冷系统	用于供应 7～12℃的冷冻水,制冷是连续的
		冷藏系统	用于食物及农产品的低温贮藏
		除湿空调	通过吸附除湿直接处理空气,或配合蒸发冷却进行空调
循环方式 (闭式、开式)	吸附 制冷 机组	基本吸附制冷循环	白天加热解析,夜间冷却吸附,制冷是间歇的
		连续制冷循环	采用两个或多个吸附器交替运行,制冷是连续的
		同质循环	采用回质过程提高系统性能,制冷是连续的
		同热循环	采用回热过程提高系统性能,制冷是连续的
		同热/同质循环	采用回热及回质过程提高系统性能
	除湿 系统	转轮除湿或液体除湿	除湿剂直接吸收空气中的水分处理空气,或与水的蒸发冷却相结合处理空气,满足送风温度及湿度要求
吸附 工质对		活性炭—甲醇	较适用于太阳能制冰工况
		活性炭—氨	系统工作在正压条件下制冰
		氯化锶—氨	吸附制冰性能优良,材料价格高
		硅胶—水	解吸温度低,较适用于空调用制冷
		分子筛—水	所需的解吸温度较高
		氯化钙—氨	适用于制冰系统

上海交通大学成功研制硅胶—水吸附冷水机组,其容量为 8.5 kW,可以采用 60～85℃热水驱动,获得 10℃冷冻水。该制冷机与普通真空管太阳能集热器结合即可形成高效的太阳

能吸附制冷系统，正常夏季典型工况可以获得连续 8 h 以上的空调制冷输出。

图 10 – 17 所示是上海建筑科学研究院生态办公示范楼的 15 kW 太阳能吸附式空调系统，实验数据表明，相对于吸附床耗热量的平均制冷性能系数(系统 COP)为 0.35；相对于日总太阳辐射量的平均制冷性能系数(太阳 COP)为 0.15；在全天 8 h 运行期间，太阳能吸附式空调系统相对于耗电量的日平均制冷性能系数(电力 COP)为 8.19。

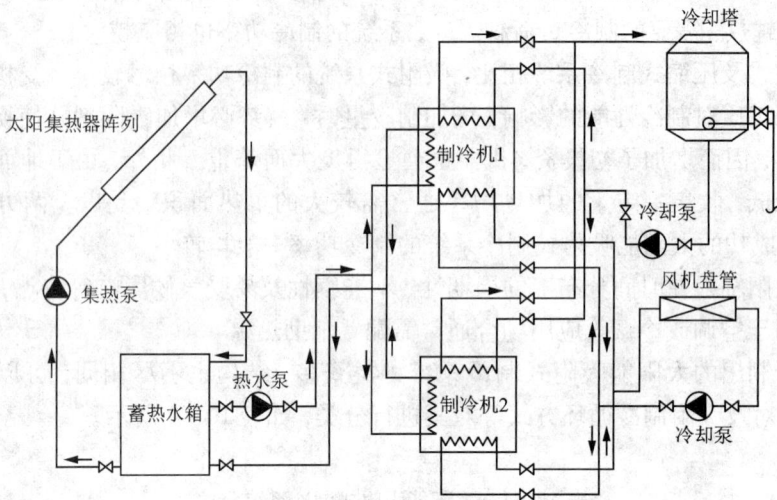

图 10 – 17 太阳能吸附式空调系统

(3)太阳能除湿空调系统

干燥剂除湿冷却系统属于热驱动的开式制冷，一般由干燥剂除湿、空气冷却、再生空气加热和热回收等几类主要设备组成。其中，干燥剂有固体和液体，固定床和回转床之分；空气冷却有水冷、直接蒸发冷却和间接蒸发冷却之分；再生用热源来自锅炉、直燃、太阳能等。干燥剂系统与利用闭式制冷机的空调系统相比，具有除湿能力强、有利于改善室内空气品质、处理空气不需再热、工作在常压、适宜于中小规模太阳能热利用系统。固体转轮

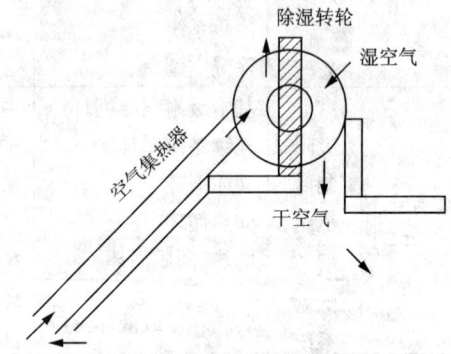

图 10 – 18 太阳能(空气)转轮除湿系统

除湿系统已普遍用于连续除湿的场合，两股不同的气流分别流经旋转的除湿转轮，处理侧空气流经转轮时，空气通过吸附作用而去湿，这并不改变干燥剂的物理性质；再生侧空气被加热后用来再生干燥剂。G. A. Florides 等人提出一种利用空气集热器的太阳能转轮除湿系统，如图 10 – 18 所示。陈君燕等人利用真空管太阳能集热器作为热源来加热再生侧空气，设计建造了太阳能转轮除湿复合空调系统，其中的太阳能转轮除湿系统如图 10 – 19 所示。将转轮除湿系统与常规制冷机结合，构成复合系统，可以实现显热、潜热分别处理，不仅可使压缩机电耗降低，而且可使常规制冷子系统结构尺寸减小。在热湿气候地区用作商业建筑的空

调系统具有很强的经济性和实用性。

液体除湿空调系统具有节能、清洁、易操作、处理空气量大、除湿溶液的再生温度低等优点，很适合太阳能和其他低湿热源作为其驱动热源，具有较好的发展前景。太阳能液体除湿空调系统利用湿空气与除湿剂中的水蒸气分压差来进行除湿和再生。它能直接吸收空气中的水蒸气，可避免压缩式空调系统为了降低空气湿度而首先必须将空气降温到露点以下，从而造成系统效率的降低的问题。其次，该系统用水做工作流体，消除了对环境的破坏，而且以太阳能为主要能源，耗电很少。该系统同样可以单独控制处理空气的温度和湿度，实现热、湿分别处理。在较大通风量和高湿地区，该系统仍有较高的效率。太阳能液体除湿系统通常采用除湿塔作为除湿部件，利用太阳能集热器进行溶液浓缩，其系统如图 10 - 20 所示，它表示带有直接蒸发冷却器的太阳能液体除湿空调系统。

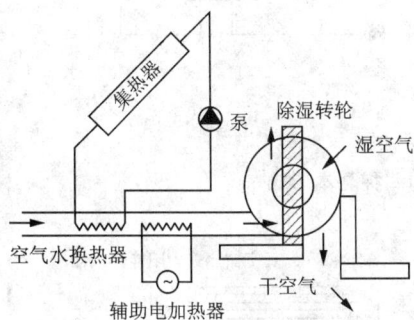

图 10 - 19 太阳能(水)转轮除湿系统

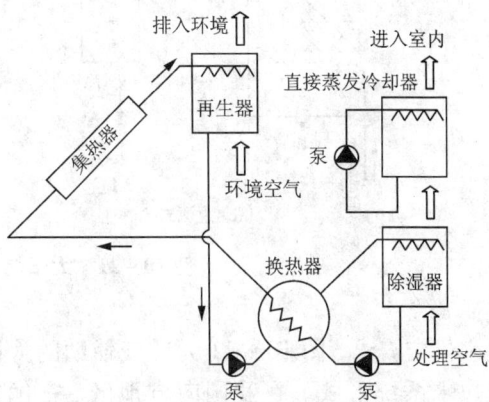

图 10 - 20 太阳能液体除湿系统

10.1.4 太阳能热水系统

1. 太阳能热水系统分类

太阳能热水系统一般包括太阳能集热器、储水箱、循环泵、电控柜和管道等。太阳能热水系统按照其运行方式可分为四种基本形式：自然循环式、自然循环定温放水式、直流式、和强制循环式，如图 10 - 21 所示。目前我国家用太阳能热水器和小型太阳能热水系统多采用自然循环式，而大中型太阳能热水系统多采用强制循环式或定温放水式。另外，无论家用太阳热水器或公用太阳能热水系统，绝大多数都采用直接加热的循环方式，即集热器内被加热的水直接进入储水箱提供使用。

完全依靠太阳能为用户提供热水，从技术上讲是可行的，条件是按最冷月份和日照条件最差的季节设计系统，并考虑充分的热水蓄存，这样的系统需设置较大的储水箱，初投资也很大，大多数季节要产生过量的热水，造成不必要的浪费。较经济的方案是太阳能热水系统和辅助热源相结合，在太阳辐照条件不能满足制备足够热水的条件下，使用辅助热源予以补充。常用的辅助热源形式有电加热、燃气加热以及热泵热水装置等。电辅助加热方式具有使用简单、容易操作等优点，也是目前采用最多的一种辅助热源形式，但对水质和电热水器都有较高要求。在有城市燃气的地方，太阳能热水器还可以和燃气热水器配合使用，充分满足

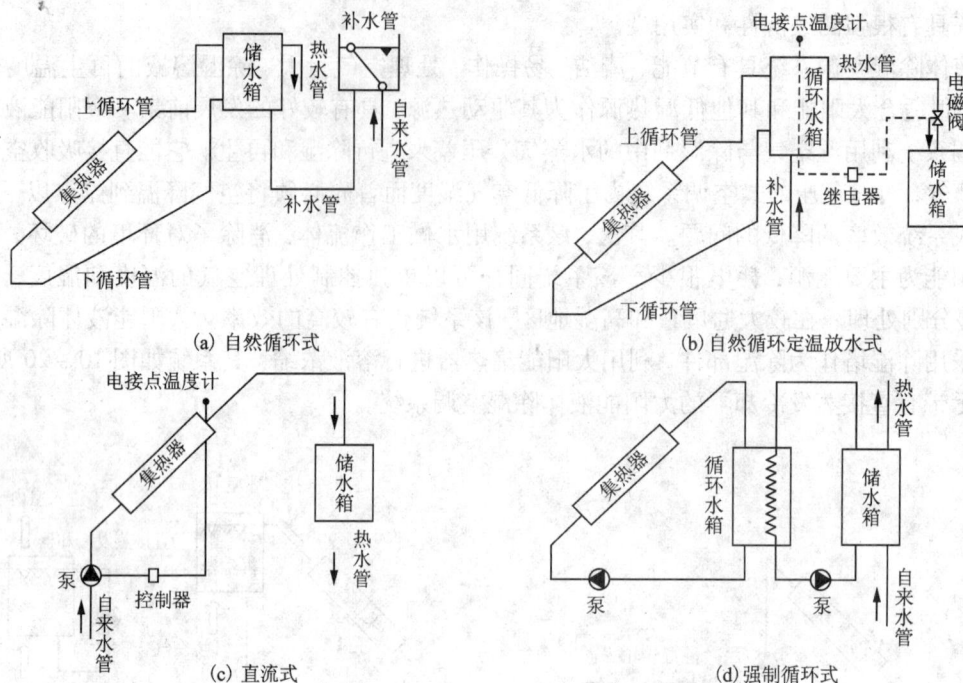

图 10－21 太阳能热水系统的四种基本形式

热水供应需求，图 10－22 为燃气辅助的太阳能热水系统形式。在我国南方地区，宜优先考虑高效节能的空气源热泵热水器作为太阳能热水系统的辅助加热装置。

2.建筑一体化太阳能热水系统的内涵

建筑作为人类的基本生存工具和文化体现，是一个复杂的系统，一个完整的统一体。将太阳能技术融人建筑设计中，同时继续保持建筑的文化特性，就应该从技术和美学两方面人手，使建筑设计与太阳能技术有机结合，将太阳能集热器与建筑整合设计并实现整体外观的和谐统一。这就要求在建筑设计中，将太阳能热水系统包含的所有内容作为

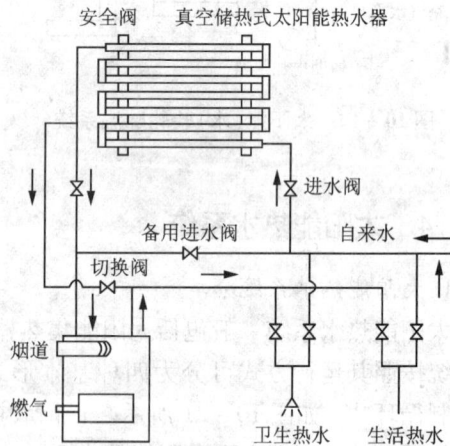

图 10－22 太阳能与燃气耦合热水系统

建筑元素加以组合设计，设置太阳能热水系统不应破坏建筑物的整体效果。为此，建筑设计要同时考虑两个方面的问题，一是考虑太阳能在建筑上的应用对建筑物的影响，包括建筑物的使用功能，围护结构的特性，建筑体形和立面的改变；二是考虑太阳能利用的系统选择，太阳能产品与建筑形体的有机结合。

当采用一体化技术时，太阳能系统成为建筑设计的一部分，这样可以提高系统的经济性，太阳能部件不能作为孤立部件，至少在建筑设计阶段应该加以考虑。而更加合理的做法是利用太阳能部件取代某些建筑部件，使其发挥双重功能、降低总的造价。具体而言，太阳

能集热器与建筑一体化的优点可总结如下：

①建筑的使用功能与太阳能集热器的利用有机结合在一起，形成多功能的建筑构件，巧妙高效地利用空间，使建筑向阳面或屋顶得以充分利用。

②同步规划设计，同步施工安装，节省太阳能系统的安装成本和建筑成本，一次安装到位，避免后期施工对用户生活造成的不便以及对建筑已有结构的损害。

③综合使用材料，降低了总造价，减轻建筑荷载。

④综合考虑建筑结构和太阳能设备协调和谐，构造合理，使太阳能系统和建筑融合为一体，不影响建筑的外观。

⑤如果采用集中式系统，还有利于平衡负荷和提高设备的利用效率。

⑥太阳的利用与建筑相互促进、共同发展。

3. 建筑一体化太阳能热水系统设计途径

太阳能集热器与建筑一体化不完全是简单的形式观念，关键是要改变现有建筑的内在运行系统。具体的设计原则可以表述为吸取技术美学的手法，体现各类建筑的特点，强调可识别性，利用太阳能构件为建筑增加美学趣味。

目前，太阳能热水系统与建筑一体化常见的做法是将太阳能集热器与南向坡屋面一体化安装，蓄热水箱隐蔽在屋面下的阁楼空间或放在其他房间。通过屋面的合理设计，太阳能集热器可以采用明装式、嵌入式、半嵌式等方法直接安装在屋面，其中，嵌入式安装的一体化效果最好，如图 10 - 23 所示；也可以通过专用的钢结构实现一体化，这种做法已在上海生态办公示范楼中成功地进行了实践，如图 10 - 24 所示。前者造价较低，但在建筑结构设计中需要考虑好防水等问题，后者造价较高，但可以为建筑增添特有的美学趣味，体现出前卫的建筑风格。

图 10 - 23　太阳能集热器嵌入式安装于坡屋面　　　图 10 - 24　太阳能集热器通过钢结构与建筑实现一体化

安装在屋面上的太阳能集热器存在着连接管道较长，热损失大的缺陷；上屋面检查或维护较为困难，如果没有统一设计，就会破坏建筑形象。此外，对于大多数多层尤其高层建筑来说，有限的屋面面积难以满足用户的热水需求，从而阻碍了太阳能热水系统的推广应用。因此，开发研究新的太阳能建筑一体化方案已成为城市推广利用太阳能的必然趋势。可行的方法是在南立面布置太阳能集热器，形成有韵律感的连续立面，包括外墙式（见图 10 - 25）、阳台式(见图10－26所示)以及雨篷式(见图10－27所示)。

图10－25　平板集热器与南向玻璃幕墙一体化

图10－26　太阳能集热器与南向阳台一体化

图10－26是一个将集热器与阳台落地窗护栏结合设计的成功典范，安装集热器的部分设置高度为1.1 m的阳台栏板，其余部分为落地窗，并在外侧做护栏。根据集热器的厚度，将阳台底板多挑出0.15 m，太阳能集热器放置于阳台栏板外侧，与阳台栏板夹角为0°。横向放置集热管，与落地窗的护栏取平，并且在集热器和护栏上面做一通长的横向栏杆，使之成为一体，既发挥了构件的功能作用，又做到与装饰构件有机结合。

图10－27　太阳能集热器与雨篷一体化

此外，根据集热器的安装需要，在阳台栏板上预留了固定螺栓和集热循环管道的穿墙套管。这种做法对多层以及高层住宅建筑中太阳能热水系统的应用具有重要的参考价值。

10.1.5　建筑一体化光伏系统

1. 建筑一体化光伏系统概念

太阳能光伏发电可直接将太阳光转化成电能，光伏发电虽然应用范围遍及各行各业，但影响最大的是建材与建筑领域。20世纪90年代，随着常规发电成本的上升和人们对环境保护的日益重视，一些国家开始将价格迅速下降的太阳能电池用于建筑。太阳能电池已经可以弯曲、盘卷，厚度仅为几个波长，易于裁剪、安装、防风雨、清洁安全，可以取代建筑用涂料、瓷块、价格不菲的幕墙玻璃，可以作为节能墙体的外护材料。1997年，美国提出雄心勃勃的"克林顿总统百万太阳能屋顶计划"，计划在2010年前为100万户居民每户安装3 k～5 kW光伏电池。德国与此同期推出"十万太阳能屋计划"。日本推出"新阳光计划"，目标为2010年在全国推广150万套太阳能屋顶。2002年悉尼成功举办奥运会，共在国际奥运村安装665套1 kWp的屋顶光伏系统，是目前世界上最大的光伏住宅小区。

　　建筑一体化光伏(BIPV)系统是应用光伏发电的一种新概念,是太阳能光伏系统与现代建筑的完美结合。建筑设计中,在建筑结构外表面铺设光伏组件提供电能,将太阳能发电系统与屋顶、天窗、幕墙等建筑融为一体,建造绿色环保建筑正在全球形成新的高潮。光伏与建筑相结合的优点表现在:

　　①可以利用闲置的屋顶或阳台,不必单独占用土地。

　　②不必配备蓄电池等储能装置,节省了系统投资,避免了维护和更换蓄电池的麻烦。

　　③由于不受蓄电池容量的限制,可以最大限度地发挥太阳电池的发电能力。

　　④分散就地供电,不需要长距离输送电力输配电设备,也避免了线路损失。

　　⑤使用方便,维护简单,降低了成本。

　　⑥夏天用电高峰时正好太阳辐射强度大,光伏系统发电量多,对电网起到调峰作用。

　　2. 光伏与建筑相结合的形式

　　①光伏系统与建筑相结合:将一般的光伏方阵安装在建筑物的屋顶或阳台上,通常其逆变控制器输出端与公共电网并联,共同向建筑物供电,这是光伏系统与建筑相结合的初级形式。

　　②光伏组件与建筑相结合:光伏组件与建筑材料融为一体,采用特殊的材料和工艺手段,将光伏组件做成屋顶、外墙、窗户等形式,可以直接作为建筑材料使用,既能发电,又可作为建材,进一步降低发电成本。

　　与一般的平板式光伏组件不同,BIPV 组件既然兼有发电和建材的功能,就必须满足建材性能的要求,如:隔热、绝缘、抗风、防雨、透光、美观,还要具有足够的强度和刚度,不易破损,便于施工安装及运输等。为了满足建筑工程的要求,已经研制出多种颜色的太阳电池组件,可供建筑师选择,使得建筑物色彩与周围环境更加和谐。根据建筑工程的需要,已经生产出多种满足屋顶瓦、外墙、窗户等性能要求的太阳电池组件。其外形不单有标准的矩形,还有三角形、菱形、梯形,甚至是不规则形状。也可以根据要求,制作成组件周围是无边框的,或者是透光的,接线盒可以不安装在背面而在侧面。

　　3. BIPV 对建筑围护结构热性能的影响

　　BIPV 对建筑围护结构的传热特性具有明显的影响,从而对建筑冷热负荷产生影响。光伏与通风屋面结合,不仅可以提高光伏转换效率,而且可以降低通过屋面传入室内的冷热负荷。

　　通过分析四种不同形式的屋面结构,评价光伏性能及其对建筑冷热负荷的影响,四种屋面结构如图 10-28 所示。

　　分析表明:夏季,BIPV 的最佳做法是将 PV 模块与通风空气夹层相结合(a),这种做法可以降低空调冷负荷,同时提高光电转化效率。冬季,合适的做法是非通风架空屋面 BIPV(b),这种做法具有热负荷低、光电转化效率高的优点。

　　4. 建筑一体化光伏系统设计实例

　　建筑一体化光伏系统设计原则是:

　　①美观性。安装方式和安装角度与建筑整体密切配合,保证建筑整体的风格和美观。

　　②高效性。为了增加光伏阵列的输出能量,应让光伏组件接受太阳辐射的时间尽可能长,避免周围建筑对光伏组件的遮挡,并且要避免光伏组件之间互相遮光。

　　③经济性。首先要将光伏组件与建筑围护结构相结合,取代部分常规建材,其次,从光

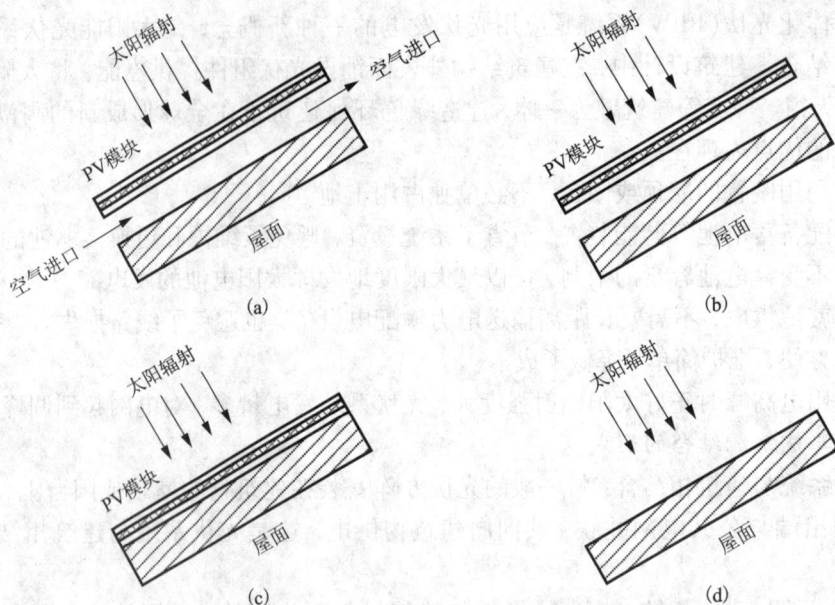

图 10 – 28　屋面结构

(a)通风架空屋面；(b)非通风架空屋面 BIPV；(c)屋面镶嵌 BIPV；(d)传统屋面

伏组件到接线箱、接线箱到逆变器以及从逆变器到并网交流配电柜的电力电缆应尽可能短。

（1）上海虹桥交通枢纽

在虹桥交通枢纽庞大的主体建筑上，顶面和部分外立面均安装了太阳能发电装置，总量达 6.5 个 MW，如图 10 – 29 所示。每年可为虹桥高铁客运站提供 650 万 kW·h 清洁电力，可减少二氧化碳排放 5000 t 左右。

图 10 – 29　上海虹桥交通枢纽

（2）杭州火车东站

杭州火车东站屋顶光伏发电工程（见图 10 – 30）总装机容量 10 MWP，总投资 2.4 亿元。工程由屋顶光伏发电方阵、电气分站房、开关站和中央控制室四部分组成，共利用杭州火车东站站房及南、北雨棚屋面 12 万 m²，安装光伏组件 44000 块。屋顶的光伏板作为光电转换装置，将太阳能转换成电能，昨天已开始正式转换，所发出的电并入电网。

作为国内最大的屋顶光伏电站，杭州东站枢纽 10 MWP 屋顶光伏发电工程平均每年发电量 1000 万度，可满足杭州市约 5000 户城市家庭、近 2 万人全年的用电需求。与传统火力发电相比，每年可节约标准煤 3500 t，减少二氧化碳排放 8800 t。

（3）天威薄膜光伏建筑一体化项目

2012 年 10 月，河北省保定市天威薄膜光伏建筑一体化项目通过验收，如图 10 - 31 所示。该项目包含生产厂房南立面光伏幕墙、光伏展厅和光伏车棚三个建筑安装区域，整体项目共使用薄膜光伏产品 1428 块，利用屋顶和幕墙平面等总面积 2042.04 m^2，总装机容量 119.52 kW。该项目三个建筑安装区域组成为整体的光伏发电系统，该系统所发出的电能全部采用并入内网方式，将太阳能所发出的直流电，逆变为 380 V/50 Hz 的交流电压，并入公司内部电网，实现系统即发即用，就近使用。系统采用了多串、并组连接方式，保证了光伏列阵发电的一致性，提高了系统电能输出的平衡度；所选择并网逆变器采用了先进的最大功率跟踪、电网孤岛保护和步进式接入等技术，使光伏发电系统接入电网时的效率高、稳定可靠，减少了对电网的冲击。项目实施后，光伏并网系统首年发电量约 142482.6 kWh，节省 57.8 t 标准煤，不但减少了传统能源的消耗，更有效地减少温室气体、有害气体以及烟尘、粉尘的排放，具有发电、节能、环保、美观等多重效果。

图 10 - 30　杭州火车东站屋顶光伏发电系统

图 10 - 31　天威薄膜光伏建筑一体化项目

10.2　热泵技术在建筑节能中的应用

10.2.1　热泵的基本原理

1. 热泵的定义

热泵是一种利用高位能使热量从低位热源流向高位热源的节能装置。顾名思义，热泵也就是像泵那样，可以把不能直接利用的低位热能（如空气、土壤、水中所含的热能、太阳能、工业废热等）转换为可以利用的高位热能。从而达到节约部分高位能（如煤、燃油、油、电能等）的目的。

由此可见，热泵的定义涵盖了以下几点：

①热泵虽然需要消耗一定量的高位能，但所供给用户的热量却是消耗高位能与吸收的低位热能的总和。也就是说，应用热泵，用户获得的热量永远大于所消耗是高位能。因此，热泵是一种节能装置。

②热泵可设想为如图 10－32 所示的节能装置（或称节能机械），由动力机和工作机组成热泵机组。利用高位能来推动动力机（如汽轮机、燃气机、燃油机、电机等），然后再由动力机来驱动工作机，（如制冷机、喷射器）运转，工作机像泵一样，把低位额热能输送至高品位，以向用户供热。

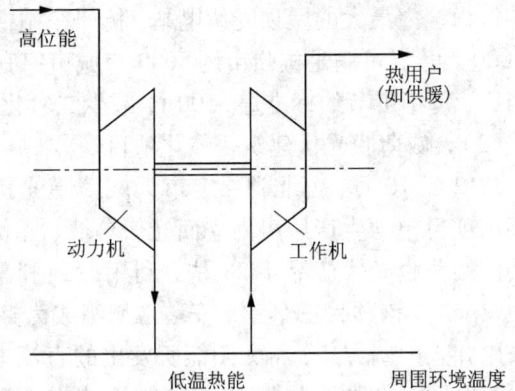

图 10－32　热泵原理

③热泵即遵循热力学第一定律，在热量传递与转换的过程中，遵循着守恒的数量关系；又遵循着热力学第二定律，热量不可能自发的、不付代价的、自动的从低温物体转移至高温物体。在热泵定义明确指出，热泵是靠高位能拖动，迫使热量由低温物体传递给高温物体。

2.热泵机组与热泵系统

图 10－33 给出热泵系统的框图。由框图可明确地看出热泵机组与热泵系统的区别。热泵机组是由动力机和工作机组组成的节能机械，是热泵系统中的核心部分；而热泵系统是由热泵机组、高位能输配系统，低位能采集系统和热能分配系统四大部分组成的一种能级提升的能量利用系统。为了进一步理解热泵系统的组成，下面将结合某个典型热泵系统图式进行说明。

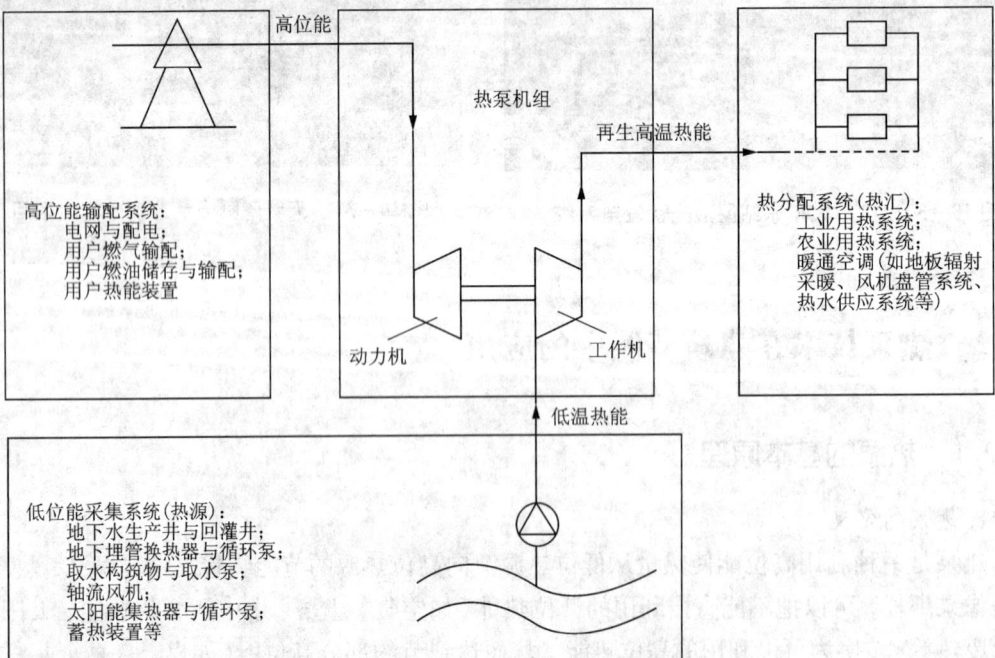

图 10－33　热泵系统框图

图 10 - 34 给出典型地下水源热泵系统图式，由图可以看出：

冬季，机组中阀门 V1、V2、V3、V4 开启，V5、V6、V7、V8 关闭。通过蒸发器 4 从地下水（地位热源）吸取热量，在冷凝器 2 中放出温度较高的热量，将满足房间供暖所要求的热量供给热用户。夏季，机组阀门 V5、V6、V7、V8 开启，V1、V2、V3、V4 关闭。蒸发器 4 出来的冷冻水直接送入用户 8，对建筑物降温除湿，而中间介质（水）在冷凝器 2 中吸收冷凝热，被加热的中间介质（水）在板式换热器 7 中加热井水，被加热的井水由回灌井 10 返回地下同一含水层内。同时，也起到蓄热作用，以备冬季采暖用。

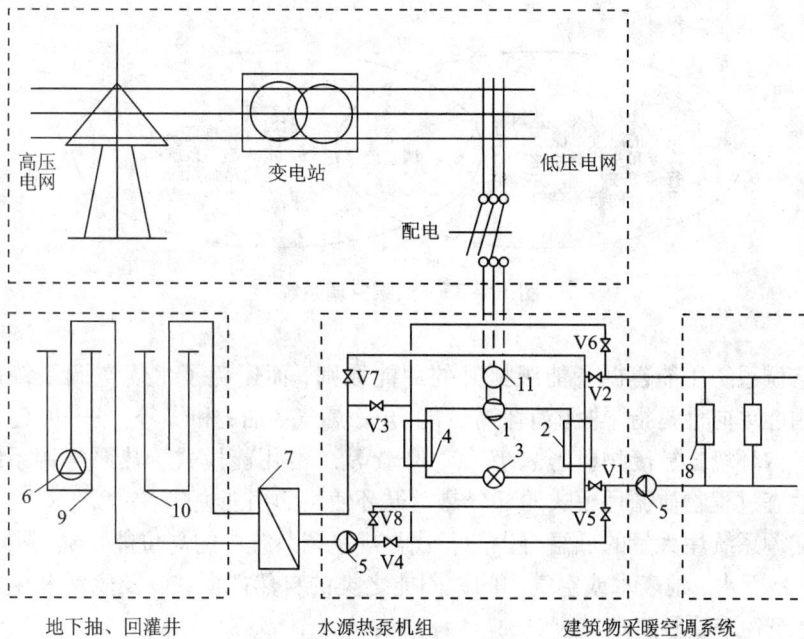

图 10 - 34　典型地下水源热泵系统图

1—制冷压缩机；2—冷凝器；3—节流机构；4—蒸发器；5—循环水泵；6—深井泵；
7—板式换热器；8—热用户；9—抽水井；10—回灌井；11—电动机；V1 ~ V8—阀门

低位能采集系统一般有直接和间接系统两种。直接系统是空气、水等直接输给热泵机组的系统。间接系统是借助于水或防冻剂的水溶液通过换热器将岩土体、地下水、地表水中的热量传输出来，并输送给热泵机组的系统。通常有地埋管换热系统、地下水换热系统和地表水换热系统等。低位热源的选择与采集系统的设计对热泵机组运行特性、经济性有重要的影响。

（3）高位能输配系统是热泵系统中的重要组成部分，原则上可用各种发动机作为热泵的驱动装置。那么，对于热泵系统而言，就应有一套相应的高位能输配系统与之相配套。例如，用燃料发动机（柴油机、汽油机或燃气机等）作热泵的驱动装置，这就需要燃料储存与输配系统。用电动机作热泵的驱动装置是目前最常见的。这就需要电力输配系统，如图 10 - 34 所示。以电作为热泵的驱动能源时，应注意到，在发电中，相当一部分一次能在电站以废热形式损失掉了，因此从能量观点来看，使用燃料发动机来驱动热泵更好，燃料发动机损失的热量大部分可以输入供热系统，这样可大大提高一次能源的利用程度。

（4）热分配系统是指热泵的用热系统。热泵的应用十分广泛，可在工业中应用，也可在农业中应用，暖通空调更是热泵的理想用户。这是由于暖通空调用热品位不高，风机盘管系统要求 60℃/50℃ 热水，地板辐射供暖系统一般要求低于 50℃，甚至用 30～40℃ 进水也能达到明显的供暖效果，这为使用热泵创造了提高热泵性能的条件。

3. 热泵空调系统

热泵空调系统是热泵系统中应用最为广泛的一种系统。在空调工程实践中，常在空调系统的部分设备或全部设备中选用热泵装置。空调系统中选用热泵时，称其系统为热泵空调系统，或简称为热泵系统，如图 10－35 所示。它与常规的空调系统相比，具有如下特点：

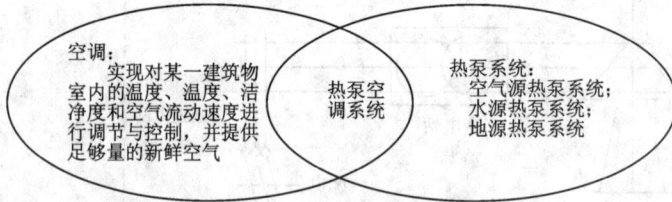

图 10－35　热泵空调系统

①热泵空调系统用能遵循了能级提升的用能原则，而避免了常规空调系统用能的单向性。所谓的用能单向性是指"热源消耗高位能（电、燃气、油、和煤等）——向建筑物提供低温的热量——向环境排放废物（废热、废气、废渣等）"的用能模式。热泵空调系统用能是一种仿效自然生态过程物质循环模式的部分热量循环使用的用能模式。

②热泵空调系统用大量的低温再生能替代常规空调系统中的高位能。通过热泵技术，将贮存在土壤、地下水、地表水或空气中的太阳能之类的自然能源，以及生活和生产排放出的废热，用于建筑物采暖和热水供应。

③常规暖通空调系统除了采用直燃机的系统外，基本上分别设置热源和冷源，而热泵空调系统是冷源与热源合二为一，用一套热泵设备实现夏季供冷，冬季供暖，冷热源一体化，节省设备投资。

④一般来说，热泵空调系统比常规空调系统更具有节能效果和环保效益。

4. 热泵的评价

在暖通空调工程中采用热泵节能的经济性评价问题十分复杂，影响因素很多。其中主要有负荷特性、系统特性、地区气候特点、低位热源特性、设备价格、设备使用寿命、燃料价格和电力价格等，但总的原则是围绕着"节能效果"与"经济效益"两个问题。

（1）热泵的制热性能系数

热泵将低位热源的热量品位提高，需要消耗一定的高品位能量，因此，热泵的能量消耗是一个重要的技术经济指标。常用热泵的制热性能系数来衡量热泵的能量效率。热泵的制热性能系数通常有两种，一是设计工况制热性能系数，二是季节制热性能系数。

①热泵的设计工况（或额定工况）制热性能系数 ε_h。对于蒸气压缩式热泵，其设计工况制热性能系数定义为：

$$\varepsilon_h = \frac{Q_c}{W} = \frac{Q_e + W}{W} = \frac{Q_e}{W} + 1 = \varepsilon_e + 1 \tag{10-14}$$

式中：ε_h 为热泵的设计工况（或额定工况）制热性能系数，有的文献用符号 COP 表示；ε_e 为热泵的设计工况制冷性能系数；Q_c 为冷凝热量，kW；Q_e 为制冷量，kW；W 为压缩机消耗的功率，kW。

热泵的设计工况（或额定工况）制热性能系数 ε_h 是无因次量，它表示热泵的设计工况（或额定工况）下制热量是消耗功率的 ε_h 倍。

由公式（10 – 14）可知，热泵的设计工况（或额定工况）制热性能系数 ε_h。永远大于 1。因此，用热泵供热总比用热泵的驱动能源直接供热要节约高位能。

②季节制热性能系数 $\varepsilon_{h.s}$。众所周知，热泵的性能系数不仅与热泵本身的设计和制造情况有关，还与热泵的热源、供热负荷系数（供热设计负荷与热泵提供热量之比）、热泵的运行特性等有关。同时，上述 COP 值仅是对应某工况下的瞬态值，无法全面地评价热泵的经济性。因此，为了评价热泵用于某一地区在整个采暖季节运行时的热力经济性，提出了热泵的季节制热性能系数 ε_h（有的文献用 HSPE 表示）的概念，其定义为：

$$\varepsilon_{h.s} = \frac{\text{整个供热季节热泵供给的总热量} + \text{整个供热季节辅助加热量}}{\text{整个供热季节热泵消耗的总热量} + \text{整个供热季节辅助加热的耗热量}} \quad (10 – 15)$$

由于室外空气的温度随着不同地区、不同季节变化很大，因此对于不同地区使用空气源热泵时，应注意选取 $\varepsilon_{h.s}$。最大时热泵相应的最佳平衡点，并以此来选择热泵容量和辅助加热容量。

（2）热泵能源利用系数 E

热泵的驱动能源有电能、柴油、汽油、燃气等。电能、柴油、汽油、燃气虽然同是能源，但其价值不一样。电能通常是由其他初级能源转变而来的，在转变过程中必然有损失。因此，对于有同样制热性能系数的热泵，若采用的驱动能源不同，则其节能意义和经济性均不相同。为此，提出用能源利用系数 E 来评价热泵的节能效果。能源利用系数 E 定义为：

$$E = \frac{\text{热泵的供热量}}{\text{热泵消耗的初级能源}} \quad (10 – 16)$$

对于以电能驱动的热泵，若热泵制热性能系数为 ε_h，发电效率为 η_1，输配电效率为 η_2，则这种热泵的能源利用系数 $E = \eta_1 \cdot \eta_1 \cdot \varepsilon_h$；对于燃气热泵，若热泵制热性能系数为 ε_h，燃气机的效率为 η，燃气机的排热回收率为 α，则燃气热泵的能源利用系数 $E = \eta \cdot \varepsilon_h + \alpha(1 - \eta)$。

5. 热泵的节能效益和环保效益

（1）热泵的节能效益

热泵空调技术是空调节能技术的一种有效的节能手段，它不是像锅炉那样能产生热能，而是将热源中不可直接利用的热量，提高其品位，变为可利用的再生高位能源，作为空调系统的热源。

目前，常用的传统空调热源有：中、小型燃煤锅炉房，中、小型燃油、燃气锅炉房，热电联合供热的热力站，区域锅炉房供热的热力站，燃油、燃气的直燃机（溴化锂吸收式冷热水机组）等。这些供热方式的能源利用系数 E 分别为：

①小型燃煤锅炉房的供热系统 $E = 0.5$。

②中型燃煤锅炉房 $E = 0.65 \sim 0.7$。

③中、小型燃气、燃油锅炉，国内产品 $E = 0.85 \sim 0.9$，国外产品 $E = 0.9 \sim 0.84$。

④燃油、燃气型直燃机（直燃型溴化锂吸收式冷热水机组），冬季供热水工况 $E = 0.9$。

⑤热电联合供热方式，一般来说，电站锅炉损失为10%，发电机冷却损失为2%，发电为23%，供热量为65%，则 $E = 0.88$。

⑥电动热泵作为空调系统的热源，电站锅炉损失为10%，冷凝废热损失为50%，发电机损失为5%，输配电损失为5%，电动热泵制热性能系数取3.5，则电动热泵供热方式的有效供热量占一次能源的105%，即 $E = 1.05$。

⑦燃气驱动的热泵作为空调系统的热源，燃气驱动热泵，首先从周围环境吸取60%的热量(燃气机效率为30%，热泵的制热性能系数为3)，并提高其温度；其次从燃气机冷却水和排气热量中回收55%的热量。因此，该方式能源利用系数 E 可达1.45。

虽然从能量利用观点看，热泵作为空调系统的热源要优于目前传统的热源方式，但是应注意其节能效果与效益的大小，取决于负荷特性、系统特性、地区气候特性、低位热源特性、燃料与电力价格等因素。因此，同样的热泵空调系统在全国不同地区使用，其节能效果与效益是不一样的。

如果假定电动热泵与区域锅炉房的 E 值相同，发电总效率为27%，将不同 E 值时的电动热泵所应具有的制热性能系数 ε_h 值列入表10-5中。由表10-5可以看出，电动热泵的制热性能系数只要大于3，从能源利用观点看，热泵就会比热效率为80%的区域锅炉房节省用能。

表10-5 不同 E 值时的电动热泵的制热性能系数

区域锅炉房 E	0.6	0.65	0.7	0.75	0.8
电动热泵相应的制热性能系数 ε_h	2.2	2.4	2.6	2.8	2.96

(2)热泵的环保效益

当今世界除了面临着能源紧张问题外，还面临着环境恶化问题。人们最关注的全球性环境问题有：CO_2、甲烷等产生的温室效应；二氧化硫、氮氧化合物等酸性物质引起的酸雨；氯氟烃类化合物引起的臭氧层破坏等环境问题，以及空调冷热源设备的运行过程中产生的直接或间接的环境污染问题。

众所周知，空调冷热源中采用的能源主要有煤、燃气、燃油、电力(火力发电为主)等，可以说基本是矿物能源。暖通空调系统的能量消耗量很大，日本暖通空调系统的能耗量占总能源消耗量的13.9%，美国为26.3%。尤其是在公共建筑能耗中，空调系统的能耗占了最大比例。矿物燃料的燃烧过程又产生大量的 CO_2、NO_x、SO_x 等有害气体和大量的烟尘，将会造成环境污染和地球温暖化。近十年来全球已升温 $0.3 \sim 0.6 \, ^\circ\!C$，使海平面上升 $10 \sim 25 \, \text{cm}$。预计到2100年，若 CO_2 增加一倍，地球将升温 $1.5 \sim 3.5 \, ^\circ\!C$，海平面将上升 $15 \sim 95 \, \text{cm}$。气温上升，陆地面积减少，将会严重干扰人们的正常生活和生产。

2001年世界银行发展报告列举的世界污染最严重的20个城市中，中国占了16个；中国大气污染造成的损失已经占到 GDP 的3%~7%。近年来，伴随着工业化、城市化、现代化，我国的环境保护问题十分突出。

此外，我国的温室气体排放量也仅次于美国而居世界第二。对此，应引起暖通空调工作者的关注。减少暖通空调冷热源 CO_2、NO_x、SO_x 和烟尘的排放量是当务之急，我们应采取下述有效措施来减少 CO_2、NO_x、SO_x 和烟尘的排放量：

①采取各种有效的技术措施，进行暖通空调系统的节能。

②暖通空调系统中要合理用能，提高矿物燃料的能源利用率。

③大力发展水力发电、核电，在暖通空调系统中使用非矿物燃料。

④发展可再生能源，在暖通空调系统中节约使用一次矿物燃料。

⑤采取各种有效的治理环境的技术措施。

热泵作为空调系统的冷热源，可以把自然界或废弃的低温废热变为较高温度的可用的再生热能，满足暖通空调系统用能的需要。这就给人们提出一条节约矿物燃料、合理利用能源，减轻环境污染的途径。

电动热泵与燃油锅炉相比，在向暖通空调用户供应相同热量的情况下，可以节约 40% 左右的一次能源，其节能潜力很大，CO_2 排放量约可减少 68%；SO_2 排放量约可减少 93%；NO_2 排放量约可减少 73%，这大大改善了城市大气污染问题。同时，对城市内的排热量约可减少77%，又可以大大缓解城市热岛现象。

因此，许多国家都大力发展热泵，把热泵作为减少 CO_2、NO_2、SO_2。排放量的一种有效方法。热泵空调的广泛应用，大大改善了城市环境问题。全球温暖化问题已成为人们瞩目的点，人们要求减少温室效应。也就是说，能源效率再次变得非常重要，这不是由于经济问题，而是出于环境原因。

但是，在热泵空调的应用中，还应注意氯氟烃(CFC)类物质对环境的影响。CFC 类热泵工质会造成臭氧层耗减和温室效应。虽然蒙特利尔议定书以及议定书各方的合作已经成功地减少了对臭氧层破坏的威胁，但对于热泵空调来说，如何解决 CFC 对臭氧层的破坏仍是一个重要问题。其解决途径主要有三：一是对现有使用的热泵采取回收/再循环技术；二是积极寻找被淘汰受控物质的替代物；三是采用不破坏臭氧层的其他热泵方式(如溴化锂吸收式热泵等)。

10.2.2　热泵的种类及其在建筑中的应用

1. 热泵系统的分类

(1)根据热泵在建筑物中的用途分类

①仅用作供热的热泵。这种热泵只为建筑物采暖、热水供应服务。

②全年空调的热泵。冬季供热，夏季供冷。

③同时供冷与供热的热泵。

④热回收热泵空调。它可以用来回收建筑物的余热(内区的热负荷，南朝向房间的多余太阳辐射热等)。

(2)按低位热源的种类分类

空气源热泵系统、水源热泵系统、土壤源热泵系统、太阳能热源热泵系统、废热源的热泵系统、多热源的热泵系统。

(3)按驱动能源的种类分类

电动热泵系统，其驱动能源为电能，驱动装置为电动机；燃气热泵系统，其驱动装置是燃气发动机。

(4)在热泵空调系统中常按低温端与高温端所使用的载热介质分类

空气/空气热泵系统、空气/水热泵系统、水/水热泵系统、水/空气热泵系统、土壤/水热泵系统、土壤/空气热泵系统。

2.热泵建筑节能中的应用

目前,热泵系统在建筑中的应用已越来越广泛。在20世纪80年代,热泵在我国的应用主要集中在经济相对发达、气候条件比较适宜应用热泵的大城市,而且一些新的热泵空调系统也最早在这些城市开始应用。从20世纪90年代起,随着我国经济的发展,人民生活水平有了很大的提高,对室内环境的舒适程度也有更高的要求,这些因素促进了我国空调业的发展,同时热泵的形式及技术也有所发展,因此,热泵在我国的应用范围不断扩大。进人21世纪,人们更加注重能源的节约以及环境的保护,为热泵在我国的应用和发展再次提供了新的更大的空间,热泵应用范围几乎扩大到全国。

热泵空调系统在建筑中的应用见图10-36所示,主要包括以热泵机组作为集中空调系统的冷热源和热泵型冷剂式空调系统。

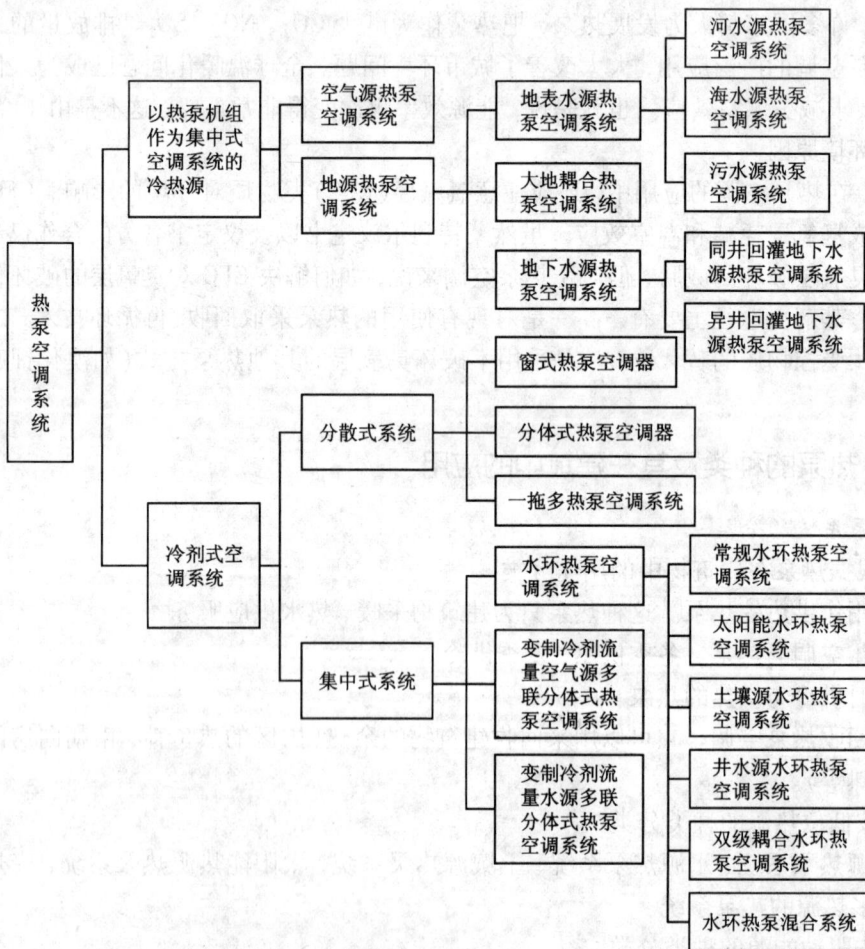

图10-36 热泵空调系统在建筑中的应用

重点与难点

重点：(1)太阳能在建筑中的应用方式；(2)被动式太阳能建筑；(3)主动式太阳能建筑；(3)太阳能热水系统；(4)太阳能与建筑一体化技术；(5)太阳能采暖系统形式及工作原理；(6)太阳能制冷系统类型及原理；(7)热泵原理；(8)热泵节能效益及环境效益；(9)热泵在建筑中应用形式。

难点：(1)被动式太阳能建筑工作原理；(2)太阳能采暖系统的工作原理；(3)热泵原理及在建筑的应用。

思考与练习

1. 太阳能在建筑中应用方式有哪些？

2. 被动式太阳能建筑的定义是什么？有哪些类型？

3. 主动式太阳能建筑有哪些形式？

4. 太阳能采暖系统有哪些形式？各自的工作原理如何？

5. 太阳能制冷系统有哪些形式？各自的工作原理如何？

6. 太阳能热水系统哟哪些形式？各自有何特点？

7. 热泵的工作原理是什么？其如何进行分类的？

8. 热泵为什么具有节能效益？

9. 热泵在建筑中的应用形式有哪些？

第 11 章

建筑节能检测

建筑节能检测可以为标准制定、节能设计、施工验收等提供技术支持，为制定建筑节能设计标准提供技术依据，为节能建筑设计提供误差修正和计算依据，为施工过程控制和质量验收提供质量保证，为建筑物使用能耗进行检验和评价，因此建筑节能检测是保证节能建筑的工程质量和实现节能减排的重要手段。

11.1 建筑节能检测内容

建筑节能检测根据检测场合可以分为实验室检测和现场检测两部分，分别包含建筑结构材料、保温隔热材料、建筑构件的实验室计量检测和建筑构件、建筑物、供热、供冷系统的现场计量检测。实验室检测部分由于有完善的检测标准、规程，设备固定，试验条件易于控制等有利条件，相对容易完成。对于现场检测，由于我国地域广阔、地形复杂、气候差异很大，同一个时间从南方到北方可能经历四季天气特征，因此实施建筑节能的技术措施不同，应用的节能材料不同，验收和检测的项目不同，技术指标也不同，采用的方法就不同。如严寒地区和寒冷地区建筑节能主要考虑节约冬季采暖能耗，兼顾夏季空调制冷能耗，因此采用高效保温材料和高热阻门窗作建筑物的围护结构，以求达到最佳的保温效果，这类工程节能验收的主要内容是检测墙体、屋面的传热系数；夏热冬暖地区建筑节能主要考虑夏季空调能耗，采取的技术措施是为了提高围护结构的热阻，以求达到最佳的隔热性能，这类工程节能验收的主要内容是维护结构传热系数和内表面最高温度；夏热冬冷地区则既要考虑节约冬季采暖能耗又要降低夏季空调能耗，建筑节能的检测就更复杂一些。同时，同一气候地区的建筑物又有几种形式，检测内容也不同。此外现场检测由于起步较晚，技术上的积累和经验较少，现场条件复杂不易控制，因此是当前建筑节能检测工作的重点内容。

另外，建筑节能检测根据建筑性质又可以分为居住建筑检测和公共建筑检测两种。居住建筑和公共建筑在进行建筑节能检测时分别执行《居住建筑节能检测标准》（JGJ/T132—2009）和《公共建筑节能检测标准》（JGJ/T 177—2009）的有关规定，此外，还应参照《建筑节能工程施工质量验收规范》（GB 50411—2007）的相关要求。

1. 居住建筑节能检测内容
① 室内平均温度。
② 外围护结构热工缺陷。
③ 外围护结构热桥部位内表面温度。
④ 围护结构主体部位传热系数。

　　⑤外窗窗口气密性能检验。

　　⑥外围护结构隔热性能。

　　⑦外窗外遮阳设施。

　　⑧室外管网水力平衡度。

　　⑨补水率检验。

　　⑩室外管网热损失率。

　　⑪锅炉运行效率。

　　⑫耗电输热比。

　　2. 公共建筑节能检测内容

　　①建筑物室内平均温度、湿度检测。

　　②非透光外围护结构热工性能检测。

　　③透光外围护结构热工性能检测。

　　④建筑外围护结构气密性检测。

　　⑤采暖空调水系统检测。

　　⑥空调风系统性能检测。

　　⑦建筑物年采暖空调能耗及年冷源系统能效系数检测。

　　⑧供配电系统检测。

　　⑨照明系统检测。

　　⑩监测与控制系统性能检测。

11.2　建筑节能检测基本参数

　　在建筑节能检测中，要对温度、压力、流量、热流密度、热量等热的基本参数进行检测和控制，本节主要介绍这几个基本参数的测量方法及原理。

11.2.1　温度的测量

　　温度是用来表征物体冷热程度的物理量。建筑物室内平均温度、小区室内平均温度和检测持续时间内室外平均温度是建筑物能耗的基本参数。

　　温度检测仪表是利用物体在温度发生变化时其某些物理量（如几何尺寸、压力、电阻、热电势和辐射强度等）也随之变化的特性来测量的。它通过感温元件，将被测对象的温度转换成其他形式的信号传送给温度显示仪表，然后由显示仪表将被测对象的温度显示或记录下来。

　　温度检测方法根据感温元件和被测介质接触与否可以分为接触式测温法和非接触式测温法。

　　接触式测温法主要包括根据物体受热后膨胀的性质做成的膨胀式温度检测仪表，即利用物体热胀冷缩的物理性质测量温度。如利用固体的热胀冷缩现象制成的双金属片温度计；利用液体热胀冷缩现象制成的玻璃管水银温度计和酒精温度计；利用气体热胀冷缩制成的压力表式的温度计；根据导体和半导体电阻值随温度变化的原理做成的热电阻温度检测仪表，如电阻温度计；根据热电效应的原理做成的各种热电偶温度检测仪表和传感器，如热电高温计。

非接触式检测法是利用物体的热辐射效应与温度之间的对应关系，对物体的温度进行检测，这种测温法是以黑体辐射测温理论为依据的。辐射式测温法主要有量温法、色温法和全反射温度法，如光学高温计，红外热像仪等。

此外，还有其他的一些测温方法，如超声波技术、激光技术、射流技术、微波技术等用于温度测量。

11.2.2　压力的测量

目前，压力测量的方法很多，按照信号转换原理的不同，一般可分为四类。

1. 液柱式压力测量

该方法是根据流体静力学原理，把被测压力转换成液柱高度差进行测量。一般采用充有水或水银等液体的玻璃 U 形管或单管进行小压力、负压和差压的测量。

2. 弹性式压力测量

该方法是根据弹性元件受力变形的原理，将被测压力转换成弹性元件的位移或力进行测量。常用的弹性元件有弹簧管、弹性膜片和波纹管。

3. 电气式压力测量

该方法是利用敏感元件将被测压力直接转换成各种电量进行测量。如电阻、电容量、电流及电压等。

4. 活塞式压力测量

该方法是根据液压机液体传送压力的原理，将被测压力转换成活塞面积上所加平衡砝码的重力进行测量。它普遍被用作标准仪器对压力测量仪表进行检定，如压力校验台。

11.2.3　流量的测量

由于流量测量对象的多样性和复杂性，流量测量的方法很多。流量测量方法可以按不同原则划分，至今并未有统一的分类方法。按照不同的测量原理，流量测量方法主要分为差压式、速度式和容积式三类。

差压式流量测量是通过测量流体流经安装在管道中敏感元件所产生的压力差，它以输出差压信号来反映流量的大小，如节流变压降式、均速管式、楔型、弯管式以及浮子流量测量等。

速度式流量测量是通过测量管道内流体的平均速度，它以输出速度信号来反映流量的大小，如涡轮式、涡街式、电磁式、超声波式等。

容积式流量测量的方法是让流体以固定的、已知大小的体积逐次从机械测量元件中排放流出，计数排放次数或测量排放频率，即可求得其体积累积流量，如椭圆式、腰轮式、刮板式和活塞式等。

11.2.4　热流密度的测量

为测量建筑物、管道或各种保温材料的传热量及物性参数，常需要测量通过这些物体的热流密度。目前多采用热阻式热流计来测量。热流计由热流传感器和显示仪表组成。

当热流通过平板状的热流传感器时，传感器热阻层上产生温度梯度，根据傅立叶定律可

以得到通过热流传感器的热流密度为

$$q = -\lambda \frac{\partial t}{\partial x} \tag{11-1}$$

式中：q 为热流密度，W/m^2；$\frac{\partial t}{\partial x}$ 为垂直于等温面方向的温度梯度，$℃$；λ 为热流传感器材料的导热系数，$W/(m \cdot ℃)$。

式中负号表示热流密度方向与温度梯度方向相反。若热流传感器的两侧平行壁面各保持均匀稳定的温度 t 和 $t + \Delta t$，热流传感器的高度与宽度远大于其厚度，则可以认为沿高与宽两个方向温度没有变化，而仅沿厚度方向变化，对于一维稳定导热，可将上式写为

$$q = -\lambda \frac{\Delta t}{\Delta x} \tag{11-2}$$

式中：Δt 为两等温面温差，$℃$；Δx 为两等温面之间的距离，m。

由式(11-2)可知，如果热流传感器材料和几何尺寸确定，那么只要测出热流传感器两侧的温差，即可得到热流密度。根据使用条件，选择不同的材料做热阻层，以不同的方式测量温差，就能做成各种不同结构的热阻式热流传感器，目前常用的有用于测量平壁面的板式（WYP 型）和用于测量管道的可挠（WYR 型）两种，其外形有平板形与圆弧形等。

11.2.5　热量的测量

传统的热量测量方法是用流量计测量流体的流量，然后根据式(11-3)计算热量。

$$Q = \rho V c (t_g - t_h)/3600 \tag{11-3}$$

式中：Q 为供热量，W；P 为体密度，kg/m^3；V 为流体的体积流量，m^3/h；c 为液体的比热，$J/(kg \cdot ℃)$；t_g 为供水温度，$℃$；t_h 为回水温度，$℃$。

热量表的出现就很好地解决了传统检测方法的不足，它由流量传感器、温度传感器和计算器组成。早期的计算器体积较大、计算精度不高。自 20 世纪 80 年代以后，计算器开始采用微处理器芯片，使仪表体积变小、计算精度提高。目前热量表所用的温度传感器一般为铂电阻或热敏电阻，为减少导线电阻对测量精度的影响，多采用 Pt1000 或 Pt100 铂电阻。流量传感器，主要有两种：一种为超声波流量传感器，另一种为远传式机械型热水表。

户用的远传式机械型热水表有单流束旋翼式热水表和多流束旋翼式热水表两种，其中以单流束旋翼式热水表居多。图 11-1 为户用的热量表的工作原理图。干式热水表的叶轮和表头之间有一层隔离板，将热永与外界分隔开。叶轮上、下有一对耦合磁铁，当热水流过热水表时，叶轮上的耦合磁铁 A 随水表的叶轮一起转动。通过磁耦合作用，带动耦合磁铁 B 同步转动。耦合磁铁 B 的转动带动了齿轮组的转动。在齿轮组上带有 10 L 或 1 L 指针的齿轮上装有一小块磁铁 C。该磁铁通过齿轮组的转动与耦合磁铁 B 一起转动。在磁铁 C 的上部（侧面）安装一个干簧管。当磁铁 C 通过时，干簧管吸合；当磁铁 C 离开时，干簧管打开。这样输出一个脉冲信号，就代表 10L(1L)热水流量。输出的脉冲信号送至计算器，测得的给回水温度信号也送至计算器。计算器按照式(11-3)进行热量计算，并将计算结果进行存储和显示。

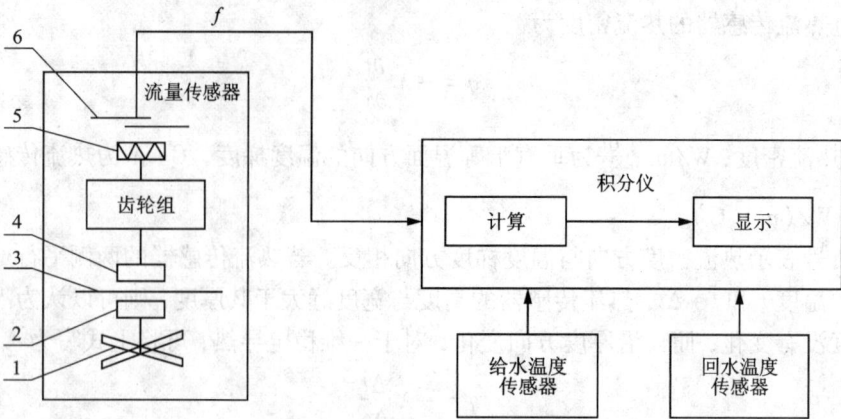

图 11 - 1　热量表工作原理

1—叶轮；2—耦合磁铁 A；3—隔离板；4—耦合磁铁 B；5—磁铁 C；6—干簧管

11.3　建筑节能检测方法

围护结构传热系数和外窗窗口气密性分别影响着通过围护结构的传热耗能量和空气渗透耗能量，进而影响了建筑的整体能耗。对于建筑来说，其是否节能最终还需要通过采暖耗热量和空调耗冷量两个指标来进行衡量。本书主要根据相关标准介绍围护结构主体部位传热系数、外窗窗口气密性、采暖耗热量和空调耗冷量这四个参数的现场检测方法。

11.3.1　围护结构主体部位传热系数检测

1. 检测方法

围护结构主体部位传热系数的现场检测宜采用热流计法，如图 11 - 2 所示。热流计及其标定应符合现行行业标准《建筑用热流计》（JG/T 3016）的规定，热流和温度应采用自动检测仪检测，数据存储方式应适用于计算机分析。温度测量不确定度应小于 $0.5℃$。热流计应直接安装在受检围护结构的内表面上，且应与表面完全接触。温度传感器应在受检围护结构两侧表面安装。内表面温度传感器应靠近热流计安装，外表面温度传感器宜在与热流计相对应的位置安装。温度传感器连同 0.1 m 长引线

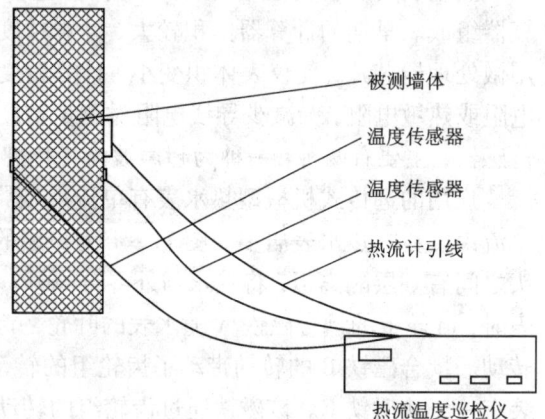

图 11 - 2　热流计法检测示意图

应与受检表面紧密接触，传感器表面的辐射系数应与受检表面基本相同。检测期间，应定时记录热流密度和内、外表面温度，记录时间间隔不应大于 60 min。可记录多次采样数据的平均值，采样间隔宜短于传感器最小时间常数的 1/2。

2. 检测条件

①围护结构主体部位传热系数的检测应在受检围护结构施工完成至少 12 个月后进行。

②热流和温度应采用自动检测仪检测，数据存储方式应适用于计算机分析。温度测量不确定度应小于 0.5℃。

③测点位置不应靠近热桥、裂缝和有空气渗漏的部位，不应受加热、制冷装置和风扇的直接影响，且应避免阳光直射。

④检测时间宜选在最冷月，且应避开气温剧烈变化的天气。对设置采暖系统的地区，冬季检测应在采暖系统正常运行后进行；对未设置采暖系统的地区，应在人为适当地提高室内温度后进行检测。在其他季节，可采取人工加热或制冷的方式建立室内外温差。围护结构高温侧表面温度应高于低温侧 10℃ 以上；当传热系数小于 1 W/(m² · K) 时，宜高于低温侧 10℃ 以上，且在检测过程中的任何时刻均不得等于或低于低温侧表面温度。检测持续时间不应少于 96 h。检测期间，室内空气温度应保持基本稳定，受检区域外表面宜避免雨雪侵袭和阳光直射。

3. 检测数据处理

(1) 数据处理宜采用动态分析法进行计算，当满足下列条件时，可采用算术平均法进行计算

①围护结构主体部位热阻的末次计算值与 24 h 之前的计算值相差不大于 5%。

②检测期间内第一个 INT($2 \times$DT/3)(DT 为检测持续天数，INT 表示取整数部分。)天内与最后一个同样长的天数内围护结构主体部位热阻的计算值相差不大于 5%。

(2) 当采用算术平均法进行数据分析时，应按照下式计算围护结构主体部位的传热系数，并且应使用全天数据(24 h 的整数倍)进行计算

$$K = \frac{\sum_{j=1}^{n} (\theta_{Ij} - \theta_{Ej})}{\sum_{j=1}^{n} q_j} \qquad (11-4)$$

式中：R 为围护结构主体部位的热阻，m² · K/W；θ_{Ij} 为围护结构主体部位内表面温度的第 j 次测量值，℃；θ_{Ej} 为围护结构主体部位外表面温度的第 j 次测量值，℃；q_j 为围护结构主体部位热流密度的第 j 次测量值，W/m²。

(3) 当采用动态分析方法时，宜使用与本标准配套的数据处理软件进行计算。

(4) 围护结构主体部位传热系数应按下式计算

$$K = \frac{1}{R_i + R + R_o} \qquad (11-5)$$

式中：K 为围护结构主体部位传热系数，W/(m² · K)；R_i 为围护结构内表面换热阻，m² · K/W，应按国家标准《民用建筑热工设计规范》(GB 50176 – 93)中附录二附表 2.2 的规定采用；R_e 为围护结构外表面换热阻，m² · K/W 应按国家标准《民用建筑热工设计规范》(GB 50176 – 93)中附录二附表 2.2 的规定采用。

4. 合格指标与判定方法

(1) 受检围护结构主体部位传热系数应满足设计图纸的规定；当设计图纸未作具体规定，

应符合国家现行有关标准的规定。

(2)当受检围护结构主体部位传热系数的检测结果满足上述规定时,应判为合格,否则应判为不合格。

11.3.2 外窗窗口气密性检测

1.检测方法

在检测开始前,应在首层受检外窗中选择一樘窗进行检测系统附加渗透量的现场标定。附加渗透量不得超过总空气渗透量的15%。在检测装置、现场操作人员和操作程序完全相同的情况下,当检测其他受检外窗时,检测系统本身的附加渗透量可直接采用首层受检外窗的标定数据,而不必另行标定。每个检验批检测开始时均应对检测系统本身的附加渗透量进行一次现场标定。环境参数(室内外温度、室外风速和大气压力)应进行同步检测。

2.检测仪器及装备

窗口整体气密性检测过程中应用的主要仪表是差压表、空气流量表以及环境参数(温度、室外风速和大气压力)检测仪表,分别应满足以下要求:

①差压表的不确定度应不超过2.5 Pa。

②空气流量测量装置的不确定度按测量的空气流量不同应分别满足以下要求:当空气流量不大于3.5 m³/h时,不准确度不应大于测量值的10%;当空气流量大于3.5 m³/h时,不准确度不应大于测量值的5%。

③室内外温度用热电偶检测,用数据记录仪记录,仪器仪表的要求同前所述;室外风速用热球风速仪测量;大气压力用气压计检测。

检测装置的安装位置如图11-3(a)所示。当受检外窗洞口尺寸过大或形状特殊,按图11-3(a)执行有困难时,宜以受检外窗所在房间为测试单元进行检测,检测装置的安装如图11-3(b)所示。

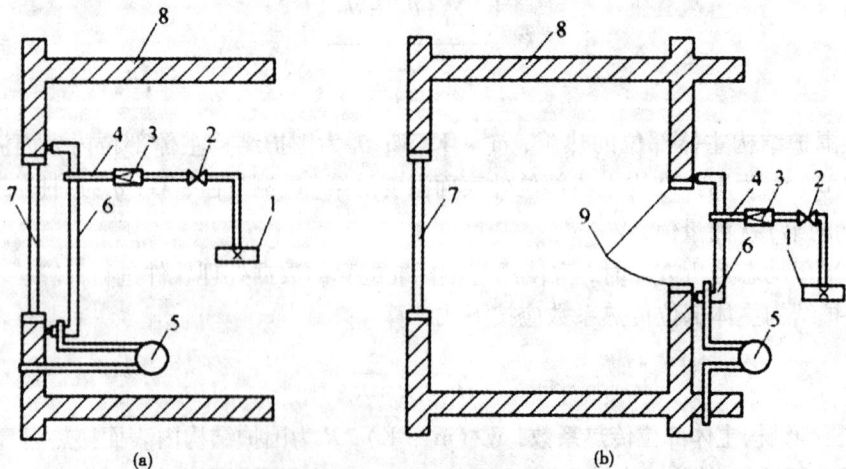

图11-3 窗口气密性现场检测装置布置图

(a)检测装置的安装位置 (b)检测装置的安装

1—送风机或排风机;2—风量调节阀;3—流量计;4—送风管或排风管;
5—差压表;6—密封板或塑料膜;7—外窗;8—墙体;9—住户内门

3. 检测对象的确定

①应以一个检验批中住户套数或间数为单位随机抽取确定检测数量。

②对于住宅,一个检验批中的检测数量不宜超过总套数的 3%;对于住宅以外的其他居住建筑,不宜超过总间数的 0.6%,但不得少于 3 套(间)。当检验批中住户套数或间数不足 3 套(间)时,应全额检测。

③每栋建筑物内受检住户或房间不得少于 1 套(间),当多于 1 套(间)时,则应位于不同的楼层,当同一楼层内受检住户或房间多于 1 套(间)时,应依现场条件根据朝向的不同确定受检住户或房间。每个检验批中位于首层的受检住户或房间不得少于 1 套(间)。

④应从受检住户或房间内所有外窗中综合选取一樘作为受检窗,当受检住户或房间内外窗的种类、规格多于一种时,应确定一种有代表性的外窗作为检测对象。

⑤受检窗应为同系列、同规格、同材料、同生产单位的产品。

⑥不同施工单位安装的外窗应分批进行检验。

4. 检测条件

建筑物外窗窗口整体气密性能的检测应在室外风速不超过 3 m/s 的条件下进行。

5. 检测步骤

①检查抽样确定被检测外窗的完好程度,目检不存在明显缺陷,连续开启和关闭受检外窗 5 次,受检外窗应能工作正常。核查受检外窗的工程质量验收文件,并对受检外窗的观感质量进行检测。若不能满足要求,则应另行选择受检外窗。

②在确认受检外窗已完全关闭后,按图 11-3 安装检测装置。透明薄膜与墙面采用胶带密封,胶带宽度不得小于 50 mm,胶带与墙面的黏接宽度应为 80~100 mm。

③检测开始时对室内外温度、室外风速和大气压力进行检测。

④每樘窗正式检测前,应向密闭腔(室)中充气加压,使内外压差达到 150 Pa,稳定至少 10 min,期间应采用目测、手感或微风速仪对胶粘处进行复检,复检合格后可转入正式检测。

⑤利用首层受检外窗对检测装置的附加渗透量进行标定,受检外窗窗口本身的缝隙应采用胶带从室外进行密封处理,密封质量的检查程序和方法应符合第④条的规定。

⑥按照图 11-4 中的减压顺序进行逐级减压,每级压差稳定作用时间不少于 3 min,记录逐级作用压差下系统的空气渗透量,利用该组检测数据通过回归方程求得在减压工况下,压差为 10 Pa 时,检测装置本身的附加空气渗透量。

⑦将首层受检外窗室外侧胶带揭去,然后重复第⑥条的操作,计算压差为 10 Pa,受检外窗窗口的总空气渗透量。

⑧每樘外窗检测结束时应对室内外温度、室外风速和大气压力进行检测并记录,取前后两次的平均值作为环境参数的检测最终结果。

6. 检测数据处理

①每樘受检外窗的检测结果应取连续 3 次检测值的平均值。

②根据检测结果回归受检外窗的空气渗透量方程,回归方程应采用式(11-6)。

$$Q = a \left(\Delta p \right)^c \tag{11-6}$$

式中:Q 为现场检测条件下检测系统本身的附加渗透量或总空气渗透量,m^3/h;Δp 为受检外窗的内外压差,Pa;a,c 为拟合系数。

③建筑物外窗窗口单位空气渗透量应按式(11-7)~式(11-10)计算。

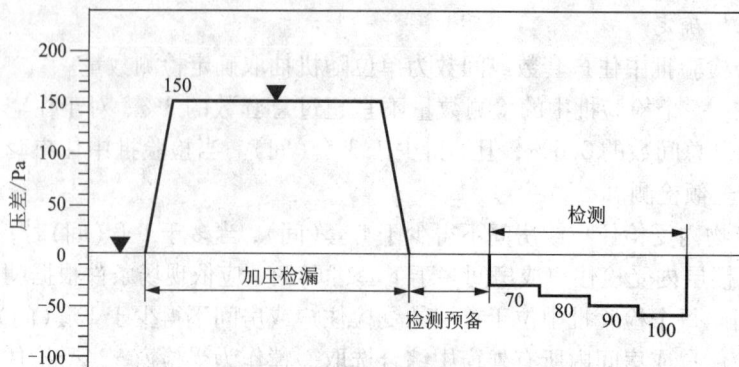

图 11-4 外窗窗口气密性能操作顺序图

▼表示检查密封处的密封质量

$$q_a = \frac{Q_{st}}{A_{aw}} \tag{11-7}$$

$$Q_{st} = Q_z - Q_f \tag{11-8}$$

$$Q_z = \frac{293}{101.3} \times \frac{B}{t+273} \times Q_{za} \tag{11-9}$$

$$Q_f = \frac{293}{101.3} \times \frac{B}{t+273} \times Q_{fa} \tag{11-10}$$

式中：q_a 为外窗窗口单位空气渗透量，$m^3/(m^2 \cdot h)$；Q_{fa}、Q_f 分别为现场检测条件和标准空气状态下，受检外窗内外压差为 10 Pa 时，检测系统的附加渗透量，m^3/h；Q_{za}、Q_z 分别为现场检测条件和标准空气状态下，受检外窗内外压差为 10 Pa 时，受检外窗窗口（包括检测系统在内）的总空气渗透量，m^3/h；Q_{st} 为标准空气状态下，受检外窗内外压差为 10 Pa 时，受检外窗窗口本身的空气渗透量，m^3/h；B 为检测现场的大气压力，kPa；T 为检测装置附近的室内空气温度，℃；A_w 为受检外窗窗口的面积，m^2，当外窗形状不规则时应计算其展开面积。

7. 合格指标与判定方法

①外窗窗口墙与外窗本体的结合部应严密，外窗窗口单位空气渗透量不应大于外窗本体的相应指标。

②当受检外窗窗口单位空气渗透量的检测结果满足上述规定时，应判为合格，否则应判为不合格。

11.3.3 采暖耗热量检测

建筑节能检测中，建筑物的采暖耗热量指标有实时采暖耗热量指标和年采暖耗热量指标，下面分别介绍其检测方法。

1. 实时采暖耗热量

（1）检测方法

实时采暖耗热量检测在待测建筑物处实际测量。检测持续时间：非试点建筑和非试点小区不应少于 24 h，试点建筑和试点小区应为整个采暖期。

检测期间，采暖系统应处于正常运行工况，但当检测持续时间为整个采暖期时，采暖系统的运行应以实际工况为准。

（2）检测对象确定

建筑物实时采暖耗热量的检验应以单栋建筑物为一个检验批，以受检建筑热力入口为基本单位。当建筑面积小于或等于 2000 m² 时，应对整栋建筑进行检验；当建筑面积大于 2000 m² 或热力入口数多于 1 个时，应按总受检建筑面积不小于该单体建筑面积的 50% 为原则进行随机抽样，但不得少于两个热力入口。

（3）检测仪器

采暖供热量应采用热计量装置测量，热计量装置中包括温度计和流量计。

（4）检测数据处理

建筑物实时采暖耗热量按式（11 – 11）计算。

$$q_{ha} = \frac{Q_{ha}}{A_0} \cdot \frac{278}{H_r} \qquad\qquad (11 - 11)$$

式中：q_{ha} 为建筑物或居住小区单位采暖耗热量，W/m²；Q_{ha} 为检测持续时间内在建筑物热力入口处或采暖热源出口处测得的累计供热量，MJ；A_0 为建筑物（含采暖地下室）或居住小区（含小区内配套公共建筑）的总建筑面积（该建筑面积应按各层外墙轴线围成面积的总和计算），m²；H_r 为检测持续时间，h。

（5）结果评定

对于单栋建筑，当检测期间室外逐时温度平均值不低于室外采暖设计温度时，若所有受检热力入口的检测得到的建筑物实时采暖耗热量不超过建筑物采暖设计热负荷指标，则判定该受检建筑物合格，否则判定不合格。

2. 建筑物采暖年耗热量

（1）检测方法

通过对被测建筑物基本参数（如围护结构传热系数、建筑面积、气密性等）的检测，计算出建筑物采暖年耗热量指标，并与参照建筑物的年采暖耗热量值进行比较，根据比较结果判定被测建筑物该项指标是否合格。

（2）检测对象确定

以单栋建筑为一个检验批，受检建筑采暖年耗热量的检验应以栋为基本单位。当受检建筑物带有地下室时，应按不带地下室处理。受检建筑物首层设置的店铺应按居住建筑处理。

（3）检测步骤

①受检建筑物外围护结构尺寸应以建筑竣工图纸为准，并参照现场实际情况。建筑面积及体积的计算方法应符合我国现行节能设计标准中的有关规定。

②受检建筑物外墙和屋面主体部位的传热系数应优先采用现场检测数据；也可根据建筑物实际做法经计算确定。外窗、外门的传热系数应以实验室复检结果为依据。

③室外计算气象资料应优先采用当地典型气象年的逐时数据。

（4）计算条件

室内计算条件应符合下列规定：

①室内计算温度：16℃。

②换气次数：0.5 次/h。

③室内不考虑照明得热或其他内部得热。

参照建筑物的确定原则：

①参照建筑物的形状、大小、朝向均应与受检建筑物完全相同。

②参照建筑物各朝向和屋顶的开窗面积应与受检建筑物相同，但当受检建筑物某个朝向的窗(包括屋面的天窗)面积超过我国现行节能设计标准的规定时，参照建筑物该朝向(或屋面)的窗面积应减少到符合我国现行有关节能设计标准的规定。

③参照建筑物外墙、屋面、地面、外窗、外门的各项性能指标均应符合我国现行节能设计标准的规定。对于我国现行节能设计标准中未作规定的部分，应按受检建筑物的性能指标计入。

(5)合格指标与判定方法

①受检建筑物年采暖耗热量指标不应大于参照建筑物的相应值。

②受检建筑物年采暖耗热量指标的验算结果满足上述规定时，应判为合格，否则应判为不合格。

11.3.4　空调耗冷量的检测

1.检测方法

建筑物年空调耗冷量的检测方法与建筑物年采暖耗热量检测方法基本相同。通过对被测建筑物基本参数(如围护结构传热系数、建筑面积、气密性等)的检测，计算出建筑物年空调耗冷量指标，并与参照建筑物的年空调耗冷量指标进行比较，根据比较结果判定被测建筑物该项指标是否合格。

2.检测对象的确定

与建筑物采暖年耗热量检测时对象的确定方法相同。

3.检测步骤

与建筑物采暖年耗热量检测时的检测步骤相同。

4.计算条件

室内计算条件应符合下列规定：

①室内计算温度：26℃。

②换气次数：1 次/h。

③室内不考虑照明得热或其他内部得热。

参照建筑物的确定原则与采暖年耗热量指标检测中参照建筑的原则相同。

5.合格指标与判定方法

①受检建筑物年空调耗冷量指标不应大于参照建筑物的相应值。

②受检建筑物年空调耗冷量指标的验算结果满足上述规定时，应判为合格，否则应判为不合格。

———————————————　**重点与难点**　———————————————

重点：(1)建筑节能检测内容；(2)温度、压力、流量、热流密度、热量测量原理及方法；(3)围护结构主体部位传热系数、外窗窗口气密性、采暖耗热量和空调耗冷量检测方法。

难点：(1)温度、压力、流量、热流密度、热量测量原理及方法；(2)采暖耗热量的检测方法；(3)空调耗冷量的检测方法。

思考与练习

1. 建筑节能实验室检测和现场检测分别有什么特点?
2. 简述温度、压力、流量、热量密度、热量的测量原理。
3. 简述围护结构主体部位传热系数和外窗窗口气密性的检测方法。
4. 怎样判断一栋建筑物的年采暖耗热量和空调耗冷量是否合格?

第 12 章
绿色建筑及其评价

　　绿色是自然界植物的颜色，是生命之色，象征着生机盎然的自然生态系统。在建筑前面冠以"绿色"，意在表示建筑应像自然界绿色植物一样，具有生态环保的特性。在我国原建设部颁布的《绿色建筑评价标准》中，对绿色建筑的定义是"在建筑的全寿命周期内，最大限度地节约资源(节能、节地、节水、节材)、保护环境和减少污染，为人们提供健康、适用和高效的使用空间，与自然和谐共生的建筑。"

12.1　绿色建筑发展概述

　　20 世纪中期，在全球资源环境危机中受绿色运动的影响和推动，许多学者以现代生态与环境的观念重新审视以前对建筑的认识，并且提出了许多新的理解，绿色建筑的思想和观念开始萌生。20 世纪 60 年代初，美籍意大利建筑师保罗·索勒瑞把生态学(ecology)和建筑学(architecture)两词合并为"arology"，提出了著名的"生态建筑"(绿色建筑)的新理念。1969 年美国学者麦克哈格在《设计结合自然》一书中论证了人对自然的依存关系，批判了以人为中心的思想，提出了适应自然的原则，这对绿色建筑学的发展产生了深远影响。20 世纪 70 年代中期，一些国家开始实行建筑节能类的规范，并且以后逐步提高节能标准，这可以说是绿色建筑政府化行为的开始。

　　几十年来，绿色建筑由理念到实践，在发达国家逐步完善，形成了较成体系的设计方法、评估方法，各种新技术、新材料层出不穷。一些发达国家还组织起来，共同探索实现建筑可持续发展的道路，如加拿大的"绿色建筑挑战"(green building challenge)行动，采用新技术、新材料、新工艺，实行综合优化设计，使建筑在满足使用需要的基础上所消耗的资源、能源最少。日本颁布了《住宅建设计划法》，提出"重新组织大城市居住空间(环境)"的要求，满足 21 世纪人们对居住环境的需求，适应住房需求变化。德国在 20 世纪 90 年代开始推行适应生态环境的住区政策，以切实贯彻可持续发展的战略。法国在 20 世纪 80 年代进行了包括改善居住区环境为主要内容的大规模住区改造工作。瑞典实施了"百万套住宅计划"，在住区建设与生态环境协调方面取得了令人瞩目的成就。

　　1990 年，世界首个绿色建筑标准——《英国建筑研究组织环境评价法(BREEAM)》发布。1992 年于巴西召开的"联合国环境与发展大会"使"可持续发展"这一重要思想在世界范围达成共识。绿色建筑渐成体系并在不少国家实践推广，成为世界建筑发展的方向。1993 年，美国出版了《可持续设计指导原则》一书，书中提出了尊重基地生态系统和文化脉络，结合功能需要采用简单的适用技术，针对当地气候采用被动式能源策略，尽可能使用可更新的地方建筑材料等 9 项"可持续建筑设计原则"。1993 年 6 月，国际建筑师协会通过"芝加哥宣言"，宣言中提出保持和恢复生物多样性，资源消耗最小化，降低大气、土壤和水的污染，使建筑物卫生、安全、舒适以及提高环境意识等原则。1995 年，美国绿色建筑委员会又提出能源及环境设计先导计划（LEED），5 年后加拿大推出《绿色建筑挑战 2000 标准》。2001 年 7 月，联合国环境规划署的国际环境技术中心和建筑研究与创新国际委员会签署了合作框架书，两者针对提高环境信息的预测能力展开大范围合作，这与发展中国家可持续建筑的发展和实施有紧密联系。2005 年 3 月，在北京召开的首届国际智能与绿色建筑技术研讨会上，与会各国政府有关主管部门与组织、国际机构、专家学者和企业，在广泛交流的基础上，对 21 世纪智能与绿色建筑发展的背景、指导纲领和主要任务取得共识。会议通过的关于绿色建筑发展的《北京宣言》，有利于促进新千年国际智能与绿色建筑的健康快速发展，有利于建设一个高效、安全、舒适的人居环境。至今，国际建筑界对绿色建筑的理论研究还在不断地深化，绿色建筑的思想观念还在不断地发展。

近年来我国在推动绿色建筑发展方面的力度也逐步加大。2001 年 9 月，建设部科技委员会组织有关专家，制定出版了一套比较客观科学的绿色生态住宅评价体系——《中国生态住宅技术评估手册》。其指标体系主要参考了美国能源及环境设计先导计划（LEED 2.0），同时融合我国《国家康居示范工程建设技术要点》等法规的有关内容。这是我国第一部生态住宅评估标准，是我国在此方面研究上正式迈出的第一步。2003 年 8 月，由清华大学联合中国建筑科学研究院等八家单位完成了"科技奥运十大专项之一"《绿色奥运建筑评估体系》的颁布。该评估体系基于绿色建筑的理念，按照可持续发展的理论与原则建立了一套科学的建筑工程环境影响评价指标体系，提出了全过程管理、分阶段评估的绿色奥运建筑评估方法与程序，并在奥运建设场馆中得到了应用。2005 年 10 月，《绿色建筑技术导则》颁布，进一步引导、促进和规范了绿色建筑的发展。2006 年 3 月颁布了《绿色建筑评价标准》（GB/T 50378—2006），这是我国实施最早的以绿色建筑评价为主题的标准。2010 年 11 月住房和城乡建设部出台了《民用建筑绿色设计规范》（JGJ／T 229—2010），该规范明确"绿色设计应统筹考虑建筑全寿命期内，满足建筑功能和节能、节地、节水、节材、保护环境之间的辩证关系，体现经济效益、社会效益和环境效益的统一，应降低建筑行为对自然环境的影响，遵循健康、简约、高效的设计理念，实现人、建筑与自然和谐共生。"2013 年 8 月和 9 月相继颁布了《绿色工业建筑评价标准》（GB/T50878—2013）和《绿色办公建筑评价标准》（GB/T 50908—2013），表明我国对绿色建筑的评价进一步细化。2015 年 1 月 1 日新版《绿色建筑评价标准》（GB/T50378—2014）正式实施，这对于我国绿色建筑评价标准体系的发展，以及绿色建筑的建设和推广起到重要的推动作用，必将促进我国绿色建筑事业更加迅速和健康的发展。

12.2　绿色建筑设计原则

绿色建筑并不是一种新的建筑形式，它是与自然和谐共生的建筑。绿色建筑是建立在充分认识自然、尊重并顺应自然的基础上的。绿色建筑不仅需要处理好人与建筑的关系，还要正确处理好建筑与生态环境的关系。这里的生态环境既包括建筑周围的区域小环境，也包括全球大环境。

绿色建筑不仅要遵循一般的社会伦理、规范，更应考虑人类必须承担的生态义务与责任。绿色建筑不同于一般建筑，建筑师和建筑的使用者都应深刻意识到地球上的资源是有限的，而不是取之不尽、用之不竭的；自然环境的生态承载力是有限的，自然生态体系是脆弱的；人不是自然的主宰，而是受自然庇护的生灵。建筑作为人工构造物应利用并有节制地改造自然，保护自然生态的和谐，以寻求人类的可持续发展。

绿色建筑设计需要符合以下六个原则：

1. 建设方针——适用、经济、美观

早在两千多年前，古罗马杰出的建筑师维特鲁威就提出建筑要符合"坚固、适用、美观"的原则，这被后来的建筑师奉为建筑学上的"六字箴言"。新中国成立之初的大规模经济建设时期，我国提出了"适用、经济、在可能条件下注意美观"的建设方针。当代建筑的概念已经得到延伸，内涵更加丰富，但仍然离不开"适用、经济、美观"这一标准，绿色建筑的基本内涵与此是相符的。目前，我国建筑市场还存在着非理性和有悖于科学发展观的种种倾向，某些业主片面追求"新、奇、特"，不把建筑的使用功能、内在品质、节能环保及经济实用性作为建筑追求的目标，而把"新、奇、特"的"视觉冲击"作为片面追求的目标。这种牺牲功能的做法将造成施工难度大、无谓消耗材料和能源、建筑造价大幅上升、维修成本加大等问题，这与绿色建筑的精神背道而驰。

2. 因地制宜

因地制宜是绿色建筑的灵魂，是指根据各地的具体情况，制定适宜的办法。

建筑很大程度上受制于它所处的环境，通常建筑是采用方便取用的资源，营造出适应当地气候特点的空间，因此绿色建筑具有很强的地域性特点。绿色建筑强调的是人、自然与环境之间的和谐关系，而每个国家在这些方面都有其特点，不同国家之间存在气候、资源、文化、风俗等方面的差异，因此绿色建筑在全球并没有一个统一的模式。

首先是建筑材料的选择。古代的建造者没有像现代这样先进的机械和运输工具，因此只能就地取材。如我国浙江余姚河姆渡村遗址运用了当地普遍生长的树木，陕西西安半坡村遗址则基本以高原黄土作为主要的建筑材料。在古代欧洲，石材之所以被广泛采用，除了选材方便外，石材的可塑性强和耐久性也是重要原因。到了现代，为了合理控制建筑造价，建筑材料也多为就地取材，这从我国各地的民居建筑中可以清楚地看到，如陕西民居自然的窑洞、北方民居厚厚的砖墙、江浙民居轻巧的木构、福建民居悠深的石廊等等。当然，就地取材还可以减少运输过程中人力、物力的耗费，减少材料在运输过程中不可避免的破损和对周围环境的污染。

对建筑产生影响的自然环境，包括地理环境和气候条件等因素，更是绿色建筑应关注的重点。地形地貌涉及建筑的通风、采光、景观、雨水回用、无障碍设计等绿色建筑的要素。在我国北方地区，建造场地南低北高会给建筑组团的自然通风、采光带来便利，但如果高差过大又会给人们步行和无障碍设计造成困难。以我国西南地区的城市重庆为例，城市的选址在长江、嘉陵江等水系的交汇处，便于人们的航道运输和日常生活，但水系边缘没有过多的平坦的地方，而且从安全角度考虑，人们也希望居住得高一些，远离洪水的威胁。所以城市的大量房屋建造在临江的许多山地上，为了减少建设成本，同时也是为了保护自然的山水环境，建筑的选址只能是根据现有的地貌情况来决定，由此形成了山城的独特的城市轮廓线，特别是从江中的船上远眺城市的夜景，让人终生难忘。

在我国，由于气候条件的原因，南方和北方的建筑形式有很大不同，如每个城市都拥有的商业街的建筑就有非常明显的区别。在南方的商业建筑中，一般在主要商业入口外都有一个由柱廊形成的半公共空间，因为上面还有建筑，所以人们形象地称之为骑楼。这个骑楼的功能可不少，一是可以变相扩大商业营业面积，二是可以聚拢商业特需的人气，但最主要的功能是遮阳、避雨、挡风，改善室内自然通风的环境，顾客们进出时也可有一个慢慢适应的过渡空间。而在北方，阳光是人们在寒冷的冬日中是人们所渴求的，南向的出入口一般直接连通室外，北向的出入口则为了抵御寒风和保持室内的温度多增加一个门斗。所以，自然环境的气候条件常会使建筑的造型随着必要的功能而发生变化，形成了带有明显地方特色的建筑形象。

建筑室外环境中的绿化是绿色建筑的基本内容，在选择绿化植物时更是应该关注乡土植物，优先选择当地常见的树种，因为这样做不仅可以节约成本，而且会大大提高成活率，减少日常维护费用，保证绿化的实现。另外，气候条件的适应往往造成了植物的独特性，在一定程度上，可以代表一个地方的绿色建筑特色。

3. 建筑全寿命周期

建筑全寿命周期主要强调建筑对环境的影响在时间上的意义。所谓全寿命周期指的是产品从摇篮到坟墓的整个生命历程。建筑的寿命通常涵盖从项目选址、规划、设计、施工到运营的过程。考虑到建筑对环境的影响并不局限于建筑物存在的时间段里，绿色建筑全寿命周期的概念还应在上述的基础上向前、向后延伸，往前从建筑材料的开采到运输、生产过程，往后到建筑拆除后垃圾的自然降解或资源的回收再利用。这个周期的拉长意味着在原材料的开采过程中，我们就要考虑它对环境的影响；考虑到运输能耗，我们应尽量选用当地材料，这样会减少运输过程中的能耗和物耗；当然在材料生产过程中也涉及能耗的问题，需要改进和淘汰耗能大的生产工艺。另外在建筑的建造过程中，我们应考虑建筑寿命终结时，拆除的垃圾的处理问题，我们应选用可再利用、可再循环的建材，如果这个垃圾可以在短期内自然降解的话它，对环境的影响就小，如果它长时期不可降解的话，它对环境会是一个污染。因此全寿命周期的概念在建筑的前期建造过程中就应得到充分的重视。

如果从全寿命周期角度计算建筑成本，那么"初始投资最低的建筑并不是成本最低的建筑"。为了提高建筑的性能可能要增加初始投资，如果采用全寿命周期模式核算，将可能在有限增加初期成本的条件下，大大节约长期运行费用，进而使全寿命周期总成本下降，并取得明显的环境效益。按现有的经验，增加初期成本 5% ~ 10% 用于新技术、新产品的开发利用，将节约长期运行成本 50% ~ 60%。这一种新模式的出现，将带来建筑设计、开发模式革命性的变化。

如果为了降低造价、获得最大利润或者减少投资，采取降低材料设备性能的办法，其结果就是运行效率低，运行和维护费用高昂。对办公楼而言，如果电梯、中央空调等运行能耗过高，甚至经常出现维修、停运事故，那么写字楼的出租率就会大受影响，建筑的整体经济效能就会降低。对住宅而言，当我们买下几间房后，我们可能一辈子都得生活在其中，我们不仅得在入住时支付买房的钱，还要在日常生活中支付水费、电费、燃气费等。如果我们购买了节能的绿色住宅，我们每个月要交的水、电和燃气费以及物业费都会减少。

4. 节约资源、保护环境和减少污染

绿色建筑强调最大限度地节约资源，保护环境和减少污染。建设部提出了"四节一环保"的要求，即根据中国的国情着重强调节地、节能、节水、节材和保护环境，其中资源的节约和

资源的循环利用是关键。"少费多用"做好了，必然有助于保护环境、减少污染。

在建筑中体现资源节约与综合利用，减轻环境负荷，可以从以下几方面入手：

①通过优良的设计和管理，采用合适的技术、材料和产品，减少对资源的占有和消耗。

②提高建筑自身资源的使用效率，合理利用和优化资源配置，减少建筑中资源的使用量。

③因地制宜，最大限度利用本地材料与资源，减少运输过程对资源的消耗，促进本地经济和社会的可持续发展。

④通过资源的循环利用，减少污染物的排放，最大限度地提高资源、能源和原材料的利用效率。

⑤延长建筑物的整体使用寿命，增强其适应性。

5. 健康、适用和高效的使用空间

绿色建筑当然要满足建筑的功能需求。健康的要求是最基本的，绿色建筑强调适用、适度消费的概念，绝不提倡奢侈与浪费，当然节约不能以牺牲人的健康为代价。保证人的健康是对绿色建筑的基本要求。绿色建筑应合理考虑使用者的需求，努力创造优美、和谐的环境。提高建筑室内舒适度，改善室内环境质量。保障使用的安全，降低环境污染，满足人们生理和心理的需求，同时为人们提高工作效率创造条件。

高效使用资源需要加大绿色建筑的科技含量，比如智能建筑，我们可以通过采用智能的手段使建筑在系统、功能、使用上提高效率。

6. 与自然和谐共生

发展绿色建筑的最终目的是要实现人、建筑与自然的协调统一。绿色是自然、生态、生命与活力的象征，代表了人类与自然和谐共处、协调发展的文化，贴切而直观地表达了可持续发展的概念与内涵。

绿色建筑可以从我国古代的自然价值观中获得启发，人们应趋于追求自然美、朴素美。自然美才是真正的美，自然界的景观具有使人情感怡悦和精神超越的作用，能满足人们的物质和精神方面的需求。

全球变暖、气候异常的现实已经让我们意识到，个人的抉择和行动以及其所处建筑环境对全球环境有着巨大的影响。人类的决策和行为会影响自然的和谐，最终会影响到人类的存续。我们必须对建筑行为负责，通过尊重、认识和适应自然，把人类的建筑行为置于自然的生生不息的有机体之中，与自然和谐共生，来谋求人类、建筑与自然的和谐。

绿色建筑是建立在人、建筑与自然相互联系和互相依存的原则基础上的，建筑是一种对人类生存、生活方式的实际响应，同时也是一种对与土地、与自然和它的生态圈以及与社会相互联系的观点的强烈精神响应。最原始的建筑就已体现了这样一种特征：与气候相适应的形式、当地资源的有效使用、小的独立建筑凝结成组团，以及为方便家族、社团人们交往而规划的室外空间。建筑不被看作是孤立的个体，而是与周围环境相互关联、相互依存。建筑不仅给人们提供所需的空间，它还是人类生活模式、理想与灵魂的体现，它是一个充满活力的有机体，已作为人类生活有机的一部分。

12.3 绿色建筑评价体系

绿色建筑的实现贯彻于建筑的整个生命周期，不仅需要设计师运用可持续发展的设计方法和手段，还需要决策者、施工单位、业主、管理者和使用者都具备绿色意识，共同参与建造和运营的全过程。这种多层次合作关系的介入，需要在整个程序中确立一个明确的绿色建筑评价结果，形成共识，使其贯彻始终。绿色建筑的概念具有综合性，既衡量建筑对外界环境的影响，又涉及建筑内部环境的质量；既包括建筑的物理性能，如能源消耗、污染排放、建筑外围及材料、室内环境等，也可能涵盖部分人文及社会的因素。因此，绿色建筑体系迫切需要现代科学评估方法作为实施运作的技术支撑。20 世纪 90 年代以来，世界许多国家都发展了各种不同类型的绿色建筑评估体系，为绿色建筑的实践和推广做出了重大的贡献。

12.3.1 美国 LEED 评价体系

1. LEED 评价体系概况

1998 年美国颁布了非政府性（美国绿色建筑协会 USGBC）的绿色建筑评价标准 LEED（Leadership in Energy and Environmental Design），后改版数次，至 2009 年颁布了 LEED 2009 版，即"绿色建筑评价工具"，其下划分为六个分支。

①新建建筑（NC）；

②商业建筑室内设计（CD）；

③核心及外壳（CS）；

④绿色社区（ND）；

⑤家庭（FOR FAMILY）和学校（FOR SCHOOUL）；

⑥医疗，零售等。

2. LEED 评价体系的等级划分

LEED 的得分，分为"必得分"和"可得分"两类。以 LEED 第三版"LEED – 新建建筑和大规模改建建筑"为例，基本分为 100 分，再加上"设计创新"6 分和""地域优先"4 分，合计共有"可得分"110 分。

七大类得分点的具体分布如下：

①场地：最多可得分 26 分/必得分 1 分。

主要内容：交通、场地选择、场地设计与管理、雨水管理。

②水：最多可得分 10 分/必得分 1 分。

主要内容：室内用水、室外用水、设备用水。

③能源与大气：最多可得分 35 分/必得分 3 分。

主要内容：能源需求、能源效率、可再生能源、持续的能源性能。

④材料与资源：最多可得分 14 分/必得分 1 分。

主要内容：垃圾管理、材料生命周期。

⑤室内环境质量：最多可得分 15 分/必得分 2 分。

主要内容：室内空气质量、热舒适、照明、声环境。

⑥设计创新：最多可得分 6 分。

⑦地域优先：最多可得分 4 分。

LEED 的各级别认证所需的得分数：

认证级 40 ~ 49 分；

银级 50 ~ 59 分；

金级 60 ~ 79 分；

白金级 80 分以上。

除"LEED – 新建建筑和大规模改建建筑"外，其他各体系因针对不同建筑或项目类别而各有特色。例如"LEED – 学校建筑"增加了对放室声环境、总体规划、防霉、场地环境质量（污染物）检测的关注。另外，每个体系的总"可得分"以及每个认证级别所需分值也略有不同。

3. LEED 评审中通常接受的典型绿色技术

①自然采光、防止眩光污染、合理运用导光管。

②建筑合理遮阳。

③合理采用地板送风。

④屋顶合理绿化。

⑤雨水收集系统。

⑥太阳能利用。

⑦采用节水器具。

⑧采用绿色建材（再生材料、贴膜的建筑玻璃等）。

⑨分项计量与能耗数据采集系统。

⑩垃圾管理（垃圾分类收集及处理）。

⑪温室气体的减排。

2009 年版的 LEED 体系还增加了一个新的"碳指标"，它体现的是项目对 LEED 体系中所有与减碳相关的分值的获取情况，以百分数来表示，幅度为 0 ~ 100（0 表示与减碳相关的分数一分也没得到，100 表示得到了所有与减碳相关的分值）。LEED 认证中，认证级别与碳指标的高低成正比。

LEED 绿色建筑评价体系是美国绿色建筑协会用于推广、鼓励及评价认证建筑与绿色社区，推动建筑市场转型的有力工具。评价体系定期更新，以反映建筑技术和政策的新动态，目前 LEED v4 版已经推出，它依然以过去几版的认证标准为核心基础，但是整体认证流程更顺畅并且更突出强调建筑性能的表现，提升了行业标准。

12.3.2　英国 BREEAM 评估法

英国 BREEAM 评估法是最早的绿色建筑评估系统，是由英国建筑研究组织（BRE）和一些私营单位的研究人员共同开发的。从 1990—1993 年，英国建筑研究所公布了对多种建筑类别适用的五种评估版本。BREEAM 评估法主要根据地球环境和资源利用、当地环境和室内环境三个方而进行评估，内容包括建筑性能、设计建造和运行管理。评价条目包括 9 大方面：

①管理——总体政策和规程。

②健康和舒适——室内和室外环境。

③能源——能耗和 CO_2 排放。

④运输——有关场地规划和运输时 CO_2 的排放。

⑤水——消耗和渗漏问题。

⑥原材料——原材料选择及对环境的作用。

⑦土地使用——绿地和褐地使用。

⑧地区生态——场地的生态价值。

⑨污染——(除 CO_2 外)空气和水的污染。

每一条目下分若干子条目,各对应不同的得分点。BREEAM 结果按照各部分权重进行计分,计分结果分为 5 个等级,分别是:

通过(pass)≥30%

良好(good)≥45%

优秀(very Good)≥55%

优异(excellent)≥70%

杰出(outstanding)≥85%

在过去的十年里,各国的建筑环境评价系统都已开始转向下一步工作,即建立标志系统,以便向使用者说明建筑的基本使用性能。目前在这方面做得最好的是英国的 BREEAM,该方法为建筑的市场销售提供了一种性能标志。作为该系统的子系统,加拿大的 BREEAM 是英国 BREEAM 的北美版,目前已能满足加拿大的使用要求。还有一些评价系统(其中很多基于 BREEAM 系统)在瑞典、挪威、丹麦、冰岛以及中国香港等地也不同程度的发展。

12.3.3　日本 CASBEE 评价系统

日本自行发展的绿色建筑评估法有几种版本,其中以国土交通省所支持的"建筑物综合环境性能评估系统 CASBEE(Comprehensive Assessment System for Building Environment Efficiency)最为权威(2003),此评估系统以室内环境、服务质量、室外环境等建筑环境设计质量(Q: Quality),以及能源、资源材料、基地外环境等环境负荷(L: Load)之比值 BEE(建筑环境效率 Building Environmental Efficiency),并以 excellent, very good, good, fair, poor 等五等级来作为分级认证。其环境设计质量 Q 与环境负荷 L 共分为 6 大项,其各项具有的相对权重比例如表 12 - 1 所示。其中权重比例最高的是室内环境与能源两大部分,室内环境主要领域为声、光、热、空气质量环境。在能源方面,包含建筑物的热负荷、设备(包括空调、照明、电梯等)效率、自然能源利用及效率管理等。

表 12 - 1　日本 CASBEE 评估系统各主要评估范畴相对权重

评估范畴		权重系数	相对比值
环境质量	室内环境	0.5	100%
	服务质量(维护、更新)	0.35	70%
	室外环境	0.15	30%
环境负荷	能源	0.5	100%
	资源材料	0.3	60%
	基地外环境	0.2	40%

12.3.4　国际绿色建筑标准

国际建筑规范委员会(ICC)出台了《2012 国际绿色建筑标准》(LgCC),标准适用于新建及改建建筑,实现建筑高能效、低排放,该标准规定了建筑从设计到施工、营运以及人员认证等要求,设定了建筑物的最低环保要求,该标准可以根据建筑物所在地区的情况进行调整,以符合地域实际。

12.3.5　我国绿色建筑评价标准

近些年,我国多部以绿色建筑评价为主题的标准相继发布或立项编制,初步形成一个体系。其中发布实施最早、影响力最大的就是国家标准《绿色建筑评价标准》(GB/T50378 –2006)。该标准明确了绿色建筑的定义、评价指标和评价方法,确立了我国以"四节一环保"为核心内容的绿色建筑发展理念和评价体系。自 2006 年发布实施以来,有效指导了我国绿色建筑实践工作,累计评价项目数量已超过 500 个。该标准已经成为我国各级、各类绿色建筑标准研究和编制的重要基础。

"十一五"期间,我国绿色建筑快速发展。随着绿色建筑各项工作的逐步推进,绿色建筑的内涵和外延不断丰富,各行业、各类别建筑践行绿色理念的需求不断提出,《绿色建筑评价标准》(GB/T50378 –2006)已不能完全适应现阶段绿色建筑实践及评价工作的需要。中国建筑科学研究院、上海市建筑科学研究院(集团)有限公司同有关单位一起对其进行了修订。2014 年 4 月,国家住房城乡建设部发布公告,批准修订后的《绿色建筑评价标准》为国家标准,编号为 GB/T50378 –2014,自 2015 年 1 月 1 日起实施。原《绿色建筑评价标准》(GB/T50378 –2006)同时废止。本书主要对《绿色建筑评价标准》(GB/T50378 –2014)进行介绍。

1. 评价阶段

绿色建筑的评价分为设计评价和运行评价。设计评价应在建筑工程施工图设计文件审查通过后进行,运行评价应在建筑通过竣工验收并投入使用一年后进行。

2. 评价体系

绿色建筑评价指标体系由节地与室外环境、节能与能源利用、节水与水资源利用、节材与材料资源利用、室内环境质量、施工管理、运行管理七类指标组成。施工管理和运行管理两类指标不参与设计评价。每类指标均包括控制项和评分项。每类指标的评分项总分为100 分。为鼓励绿色建筑技术、管理的提升和创新,评价指标体系还统一设置加分项。控制项的评定结果为满足或不满足;评分项的评定结果为某得分值或不得分;加分项的评定结果为某得分值或不得分。

3. 评价等级

绿色建筑评价按总得分确定等级。绿色建筑评价的总得分按式(12 –1)计算。

$$\Sigma Q = w_1 Q_1 + w_2 Q_2 + w_3 Q_3 + w_4 Q_4 + w_5 Q_5 + w_6 Q_6 + w_7 Q_7 + Q_8 \qquad (12 – 1)$$

式中:$Q_1 \sim Q_7$ 为评价指标体系七类指标各自的评分项得分;Q_8 为加分项的附加得分;$w_1 \sim w_7$ 为七类指标评分项的权重,按表 12 –2 取值。

表 12-2　绿色建筑分项指标权重

		节地与室外环境 (w_1)	节能与能源利用 (w_2)	节水与水资源利用 (w_3)	节材与材料资源利用 (w_4)	室内环境质量 (w_5)	施工管理 (w_6)	运行管理 (w_7)
设计评价	居住建筑	0.21	0.24	0.20	0.17	0.18	—	—
	公共建筑	0.16	0.29	0.17	0.19	0.19	—	—
运行评价	居住建筑	0.17	0.19	0.16	0.14	0.14	0.10	0.10
	公共建筑	0.13	0.23	0.14	0.15	0.15	0.10	0.10

注：表中"—"表示施工管理和运行管理两类指标不参与设计评价。

　　绿色建筑分为一星级、二星级、三星级三个等级。三个等级的绿色建筑都应满足本标准所有控制项的要求，且每类指标的评分项得分不应少于 40 分。三个等级的最低总得分分别为 50 分、60 分、80 分。

　　在上述这些绿色建筑评价标准或体系中，尽管对绿色建筑的内涵有各式各样的表述，范围有宽有窄，但基本上是围绕三个主题：减少对地球资源与环境的负荷和影响；创造健康、舒适的生活环境；与周围自然环境相融合。国际绿色建筑评价体系的建立，目前正处于一个快速发展和不断更新完善的时期。不可否认的是，绿色建筑评价是一项关系到绿色建筑健康发展的重要工作，世界许多国家和地区都开始和继续在这一领域积极研究、探索和实践，相信各国的实践经验，能够对我国的相关工作起到很好的借鉴作用。

======= 重点与难点 =======

　　重点：(1) 绿色建筑的定义；(2) 绿色建筑的设计原则；(2) 我国绿色建筑评价标准。
　　难点：(1) 绿色建筑的设计原则；(2) 绿色建筑的评价体系。

======= 思考与练习 =======

　　1. 什么是绿色建筑？
　　2. 绿色建筑的设计原则是什么？
　　3. 对某商业建筑进行绿色建筑设计评价，根据《绿色建筑评价标准》(GB/T50378-2014) 进行计算，其节地与室外环境、节能与能源利用、节水与水资源利用、节材与材料资源利用、室内环境质量五类指标得分别为 58 分、62 分、60 分、53 分、54 分，加分项的附加得分为 4 分，则该建筑为几星级绿色建筑？

参考文献

[1] 王大中. 21 世纪中国能源科技发展展望[M]. 北京, 清华大学出版社, 2007.

[2] 黄素逸, 高伟. 能源概论 [M]. 北京, 高等教育出版社, 2004.

[3] 姚强. 洁净煤技术[M]. 北京, 化学工业出版社, 2005.

[4] 黄素逸, 王晓墨. 节能概论[M]. 武汉, 华中科技大学出版社, 2007.

[5] 黄素逸, 王晓墨. 能源与节能技术[M]. 北京, 中国电力出版社, 2008.

[6] 张志刚, 常茹, 李岩. 建筑节能概论[M]. 天津, 天津大学出版社, 2011.

[7] 龙惟定, 武涌. 建筑节能技术[M]. 北京, 中国建筑工业出版社, 2009.

[8] 王立雄. 建筑节能[M]. 北京, 中国建筑工业出版社, 2009.

[9] 李德英. 建筑节能技术[M]. 北京, 机械工业出版社, 2006.

[10] 江亿, 林波荣, 曾剑龙等. 住宅节能[M]. 北京, 中国建筑工业出版社, 2006.

[11] 何锌年, 朱敦智. 太阳能供热采暖应用技术手册[M]. 北京, 化学工业出版社, 2009.

[12] 王如竹, 翟晓强. 绿色建筑能源系统[M]. 上海, 上海交通大学出版社, 2013

[13] 徐伟. 可再生能源建筑应用技术指南[M]. 北京, 中国建筑工业出版社, 2008.

[14] 褚同金. 海洋资源开发利用[M]. 北京, 化学工业出版社, 2005.

[15] 王革华. 能源与可持续发展[M]. 北京, 化学国内工业出版社, 2005.

[16] 王如竹, 代彦军. 太阳能制冷[M]. 北京, 化学工业出版社, 2007.

[17] 朱敦智, 芦潮. 太阳能采暖技术及系统设计[J]. 建筑热能通风空调, 2007, 26(2): 51 - 54.

[18] 王崇杰, 薛一冰. 太阳能建筑设计[M]. 北京, 中国建筑工业出版社, 2007.

[19] 陈励, 王红林, 方利国. 能源概论[M]. 北京: 化学工业出版社, 2009.

[20] 周乃君. 能源与环境[M]. 第 2 版. 长沙: 中南大学出版社, 2013.

[21] 卢平. 能源与环境概论[M]. 北京: 中国水利水电出版社, 2011.

[22] 刘柏谦, 洪慧, 王立刚. 能源工程概论[M]. 北京: 化学工业出版社, 2009.

[23] 李润东. 能源与环境概论[M]. 北京: 化学工业出版社, 2013.

[24] 林宗虎. 风能及其利用[J]. 自然杂志, 2008, 30(6): 309 - 314.

[25] 杨昭, 杨勇平, 张旭. 能源环境技术[M]. 北京: 机械工业出版社, 2012.

[26] 朱家玲, 等. 地热能开发与应用技术[M]. 北京: 化学工业出版社, 2006.

[27] 陈冠益, 颜蓓蓓, 贾佳妮, 等. 生物质二级固定床催化热解制取富氢燃气[J]. 太阳能学报, 2008, 29
    (3): 360 - 364.

[28] 王革. 新能源概论[M]. 北京: 化学工业出版社, 2012.

[29] 民用建筑供暖通风与空气调节设计规范(GB50736 - 2012)[S]. 北京: 中国建筑工业出版社, 2012.

[30] 陈友明, 王盛卫. 建筑围护结构非稳定传热分析新方法[M]. 北京: 科学出版社, 2004.

[31] 龙惟定, 武涌. 建筑节能技术[M]. 北京: 中国建筑工业出版社, 2009.

[32] 清华大学建筑节能研究中心. 中国建筑节能年度发展研究报告[M]. 北京: 中国建筑工业出版

社, 2009.

[33] 徐伟, 邹瑜. 供暖系统温控与热计量技术[M]. 北京: 中国计划出版社, 2000.

[34] 贺平, 孙刚. 供热工程[M]. 北京: 中国建筑工业出版社, 1993.

[35] 董重成, 赵立华, 赵先智. 住宅分户热计量供暖设计指南的探讨[J]. 暖通空调新技术. 2000.

[36] 董重承, 李蛾飞, 房家声. 暖通规范采暖部分有关热计量条文的介绍[J] 暖通空调. 2002.

[37] 董重承, 那威, 李岩. 供热管网保温厚度的计算研究[J]. 暖通空调. 2005.

[38] 赵荣义. 空气调节[M]. 第四版. 北京: 中国建筑工业出版社, 2009.

[39] 民用建筑热工设计规范[S]. 北京: 中国计划出版社, 1993.

[40] 地面辐射供暖技术规程[S]. 北京: 中国建筑工业出版社, 2004.

[41] 工业设备及管道绝热工程设计规范[S]. 北京: 中国计划出版社, 1997.

[42] 城镇供热管网工程施工及验收规范[S]. 北京: 中国建筑工业出版社, 2004.

[43] 章宇峰. 自然通风与建筑热模型耦合模拟研究[硕士学位论文]. 清华大学, 2004 年 5 月.

[44] 于慧利, 王东升. 建筑节能[M]. 徐州: 中国矿业大学出版社, 2009.

[45] 苏醒, 刘传聚, 苏季平. 太阳能烟囱的通风效应及应用研究[J]. 能源技术, 2005, 26(6): 245 – 247.

[46] 刘平. 自然通风型双层玻璃幕墙设计在节能建筑中的应用初探[J]. 邵阳学院学报(自然科学版), 2006, 3(2): 82 – 84.

[47] 付祥钊. 建筑节能原理与技术[M]. 重庆: 重庆大学出版社, 2008.

[48] 采暖通风与空气调节设计规范(GB50019 – 2003)[S]. 北京: 中国建筑工业出版社, 2003.

[49] 民用建筑节能设计标准(采暖居住建筑部分)(JGJ26 – 95)[S]. 北京: 中国建筑工业出版社, 1995.

[50] 董重承, 赵立华. 实现按户热表计量的室内采暖系统制式的探讨[J]. 低温建筑技术, 1999.

[51] 田斌守. 建筑节能检测技术[M]. 第 2 版. 北京: 中国建筑工业出版社, 2010.

[52] 方修睦. 建筑环境测试技术[M]. 第 2 版. 北京: 中国建筑工业出版社, 2008.

[53] 居住建筑节能检测标准(JGJ/T132 – 2009)[S]. 北京: 中国建筑工业出版社, 2010

[54] 公共建筑节能检测标准(JGJ/T177 – 2009)[S]. 北京: 中国建筑工业出版社, 2010

[55] 曾捷等. 绿色建筑[M]. 第 2 版. 北京: 中国建筑工业出版社, 2010.

[56] 绿色建筑评价标准(GB/T50378 – 2014)[S]. 北京: 中国建筑工业出版社, 2010

图书在版编目（ＣＩＰ）数据

建筑节能／刘靖主编 . --长沙：中南大学出版社，2015.1
ISBN 978 - 7 - 5487 - 1235 - 0

Ⅰ.建… Ⅱ.刘… Ⅲ.建筑－节能－高等学校－教材
Ⅳ.TU111.4

中国版本图书馆 CIP 数据核字（2014）第 281427 号

建筑节能

刘 靖 主编

□责任编辑	刘颖维	
□责任印制	易红卫	
□出版发行	中南大学出版社	
	社址：长沙市麓山南路	邮编：410083
	发行科电话：0731 - 88876770	传真：0731 - 88710482
□印　装	长沙雅鑫印务有限公司	

□开　本	787×1092　1/16	□印张 17.5	□字数 438 千字
□版　次	2015 年 1 月第 1 版	□2018 年 7 月第 2 次印刷	
□书　号	ISBN 978 - 7 - 5487 - 1235 - 0		
□定　价	49.00 元		